能源清洁低碳高效利用丛书

低温流体空化特性与机理

张小斌　朱佳凯　魏爱博　著

科 学 出 版 社

北 京

内 容 简 介

本书详细介绍了单气泡动力学、低温流体气化数值模型以及低温可视化实验研究方法，通过与水空化对比，深入阐述了低温流体球形气泡的稳定性、热效应影响下的动力学以及热力学特性。在数值方面，阐述了空化模型、湍流模型、近壁面处理方法、密度修正方法以及气液可压缩性的数理模型和离散方法，深入揭示了液氢、液氧和液氮在钝头体、三维扭曲水翼等的空化脱落特性及机理。详细介绍了透明文氏管、水翼以及渐缩渐扩管中液氮空化流的测量方法和技术。最后给出了两个专题研究：空化诱导的低温阀门流致振动机理和超声诱导的低温主动空化机理。

本书可作为高等院校流体机械、低温工程及能源动力等专业的研究生阅读，也可供相关行业的技术人员参考。

图书在版编目（CIP）数据

低温流体空化特性与机理 / 张小斌，朱佳凯，魏爱博著. -- 北京 ：科学出版社，2025. 1. --（能源清洁低碳高效利用丛书）. -- ISBN 978-7-03-079536-6

Ⅰ. TV131.2

中国国家版本馆CIP数据核字第2024EV0417号

责任编辑：范运年　王楠楠 / 责任校对：王萌萌
责任印制：师艳茹 / 封面设计：陈　敬

科学出版社出版
北京东黄城根北街16号
邮政编码：100717
http://www.sciencep.com
三河市春园印刷有限公司印刷
科学出版社发行　各地新华书店经销
*
2025年1月第　一　版　开本：720×1000　1/16
2025年1月第一次印刷　印张：19
字数：375 000

定价：168.00元

（如有印装质量问题，我社负责调换）

“能源清洁低碳高效利用丛书”编委会

“能源清洁低碳高效利用丛书”序

我国正在深入推进能源革命，加快规划建设新型能源体系。新型能源体系必须有助于碳达峰和碳中和目标的实现，有利于环境的优化和能源的安全。

先进能源与环境科学是应对全球气候变化和能源危机的关键驱动力。随着传统化石能源的枯竭以及环境问题的加剧，传统能源的高效清洁利用和新能源技术的发展成为必然趋势。能源是国民经济发展的三大支柱之一，其开发和合理利用对社会发展和人类进步至关重要。因此，探索新的能量转换利用方式、热物理过程原理和能源利用途径成为当务之急。

在技术创新方面，先进能源与环境科学领域正在开发多个关键领域，如可再生动力燃料、分布式能源存储系统、绿色氢能、污染物控制等。这些创新解决方案不仅提高了能源效率，还促进了可再生能源的整合，为实现能源行业的可持续发展提供了战略指导。在矿物燃料研究和可再生能源行业相互耦合的增长及吸引力推动下，对污染和温室气体排放影响的理解不断加深。环境科学家通过不同的视角和思想影响了多个行业和领域，成为定义早期应对碳排放和温室气体问题的关键学科。

我和团队一直在考虑我国的能源革命，考虑如何建设新型能源体系，“能源清洁低碳高效利用丛书”就是在那时开始考虑，并组织编写的。这是一套致力于推动能源和环境科学领域发展的综合性学术著作。这套丛书涵盖了从基础理论到应用技术的广泛内容，旨在为从事相关研究的学者、工程师以及学生提供全面的知识支持和前沿的研究动态。丛书的编写团队由来自不同领域的专家组成，他们不仅在各自的研究领域具有深厚的专业知识，而且在推动学科交叉融合方面有着丰富的经验。

丛书的内容涵盖了新型能源转化与利用的原理与技术，包括化学链气化、硫碘制氢、微藻制油、热能存储、合成燃料、微生物电化学过程等。这些内容不仅有助于读者理解当前能源技术的发展趋势，也为未来的技术创新提供了理论基础和实践指导。在环境科学方面，丛书重点聚焦能源利用过程中二噁英、挥发性有机物、PM2.5 的生成原理与控制技术，以及危废无害化处理的理论与技术。

我希望这套丛书不仅是一套学术著作，更是一份面向未来的知识宝库。它通过系统地梳理能源与环境科学的各个方面，为读者提供一个全面了解和深入研究该领域的窗口。无论是从事科研工作的专业人士，还是对能源与环境科学感兴趣的普通读者，都能从中获得宝贵的信息和启发，从而为构建新型能源体系贡献一份力量。

二〇二四年秋于求是园

自　序

低温流体在许多工业和国防领域都有广泛应用，如液化天然气(LNG)及液氢等在能源利用、低温空分、空间推进中的应用等。然而，低温流体空化特性与机理是一个复杂且具有挑战性的研究课题。

以液氢、液氧为推进剂的大推力液体火箭推进系统中，低温流体空化是影响性能和可靠性的重要因素，低温流体空化引起的系统不稳定问题近年来已导致多起火箭发射失利或失败事故。我国登月、空间站建设和火星探测等重大任务的持续推进，对大推力低温液体火箭的可靠性提出了更高的要求，迫切需要研究人员和工程技术人员对低温流体空化的产生、发展和溃灭机理有一个更深入的理解和认识。同时，液氦等低温流体在低温散裂中子源、超导加速器、引力波探测器等超导装置中扮演着超低温冷却的关键角色，氢能更是未来全球范围内极其重要的清洁能源之一，这些低温流体在传输过程中发生的空化问题势必会对整个系统性能及稳定性产生消极影响，而准确的仿真技术是优化系统性能的关键手段，也是实现数字化设计的前提基础。因此，低温流体空化机理以及数值计算方法的研究对航空航天、国防以及民生领域都有非常重要的战略意义。

本书系统地探讨了这一课题，不仅填补了这一研究领域的空缺，而且为相关领域的研究提供了强有力的理论支持。在理论方面，本书全面分析了低温工质球形单气泡在热效应影响下的动力学及热力学特征，这是理解低温流体空化的基础。在数值计算方面，本书全面介绍了低温流体空化模拟框架的建立方法，其中凝练了作者对气液可压缩性、湍流、空化以及非平衡传热等物理影响因素的独到理解，深入揭示了液氢、液氧和液氮空化非稳态特性及机理，给低温流体空化研究人员和工程技术人员提供了宝贵的仿真经验。在实验方面，本书总结了作者多年来在低温真空绝热、密封、测量以及可视化技术方面的经验，在国内率先开展了液氮非稳态空化可视化实验研究，积累了宝贵的第一手资料，为我国科研人员后续研究奠定了扎实的基础。目前，国内外关于常温介质空化的书籍较多，但低温流体空化在热效应的影响下具有独特的特点，研究所需的低温测量技术有较高的门槛，因此系统性总结低温流体空化的专业书籍还比较缺乏，本书将给广大低温技术研究人员和应用人员带来福音。

总的来说，本书是一部具有很高价值的学术专著，它为我们提供了关于低温流体空化特性与机理的全面理解和深入探索。对于相关领域的科研人员、工程师和学生来说，这本书是不可或缺的参考书籍。

张小斌

2024 年 7 月 13 日

前　　言

空化是指流场中局部压力低于相应温度下流体的饱和蒸气压导致液体气化，产生充满气体和蒸气的小泡的现象。空化广泛存在于泵、阀等流体机械中，泵的空化余量是现代离心泵设计和运行中必须考虑的参数。空化现象往往带来不利影响，如泵叶片振动、扬程急剧降低等。液氮、液氧和液氢等深低温流体往往饱和(或过冷度很小)保存，因此流动过程中更容易发生空化。相比于水等室温流体空化，液氧、液氮及液氢等低温流体的空化过程呈现显著的热效应。在航天领域，大推力低温液体火箭发动机需要采用低温泵将液体燃料(液氢和液氧)输送到工作压力非常高的燃烧室，空化是低温泵失效的主要原因。

本书作者自 2007 年从浙江大学制冷与低温研究所博士后出站留校工作后，开始从事低温流体空化的研究。本书是作者对这方面研究成果的总结，较为深入地展现了低温流体空化研究领域的最新进展和取得的成果。本书的完成得益于同行专家多次在基金项目结题及研究生答辩时给予的指导和鼓励，这些科研的过程使作者深刻感觉到正确科学理解低温流体空化对我国以液氢、液氧为推进剂的大推力火箭发展的重要性，但国内外低温流体空化研究成果较缺乏，朱森元院士的《氢氧火箭发动机及其低温技术》是较早阐述低温流体空化影响的专著之一，但此前的论述缺乏对低温流体空化产生、发展及溃灭过程特性和机理的系统性、总结性成果。

本书作为学术专著，重点在于揭示低温流体空化的机理性基础科学问题，遵循微观机理到宏观特性的路径，在调研国内外室温/低温流体空化研究的基础上，首先基于著名的瑞利-普勒赛特(Rayleigh-Plesset)方程理论分析低温工质球形单气泡动力学，定量对比热效应对气泡生长、第一临界时间等的影响规律以及气泡稳定性条件。考虑表面张力影响，本书提出了一种包含惯性控制阶段及热控制阶段的完整的动力学控制策略，也对气泡成核的热力学条件及非平衡热力学进行了初步分析。

国内研究者已报道了大量不同部件中水的空化特性的实验和模拟成果，但低温流体由于热效应影响需要建模高度非线性的能量方程，计算机能力的快速提高促进了复杂几何中高度非线性低温流体空化建模的发展。本书重点介绍低温流体空化数值建模需要考虑的特殊科学问题，包括气体/液体同时可压缩性、压力零阶效应、湍流黏度系数修正方法及非平衡传热等，将最新的数值方法应用到二维、三维水翼，文氏管(也称文丘里管)，钝头体和阀门等几何体低温流体空化流的建模上。

由于漏热不可避免，准确的低温流体空化实验数据，特别是空化区温度、压力等动态数据一直稀少。本书总结了作者多年来围绕文氏管、水翼及渐缩渐扩管中液氮空化流可视化及温度、压力和流量测量发展的实验测试技术和获得的相关经验，特别介绍了真空绝热结构、全液流动、传感器安装等方法，相信对类似实验系统的研制有参考价值。

低温流体空化往往引起负面影响，包括低温流体空化诱导的阀门流致振动、低温流体空化诱导的噪声以及低温流体空化引起的侵蚀，本书也介绍了作者对这些方面进行专题研究的理论、数值和实验方法，较深入地揭示振动、噪声和侵蚀的机理和特性。

本书得到了国家自然科学基金(No. 50706042、No. 51276157)、浙江省杰出青年科学基金(No. LR15E060001)以及国家重点研发计划(No. 2022YF4B4002900)的支持，在此一并感谢。作者的同事浙江大学制冷与低温研究所的邱利民教授在空化研究过程中，在研究思想、具体方案以及实验技术等方面对作者给予了长期的指导、帮助，在此表示由衷的感谢。

由于作者水平有限，书中疏漏和不当之处在所难免，恳请读者及同行批评指正。

作　者

2024 年 10 月 6 日

目　录

第1章 绪　　论

1.1 空 化 现 象

空化是由于液体中的局部压强低于相应温度下该液体的饱和蒸气压时，液体气化而引发气核迅速生长成气泡的过程[1]。空化的发生是由压力驱动的，而与之类似的沸腾现象是由温度驱动的，图 1.1 描述了这两种现象的相变图。T_f 为流体温度，T_f' 表示温度变化，$P_v(T_f)$ 为温度为 T_f 时的蒸气压，T_r 为三相点温度，C 表示临界点，F 表示流体所处状态点。从多相流的分类角度看，空化是单组分气液两相相变的动态过程，在流动中局部低压液体气化为蒸气，而与此同时，蒸气在压力恢复区凝结为液体。空化速率取决于流体中存在的空化核子，也依赖于液体的温度、压力、速度和物性等。比如，当液体在管道或流道中流动时，沿程阻力和局部阻力较大、流体速度较大或液体温度较高等因素都可以促使液体达到饱和状态甚至达到过热状态，此时部分液体气化或者其内溶解的不凝性气体挥发，从而引起空化现象[2]。

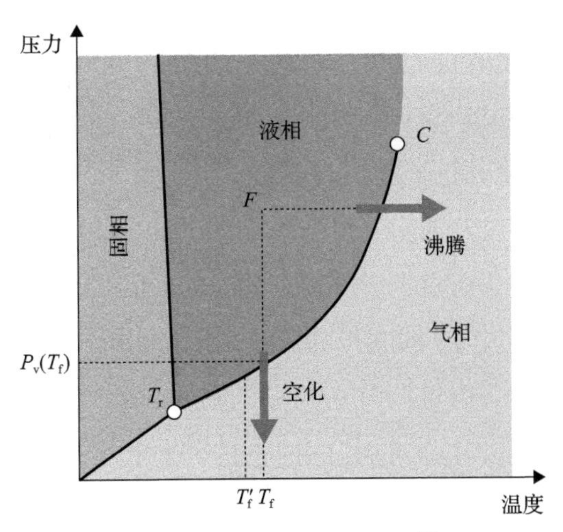

图 1.1　三相图和相变曲线[2]

空化是一种非常普遍的现象，且关系到航海、水下发射、航空航天及多个工业领域面临的关键核心技术问题。常见的空化发生部件包含离心水泵、水轮机、水翼、船舶螺旋桨等水力机械，还有导流器、流量计、阀门、管道及喷嘴等液体通道。实际上，空化现象最早在 1893 年英国皇家海军舰艇“勇敢号”的航行中被观察到，“勇敢号”舰艇所达到的实际速度远比预期的速度低。人们发现，这是因为螺旋桨的转速提高到一定程度后，叶片上形成了大量的蒸气泡，螺旋桨的推动性能急剧恶化[3]。图 1.2 所示的是螺旋桨的空化表面，其上覆盖了由众多小气泡形成的气泡群或外形不规则的空腔。在水下发射方面，潜射导弹由于具有易靠近目标、打击精度高等优点而获得了广泛应用。在出水过程中，潜射导弹的运动速度和所处水深不断变化，空化区的物理量参数也不断变化，潜射导弹表面的空化具有十分强的非稳态性，包含气穴发展、断裂和脱落等一系列快速复杂过程，因此导弹所受载荷变得尤其复杂，这也是潜射导弹研制失败的常见原因[4]。在常见的水力机械里，空化带来的振动也是造成水电机组和大型泵站安全性风险的重要因素[5]，翼/叶片绕流的水动力学特性研究对提高水力机械的效率和空化性能有着重要的参考作用，因此无论是数值模拟还是实验研究，绕水翼的空化流动研究一直是热点。

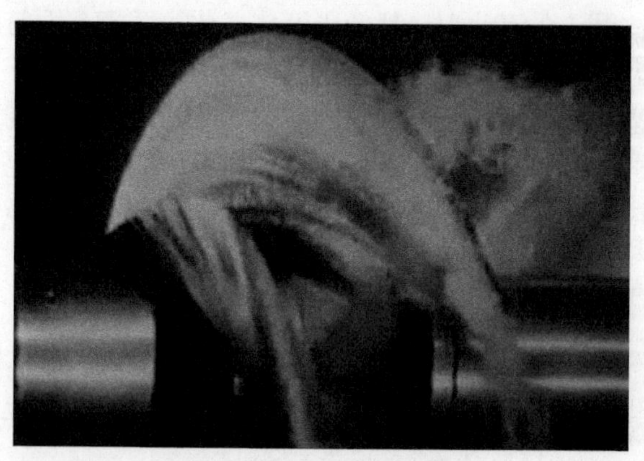

图 1.2　螺旋桨的空化表面[3]

在航空航天领域，需要使用低温泵将液氢和液氧等低温液体燃料输送到工作压力极高的液体火箭发动机燃烧室。为增加有效载荷，任何部件都要求尺寸和重量尽可能小，需尽可能提高低温泵的功率密度，其转速一般要达到 40000r/min，如此高的转速将会在诱导轮叶片上产生负压(低于饱和蒸气压)[6]，导致空化对低温泵性能的影响不可避免。空化引起的振动被认为是离心泵中最普遍的失效模式和故障来源，伴生症状包括对叶片的点状侵蚀、尖锐的爆裂噪声及泵效降低，因此空化性能是涡轮泵设计的一个举足轻重的参数[7]。为了减小空化对低温泵的影响，低温泵一般采用前级诱导轮加后级离心泵的两级结构[8]。诱导轮实际上是多叶片螺旋结构的轴向流泵，压比较小，但受到的空化影响相对于离心泵要小得多。诱导轮的主要作用是将低温推进剂增压到压力大于后级离心泵的净正吸入压头(net positive suction head，NPSH)，以避免在离心泵中发生空化。离心泵再将推进剂加压到燃烧室要求的压力[8,9]。

可见，诱导轮是低温泵的关键部件之一，其叶片表面的空化过程直接影响了低温泵的整体性能。历史上曾发生过多起低温泵诱导轮空化导致的火箭发射失败事故，如美国 267kN 推力的 Astra 火箭发动机，诱导轮空化产生复杂的非定常流和转子振动，最终造成液氧泵诱导轮叶片前缘变形破坏[10]。1999 年日本 H-Ⅱ火箭发射失败也是由于空化诱发的脉动和液氧低温泵前的导流诱导轮叶片产生共振，导致叶片断裂[11]。之后经过对 H-ⅡA 火箭 LE-7 发动机诱导轮详细的实验研究，对诱导轮结构进行了有效的修改[12]。欧洲的阿里安 5 的火神 1B 发动机液氢低温泵内诱导轮处发生了旋转空化现象，使转子承受不平衡径向力，导致轴承磨损[13]。而我国 1960～2000 年生产的 21 种液体火箭发动机中，低温泵出现故障最多[14]。更具体地，从以上例子总结发现，最多的故障原因是诱导轮中非稳态空化现象导致叶片受力不均或共振，因此阐明低温流体空化形成及非稳态脱落机理具有重要意义。到目前为止，国际上尚没有找到准确预测低温流体空化引起的叶片表面压力分布的有效方法，从而也无法有效预测低温流体空化引起的大振幅振动特性[15]。美国佛罗里达大学 Shyy 教授等[16]指出，实际上美国建造的所有火箭发动机低温泵都存在空化引起的问题，包括用于航天飞机发动机(SSME)项目的 ATP 低温泵、Fastrac 液氧泵及 RS-68 商业低温泵等。

1.2 空 化 分 类

空化的分类有多种方法，并且各不相同，但大致可分为如下两类[17,18]，其一是 Utturkar 根据空化特性分成游移空化、云状空化、片状空化、超空化和涡状空化，它们的形态如图 1.3 所示。

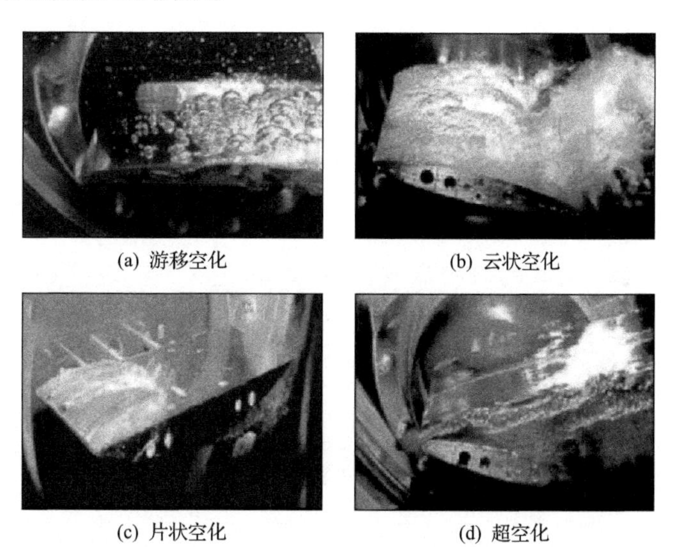

(a) 游移空化　(b) 云状空化

(c) 片状空化　(d) 超空化

(e) 涡状空化

图 1.3　不同类型空化(按空化特性分)[2]

其中，图 1.3(a)表示游移空化，气化形成的单个气泡在扩张、坍塌的同时向下游流动。典型的流动是翼型在较小攻角下的空化流动，主要影响因素是上游来流的成核密度；云状空化(图 1.3(b))则主要是由流场中涡的振动产生的，它常与噪声和剥蚀作用联系在一起，回射流也常常是这种空化流动的形成原因[19]；片状空化(图 1.3(c))也常常呈现出固定黏附在壁面的气穴，流动为类稳态流动，尽管气液界面依赖于流动的本质，但气穴的封闭区却有着巨大的密度梯度和气泡群特征[20]；超空化(图 1.3(d))可以认为是片状空化的一个极端情况，这时部件的大部分表面都被气穴包围起来了，这种现象主要出现在水下的超声速流动中[21]；涡状空化(图 1.3(e))由涡流高剪切应力引起，主要发生在旋转机械的叶片上[20]。

其二按气液界面是否静止，空化又可以分成如下的两类：①附着空化，它的气液界面相对静止，黏附在固体表面；②对流空化，它的气液界面随着液体流动，如图 1.4 所示。其中附着空化又包含前缘空化(A1)和尖端涡状空化(A2)。前缘空

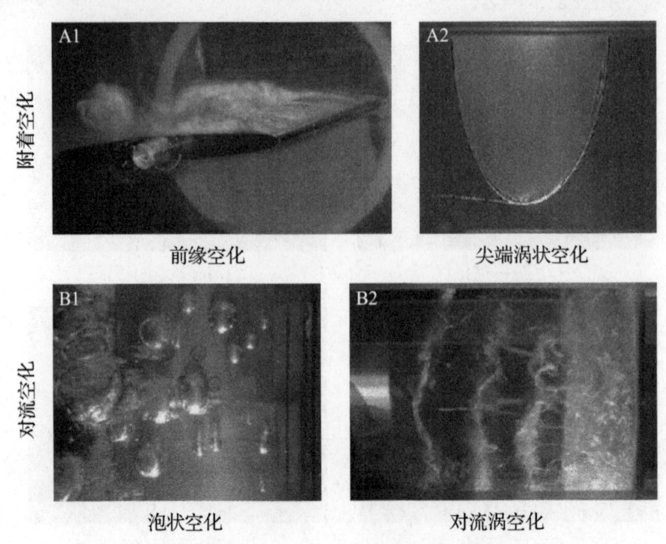

图 1.4　不同类型空化(按气液界面是否静止分)[22]

化(leading edge cavitation)得名于它主要发生在翼型等固件的前缘，这时的空化区是一片薄的类稳态空化区。对室温水，气液界面一般很光滑，并且透明，或者像高度湍流化的沸腾界面。当气穴发展到整个固体表面时，它又被称为超空化。前缘空化主要是当水力机械运行偏离设计工况值时发生。尖端涡状空化常常发生在旋转机械的叶片表面，由涡流的高剪切应力引起，和图 1.3(e)一致。

对流空化常包含图 1.4 中的泡状空化(B1)和对流涡空化(B2)，其中泡状空化是指空化时产生气泡，它们在成长和破灭的生命周期里不断向下游流动，在小攻角和低压力梯度情况下，翼型经常发生这种空化。

1.3 空化的影响——以水为例

从力学的角度看，空化是液体在足够大的应力作用下发生的一种断裂现象，是液体的一种力学破坏形式。水力机械中的空化经常会带来许多不可避免的问题，如振动、升阻比波动、结构表面剥蚀。气泡在低压区产生，当它们流至高压区时则会急剧收缩、凝结，同时周围的液体以极高的速度流向原气泡所占空间，产生高强度的冲击波，冲击叶轮和泵壳，发出噪声引起振动。由于长期受到冲击力的反复作用以及液体中微量溶解氧的化学剥蚀作用，叶轮表面局部出现斑痕和裂纹甚至海绵状损坏。图 1.5 是空化区的放大图，可以看见单个气泡在破灭前后的形态，实际上气泡在破灭时产生巨大的瞬时压力，可以达到惊人的 3×10^{6}Pa[23]，如此大的压力将会对叶片等流体机械部件产生强大的冲击，在反复不断的累积效果下，会对叶片表面产生剥蚀作用。以 Hammitt[24]的实验为例，游移型气泡溃灭时，近壁处微射流速度可达 70～180m/s，在物体表面产生的冲击压力可高达 140～170MPa(甚至更高达 58.2GPa)，微射流直径为 2～3μm，表面受到微射流冲击次数为 100～1000 次/(s·cm^2)。较大的冲击作用将直接破坏物体表面并形成蚀坑，而较小冲击力反复作用依旧会使表面疲劳破坏，尽管冲击脉冲作用时间每次只有几微秒，如图 1.6 所示。

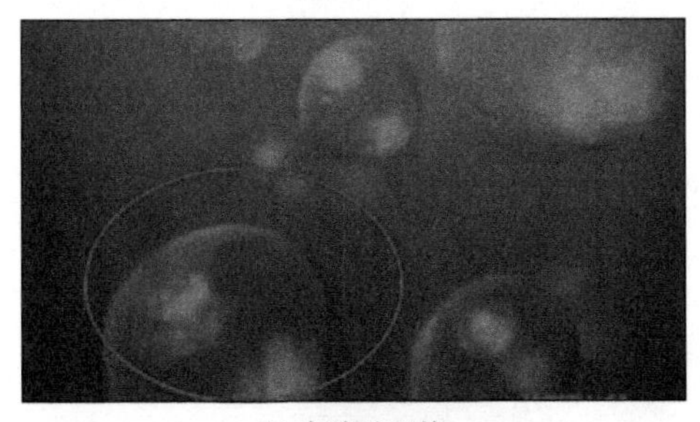

(a) 气泡破灭前

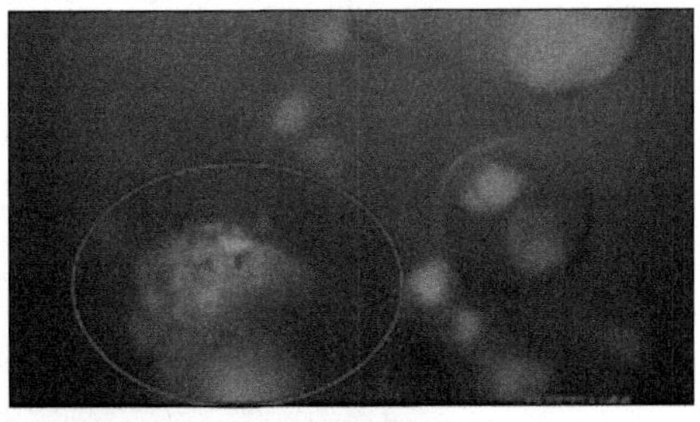

(b) 气泡破灭后

图 1.5 气泡破灭前后形态图[23]

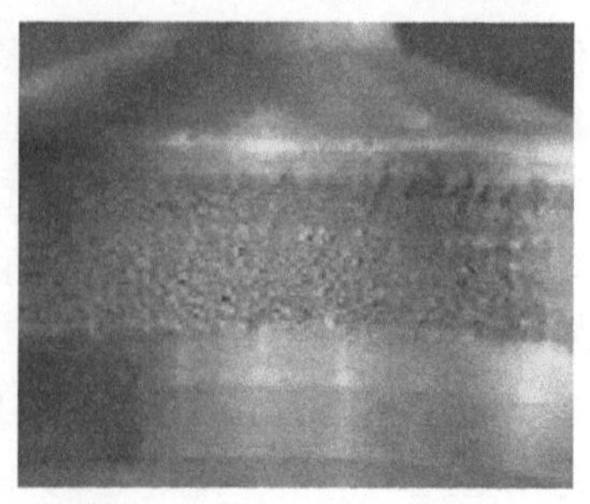

图 1.6　空化对部件表面的剥蚀作用[24]

在流体机械性能方面，空化会影响相关的升阻比。如图 1.7 所示，当不发生空化时，获得的升阻比接近 8，而当水翼表面发生空化时，升阻比急剧降低至 1.2，严重影响舰船等的推进动力。

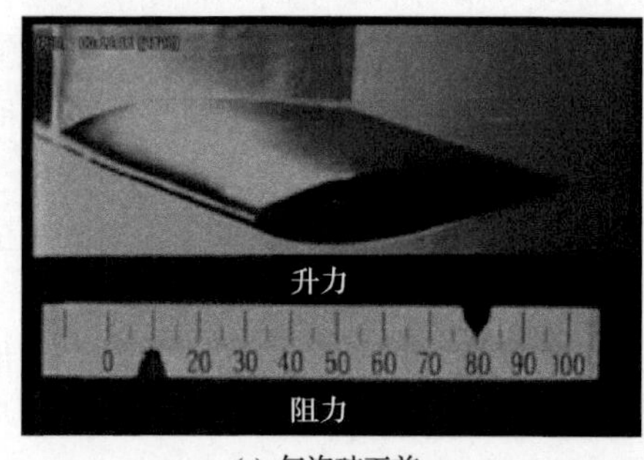

(a) 气泡破灭前

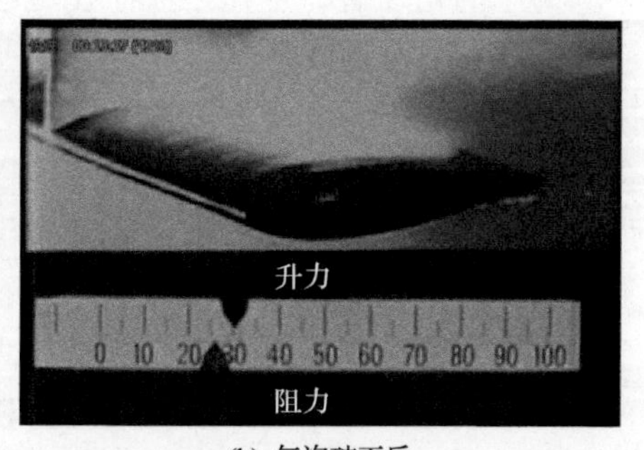

(b) 气泡破灭后

图 1.7　空化对水翼升阻比的影响

当然空化并不总是有害的，在一些特定场合，它是有利的，而且是希望发生的。在某些形态下空化有利于减小超气泡鱼雷发射时的阻力，原理是将高速运动的水下航行体中产生的自然空化与通气空化(ventilated cavitation)结合，形成包含整个航行体的超气泡，从而显著地降低了舰船运行的阻力，如图 1.8 所示[25]；空

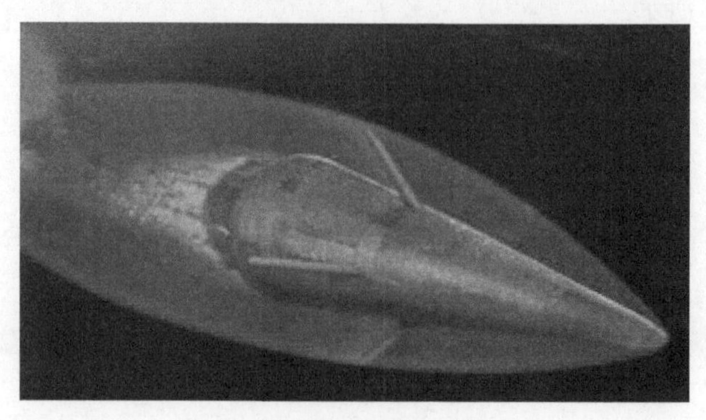

图 1.8　超气泡鱼雷[25]

化还可应用于医学上的激波碎石技术[26]；空化也可以在环境工程中促进有机化合物的分解和水质的消毒等。正是空化的这种双重作用，促使研究者对不同流体，如水、制冷剂、润滑剂、低温流体等的空化现象展开了广泛而深刻的研究，也由此产生了利用激波、超声波、运动脉冲技术、火花放电技术和激光脉冲技术等并非基于最初空化产生原因(即水力学压力变化)的多种人工实验方法[18]，并用高速摄影技术[27-29]来捕捉空化的产生、发展及溃灭全过程，为空化研究和模拟提供参考。

1.4 国内外研究现状

1.4.1 空化数值模型

非稳态空化包含了几乎所有复杂的流动现象特征：多相流、相变、湍流和非稳态性。即便是恒定的边界条件(如速度进口和压力出口)也会形成非稳态空化，气穴不再仅仅黏附在壁面，而是还有着生成、发展、脱落和破灭等周期性过程。这些瞬态特征也是引起机组振动、水力机械性能下降和不稳定的重要因素，正因为气泡脱落和破灭具有强烈的非稳态性和不规律性，空化的数值模拟实际上是随着计算机的计算能力的发展而发展的，并且在潜艇螺旋桨、航空航天、水轮机等许多核心战略领域里得到了更多的应用。

空化数值建模目前主要基于三种数学框架，分别是边界积分法(boundary integral method)、界面追踪法(interfacial tracking method)[30,31]和均相平衡流动法(homogeneous equilibrium flow method)[32]。边界积分法目前仅能对一两个气泡进行计算模拟，难以用于空化脱落和流场耦合计算，而实际工程中的流场却远非简单的几个气泡，因此这类方法应用较少。界面追踪法常用于模拟片状空化，不适用于存在空化形成和分离的情况。到目前为止，该方法仅限于二维平板和轴对称流动的模拟计算。实际上，现阶段大部分的研究工作都基于第三大类方法——均相平衡流动法，它提出了混合物密度(mixture density)的概念，采用类似单流体的质量和动量方程来求解两相流。在这类方法中，各种模型的区别在于可变密度的计算。与均相流模型相对的还有非均相流模型[33]，它将气液两相独立看待，每一相都有独立的控制方程，在空化流动计算过程中，不仅考虑相间动量和质量交换，还考虑两相间的作用力和滑移速度。非均相流模型更加复杂，计算耗时较多，而对结果的改进并不多，因此应用较少，不如均相流模型应用广泛。

均相流模型将整个流场看作由单一可变密度的流体组成，然后基于均相平衡流模型(homogeneous equilibrium model，HEM)，建立一组偏微分方程来控制流体运动和状态。根据可变密度计算原理，典型方法包括正压方程(barotropic equation)模型和输运方程模型(transport-equation-based model)两种。正压方程模型通过引入恰当的状态方程，将压力和密度分别与液相和气相联系起来，或直接参照物性来封闭方程组[34,35]：

$$\rho = \rho_{\mathrm{v}} + \frac{2}{\pi a_{\min}^{2}} \left(P_{1} - P_{\mathrm{v}}\right) \sin\left(\frac{P - P_{\mathrm{v}}}{P_{1} - P_{\mathrm{v}}} \frac{\pi}{2}\right) \tag{1.1}$$

$$\rho_{\mathrm{v}} = \frac{\rho_{1} + \rho_{\mathrm{g}}}{2} \tag{1.2}$$

$$P_{1} = P_{\mathrm{v}} + \frac{\pi}{2}\left(\rho_{1} - \rho_{\mathrm{v}}\right) a_{\min}^{2} \tag{1.3}$$

$$P_{\mathrm{g}} = 2P_{\mathrm{v}} - P_{1} \tag{1.4}$$

式中，ρ_{v} 为计算时的辅助变量；ρ_{1} 和 ρ_{g} 分别为液气两相密度；$a_{\min}$ 为最小声速；P_{1} 和 P_{g} 分别为液气两相压力；P 为流体压力。

对于水和水蒸气，20℃时水的正压方程模型如图 1.9 所示。

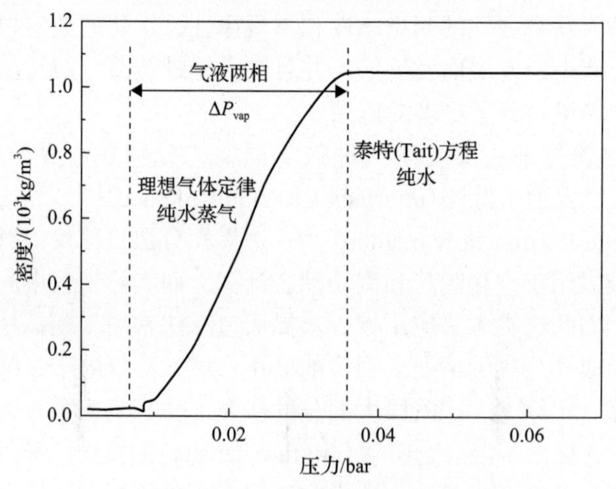

图 1.9　20℃时水的正压方程模型[36]

1bar=10^{5}Pa

Saurel 在研究超声速水下抛射问题时，对液相、气相和混合区域分别采取不同的状态方程建模并得到了较好的结果[15]。Rapposelli 和 d'Agostino[37]提出了能用于低温流体空化研究的正压方程模型，区别在于建立压力和密度关联时还包含了低温流体空化的热效应，如下所示：

$$\frac{1}{\rho a^{2}} = \frac{1}{\rho}\frac{\mathrm{d}\rho}{\mathrm{d}P} = \frac{1-\alpha}{P}\left[\left(1-\varepsilon_{1}\right)\frac{P}{\rho a_{1}^{2}} + \varepsilon_{1} g^{*}\left(\frac{P_{\mathrm{c}}}{P}\right)^{\eta}\right] + \frac{\alpha}{\gamma_{\mathrm{v}} P} \tag{1.5}$$

$$\varepsilon_1 \cong \frac{(R+\delta)^3 - R^3}{b^3 - R^3} = \frac{\alpha}{1-\alpha}B \tag{1.6}$$

$$B = \left(1+\frac{\delta}{R}\right)^3 - 1 \tag{1.7}$$

式中，a 为声速；a_1 为液体声速；g^* 和 η 为经验系数，对于水它们分别为 1.67、0.73；P_c 为临界压力；R 为气泡半径；ε_1 为液相体积分数；δ 为气泡壁面厚度；α 为热扩散系数；$b^3=R^3/\alpha$；γ_v 为气体比热比。

大多数流体都是正压流体，根据压力密度方程计算的密度梯度与压力梯度总是平行的，因此涡量方程的斜压项 $\nabla(1/\rho)\times\nabla P$ 总是等于 0。这样对于大多数发生分离的流动，很难得到符合实验的计算结果[38]。另外，Gopalan 和 Katz[39]、Huang 和 Wang[40]的实验结果表明，涡量是空化特别是非稳态空化的一个重要特性，它的计算事关整个流场的准确性，在空化闭合区域更是如此。也正因为如此，正压方程模型的应用也带有较大的局限性。

输运方程模型则避免了上述问题，该方法首先定义了气相体积分数输运方程：

$$\frac{\partial}{\partial t}(\alpha_v\rho_v) + \frac{\partial}{\partial x_j}(\alpha_v\rho_v u_j) = \dot{R} \tag{1.8}$$

式中，$\dot{R} = \dot{R}_e - \dot{R}_c$，为单位时间单位体积的流体净气化成的蒸气的质量，即净气化率，$\dot{R}_e$ 和 $\dot{R}_c$ 分别表示气化速率和液化速率；α_v 为气相体积分数；u_j 为气相速度。$\dot{R}_e$ 和 $\dot{R}_c$ 计算方法也被称作空化模型，不同模型反映的物理过程和假设各不相同，准确性和适用范围也各不相同。根据发表时间，常见的空化模型如表 1.1 所示。

表 1.1 常见的空化模型

文献	$\dot{R}_e$	$\dot{R}_c$
Merkle 等[41]	$\frac{C_{prod}\max(0,P-P_v)(1-\alpha_1)}{(0.5\rho_1 U_\infty^2)t_\infty}, C_{prod}=80$	$\frac{C_{dest}\rho_1\min(0,P-P_v)\alpha_1}{\rho_v(0.5\rho_1 U_\infty^2)t_\infty}, C_{dest}=1$
Kunz 等[42]	$\frac{C_{prod}\rho_v\alpha_1^2(1-\alpha_1)}{\rho_1 t_\infty}, C_{prod}=3\times10^4$	$\frac{C_{dest}\rho_v\min(P-P_v,0)\alpha_1}{(0.5\rho_1 U_\infty^2)\rho_1 t_\infty}, C_{dest}=1$
Sauer 和 Schnerr[43]	$\frac{\rho_v\rho_1}{\rho}\alpha(1-\alpha)\frac{3}{R_B}\sqrt{\frac{2}{3}\frac{(P_v-P)}{\rho_1}}$	$\frac{\rho_v\rho_1}{\rho}\alpha(1-\alpha)\frac{3}{R_B}\sqrt{\frac{2}{3}\frac{(P-P_v)}{\rho_1}}$
Singhal 等[44]	$C_{prod}\frac{\max(1.0,\sqrt{k})f_v}{\gamma}\rho_1\rho_1\sqrt{\frac{2}{3}\frac{(P-P_v)}{\rho_1}}$, $C_{prod}=0.01$	$C_{dest}\frac{\max(1.0,\sqrt{k})(1-f_v-f_g)}{\gamma}\rho_1\rho_v\sqrt{\frac{2}{3}\frac{(P_v-P)}{\rho_1}}$, $C_{dest}=0.02$

续表

文献	$\dot{R}_e$	$\dot{R}_c$
Senocak 和 Shyy[45]	$\dfrac{C_{prod}\max(0,P-P_v)(1-\alpha_l)}{(U_{v,n}-U_{l,n})^2(\rho_l-\rho_v)t_\infty}$ $\dfrac{C_{prod}}{0.5\rho_l U_\infty^2}=\dfrac{1}{(\rho_l-\rho_v)(U_{v,n}-U_{l,n})^2}$	$\dfrac{C_{dest}\rho_l\min(0,P-P_v)\alpha_l}{\rho_v(U_{v,n}-U_{l,n})^2(\rho_l-\rho_v)t_\infty}$ $\dfrac{C_{dest}}{0.5\rho_l U_\infty^2}=\dfrac{1}{(\rho_l-\rho_v)(U_{v,n}-U_{l,n})^2}$
Zwart 等[46]	$C_{prod}\dfrac{3\alpha_v\rho_v}{R_B}\sqrt{\dfrac{2}{3}\dfrac{P-P_v}{\rho_l}},C_{prod}=0.01$	$C_{dest}\dfrac{3\alpha_{nuc}(1-\alpha_v)\rho_v}{R_B}\sqrt{\dfrac{2}{3}\dfrac{P_v-P}{\rho_l}},C_{dest}=50$
Zhang 等[47,48]	$C_{prod}\dfrac{\rho_l RT_{ref}\ln(P/P_{cav})+P_{cav}-P}{\gamma}$ $\cdot\rho_l\left(\dfrac{2}{3}\dfrac{P-P_{cav}}{\rho_l}\right)^{\frac{1}{2}}f_v,C_{prod}=0.01$	$C_{dest}\dfrac{P_{cav}(T_{ref})\exp\left[(P-P_{cav})/(\rho_l RT_{ref})\right]-P}{\gamma}$ $\cdot\rho_v\left(\dfrac{2}{3}\dfrac{P_{cav}-P}{\rho_l}\right)^{\frac{1}{2}}(1-f_v-f_g),C_{dest}=0.02$

注：C_{prod} 和 C_{dest} 分别表示蒸发系数和冷凝系数，α_l 为液体体积含量；ρ_v 为饱和蒸气压；α 为体积含量；k 为湍动能；R_B 为气泡半径；γ 为表面张力；P_{cav} 为空化区压力；f_v 和 f_g 分别表示蒸气和不凝性气体的质量分数；T_{ref}、U_∞、t_∞ 分别表示参考温度、参考速度和参考时间；U 为速度，下标 v 和 i 分别表示气相和界面，n 表示法向；α_{nuc} 为成核空间气相含量；T_{ref} 为参考温度。

容易看出，Senocak 和 Shyy[45]的空化模型和 Singhal 等[44]与 Merkle 等[41]的空化模型基本一致，但是模型常数更复杂，物理意义更丰富，其中的 $U_{v,n}$ 和 $U_{l,n}$ 分别是估算的气液界面速度和垂直于相界面的法向速度。有学者对 Kunz、Senocak、Merkle 这三种模型作了细致的比较，利用三个模型对半圆头的空化体作了模拟研究，气泡形态结果与实验数据都符合较好，它们之间的区别主要在于对气泡尾部的闭合区域上。Kunz 模型和 Senocak 模型都比较精确地模拟出了气泡尾部的回注射流，与实验结果基本一致，而 Senocak 模型需要首先确定气泡界面的速度，这在实际应用中是非常困难的。Zhang 等[47,48]基于杨氏方程计算气泡内外的压差，利用吉布斯-杜安(Gibbs-Duhem)方程计算气泡内外的动态压力变化，从而得到了随当地压力变化的气泡半径来代替完全空化模型(full cavitation model，FCM)的最大概率半径，提出了可变气泡直径的动态空化模型(dynamic cavitation model，DCM)。

1.4.2 湍流模型发展

正如前面所提到的，空化是湍流非常强烈的一种流动形式，它的数值模拟准确性也严重依赖于湍流模型，尤其是非稳态空化。常用于空化流的湍流模型有雷诺平均纳维-斯托克斯(Reynolds average Navier-Stokes，RANS)模型(k-ε 模型、k-ω 模型)和大涡模拟(large eddy simulation，LES)模型。

其中 RANS 模型由于对网格数要求比 LES 模型低，使用更广泛，但随着计算机计算速度的提升，LES 模型在非稳态空化中的应用也越来越多。标准 k-ε 模型的方程如下[44]：

$$\frac{\partial(\rho k)}{\partial t}+\frac{\partial\left(\rho k u_i\right)}{\partial x_i}=\frac{\partial}{\partial x_j}\left[\left(\mu+\frac{\mu_{\mathrm{t}}}{\sigma_k}\right)\frac{\partial k}{\partial x_j}\right]+G_k+\rho\varepsilon \tag{1.9}$$

$$\frac{\partial(\rho\varepsilon)}{\partial t}+\frac{\partial\left(\rho\varepsilon u_i\right)}{\partial x_i}=\frac{\partial\left[\left(\mu+\frac{\mu_{\mathrm{t}}}{\sigma_\varepsilon}\right)\frac{\partial\varepsilon}{\partial x_j}\right]}{\partial x_j}+\frac{(G_k+C_{3\varepsilon}G_{\mathrm{b}})C_{1\varepsilon}\varepsilon}{k}-\frac{C_{2\varepsilon}\rho\varepsilon^2}{k} \tag{1.10}$$

式中，u_i为速度；σ_k为湍动能的湍流普朗特数；σ_ε为湍流耗散率的湍流普朗特数；G_k为平均速度梯度引起的湍动能k的产生项；ε为湍流耗散率；$C_{1\varepsilon}$、$C_{2\varepsilon}$、$C_{3\varepsilon}$为经验系数；G_{b}为浮力引起的湍动能k的产生项；μ为流体黏度；μ_{t}为湍动黏度，可表示成如下的关于k和ε的函数：

$$\mu_{\mathrm{t}}=\rho C_\mu\frac{k^2}{\varepsilon} \tag{1.11}$$

其中，C_μ为经验系数。标准的k-ε模型中$C_\mu=0.09$，$C_{1\varepsilon}=1.44$。在应用到空化流模拟方面，人们对标准k-ε模型的经验系数进行了相应的修正，如表1.2所示。

表1.2　用于空化模拟的不同k-ε湍流模型参数[18]

文献	$C_{1\varepsilon}$	$C_{2\varepsilon}$	σ_k	σ_ε
Launder和Spalding[49]	1.44	1.92	1.3	1.0
Senocak和Shyy[50]	$1.15+0.25\frac{G_k}{\varepsilon}$	1.9	1.15	0.89
Goel等[51]	$\left(1.15+0.25\frac{G_k}{\varepsilon}\right)\left(1+0.38\frac{k}{\varepsilon}\right)\left\lvert\frac{\partial Q}{\partial t}\right\rvert\Big/Q$	1.9	1.15	0.89

注：Q为传递热通量。

Launder和Spalding[49]的模型是对平衡剪切流进行矫正后得到的。Senocak和Shyy[50]为计入非平衡性，在其中引入一个微妙的时间尺度。Goel等[51]则考虑了时间效应，但是在有些情况下模拟结果对不同参数的k-ε模型并不敏感，使这些参数增加一个数量级，虽然气穴内部的密度水平有明显变化，压力的分布却变化很小。对于空化流动，研究表明k-ε模型带来了过大的扩散率，导致数值计算结果过度圆滑，非稳态流动也因为过大的湍流黏度被抑制[52]。同时，Johansen等[53]比较了流体通过孔板产生湍流的实验结果和模拟结果，发现存在同样的问题。过高预测的湍流黏度使实验中观察到的气泡周期性分离和脱落等空化不稳定性在数值模拟中无法体现，这一影响在非稳态空化中更为常见。

具体来讲，标准 k-ε 模型是为完全不可压缩流体或者单相流动提出来的。在两相混合区，压缩性较高，也没有特别的修正。因此，流体的可压缩性只有通过湍流方程中流体的平均密度变化来体现。采用标准 k-ε 模型，很难通过模拟捕捉到非稳态空化特性。在初始阶段，气穴区的长度有一个瞬态波动，随后层状空化呈现出类稳态变化，在全局上保持稳态，计算的空化区长度过小。另外，Stutz 和 Reboud[54]、Fruman 等[55]的实验结果表明数值模拟过多地估计了气泡主流区域的平均气泡率，也即气相体积分数。在层状气泡的上游部分，计算值给出了一个高的时均气相体积分数(>90%)，在尾迹区则剧烈下降到了 0，然而实际上测量到的气泡率(void ratio)从来没有超过 25%，并且气泡率是从气泡头部逐渐下降，直到气泡的尾部。这种数值计算和实验吻合较差，同样和气泡尾部湍流黏性计算过大有关。

云状空化的周期性特性和从气泡尾迹区发展起来的逆向回射流有很大关系。事实上，先前描述的沿着壁面的回射流停止太早，以至于它并没有带来任何的气穴破灭[56]；另外，低温流体空化同样存在这样的问题[57]，低温下流体的层流黏性比水小很多，因此大多数低温流动都是高雷诺数和湍流较强的流动，k-ε 模型的适用性同样需要实验检验。

在模拟非稳态空化时，湍流模型主要有如下三种处理方式：①修正的重整空化群(RNG) k-ε 模型；②修正的 k-ω 湍流模型；③大涡模拟或分离涡模拟(LES/DES)。修正的 RNG k-ε 模型或者修正的 k-ω 湍流模型是在传统两方程模型的湍流黏性计算公式中引入修正函数，来降低空化区尾迹气液混合物后方区域湍流黏性计算偏大的影响。大涡模拟或分离涡模拟由于在计算湍流时能够较好地模拟各种湍流尺度的影响，正逐步受到人们的重视，但由于其对网格和计算资源要求较高，目前在空化流数值模拟方面的应用还有一定的局限性，在二维[58-60]和三维[61,62]空化流上有应用报道。常见的湍流黏性修正模型如表 1.3 所示。

表 1.3　湍流黏性修正模型

模型	修正方式	
滤波模型[63]	$\mu_t = C_\mu \rho_m \dfrac{k^2}{\varepsilon} f_\mu$，$C_\mu = 0.09$	$f_\mu = \min\left(1, \dfrac{\Delta\varepsilon}{k^{3/2}}\right)$
基于密度的修正模型	$\mu_t = C_\mu \rho_v \dfrac{k^2}{\varepsilon} f_\mu$，$C_\mu = 0.0085$	$f_\mu = 1 + \dfrac{(\rho_m - \rho_v)^n}{(\rho_l - \rho_v)^{n-1} \rho_v}$
边界修正模型	$\mu_t = C_\mu \rho_v \dfrac{k^2}{\varepsilon} f_\mu$	$Re_t = \dfrac{\rho k^2}{\varepsilon \mu_L}$, $Re_k = \dfrac{\rho \sqrt{k} y}{\mu_L \varepsilon}$ $f_\mu = \left(1 + 4 Re_t^{-\frac{3}{4}}\right) \tanh \dfrac{Re_k}{125}$

注：ρ_m 为混合相密度；f_μ 为黏性修正函数；n 为经验指数；Re_t 为湍流雷诺数；Re_k 为湍动能雷诺数；y 为到下一个面的距离；μ_L 为流体动力黏度。

其中，Johansen 等[53]提出了基于过滤函数的湍流模型，在 Launder 和 Spalding 模型的基础上，为湍流黏度加上过滤函数。这种模型的好处是在近壁区各向异性因数 $F=1$，使壁面函数可以用来模拟剪切层。同时被前面几种模型所掩盖的空化不稳定性也得到显现。但文献[62]～[64]采用本征正交分解(proper orthogonal decomposition，POD)法对基于过滤函数的湍流模型和 k-ε 湍流模型的比较显示，基于过滤函数的湍流模型在时均流场的预测上有误导性。大部分近期的研究都采用 k-ε 模型计算湍流，因为该模型的假设使湍动能的产生和扩散达到均衡，而大流线曲率和有回流区的流场是不符合这样的假设的，因此，在不少文献中也提出了非平衡 k-ε 湍流模型。第 3 章也将详细地讨论湍流模型对低温流体空化的影响，包括压力分布、温度分布及气穴长度。

1.5 低温流体空化特性

1.5.1 热效应特性

各种流体的物理性质各不相同，导致观察到的空化现象也不尽相同。实际应用中，大部分水力机械运行以常温流体(主要是水)为主，人们的研究也因而集中在常温流体。低温流体空化现象的研究起步较晚，在早期研究中，大多数研究者都把低温流体空化当成常温流体空化的一个特例来处理。

液氢、液氧等低温流体是常用的航空航天液体燃料推进剂，无毒、性能好，广泛用于大推力火箭。而且，随着航空航天技术的不断发展及其对安全性和稳定性的重视，低温流体空化影响也逐渐被研究者重视。在火箭中，常用涡轮泵通过导流器把液氢、液氧送入燃烧室。由于流体速度极大，遇到阻力元件文氏管时，局部产生巨大的压降低于流体的饱和蒸气压，这时发生空化，会给系统的流动稳定性带来严重影响，同时也会引起额外的振动，影响装置的安全运行，所以低温流体空化研究变得非常重要，美国国家航空航天局(NASA)在 20 世纪就开展了全面的多工况的低温流体空化实验研究，包括液氮、液氧、液氢流过钝头体、文氏管和水翼等几何结构的空化[65-67]。

常温流体空化研究中，Brennen[1]定义了无量纲参数——空化数，来表征空化发生强度：

$$\sigma = \frac{P_\infty - P_\mathrm{v}\left(T_\infty\right)}{0.5\rho u_\infty^2} \tag{1.12}$$

式中，P_∞、T_∞、u_∞ 分别为自由流压力、温度和速度，当自由流压力较小，接近甚至低于自由流的饱和蒸气压时，或者自由流流速较大时，来流空化数较小甚至为负数，容易发生空化现象。一个直径为 10mm 的二维圆柱水洞中的实验测得当空化数低于 1.5 时便发生空化[68]。而在相同空化数下，低温实验中则不一定发生空化，或者其形态与水空化区别较大。这是因为低温流体空化热效应带来温降，空化区的温度并非远场的流体温度，相应的压力也并非远场流体温度对应的饱和蒸气压。因此低温流体空化数修正如下：

$$\sigma_{\mathrm{c}} = \frac{P_{\infty} - P_{\mathrm{v}}\left(T_{\mathrm{c}}\right)}{0.5\rho u_{\infty}^{2}} \tag{1.13}$$

式中，T_{c} 为空化温度。联系两个空化数表达式，容易知道低温流体空化区别于水空化的本质是流体的热物性差异，它们的不同点主要表现在以下三个方面。

(1) 低温流体的饱和蒸气压对温度更敏感[69]。和水相比，低温流体的饱和蒸气压随温度的变化更大，见表 1.4 和图 1.10。比如，在 1atm①下液氧(90K)、液氮(77K)和液氢(20K)的 $(\mathrm{d}P/\mathrm{d}T)_{\mathrm{sat}}$ 分别为 10.44kPa/K、11.57kPa/K 和 27.62kPa/K，是水

表 1.4　不同物质在标准大气压下的物性比较[69]

物类	比热/(J/(kg·K))	液相密度/(kg/m³)	气相密度/(kg/m³)	液相气相密度比	导热系数/(W/(m·K))	潜热/(kJ/kg)
水	4215.6	997.04	0.023	43349.57	606.89	4181.7
液氧	1699.4	1141.2	4.467	255.47	151.61	213.06
液氮	2041.5	806.08	4.162	193.68	145.81	199.18
液氢	9666.7	70.80	1.339	52.88	103.41	445.44

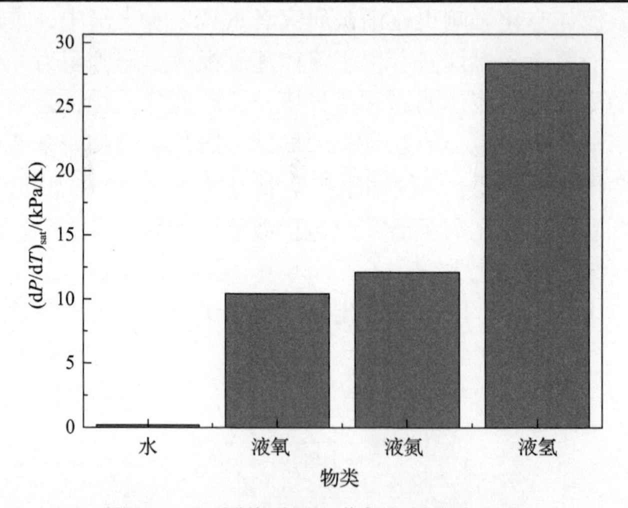

图 1.10　不同物质饱和蒸气压随温度变化

① 1atm=1.01325×10⁵Pa。

(298K)(0.122kPa/K)的几十甚至几百倍。另外，低温流体空化发生时的操作压力一般接近于临界压力，而水的空化则大多发生在标准大气压附近，离临界压力相去甚远，这也更加拉大了它们的饱和蒸气压对温度导数的差距。

(2)低温流体在饱和状态下的液相气相密度比$(\rho_l / \rho_v)_{sat}$是水的几百分之一，见表1.4。这意味着在相似的流动状况下，为维持相同大小的气穴区压力，需要气化更多质量的低温流体，从而产生更多的气化潜热，导致局部温降更大，热效应更加显著。

(3)低温流体的导热系数远小于水的导热系数。在相同的热流密度下，低温流体内部将会产生更大的温度梯度，即空化区附近将有更大的温降，继而产生更大饱和压降(因素(1)，即低温流体不同点(1)导致不同点(3))。一般情况下，该温降为2～3K[70]，但此时的饱和蒸气压可能只有原饱和蒸气压的一半。

上述因素的共同作用使低温流体在空化及其附近区域产生更为显著的温度下降，即$T_\infty - T_c$较大，再加上因素(1)中有较大的$(\mathrm{d}P / \mathrm{d}T)_{sat}$的强化作用，则可知低温流体在空化及其附近区域将有更加显著的压降，因此，有较大的温降和压降是低温流体空化最为显著的特点。由此可以推论：在相似的流动工况下，相同空化数下，低温流体更加不容易发生空化，或者空化强度比水小。

低温流体空化的另外一个特点是多孔现象，气液界面模糊不清，或者说气相对液体的夹带作用显著增强，该现象已经在实验中被观察到[30]。对于室温流体，由于没有降温效应存在，蒸发压力近似为常数，上游来流液体不能进入附着空化区内部，液体气化主要发生在气液界面，空化区内部气相体积分数可达85%左右，存在清晰的气液界面。而对低温流体，由于空化区压力随温度的降低而减小，上游来流液体能够进入附着空化区内部，维持气相区压力的蒸气主要来自内部液体蒸发，但气相体积分数要比水小得多，所以，热效应影响下的空化区内部呈现多孔介质状，气液界面也模糊不清[70]。

1.5.2　热效应影响的理论计算

为了量化表征低温流体空化热效应，Stahl和Stephanoff[71]提出了B因子，其定义为蒸发过程中涉及的蒸气体积与液体体积的比率。不考虑导热，则根据气液相变过程的能量守恒可得

$$\rho_v \vartheta_v h_{fg} = \rho_l \vartheta_l c_{pl} \Delta T \tag{1.14}$$

式中，ϑ_l为产生的蒸气体积为ϑ_v时周围液体相变蒸发的体积；ΔT为空化区内部与远场液体的温度差，即温降；h_{fg}为气化潜热；c_{pl}为液体等压比热容；ρ_v和ρ_l分别为气、液相密度。

由式(1.14)即推导得到B因子公式：

$$B = \frac{\vartheta_\text{v}}{\vartheta_\text{l}} = \frac{\Delta T}{\Delta T^*} \tag{1.15}$$

式中，$\Delta T^* = \dfrac{\rho_\text{v} h_\text{fg}}{\rho_\text{l} c_{p\text{l}}}$。

式(1.15)也可以进一步写成

$$B = \frac{\vartheta_\text{v}}{\vartheta_\text{l}} = \frac{\Delta T}{\Delta T^*} = \frac{\rho_\text{l} c_{p\text{l}}}{\rho_\text{v} h_\text{fg}} \frac{\text{d}T}{\text{d}h_\text{v}} \Delta h_\text{v} \tag{1.16}$$

式中，Δh_v 为当地压降对应的压头。

如果定义 $\beta = \dfrac{\rho_\text{l} c_{p\text{l}}}{\rho_\text{v} h_\text{fg}} \dfrac{\text{d}T}{\text{d}h_\text{v}}$，则 $\Delta h_\text{v} = \dfrac{B}{\beta}$。文献[72]推导了离心泵 NPSH(净正吸入压头)与 Δh_v、泵旋转速度 N 和特征长度 D 的关系：

$$\frac{\text{NPSH}_\text{ref} + (\Delta h_\text{v})_\text{ref}}{\text{NPSH} + \Delta h_\text{v}} = \left(\frac{N_\text{ref} D_\text{ref}}{ND} \right)^2 \tag{1.17}$$

式中，下标 ref 表示参考值。

联立式(1.16)和式(1.17)，得

$$\text{NPSH} = \left(\text{NPSH}_\text{ref} + \frac{B_\text{ref}}{\beta_\text{ref}} \right) \left(\frac{N_\text{ref} D_\text{ref}}{ND} \right)^2 - \frac{B}{\beta} \tag{1.18}$$

式(1.18)用于解释热效应尺度对泵中 NPSH 的影响。使用式(1.18)的主要难点是 B 因子的计算。

有文献报道了几种著名的方法估算 B 因子的值。如图 1.11 所示，对于这些 B 因子模型有一些基本的假设：从壁面向外依次存在一个厚度为 δ_v 的空化区和一个厚度为 δ_l 的热边界层；空化区稳定附着在固体壁上；蒸气在液体-蒸气界面上蒸发

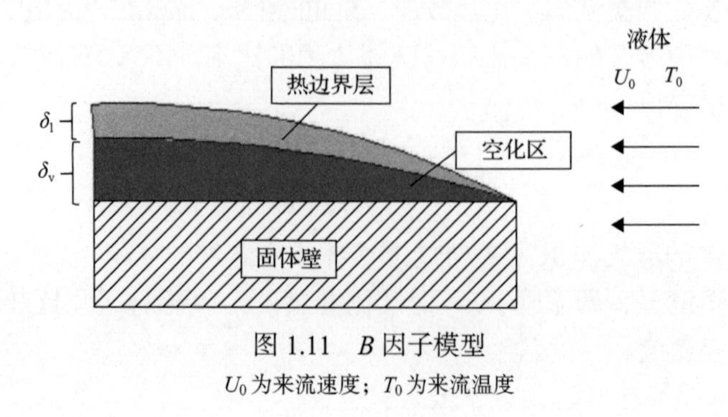

图 1.11　B 因子模型

U_0 为来流速度；T_0 为来流温度

并从热边界层提取热量，在热边界层内存在远场液体温度和空化区温度之间的梯度；气液界面上的蒸气和液体处于局部热力学平衡状态。

1. GMR 法

Gelder 等[73]、Moore 和 Ruggeri[74]以半经验的方式发展了 B 因子理论(这里简称 GMR 理论)。考虑图 1.11 所示的充分发展的空化区，其形状是稳定的，并且气液界面上液体的蒸发只从相邻液体层中提取热量。假定：①液体体积 ϑ_{l} 与液体层(同时是热边界层)厚度 δ_{l} 和空化区长度 Δx 的乘积成正比；②蒸气体积 ϑ_{v} 与空化区厚度 δ_{v} 和空化区长度 Δx 的乘积成正比；③δ_{l} 与热扩散系数 α 和气化时间乘积的平方根成正比[75]。蒸发时间与 $\Delta x/U_0$ 成正比，其中 U_0 为参考速度。因此，δ_{l} 和 $\left(\alpha\Delta x/U_0\right)^{0.5}$ 成正比，气液体积比 $\vartheta_{\mathrm{v}}/\vartheta_{\mathrm{l}}$ 正比于 $\delta_{\mathrm{v}}\left(\alpha\Delta x/U_0\right)^{0.5}$。然后，以某特定工况的实测值作为参考，$B$ 因子可表示为如下形式：

$$B = B_{\mathrm{ref}}\left(\frac{U_0}{U_{0,\mathrm{ref}}}\right)^{n_1}\left(\frac{\alpha_{\mathrm{ref}}}{\alpha}\right)^{n_2}\left(\frac{\Delta x_{\mathrm{ref}}}{\Delta x}\right)^{n_3}\left(\frac{\delta_{\mathrm{v}}}{\delta_{\mathrm{v,ref}}}\right)^{n_4} \tag{1.19}$$

基于文氏管实验，Gelder、Moore 和 Ruggeri 等从氟利昂-114 的文氏管空化实验数据中校准了式(1.19)中的指数(n_1、n_2、n_3、n_4)。应该注意的是，实验中很难确定空化区的厚度，因此假定 δ_{v} 等于 $\delta_{\mathrm{v,ref}}$。B 因子半经验形式因而简化为

$$B = B_{\mathrm{ref}}\left(\frac{U_0}{U_{0,\mathrm{ref}}}\right)^{0.85}\left(\frac{\alpha_{\mathrm{ref}}}{\alpha}\right)^{0.5}\left(\frac{\Delta x_{\mathrm{ref}}}{\Delta x}\right)^{0.16} \tag{1.20}$$

式(1.20)能够根据参考工况的 B 因子来预测其他液体温度、速度或空化区长度下的 B 因子。在某些情况下，由于实际工况和参考工况的模型尺寸量级不同，式(1.19)就不再合适。基于不同尺寸的文氏管实验，Moore 和 Ruggeri[74]进一步研究了 B 因子的几何尺度效应。

先考虑简单的情况，对于不同尺寸但几何相似的文氏管，若 $\Delta x/D$ 为常数(即空化区几何相似，D 为特征长度)，则空化区厚度和空化区长度将有如下关系：

$$\frac{\delta_{\mathrm{vs}}}{\delta_{\mathrm{v,ref}}} = \frac{D_{\mathrm{s}}}{D_{\mathrm{ref}}},\quad \frac{\Delta x_{\mathrm{s}}}{\Delta x_{\mathrm{ref}}} = \frac{D_{\mathrm{s}}}{D_{\mathrm{ref}}} \tag{1.21}$$

式中，下标 s 表示新尺寸下的值。

因此，对于几何相似的空化区，结合式(1.20)和式(1.21)并基于来自 $\Delta x/D = 0.7$ 和 1.0 文氏管的氟利昂-114 实验数据，Moore 和 Ruggeri 获得以下经验关联式：

$$B_{\mathrm{s}}=B_{\mathrm{ref}}\left(\frac{V_{0,\mathrm{s}}}{V_{0,\mathrm{ref}}}\right)^{0.85}\left(\frac{\alpha_{\mathrm{ref}}}{\alpha_{\mathrm{s}}}\right)^{0.5}\left(\frac{D_{\mathrm{s}}}{D_{\mathrm{ref}}}\right)^{0.15} \tag{1.22}$$

式中，下标 ref 和 s 分别表示两个几何相似的全尺寸模型和缩比模型中的值。

最后，结合式(1.13)和式(1.14)，得到更一般并且同时考虑尺寸和工况变化的半经验 B 因子模型：

$$B=B_{\mathrm{ref}}\left(\frac{V_0}{V_{0,\mathrm{ref}}}\right)^{n}\left(\frac{\alpha_{\mathrm{ref}}}{\alpha}\right)^{m}\left(\frac{D}{D_{\mathrm{ref}}}\right)^{1-n}\left[\frac{\dfrac{\Delta x}{D}}{\left(\dfrac{\Delta x}{D}\right)_{\mathrm{ref}}}\right]^{p} \tag{1.23}$$

式中，指数基于液氢和氟利昂-114 实验数据重新校准，m=1.0，$n=0.8$，$p=0.3$。

对于泵，在相似流动条件下，泵的进口速度与泵转速 N 成正比。Moore 和 Ruggeri 进一步假设对于不同流体、不同温度和泵转速下的流动，若流动系数 φ 和规定扬程系数比 ψ/ψ_{NC} 不变，则认为空化区长度 Δx 为常数，因此式(1.23)变为[72]

$$B=B_{\mathrm{ref}}\left(\frac{\alpha_{\mathrm{ref}}}{\alpha}\right)^{m}\left(\frac{N}{N_{\mathrm{ref}}}\right)^{n} \tag{1.24}$$

2. MTWO 法[76]

上述 Gelder 等使用的方法忽略了空化过程中涉及的对流传热，所以它在物理上还不够完善。Hord[65]提出了一个更一般的对流模型，并表明 Gelder 等使用的热传导模型是它的一个特例。

对流传热过程可以用下面的等式来描述：

$$Nu_x=C_0Re^{m_1}Pr^{n_1} \tag{1.25}$$

并且热边界层厚度 δ_1 假定为

$$\delta_1=C_1Re^{-m_2}Pr^{-n_2} \tag{1.26}$$

式(1.25)和式(1.26)中，Nu 为努塞特数；C_0、C_1 为经验系数；Re 为雷诺数；Pr 为普朗特数；m_1、m_2、n_1、n_2 为经验指数。

从 Hord 实验中的可视化数据可知，空化区厚度可以用 $\delta_{\mathrm{v}}=C_2x^p$ 形式来描述。那么 B 因子可以写成

$$B=\frac{\vartheta_{\rm v}}{\vartheta_{\rm l}}=\int_0^x\delta_{\rm v}{\rm d}x\bigg/\int_0^x\delta_{\rm l}{\rm d}x=\left(C_2\int_0^x x^p{\rm d}x\right)\bigg/\left(C_1 Pr^{-n_2}\int_0^x \Delta x Re_x^{-m_2}{\rm d}\Delta x\right)$$
$$=C_3\Delta x^{p-1}Re_x^{m_2}Pr^{n_2} \tag{1.27}$$
$$=C_3\alpha^{-n_2}V_0^{m_2}\Delta x^{p-1+m_2}\left(\frac{\rho_{\rm l}}{\mu_{\rm l}}\right)^{m_2-n_2}$$

它也可以基于参考值来表示：

$$B=B_{\rm ref}\left(\frac{\alpha_{\rm ref}}{\alpha}\right)^{E_1}\left(\frac{V_0}{V_{0,{\rm ref}}}\right)^{E_2}\left(\frac{\Delta x_0}{\Delta x_{\rm ref}}\right)^{E_3}\left(\frac{v_{\rm ref}}{v_0}\right)^{E_4} \tag{1.28}$$

式中，E_1～E_4 为经验指数。

Hord 指出式(1.28)仅包含最常见的相关参数，额外的物理变量可基于不同的努塞特关系或空化区形状考虑进该方程。在对空化进行无量纲分析之后，Hord 将空化尺寸、流体表面张力和两相声速分别纳入 B 因子表达式并推导出新的形式：

$$B=B_{\rm ref}\left(\frac{\alpha_{\rm ref}}{\alpha}\right)^{E_1}\left(\frac{\rm MTWO}{{\rm MTWO}_{\rm ref}}\right)^{E_2}\left(\frac{\Delta x_0}{\Delta x_{\rm ref}}\right)^{E_3}\left(\frac{v_{\rm ref}}{v_0}\right)^{E_4}\left(\frac{\sigma_{\rm ref}}{\sigma}\right)^{E_5}\left(\frac{D_{\rm ref}}{D}\right)^{E_6} \tag{1.29}$$

式中，$\sigma_{\rm ref}$ 为参考空化数；σ 为空化数；MTWO 为 V/V_1 的比率，V_1 与穿过空化区界面的两相液-气声速呈比例：

$${\rm MTWO}=\frac{V_\infty}{c_{\rm l}}\left[\frac{1+B\left(\frac{\rho_{\rm l}}{\rho_{\rm v}}\right)\left(\frac{c_{\rm l}}{c_{\rm v}}\right)^2}{1+B\left(\frac{\rho_{\rm v}}{\rho_{\rm l}}\right)}\right]^{\frac{1}{2}} \tag{1.30}$$

其中，$c_{\rm l}$ 和 $c_{\rm v}$ 分别为液体和蒸气的声速。

3. 雾沫夹带法

Holl 等[77]提出了一个称为“雾沫夹带法”的比例尺法。同样假设空化区稳定，液体在空化区界面上不断蒸发，其蒸发速率和尾流从空化区夹带走的蒸气体积的速率相等。液体气化产生的蒸气从相邻液体中提取热量并形成热边界。因此存在以下热平衡：

$$\dot{m}_{\rm v}h_{\rm fg}=h_{\rm t}A_{\rm W}\left(T_\infty-T_{\rm c}\right) \tag{1.31}$$

式中，$T_{\rm c}$ 为空化区温度；T_∞为热边界以外的液体温度；$h_{\rm t}$ 为换热系数；$A_{\rm W}$ 为空化区界面面积；h_{fg}为气化潜热。

$\dot{m}_v$为空化区中蒸气的质量流率，表示为

$$\dot{m}_v = \rho_v D^2 V_\infty C_Q \tag{1.32}$$

式中，C_Q为流量系数；D为特征长度。

将式(1.32)代入式(1.31)，得

$$\Delta T = T_\infty - T_c = \frac{\rho_v D^2 V_\infty C_Q h_{fg}}{h_t A_W} \tag{1.33}$$

对式(1.33)用无量纲系数进行整理，可得

$$\Delta T = \frac{C_Q}{C_A}\frac{Pe}{Nu}\frac{\rho_v}{\rho_l}\frac{h_{fg}}{c_{pl}} \tag{1.34}$$

式中，C_A为面积系数；Pe为佩克莱数。

相应地，B因子从而可以表示为

$$B = \frac{\Delta T}{\Delta T^*} = \left(\frac{C_Q}{C_A}\frac{Pe}{Nu}\frac{\rho_v}{\rho_l}\frac{h_{fg}}{c_{pl}}\right)\left(\frac{1}{\Delta T^*}\right) \tag{1.35}$$

从式(1.32)可知流量系数定义为$C_Q = \dot{m}_v \big/ \left(\rho_v D^2 V_\infty\right)$，雾沫夹带理论认为对于给定的一组流动条件，维持自然空化区所需的蒸气的体积流速等于保持相同形状人工通气空化区所需的气体的体积流速，在后者实验中非冷凝气体通过位于空化区的狭缝或孔注入。因此，流量系数通常由人工通气空化实验数据确定，关联式为

$$C_Q = C_1 Re^a Fr^b \left(\frac{\Delta x}{D}\right)^c \tag{1.36}$$

式中，C_1、a、b、c为实验确定的经验系数；Fr为弗劳德数；D为特征长度。

关于面积系数C_A，由自然空化区和通气空化区的实验照片确定，经验关联方程为如下形式：

$$C_A = C_2 \left(\frac{\Delta x}{D}\right)^d \tag{1.37}$$

式中，C_2和d为从实验数据拟合的系数。

在得到C_Q和C_A后，Nu即可由实测空化区最大温降通过式(1.35)确定，并被

假定为具有如下形式：

$$Nu = C_3 Re^l Pr^f Fr\left(\frac{\Delta x}{D}\right)^h \tag{1.38}$$

式中，C_3、l、f和h为由实验数据确定的系数。

4. Fruman 法[78]

通过将空化区表面上的流动和平板表面湍流进行类比，Fruman 推导了一个模型来估计空化区和来流之间的温度差异。首先，对于一个光滑平板，式(1.39)描述了其壁面温度和普朗特数$Pr\approx1$的流体传递的热通量Q之间的关系。

$$\left(T_{\mathrm{p}} - T_{\mathrm{ref}}\right)_{\mathrm{smooth}} = \frac{Q}{\dfrac{1}{2}\rho_{\mathrm{l}} c_{p\mathrm{l}} U_{\mathrm{ref}} \left(C_{\mathrm{f}}\right)_{\mathrm{smooth}}}\left[1 - \frac{u_{\mathrm{b}}}{U_{\mathrm{ref}}}(1 - Pr)\right] \tag{1.39}$$

式中，T_{p}为平板的壁面温度；下标 smooth 代表光滑平板；C_{f}为局部摩擦系数；u_{b}为黏性边界层边缘的速度，并且$\dfrac{u_{\mathrm{b}}}{U_{\mathrm{ref}}} = \dfrac{2.1}{Re_x^{0.1}}$[78]。

热通量Q可以用流量系数C_Q表示为

$$Q = -\rho_{\mathrm{v}} \Delta x V_{\mathrm{g}} = -\rho_{\mathrm{v}} \Delta x C_Q U_{\mathrm{ref}} \tag{1.40}$$

式中，V_{g}为均匀分布在空腔界面上的蒸气(空气)的平均速度。

对于粗糙板[79]，其温度差可从以上光滑平板的温度差修正得

$$\left(T_{\mathrm{p}} - T_{\mathrm{ref}}\right)_{\mathrm{rough}} = -\frac{\rho_{\mathrm{v}} \Delta x C_Q}{\dfrac{1}{2}\rho_{\mathrm{l}} c_{p\mathrm{l}} \left(C_{\mathrm{f}}\right)_{\mathrm{rough}}}\left[1 - \frac{2.1}{Re_x^{0.1}}(1 - Pr)\right] \tag{1.41}$$

式中，下标 rough 代表粗糙板；在非常高的雷诺数下，$(C_{\mathrm{f}})_{\mathrm{rough}}$表示为

$$\frac{1}{2}\left(C_{\mathrm{f}}\right)_{\mathrm{rough}} = 0.00695\left(\frac{x}{\varepsilon_{\mathrm{rough}}}\right)^{-\frac{1}{7}} \tag{1.42}$$

其中，$\varepsilon_{\mathrm{rough}}$为等效粗糙度，根据 Hord 的实验数据并假设$C_Q = 5.2\times10^{13}$，Fruman 得到关联式：$\varepsilon_{\mathrm{rough}} = 2.2 Re_x^{-0.5}$。

另外，Brennen[1]结合热力学和气泡动力学方程提出S表达式，用于判断低温

流体空化过程对热效应的依赖程度，但因为它是关于单个气泡的动力学特征，缺乏反映空化流场的外推性；Franc 和 Pellone[80]提出的无量纲量 $\Sigma\sqrt{D/U_{\infty}^{3}}$（$\Sigma$ 为无量纲热力学参数）能大致表征热敏感空化热效应强度。但到目前为止，还没有一个完善的无量纲量和相关规律。这给低温流体空化的实验和理论研究都带来了很大的难题。

1.5.3 热效应影响的数值方法

空化热效应研究近年来得到关注，热效应的存在使低温流体空化的理论和数值模拟比常温流体空化模拟更加复杂。低温流体空化热效应的数值研究方法主要如下。

第一类，尝试建立气泡振动压缩功的模型。Lertnuwat 等[81]将热力学原理应用到经典气泡动力学 Rayleigh-Plesset 关系式[1]，并将模拟结果与直接数值模拟或大涡模拟计算结果比较，除了在等温和绝热假设下有明显偏差外，吻合度较高。Rachid[82]综合考虑了气液混合物的实际性质和相变中的扩散效应，在气液相变压缩功的基础上，提出了一种通过求解两个极限相变情况的加权平均来求得实际相变的压缩功的理论模型。d'Agostino 等[37,83]基于不同流体(如水、液氧、液氢)的声速和气泡动力学和热力学关系，提出了热效应正压空化模型，但模型中的自由参数选取还有待通过实验比较来获得，且很难推广到非稳态黏性流动。

第二类，潜热传递的热效应研究。Reboud 等[84]提出了部分低温流体空化模型，该模型不求解能量方程而是依赖于对热传递量计算的简单假设，但因为较大程度地依赖于实验数据而限制了其普适性。Deshpande 等[30]对气泡内蒸气流动和边界温度条件作了适当的假设，并采用界面跟踪技术和基于密度的预处理算法。Tokumasu 等[6]在此基础上又作了进一步改进，但这两种方法都未能求解空化区内的能量方程。Hosangadi 和 Ahuja[57]开展了水翼壁面液氧液氢空化模拟，在翼型前缘计算的压力分布和温度分布结果与 Hord[65]实验结果吻合，但在空穴尾迹区则有不小的偏差。Utturkar 等[26]通过求解能量方程，并引入声速模型封闭方程组的方法获得模拟结果，与实验数据仍存在偏差，并且因为声速模型本身并不成熟，所以研究工作还有待继续。

第三类，对已有空化模型的改进，研究者普遍将表 1.1 中的水空化模型中的系数进行修正从而拓展至低温流体数值计算。国外，Hosangadi 和 Ahuja[57]采用 Merkle 等的空化模型模拟液氢和液氮空化流动，指出空化模型最佳经验系数低于水空化中的值，并发现低温流体可直接流入空化区域蒸发，而且气相体积分数明显比水空化区中小。随后，他们进一步模拟并分析了热效应作用下的液氢诱导轮空化现象[85]，与水相比，液氢诱导轮压头随空化数变化更为缓慢并且总体性能反而更高。Utturkar 等[15]利用基于气泡界面动力学的空化模型来研究低温水翼类稳态空化特性，并校准了相关模型系数。国内，Zhang 等[86]修正并拓展了 FCM 在低温情况下的应用，并合理预测了钝头体和水翼在液氢、液氮空化区内的温度和压力分布。后来他们将可变气泡直径的 DCM 进一步修正并成功应用于低温流体空化模拟[47,48,70]。徐璐等[87]基于 Zwart 空化模型对三维水翼非稳态空化进行了数值研究。Huang 等[88]在 Zwart 空化模型中引入热力学项，并重新校准经验参数，较好地预测了低温流体空化区温度和压力下降。马相孚[89]对 Zwart 空化模型进行了热效应修正并模拟了液氢在二维水翼上升力系数和阻力系数的分布规律。Sun 等[90]通过和 Hord 的实验结果对比将 Zwart 空化模型的蒸发系数和冷凝系数修正为 3 和 0.0005。

空化热效应的主要研究成果按时间排序如表 1.5 所示[15]。

表 1.5 空化热效应研究汇总[15]

作者(年份)	研究内容	主要的发现
Sarosdy 和 Acosta[91](1961 年)	实验研究	氟利昂空化比水空化强度小
Moore 和 Ruggeri[74](1962 年)	泵空化实验研究	水泵空化评价
Hord[65](1973 年)	实验研究	钝头体、水翼、文氏管低温流体空化研究
Fruman 等[78](1991 年)	关于自然空化和通气空化的实验研究	使用了平板边界层方程来估算温降
Larrarte 等[92](1995 年)	可视化实验	低温流体空化不能使用通气空化来模拟
Fruman 等[55](1999 年)	氟利昂-114 在文氏管中的空化实验研究	平板片状空化在一定条件下获得了很好的结果
Franc 等[93](2004 年)	泵诱导轮空化实验研究	报道了空化产生延迟现象
Franc 和 Pellone[80](2007 年)	泵诱导轮空化实验研究	为保证动力学相似，提供了无量纲分析
Reboud 等[84](1990 年)	势流方程	半经验数值模型，未求解能量方程，适用于片状空化
Deshpande 等[30](1997 年)	界面追踪	基于密度的方程，对空穴两相流作适当简化，未求解气相能量方程
Lertnuwat 等[81](2001 年)	气泡振荡模型	包含气泡振荡能量守恒方程，与直接模拟的结果吻合得很好
Tokumasu 等[6](2003 年)	界面追踪	改进的势流模型，适用于任何片状空化，未求解气相能量方程
Rapposelli 和 d'Agostino[37](2003 年)	气泡振荡模型	采用热力学关系式推导了不同流体声速方程
Hosangadi 和 Ahuja[57,60](2005 年)	基于密度的方程	对整个流场求解能量方程并动态更新流体物性，与实验结果存在一定偏差，应用于非低温流体和低温流体时要采用差别较大的经验参数

续表

作者(年份)	研究内容	主要的发现
Utturkar 等[15] (2005 年)	低温水翼类稳态空化	采用基于气泡界面动力学的空化模型来研究低温水翼类稳态空化特性，对传质速率的调整使模拟的压力更好地与实验数据相吻合
Zhang 等[86] (2008 年)	完全空化模型	修正并拓展了完全空化模型在低温情况下的应用，并合理预测了钝头体和水翼在液氢、液氮空化区内的温度和压力分布
马相孚[89] (2013 年)	Zwart 空化模型	对 Zwart 空化模型进行了热效应修正，获得了液氢在二维水翼上升力系数和阻力系数的分布规律
Zhang 等[47,48,70] (2014 年，2015 年，2013 年)	动态空化模型	将可变气泡直径的动态空化模型进一步修正并成功应用于低温流体空化模拟，同时发现计算结果与常用的完全空化模型吻合良好
黄彪等[88] (2014 年)	Zwart 空化模型	在 Zwart 空化模型中引入热力学项，并重新校准经验参数，较好地预测了低温流体空化区温度和压力下降
Sun 等[90] (2014 年)	Zwart 空化模型	通过和 Hord 的实验结果对比将 Zwart 空化模型的蒸发系数和冷凝系数修正为 3 和 0.0005
徐璐等[87] (2016 年)	Zwart 空化模型	基于 Zwart 空化模型对三维水翼非稳态空化进行了数值研究，研究发现液氮空化主要由侧面射流引起主体脱落

1.6 低温流体空化实验研究

1.6.1 研究现状

Hord[65-67]在 20 世纪 70 年代做了迄今为止最全面的低温流体空化实验，最初的低温流体空化研究起源于对火箭发动机的研制，设计的实验系统如图 1.12 所示，两个储罐间低温流道全部真空绝热。空化实验流体包括液氮、液氧和液氢，测试的空化几何结构包括水翼(hydrofoil)、钝头体(bluff body)和文氏管。其中钝头体空化实验隧道装置图和中空水翼结构图如图 1.13 和图 1.14 所示，安装有 5 个温度传感器和 5 个压力传感器，总体的可视化钝头体装配图如图 1.15 所示，具体可参见文献[65]，获得的部分结果如图 1.16 所示。Hord 获得不同进口压力和进口温度下沿空化体壁面的平均汽蚀长度和温度以及压力分布，反映出空化区由热效应引起的温降和压降。实验设计巧妙，结果准确可靠，因而广泛作为“标尺”(bench mark)，用于判断低温流体空化数值模拟准确性。并且，实验中的隧道和文氏管均为透明材质，获得的空化照片虽无法定量对比，但可作为定性参照。近年来，低温流体空化的实验研究相比于数值模拟较少，空化体几何结构比较简单，并且往往也只用于数值模拟结果的验证。Franc 等[93]的实验研究则侧重于可视化，实验结果仅可作定性比较，很难用于精确的数值模拟验证。

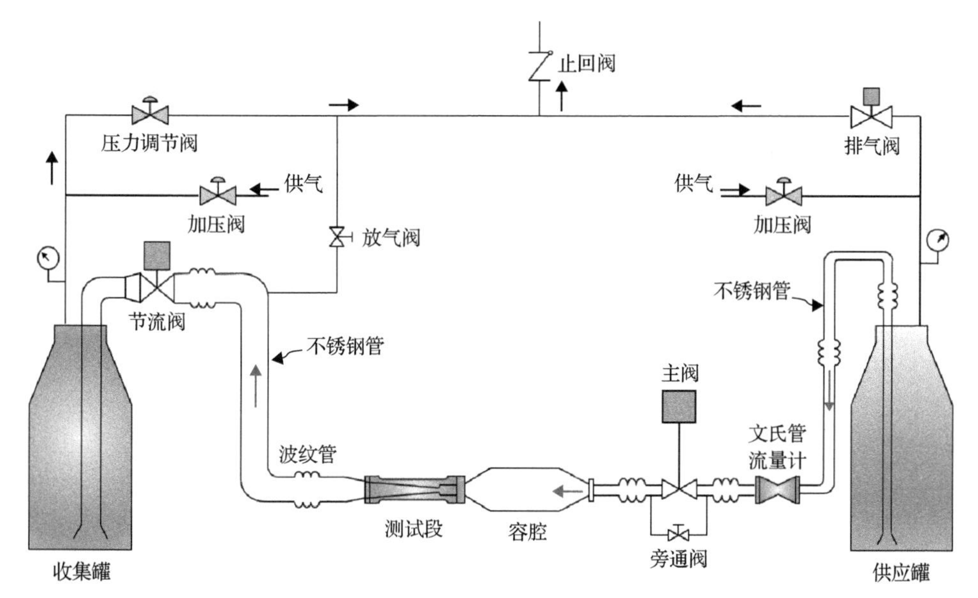

图 1.12　NASA 低温气蚀实验装置结构示意图

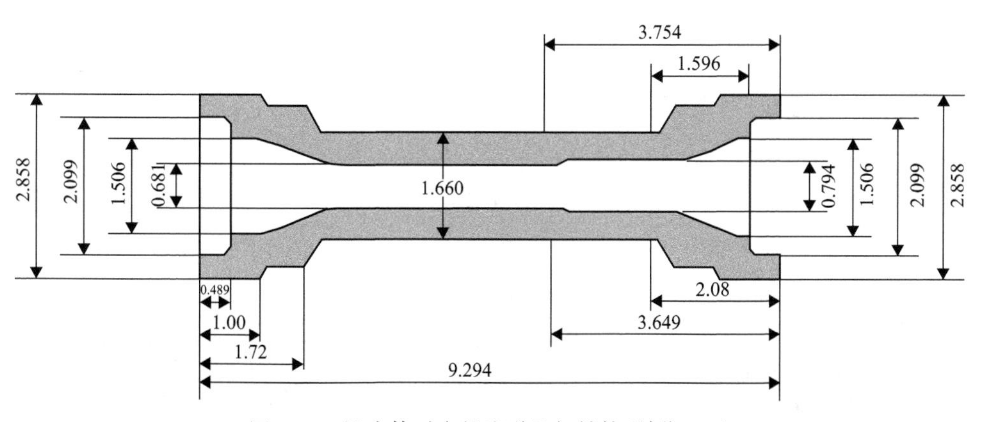

图 1.13　钝头体对应的流道几何结构(单位：in)

1in=2.54cm

NASA 在 20 世纪 70 年代的研究还包括渐缩渐扩喷管空化阻塞流现象的研究[94]，然而阻塞流现象对空化特性的影响还远没有被研究清楚[95,96]。

Daney[97]、Ishii 和 Murakami[98]、Harada 等[99]一些学者研究了液氦和超流氦在文氏管里的低温流体空化特性，测量了空化温度和压力。他们指出了超流氦空化特性不同于液氦是因为它超高的导热系数。并且利用粒子图像测速(PIV)技术估计了空化气泡的特性，指出超流氦的空化压降比液氦要大，且温度没有影响。超

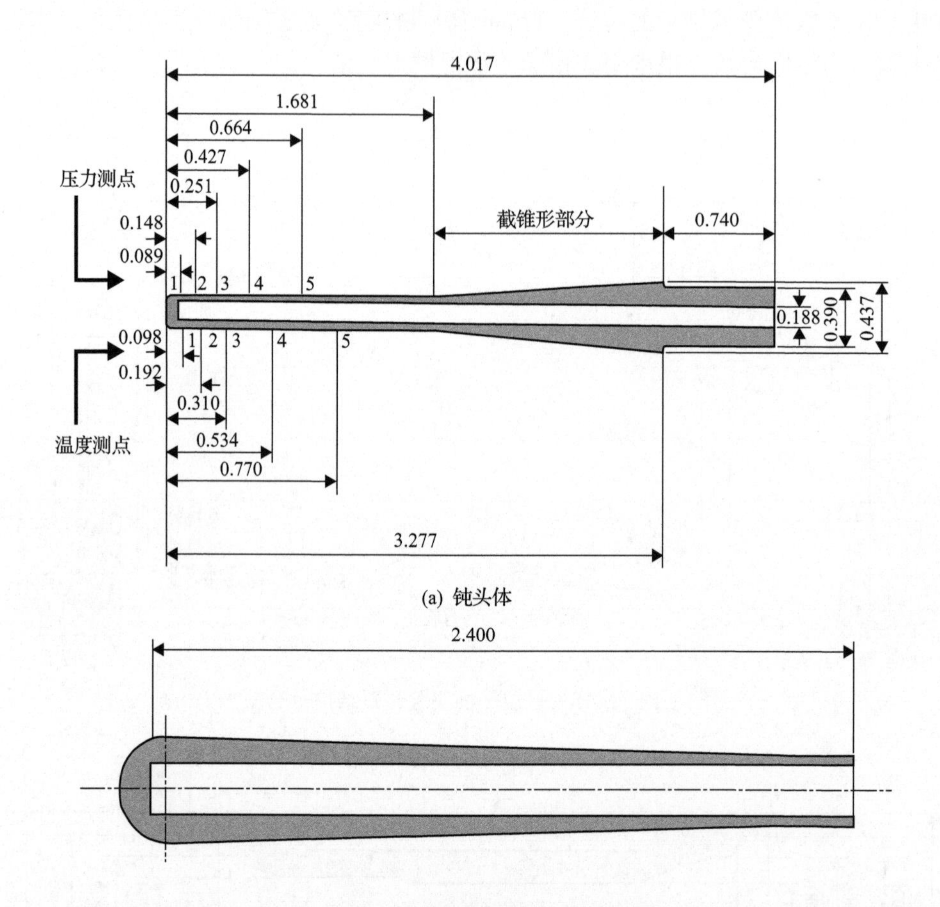

(a) 钝头体

(b) 水翼

图 1.14　钝头体及水翼的几何尺寸(单位：in)

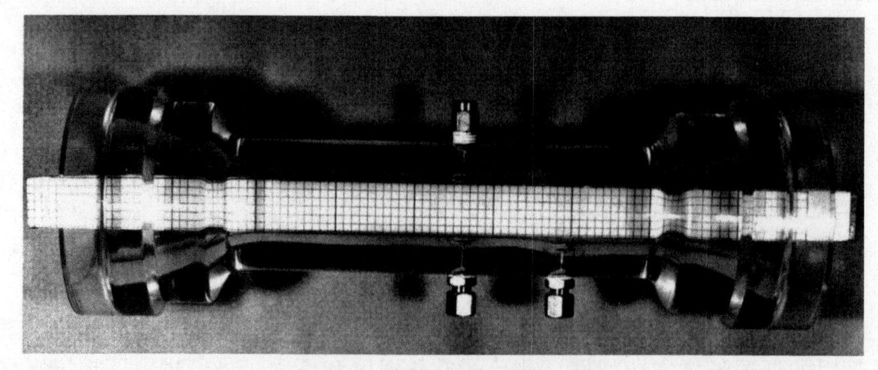

图 1.15　可视化钝头体装配图

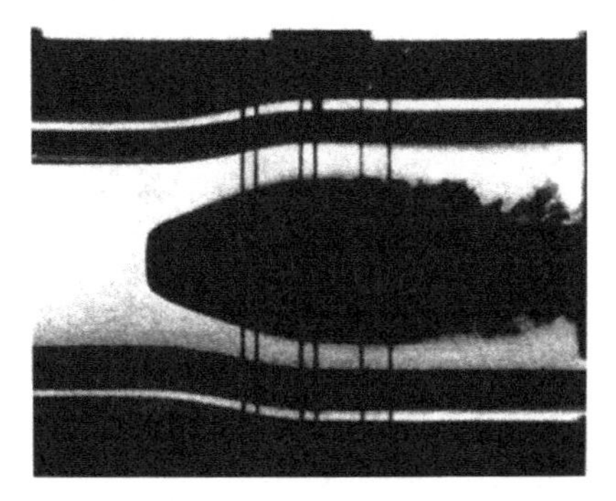
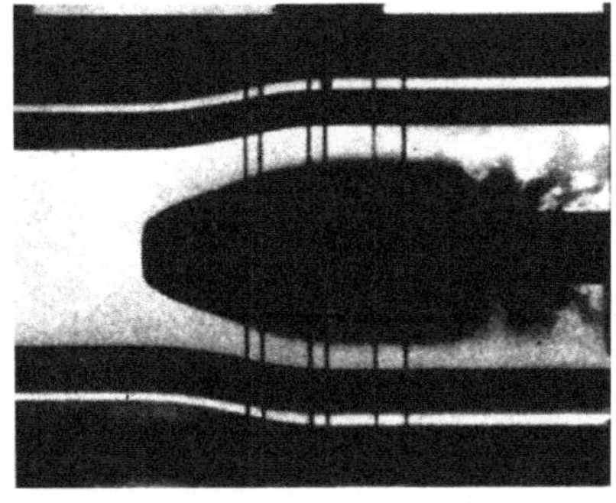

图 1.16 钝头体表面的空化云图

流氮空化的含气率要大于液氮，跟后来的图像可视化结果一致。

日本也深入开展了低温流体空化研究，Ito 等[100]做了液氮水翼实验和模拟。实验装置和水翼结构如图1.17所示，包括上下两个储罐，容量分别为100L和120L。可视化部件长200mm，材料为聚碳酸酯，安装在两储罐之间。整个装置除了阀门以外其余部分均采用干燥的氮气绝热，因此该装置运行介质可以是冷水、热水和液氮，装置最大承压0.5MPa。实验时工作流体被泵入图中储罐(上)并且由氮气瓶加压，快速打开阀门，流体通过测试段进入储罐(下)，空化流动形态由高速摄像机捕捉，压力传感器数据和温度传感器数据由计算机记录和分析。实验中水翼安装迎角为8°，开展了不同温度水和液氮空化实验，分析了不同流态下空化数的变化，观察到了空化云团脱落频率，指出液氮的脱落频率要高于水。

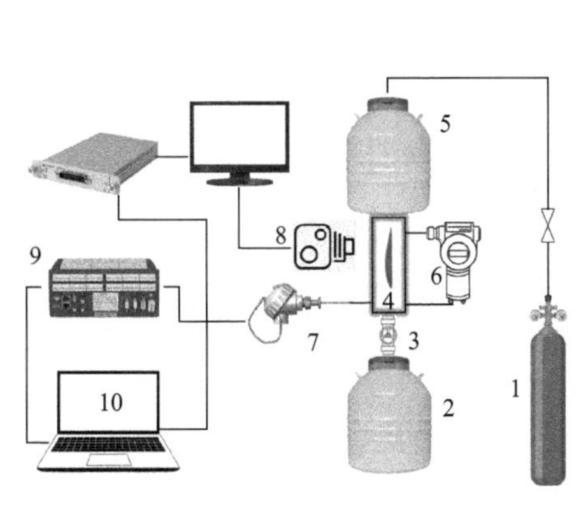

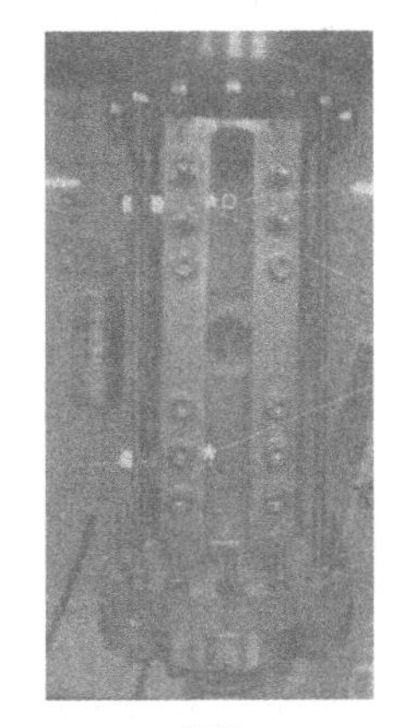

图 1.17 水翼汽蚀实验装置和水翼结构示意图[100]

1. 氮气瓶；2. 储罐(下)；3. 阀门；4. 测试段；5. 储罐(上)；6. 压力传感器；7. 温度传感器；8. 高速摄像机；9. 模/数转换单元；10. 计算机

Ishimoto 等[101]研究了加压液氮在水平方形喷嘴中的空化特性，以验证数值模型的可靠性。实验也研究了雷诺数和空化数的关系，在低雷诺数时，流动不稳定，空化的产生也不可持续。空化数随着雷诺数的增加而增加，并且在高雷诺数区域数值与实验吻合较好。

Tani 和 Nagashima[102]开展了二维文丘里喷嘴的液氮空化实验，实验发现常温空化区压力等于饱和蒸气压，在液氮空化实验中，空化区压力要低于饱和蒸气压，并且该压力差在出口处变小。Tani 和 Nagashima 通过数值模拟探究了压力回升的原因，发现在出口处会形成一个回旋区域，在这一区域相变并不剧烈，由于流道渐扩，速度和气泡率逐渐变小，因此在这一区域压力会稍有回升。

Niiyama 等[103]研究了孔口空化特性，流道直径为 83.1mm，孔口直径为 35mm，在孔口之前设置了一个测点，在孔口之后设置了 4 个测点，每个测点都装有一个压力传感器和热电偶。该实验主要关注湍流强度对空化的影响。实验指出：随着气泡率增加，湍流传热系数会减小，但是会随着湍流强度的增大而增大。尽管热效应通常会降低气泡产生区域的温度，但是 Niiyama 等的研究也发现当湍流强度比较大的时候，热效应能够增加气泡溃灭区域的温度。热效应通常能抑制和延缓气泡的产生，然而如果湍流强度比较大，热效应就会延缓气泡的溃灭。

Ohira 等[104]研究了饱和液氮和过冷液氮在渐缩渐扩型喷嘴中流动类型的变化，指出在单组分气液两相流动中喉部速度受到了声速的限制，阐明了间歇流和空化的关系。实验采用逐渐减压的方式使液氮过冷。可视化部件为石英玻璃制成的文氏管，喉部直径分别为 1.5mm 和 2.0mm。温度传感器均由 Lake Shore 公司提供。实验观察到当液氮温度降低到 76K 的时候，流动类型从连续流模式转换到间歇流模式。在间歇流模式中，从空化发生到消失的时间只有毫秒级别。在 74～76K 温度范围内也观察到了间歇流模式，这时空化能持续几秒钟。实验指出，文氏管的空化现象与喉部直径没有关系。在过冷液氮实验过程中，空化仅在低于饱和蒸气压时发生，而在等于饱和蒸气压时不发生，在 74K 时空化产生的压降最大。

1.6.2 受热效应影响的典型空化形态

Sarosdy 和 Acosta[91]在实验中比较了水和氟利昂-113 中的空化现象以研究有无热效应下的空化特性。他们发现氟利昂的空化区形态呈现“雾状”，而冷水空化区“界面清晰”。后来研究液氢[65]、液氮[66]、热水[105]等热效应空化的文献中也报道了空化区的“雾状”性质。典型的冷水和液氮诱导轮空化现象对比如图 1.18 所示[106]。即使对于相同的流体，随着温度升高到临界点，空化特征也将由于增强的热效应而变化。在 Cervone 等[105]的实验中，在冷热水中出现的空化现象如图 1.19 所示。冷水情况下(a)气泡比热水(b)小，并且更容易聚合。

除此之外，具有热效应的空化特性在不同流体中也会有所不同。例如，Gelder 等[73]观察到沿文氏管壁氟利昂-114(15℃)的空化流动较之液氮(–196℃)更加剧烈和嘈杂，但液氮空化的前缘更不稳定并且周向发展更加不均匀。

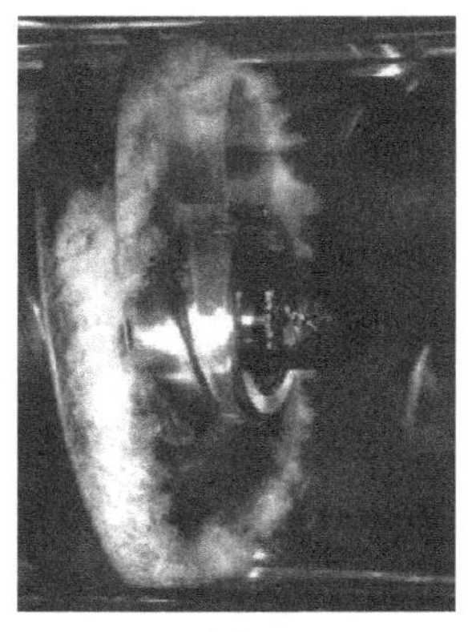

(a) 冷水(306K)

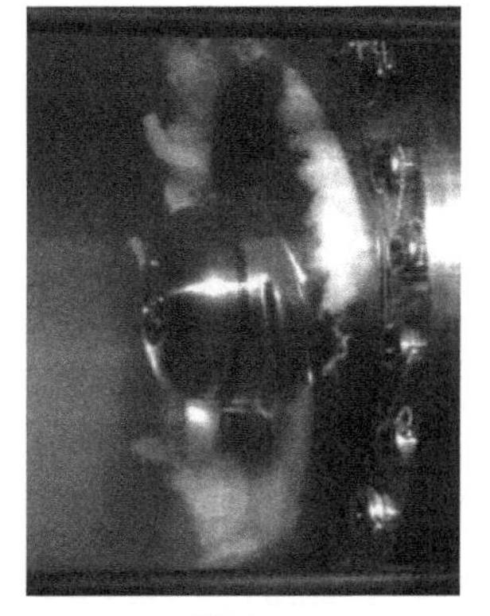

(b) 液氮(79K)

图 1.18　冷水及液氮诱导轮空化现象对比[106]

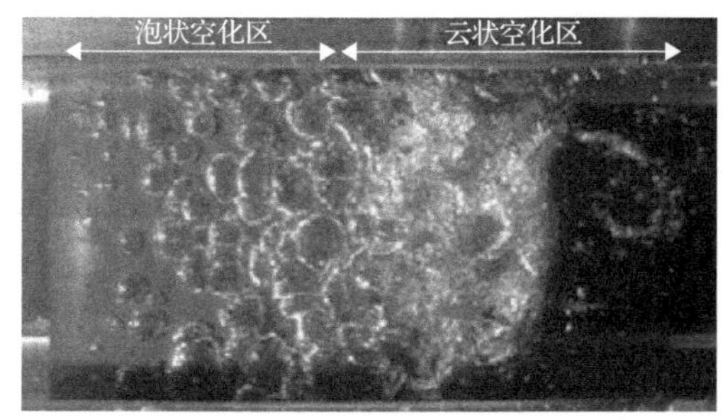

(a) 冷水, T=25℃, α(攻角)=4°, σ=1.25

(b) 热水, T=70℃, α=8°, σ=2.0

图 1.19　空化形态[105]

1.6.3　类稳态空化的热力学状态

据上述 Hord[65-67]的实验，在空化区检测到 2～3K 的温度下降，同时发现空化区压力并不是恒定值且在中后部呈逐渐上升的趋势。对比空化区内压力和温度测量值，可确定气液间的热平衡状态。研究发现，水翼和钝头体表面形成的空化区内都处于局部热力学平衡状态，而亚稳态气体仅存在于文氏管液氢空化区的中后部区域。共同点是，在所有结构上的空化区前缘附近都存在稳定的气液热力学平衡状态。Gelder 等[73]以及 Moore 和 Ruggeri[74]的工作中也得出了相同结论。类稳态空化中的热力学平衡状态也为本章前述讨论的 B 因子理论及第 3 章数值模型的前提假设奠定了基础。

1.6.4　热效应对简单几何体空化区特性的影响

考虑到实际诱导轮结构复杂(图 1.20)且多种空化形态共存、相互影响，为研究不同部位不同空化形态特性，一种通用的方法是将对诱导轮中各空化形态简化为对产生类似空化形态的独立简单几何体的空化流进行研究，从而阐明各空化形态的发生、发展及脱落机理[107]。如图 1.20 所示，诱导轮轮轴端部及叶片吸入端的空化，可由隧道中不同结构的钝头体(直角、圆形、抛物型等)产生的空化来模拟。叶片端部的叶梢空化则可由三角形类渐缩渐扩几何模拟。而旋转空化与旋转的简化叶片产生的空化机理类似。

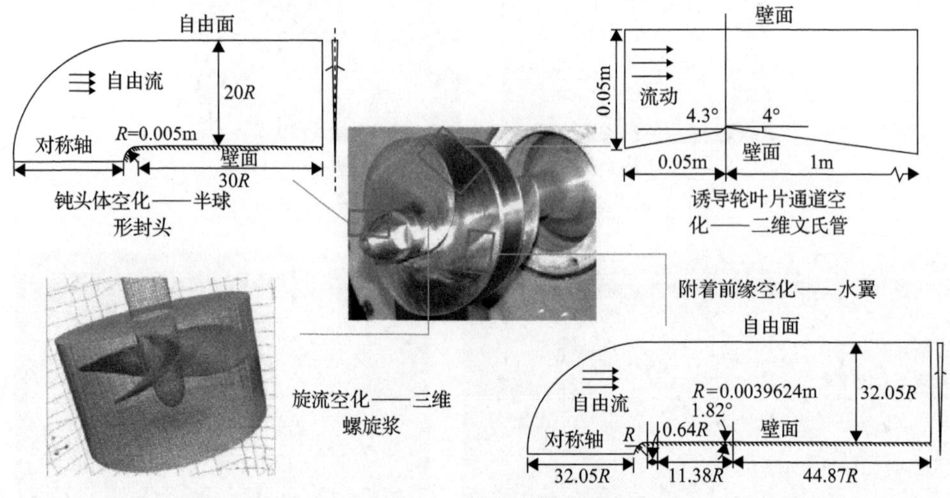

图 1.20　诱导轮上的各种空化模式[107]

Ito 等[108,109]观察了液氮为工作流体的高速空化隧道中 Plano-Convex 水翼的空化模式。云空化周期性脱落频率比钝头体表面涡旋脱落的经验公式所估计的频率小得多。甚至在空化区完全覆盖水翼表面时，云空化依旧发生，而在水中，一般云空化仅发生在空化区长度短于水翼弦长的情况，否则将转变为超空化。

Cervone 等[105]在各种攻角、空化数和来流温度下对 NACA0015 水翼进行热水空化实验。对于恒定的攻角和空化数，空化区内压力恢复的位置在热水中比在冷水中更靠上游。Cervone 等根据空化区长度的变化将空化状态分为超空化、气泡+云空化和气泡空化。对于较高的来流温度，气泡+云空化区倾向于扩展到更宽的空化数范围，并发生在较高的空化数下。

Gustavsson 等[110]和 Kelly 等[111]使用全氟酮在 NACA0015 水翼上进行了大量空化实验，研究者选择全氟酮作为测试介质是因为当其加热到 70℃时其空化热效应强度与液氢相近，同时避免了低温测试的困难，有利于在常温下进行实验数据的采集和空化区的可视化观察。他们研究了速度对空化数的影响，测量了空化区瞬态压力并使用高速摄像机拍摄了非稳态空化现象。在流速和空化数保持不变的情况下升高温度，空化区变得更短并且由更小的气泡聚合而成，同时空化云团的脱落变得更加频繁。由于可压缩性效应，压力系数 C_p 峰值存在下游移位现象。实际上，1973年Hord[65]也报道了液氢水翼空化实验中压缩效应引起的冲击波现象。但以上实验均未对该现象的机理及对空化的影响特性进行深入研究。

Niiyama等[112]对攻角为8°的NACA16-012水翼进行了实验，空化区由大量小气泡组成，并且尺寸远小于Franc和Michel[113]观察到的水空化气泡尺寸。另外，随着空化数的减小，空化区的长度不断变大，但并没有出现空化区的强烈振荡，而在Franc和Michel的同类型水翼水空化实验中，当空化区扩展到水翼弦长的50%～70%时，空化区振荡非常强烈。

de Giorgi等[114]在存在热效应的情况下研究了小孔中的空化现象。对于液氮(liquid nitrogen，LN_2)，下游压力信号的频谱与低频范围内频率较高的水的频谱不同。

Petkovšek和Dular[115]利用红外热成像技术研究了热水在文氏管壁面的空化热效应，检测到了冷凝引起的变暖效应。

国内，浙江大学制冷与低温研究所[116-119]搭建了多套可视化液氮文氏管空化实验台，报道了低温流体空化区的上下波动现象，将在第5章详细介绍。

1.6.5 热效应对全尺寸高速旋转诱导轮空化的影响

与简单几何体(水翼、文氏管等)上的流动不同，火箭发动机涡轮泵诱导轮上包含了如图1.20所示的各种空化形态，且其相互影响，因此流动及热效应的影响更加复杂。例如，叶片在径向方向上的速度是不一样的，可近似地描述为$V_r = \omega r$，其中ω为角速度，r为叶片上相应位置的半径。因此叶片上的速度与半径r呈比例。不同位置处的无量纲热力学效应强度可以表示为$\Sigma\sqrt{D / V_r^3}$。如果特征长度D选为相同径向坐标下的当地叶片弦长，则由于当地叶片弦长与半径r呈比例，D也将与r呈比例。因此，$\Sigma\sqrt{D / V_r^3}$值将和$1/V_r$呈比例，由此可见，即使来流工况相同，在同一诱导轮叶片不同径向位置处的空化热效应强度也不相同，使空化现象更加复杂。

Franc等[120,121]在冷水及不同温度的氟利昂-114制冷剂中对四叶片诱导轮进行了空化测试，并进行了直接测量旋转诱导轮叶片空化区温度等具有挑战性的实验。实验发现，旋转空化不稳定性的发生与叶片前缘空化关联性并不强，前缘空化区的温度下降与空化长度几乎呈线性关系；热效应延迟了交替叶片空化和超同步旋转空化的发生。

Yoshida等[122,123]研究了热力学效应对旋转空化的影响，并重点分析了尖端空化现象。空化实验在三叶片诱导轮上进行，液氮温度分别为74K、78K和83K。随着空化数的减小，超同步旋转空化、同步旋转空化和次同步旋转空化依次出现。超同步旋转空化的传播速度并不受液体温度的影响；当空化区长度达到叶片间距的 80%时同步旋转空化产生，随着温度升高，由于热效应增强，空化区生长滞后，发生同步旋转空化的临界空化数也因此变得更小，而且空化区长度的不均匀性受热效应的影响很大。在次同步旋转空化区，热效应抑制了空化区的波动，但它却不影响旋转空化的传播速度。

Kikuta 等[124]研究了转速对液氮空化流动中热力学效应的影响，发现在相同的空化数下，随着转速的增加，空化区长度和温降都变大。

1.7 存在的问题

(1)如上所述，在稳态或者类稳态空化数值模拟方面，已经有较多的模型能够比较准确地进行模拟和预测。比如，完全空化模型因其在模拟稳态和类稳态空化方面较准确，现已成为商业软件 Fluent 的基本模型之一。然而，模型中存在两个经验系数，虽然在建模水空化时经实验验证获得了一致的经验值，但是在建模热效应流体空化时，其准确性尚未验证。另外，该模型也未考虑气泡直径随当地压力的变化，而实际上压力对气泡大小的影响是显著的，因而空化计算时有必要考虑压力的零阶效应。对于 Sauer-Schnerr 模型，也必须获得气泡数密度(单位体积的气泡数)，将其作为已知参数，该值对数值结果影响显著，对水空化，Fluent 内置的默认值为 10^{13}，但其对于低温流体的适用性需要验证。因此，基于数值结果的低温流体空化机理和特性还待深入探究。

(2)总结国内外实验研究可以发现，水空化实验研究已经很成熟，低温流体非稳态空化数据相对较少，目前还是以 20 世纪 70 年代 NASA 的实验数据作为验证数值模型的标杆，但是缺乏动态温度和压力的记录，尤其是缺乏空化区的速度场数据。很多研究者通过热效应较显著的常温工质来类比低温流体，但是两者物性，如普朗特数、黏度等差别很大，而这些物性将对非稳定性产生影响。对低温流体空化热效应对周期性脱落机理及空化动态特性等的影响尚未阐释清楚。低温流体非稳态空化的频率分布特性及热效应对低温片状空化、云状空化等不同空化形态的影响缺少定量的研究。同时在水空化领域，Ganesh 等[125]近期通过 X 射线可视化实验证实，在一定工况下水空化区的周期性脱落将由压力波主导，而低温流体空化中压力波对空化区的影响特性方面的研究还是空白。

参考文献

[1] Brennen C E. Cavitation and Bubble Dynamics[M]. Cambridge: Cambridge University Press, 2014.

[2] Franc J P. La Cavitation: Mécanismes Physiques et Aspects Industriels[M]. Grenoble: Presse Universitaires de Grenoble, 1995.

[3] 车得福，李会雄. 多相流及其应用[M]. 西安: 西安交通大学出版社, 2007.

[4] 刘筠乔. 鲁传敬，李杰等. 导弹垂直发射出筒过程中通气空泡流研究[J]. 水动力学研究与进展 A 辑，2007(5):

549-554.

[5] 陆燕荪. 中国水电设备制造业的现状与展望[M]. 北京: 中国电力出版社, 2006.

[6] Tokumasu T, Sekino Y, Kamijo K. A new modeling of sheet cavitation considering the thermodynamic effects[C]. Proceedings of 5th International Symposium on Cavitation, Osaka, 2003.

[7] Cervone A, Bramanti C, Rapposelli E, et al. Experimental characterization of cavitation instabilities in a two-bladed axial inducer[J]. Journal of Propulsion and Power, 2006, 22(6): 1389-1395.

[8] Cervone A, Testa R, Bramanti C, et al. Thermal effects on cavitation instabilities in helical inducer[J]. Journal of Propulsion and Power, 2012, 21(5): 307-326.

[9] Yoshiki Y, Kengo K, Satoshi H, et al. Thermodynamic effect on a cavitating inducer in liquid nitrogen[J]. Journal of Fluids Engineering, 2007, 129(3): 273-278.

[10] Sibok Y, Newman B. Influence of control on flexible air craft crack growth[C]. Proceedings of the 2000 American Control Conference, Chicago, 2000: 3053-3057.

[11] Matsuyama K, Ohigashi H, Ito T, et al. H-Ⅱa rocket engine development[J]. Mitsubishi Heavy Industries Technical Review, 2002, 39(2): 51-56.

[12] Rhee S H, Kawamura T, Li H. Propeller cavitation study using an unstructured grid based Navier-Stoker solver[J]. Journal of Fluid Engineering, 2005, 127: 986-994.

[13] Owens M G, Tehranian S, Segal C, et al. Flame-holding configurations for kerosene combustion in a Mach 1.8 airflow[J]. Journal of Propulsion and Power, 1998, 14(4): 456-461.

[14] 张振鹏. 液体发动机故障检测与诊断中的基础研究问题[J]. 推进技术, 2002, 23(5): 353-358.

[15] Utturkar Y, Wu J, Wang G, et al. Recent progress in modeling of cryogenic cavitation for liquid rocket propulsion[J]. Progress in Aerospace Sciences, 2005, 41(7): 558-608.

[16] Shyy W, Wu J, Utturkar Y, et al. Interfacial dynamics based model and multiphase flow computation[C]. Proceedings of the ECCOMAS 2004 Congress, Jyväskylä, 2004.

[17] 黄彪. 非定常空化流动机理及数值计算模型研究[D]. 北京: 北京理工大学, 2012.

[18] Yogen U. Computational modeling of thermodynamic effects in cryogenic cavitation[D]. Gainesville: University of Florida, 2005.

[19] Kawanami Y, Kato H, Yamaguchi H, et al. Mechanism and control of cloud cavitation[J]. Journal of Fluids Engineering-Transaction of the ASME, 1997, 119(4): 788-794.

[20] Knapp R T. Cavitation[M]. New York: McGraw-Hill, 1970.

[21] Kirschner I. Results of Selected Experiments Involving Supercavitating Flow[M]. Brussels: VKI Press, 2001.

[22] Bouziad Y A. Physical modelling of leading edge cavitation: Computational methodologies and application to hydraulic machinery[D]. Paris: Université Paris Ⅵ, 2005.

[23] 王智勇. 基于 FLUENT 软件的水力空化数值模拟[D]. 大连: 大连理工大学, 2006.

[24] Hammitt F G. Cavitation and Multiphase Flow Phenomena[M]. New York: McGraw-Hill Book Company, 1980.

[25] Vanek B. Control methods for high-speed supercavitating vehicles[D]. Minnesota: University of Minnesota, 2008.

[26] Utturkar Y, Thakur S, Shyy W. Computational modeling of thermodynamic effects in cryogenic cavitation[C]. 43rd AIAA Aerospace Sciences Meeting and Exhibit, Reno, 2005: 1286.

[27] Bai L X, Xu W L, Tian Z, et al. A high-speed photograph study of ultrasonic cavitation near rigid boundary[J]. Journal of Hydrodynamics, 2008, 20(5): 637-644.

[28] Lauterborn W, Hentschel W. Cavitation bubble dynamics studied by high-speed photography and holography[J]. Ultrasonics, 1986, 24(2): 59-65.

[29] He L, Ruiz F. Effect of cavitation on flow and turbulence in plain orifices for high-speed atomization[J]. Atomization and Sprays, 1995, 5(6): 569-584.

[30] Deshpande M, Feng J, Merkle C L. Numerical modeling of the thermodynamic effects of cavitation[J]. Journal of Fluids Engineering, 1997, 119(2): 420-427.

[31] 李军, 刘立军, 丰镇平. 基于界面跟踪方法的汽蚀模型和算法的有效性验证[J]. 工程热物理学报, 2006, 27(2): 238-240.

[32] Singhal A K. Multi-dimensional simulation of cavitating flows using a PDF model of phase change[C]. ASME FED Meeting, Vancouver, 1997.

[33] Ishimoto J, Kamijo K. Numerical analysis of cavitating flow of liquid helium in a converging-diverging nozzle[J]. Journals of Fluids Engineering, 2005, 125: 749-757.

[34] Pascarella C, Salvatore V, Ciucci A. Effects of speed of sound variation on unsteady cavitating flows by using a barotropic model[C]. 5th International Symposium on Cavitation CAV2003, Osaka, 2003.

[35] Wang G, Ostoja-Starzewski M. Large eddy simulation of a sheet/cloud cavitation on a NACA0015 hydrofoil[J]. Applied Mathematical Modelling, 2007, 31: 417-447.

[36] Leroux J B, Coutier-Delgosha O, Astolfi J A. A joint experimental and numerical study of mechanisms associated to instability of partial cavitation on two-dimensional hydrofoil[J]. Physics of Fluids, 2005, 17(5): 052101.

[37] Rapposelli E, d'Agostino L. A barotropic cavitation model with thermodynamic effects[C]. 5th International Symposium on Cavitation CAV2003, Osaka, 2003.

[38] Senocak I, Shyy W. Interfacial dynamics-based modelling of turbulent cavitating flows, Part-1: Model development and steady-state computations[J]. International Journal for Numerical Methods in Fluids, 2004, 44(9): 975-995.

[39] Gopalan S, Katz J. Flow structure and modeling issues in the closure region of attached cavitation[J]. Physics of Fluids, 2000, 12(4): 895-911.

[40] Huang B, Wang G Y. Experimental and numerical investigation of unsteady cavitating flows through a 2D hydrofoil[J]. Science China Technological Sciences, 2011, 54: 1801-1812.

[41] Merkle C L, Feng J, Buelow P. Computational modeling of the dynamics of sheet cavitation[C]. 3rd International Symposium on Cavitation, Grenoble, 1998: 307-311.

[42] Kunz R F, Boger D A, Stinebring D R, et al. A preconditioned Navier-Stokes method for two-phase flows with application to cavitation prediction[J]. Computers & Fluids, 2000, 29(8): 849-875.

[43] Sauer J, Schnerr G H. Unsteady cavitating flow-a new cavitation model based on a modified front capturing method and bubble dynamics[C]. Proceedings of 2000 ASME Fluid Engineering Summer Conference, Boston, 2000: 1073-1079.

[44] Singhal A K, Athavale M M, Li H, et al. Mathematical basis and validation of the full cavitation model[J]. Journals of Fluids Engineering, 2002, 124(3): 617-624.

[45] Senocak I, Shyy W. Interfacial dynamics-based modelling of turbulent cavitating flows, Part-2: Time-dependent computations[J]. International Journal for Numerical Methods in Fluids, 2004, 44(9): 997-1016.

[46] Zwart P J, Gerber A G, Belamri T. A two-phase flow model for predicting cavitation dynamics[C]. Fifth International Conference on Multiphase Flow, Yokohama, 2004: 152.

[47] Zhang X B, Zhang W, Chen J Y, et al. Validation of dynamic cavitation model for unsteady cavitating flow on NACA66[J]. Science China Technological Sciences, 2014, 57: 819-827.

[48] Zhang X B, Zhu J K, Qiu L M, et al. Calculation and verification of dynamical cavitation model for quasi-steady cavitating flow[J]. International Journal of Heat and Mass Transfer, 2015, 86: 294-301.

[49] Launder B E, Spalding D B. The numerical computation of turbulent flows[C]. Numerical Prediction of Flow, Heat Transfer, Turbulence and Combustion, Amsterdam, 1983: 96-116.

[50] Senocak I, Shyy W. Numerical simulation of turbulent flows with sheet cavitation[C]. Fourth International Symposium on Cavitation, Pasadena, 2001.

[51] Goel T, Thakur S, Haftka R T, et al. Surrogate model-based strategy for cryogenic cavitation model validation and sensitivity evaluation[J]. International Journal for Numerical Methods in Fluids, 2008, 58(9): 969-1007.

[52] Marcer R, Audiffren C. Simulation of unsteady cavitation on a 3D foil[C]. Ⅴ European Conference on Computational Fluid Dynamics, Lisbon, 2010.

[53] Johansen S T, Wu J, Shyy W. Filter-based unsteady RANS computations[J]. International Journal of Heat and Fluid Flow, 2004, 25(1): 10-21.

[54] Stutz B, Reboud J L. Experiments on unsteady cavitation[J]. Experiments in Fluids, 1997, 22(3): 191-198.

[55] Fruman D H, Reboud J L, Stutz B. Estimation of thermal effects in cavitation of thermosensible liquids[J]. International Journal of Heat and Mass Transfer, 1999, 42(17): 3195-3204.

[56] Coutier-Delgosha O, Fortes-Patella R, Reboud J L. Evaluation of the turbulence model influence on the numerical simulations of unsteady cavitation[J]. Journal of Fluids Engineering, 2003, 125(1): 38-45.

[57] Hosangadi A, Ahuja V. Numerical study of cavitation in cryogenic fluids[J]. Journal of Fluids Engineering, 2005, 127(2): 267-281.

[58] Nouri N M, Mirsaeedi S M H, Moghimi M. Large eddy simulation of natural cavitating flows in Venturi-type sections[J]. Proceedings of the Institution of Mechanical Engineers, Part C: Journal of Mechanical Engineering Science, 2011, 225(2): 369-381.

[59] Wosnik M, Qin Q, Kawakami D T, et al. Large eddy simulation(LES) and time-resolved particle image velocimetry(TR-PIV) in the wake of a cavitating hydrofoil[C]. Proceedings of the ASME Fluids Engineering Division Summer Conference, Houston, 2005: 609-616.

[60] Hosangadi A, Ahuja V. A new unsteady model for dense cloud cavitation in cryogenic fluids[C]. 17th AIAA Computational Fluid Dynamics Conference, Toronto, 2005: 5347.

[61] Zhang M, Tan J J, Yi W J, et al. Large eddy simulation of three-dimensional unsteady flow around underwater supercavitating projectile[J]. Journal of Ballistics, 2012, 24(3): 91-95.

[62] Luo X, Ji B, Peng X, et al. Numerical simulation of cavity shedding from a three-dimensional twisted hydrofoil and induced pressure fluctuation by large-eddy simulation[J]. Journal of Fluids Engineering, 2012, 134(4): 041202.

[63] Wu J, Wang G, Shyy W. Time-dependent turbulent cavitating flow computations with interfacial transport and filter-based models[J]. International Journal for Numerical Methods in Fluids, 2005, 49(7): 739-761.

[64] Huang B, Wang G Y. Evaluation of a filter-based model for computations of cavitating flows[J]. Chinese Physics Letters, 2011, 28(2): 026401.

[65] Hord J. Cavitation in liquid cryogens. 2: Hydrofoil[R]. Washington, D.C.: NASA, 1973.

[66] Hord J. Cavitation in liquid cryogens. 3: Ogive[R]. Washington, D.C.: NASA, 1973.

[67] Hord J. Cavitation in liquid cryogens. 1: Venturi[R]. Washington, D.C.: NASA, 1973.

[68] 王献孚. 空化泡和超空化泡流动理论及应用[M]. 北京: 国防工业出版社, 2009.

[69] Lemmon E W, Huber M L, Mclinden M O. NIST standard reference database 23: Reference fluid thermodynamic and transport properties-REFPROP, version 8.0[Z]. 2007.

[70] Zhang X B, Wu Z, Xiang S, et al. Modeling cavitation flow of cryogenic fluids with thermodynamic phase-change theory[J]. Chinese Science Bulletin, 2013, 58(4-5): 567-574.

[71] Stahl H A, Stephanoff A J. Thermodynamic aspects of cavitation in centrifugal pumps[J]. ASME Journal of Basic Engineering, 1956, 78: 1691-1693.

[72] Rzlggeri R S, Moore R D. Method for prediction of pump cavitation performance for various liquids, liquid temperatures and rotative speeds[R]. Washington, D.C.: NASA TN D-5292, 1969.

[73] Gelder T F, Ruggeri R S, Moore R D. Cavitation similarity considerations based on measured pressure and temperature depressions in cavitated regions of freon 114[R]. Washington, D.C.: NASA TN D-3509, 1966.

[74] Moore R D, Ruggeri R S. Prediction of thermodynamic effects of developed cavitation based on liquid-nitrogen and freon 114 data in scaled venturis[R]. Washington, D.C.: NASA TN D-4899, 1962.

[75] Eisenberg P, Pond H L. Water tunnel investigations of steady state cavities[R]. Washington, D.C.: David Taylor Model Basin, 1948.

[76] Acosta A J, Hollander A. Remarks on cavitation in turbomachines[R]. Los Angeles: California Institute of Technology, 1959.

[77] Holl J W, Billet M L, Weir D S. Thermodynamic effects on developed cavitation[J]. Journal of Fluids Engineering, 1975, 97: 507-513.

[78] Fruman D H, Benmansour I, Sery R. Estimation of the thermal effects on cavitation of cryogenic liquids[C]. Cavitation and Multiphase Flow Forum, Portland, 1991: 93-96.

[79] Eckert E R G, Drake R M. Analysis of Heat and Mass Transfer[M]. New York: McGraw-Hill, 1972.

[80] Franc J P, Pellone C. Analysis of thermal effects in a cavitating inducer using Rayleigh equation[J]. Journal of Fluids Engineering, 2007, 129(8): 974-983.

[81] Lertnuwat B, Sugiyama K, Matsumoto Y. Modeling of the thermal behavior inside a bubble[C]. Fourth International Symposium on Cavitation, Pasadena, 2001.

[82] Rachid F. A thermodynamically consistent model for cavitating flows of compressible fluids[J]. International Journal of Non-Linear Mechanics, 2003, 38(7): 1007-1018.

[83] d'Agostino L, Rapposelli E, Pascarella C, et al. A modified bubbly isenthalpic model for numerical simulation of cavitating flows[C]. 37th Joint Propulsion Conference and Exhibit, Salt Lake City, 2001: 3402.

[84] Reboud J L, Sauvage-Boutar E, Desclaux J. Partial cavitation model for cryogenic fluids[C]. Cavitation and Multiphase Flow Forum, Toronto, 1990.

[85] Hosangadi A, Ahuja V, Ungewitter R. Analysis of thermal effects in cavitating liquid hydrogen inducers[J]. Journal of Propulsion and Power, 2007, 23: 1225-1234.

[86] Zhang X B, Qiu L M, Qi H, et al. Modeling liquid hydrogen cavitating flow with the full cavitation model[J]. International Journal of Hydrogen Energy, 2008, 33(23): 7197-7206.

[87] 徐璐, 朱佳凯, 谢黄骏, 等, 三维液氮空化的大涡模拟和机理[J]. 化工学报, 2016, 67: 70-77.

[88] Huang B, Wu Q, Wang G. Numerical investigation of cavitating flow in liquid hydrogen[J]. International Journal of Hydrogen, 2014, 39:1698-1709.

[89] 马相孚. 低温流体空化特性数值研究[D]. 哈尔滨: 哈尔滨工业大学, 2013.

[90] Sun T Z, Wei Y J, Wang C, et al. Three-dimensional numerical simulation of cryogenic cavitating flows of liquid nitrogen around hydrofoil[J]. Journal of Ship Mechanics, 2014, 18(12): 1434-1443.

[91] Sarosdy L R, Acosta A J. Note on observations of cavitation in different fluids[J]. Transactions of the ASME, 1961, 83: 399-400.

[92] Larrarte F, Pauchet A, Bousquet P H, et al. On the morphology of natural and ventilated cavities[C]. ASME Conference, FED, Cavitation and Multiphase Flow, Hilton Head Island, 1995.

[93] Franc J P, Rebattet C, Coulon A. An experimental investigation of thermal effects in a cavitating inducer[J]. Journal of Fluids Engineering, 2004, 126(5): 716-723.

[94] Simoneau R J, Hendricks R C. Two-phase choked flow of cryogenic fluids in converging-diverging nozzles[J]. NASA STI/Recon Technical Report N, 1979, 79: 29468.

[95] Niiyama K, Nozawa M, Ohira K, et al. Cavitation instability in subcooled liquid nitrogen nozzle flows[J]. Journal of Fluid Science and Technology, 2008, 3(4): 500-511.

[96] Ohira K. Cavitating flow of subcooled liquid nitrogen in a CD nozzle[C]. 23rd Cryogenic Engineering Conference and International Cryogenic Materials Conference, Spokane, 2011.

[97] Daney D E. Cavitation in flowing superfluid helium[J]. Cryogenics, 1988, 28(2): 132-136.

[98] Ishii T, Murakami M. Comparison of cavitation flows in He Ⅰ and He Ⅱ[J]. Cryogenics, 2003, 43(9): 507-514.

[99] Harada K, Murakami M, Ishii T. PIV measurements for flow pattern and void fraction in cavitating flows of He Ⅱ and He Ⅰ[J]. Cryogenics, 2006, 46(9): 648-657.

[100] Ito Y, Sawasaki K, Tani N, et al. A blowdown cryogenic cavitation tunnel and CFD treatment for flow visualization around a foil[J]. Journal of Thermal Science, 2005, 14(4): 346-351.

[101] Ishimoto J, Onishi M, Kamijo K. Numerical and experimental study on the cavitating flow characteristics of pressurized liquid nitrogen in a horizontal rectangular nozzle[J]. Journal of Pressure Vessel Technology, 2005, 127(4): 515-524.

[102] Tani N, Nagashima T. Cryogenic cavitating flow in 2D laval nozzle[J]. Journal of Thermal Science, 2003, 12(2): 157-161.

[103] Niiyama K, Hasegawa S I, Tsuda S, et al. Thermodynamic effects on cryogenic cavitating flow in an orifice[C]. 7th International Symposium on Cavitation, Ann Arbor, 2009.

[104] Ohira K, Nakayama T, Nagai T. Cavitation flow instability of subcooled liquid nitrogen in converging-diverging nozzles[J]. Cryogenics, 2012, 52(1): 35-44.

[105] Cervone A, Bramanti C, Rapposelli E, et al. Thermal cavitation experiments on a NACA0015 hydrofoil[J]. Journal of Fluids Engineering, 2006, 128: 326-331.

[106] Watanabe M, Nagaura K, Hasegawa S, et al. Direct visualization for cavitating inducer in cryogenic flow(3rd report: Visual observations of cavitation in liquid nitrogen)[R]. Tsukuba: Japan Aerospace Exploration Agency, 2010.

[107] Mani K V, Cervone A, Hickey J P. Turbulence modeling of cavitating flows in liquid rocket turbopumps[J]. Journal of Fluids Engineering, 2017, 139(1): 011301.

[108] Ito Y, Seto K, Nagasaki T. Periodical shedding of cloud cavitation from a single hydrofoil in high-speed cryogenic channel flow[J]. Journal of Thermal Science, 2009, 18: 58-64.

[109] Ito Y, Nagayama T, Nagasaki T. Cavitation patterns on a plano-convex hydrofoil in a high-speed cryogenic cavitation tunnel[C]. Proceedings of the 7th International Symposium on Cavitation, Ann Arbor, 2009.

[110] Gustavsson J P R, Denning K C, Segal C. Hydrofoil cavitation under strong thermodynamic effect[J]. Journal of Fluids Engineering, 2008, 130(9): 091303.

[111] Kelly S, Segal C, Peugeot J. Simulation of cryogenics cavitation[J]. AIAA Journal, 2011, 49(11): 2502-2510.

[112] Niiyama K, Yoshida Y, Hasegawa S, et al. Experimental investigation of thermodynamic effect on cavitation in liquid nitrogen[C]. Proceedings of the 8th International Symposium on Cavitation, Singapore, 2012.

[113] Franc J P, Michel M. Attached cavitation and the boundary layer: Experimental investigation and numerical treatment[J]. Journal of Fluid Mechanics, 1985, 154: 63-90.

[114] de Giorgi M G, Bello D, Ficarella A. Analysis of thermal effects in a cavitating orifice using Rayleigh equation and experiments[J]. Journal of Engineering for Gas Turbines and Power, 2010, 132(9): 092901.

[115] Petkovšek M, Dular M. IR measurements of the thermodynamic effects in cavitating flow[J]. International Journal of Heat and Fluid Flow, 2013, 44: 756-763.

[116] 赵东方, 朱佳凯, 徐璐, 等, 文氏管中低温流体汽蚀过程可视化实验研究[J]. 低温工程, 2015, 6: 56-61.

[117] Zhu J, Xie H, Feng K, et al. Unsteady cavitation characteristics of liquid nitrogen flows through Venturi tube[J]. International Journal of Heat and Mass Transfer, 2017, 112: 544-552.

[118] Zhu J, Wang S, Zhang X. Influences of thermal effects on cavitation dynamics in liquid nitrogen through Venturi tube[J]. Physics of Fluids, 2020, 32(1): 012105.

[119] Wei A, Yu L, Gao R, et al. Unsteady cloud cavitation mechanisms of liquid nitrogen in convergent-divergent nozzle[J]. Physics of Fluids, 2021, 33(9): 092116.

[120] Franc J P, Boitel G, Riondet M, et al. Thermodynamic effect on a cavitating inducer—part Ⅰ: Geometrical similarity of leading edge cavities and cavitation instabilities[J]. Journal of Fluids Engineering, 2010, 132(2): 021303.

[121] Franc J P, Boitel G, Riondet M, et al. Thermodynamic effect on a cavitating inducer—Part Ⅱ: On-board measurements of temperature depression within leading edge cavities[J]. Journal of Fluids Engineering, 2010, 132(2): 021304.

[122] Yoshida Y, Sasao Y, Watanabe M, et al. Thermodynamic effect on rotating cavitation in an inducer[J]. Journal of Fluids Engineering, 2009, 131(9): 091302.

[123] Yoshida Y, Nanri H, Kikuta K, et al. Thermodynamic effect on subsynchronous rotating cavitation and surge mode oscillation in a space inducer[J]. Journal of Fluids Engineering, 2011, 133(6): 061301.

[124] Kikuta K, Yoshida Y, Hashimoto T, et al. Influence of rotational speed on thermodynamic effect in a cavitating inducer[C]. Proceedings of the ASME 2009 Fluids Engineering Division Summer Meeting, Colorado, 2009.

[125] Ganesh H, Mäkiharju S A, Ceccio S L. Bubbly shock propagation as a mechanism for sheet-to-cloud transition of partial cavities[J]. Journal of Fluid Mechanics, 2016, 802: 37-78.

第 2 章　低温球形气泡动力学

Brennen[1]对室温水气泡成长和溃灭过程的动力学问题进行了详细的理论分析。理论模型基于球形气泡假设，不仅可用于远离壁面的宏观液体中的气泡动力学分析，也可探究加热壁面附近气泡成长过程的影响机理。2.1～2.3 节基于 Brennen 气泡动力学模型，补充分析了液氮液氢等低温气泡成长动力学特性及机理。2.4 节考虑热边界层温度分布、气泡内部气体热容变化以及表面张力的影响，求解了气泡惯性控制阶段和热控制阶段连续全过程的控制方程，并分析了水和液氮的气泡动力学行为。2.5 节对气泡核产生过程进行了热力学分析。2.6 节基于 Brennen 气泡动力学的现有理论，对气泡非平衡效应，包括界面热力学非平衡、对流换热影响及非球形气泡影响进行了探讨。

2.1　Rayleigh-Plesset 方程

如图 2.1 所示，研究对象为液体内部的一个球形微小气泡，假设气泡半径为 $R(t)$ (t 为时间)，液体区域无穷大且远离气泡的温度和压力分别为 T_∞和 $P_\infty(t)$。忽略液体温度梯度，并且不考虑因内部热源或辐射对液体产生的均匀加热，所以液体温度均匀，其大小 T_∞为常数。另外，假定压力 $P_\infty(t)$ 为一个已知的输入量(或者是可控的)，可以控制气泡的生长或破裂。

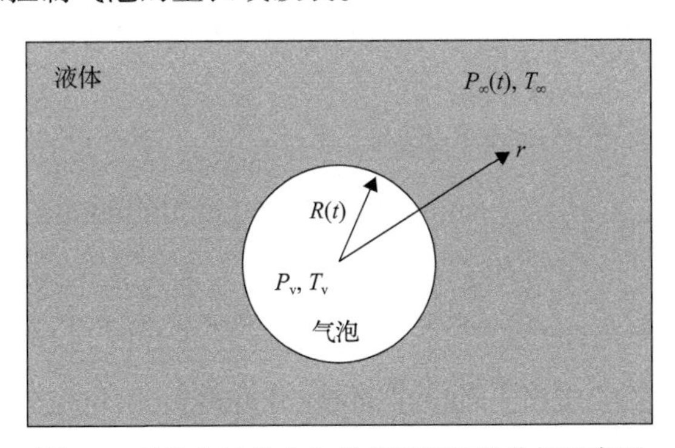

图 2.1　气泡在液体中生长或破裂数学分析示意图

在气泡生长过程的任一时刻，气泡界面 $r = R$ 以 $\mathrm{d}R/\mathrm{d}t$ 速度运动，气泡内压力为 P_v，温度为 T_v。若假设液体不可压缩，在气泡附近球对称运动，由质量守恒定律得

$$\frac{1}{r^2}\left[\frac{\partial\left(r^2u\right)}{\partial r}\right]=0,\quad u_{r=R}=\frac{\mathrm{d}R}{\mathrm{d}t} \tag{2.1}$$

对上述方程从 $r=R$ 到任一位置 r 积分，得

$$u_r=\frac{\mathrm{d}R}{\mathrm{d}t}\left(\frac{R}{r}\right)^2 \tag{2.2}$$

因此，气泡附近的液体总动能为

$$(\mathrm{KE})_\mathrm{l}=\left(\frac{\rho_\mathrm{l}}{2}\right)\int_R^\infty u^2\mathrm{d}V=\left(\frac{\rho_\mathrm{l}}{2}\right)\int_R^\infty\left[\frac{\mathrm{d}R}{\mathrm{d}t}\left(\frac{R}{r}\right)^2\right]^2\left(4\pi r^2\right)\mathrm{d}r=2\pi\rho_\mathrm{l}\left(\frac{\mathrm{d}R}{\mathrm{d}t}\right)^2R^3 \tag{2.3}$$

式中，下标 l 指液体。气泡从 $r=0$ 成长到 $r=R$ 过程中对周围液体做的净功为

$$W_\mathrm{l}=\int_0^R P_\mathrm{li}\left(4\pi R^2\right)\mathrm{d}R-\frac{4}{3}\pi P_\infty R^3 \tag{2.4}$$

式中，P_li 为界面上液体侧的压力；等式右边第二项为气泡排开液体对环境做的功。因此，式(2.4)等号右边代表了气泡对液体做的净功，也是液体获得动能的来源。由能量守恒 $(\mathrm{KE})_\mathrm{l}=W_\mathrm{l}$，得

$$2\pi\rho_\mathrm{l}\left(\frac{\mathrm{d}R}{\mathrm{d}t}\right)^2R^3=\int_0^R P_\mathrm{li}\left(4\pi R^2\right)\mathrm{d}R-\frac{4}{3}\pi P_\infty R^3 \tag{2.5}$$

由杨-拉普拉斯(Young-Laplace)方程，可进一步得到气泡表面单位面积上的合力为

$$P_\mathrm{li}=P_\mathrm{v}-\frac{2\gamma}{R}-\frac{4\mu_\mathrm{l}}{R}\frac{\mathrm{d}R}{\mathrm{d}t} \tag{2.6}$$

式中，γ 为液体表面张力系数；等式右边第三项为半径方向的黏性力，$2\mu_\mathrm{l}\left.\frac{\partial u}{\partial r}\right|_{r=R}=-\frac{4\mu_\mathrm{l}}{R}\frac{\mathrm{d}R}{\mathrm{d}t}$。将式(2.6)代入式(2.5)，并将整个方程对 R 进行微分，得

$$R\frac{\mathrm{d}^2R}{\mathrm{d}t^2}+\frac{3}{2}\left(\frac{\mathrm{d}R}{\mathrm{d}t}\right)^2=\frac{1}{\rho_\mathrm{l}}\left(P_\mathrm{v}-P_\infty-\frac{4\mu_\mathrm{l}}{R}\frac{\mathrm{d}R}{\mathrm{d}t}-\frac{2\gamma}{R}\right) \tag{2.7}$$

这个方程称为 Rayleigh-Plesset 方程。虽然这个方程从机械能守恒推导得到，

也可被认为是气泡生长过程中和周围液体的力-动量平衡。假设气泡中没有不可液化的其他气体(在深低温条件下认为该假设合理)，则气泡内全部是单组分的蒸气。式(2.7)可写为

$$\underbrace{\frac{P_{\mathrm{v}}(T_{\infty})-P_{\infty}(t)}{\rho_{\mathrm{l}}}}_{\text{第一项}}+\underbrace{\frac{P_{\mathrm{v}}(T_{\mathrm{B}})-P_{\mathrm{v}}(T_{\infty})}{\rho_{\mathrm{l}}}}_{\text{第二项}}=\underbrace{R\frac{\mathrm{d}^2R}{\mathrm{d}t^2}}_{\text{第三项}}+\underbrace{\frac{3}{2}\left(\frac{\mathrm{d}R}{\mathrm{d}t}\right)^2}_{\text{第四项}}+\underbrace{\frac{4\mu_{\mathrm{l}}}{R}\frac{\mathrm{d}R}{\mathrm{d}t}}_{\text{第五项}}+\underbrace{\frac{2\gamma}{\rho_{\mathrm{l}}R}}_{\text{第六项}} \tag{2.8}$$

式中，T_{B}为气泡温度；μ_{l}为液体黏度；第一项是瞬时张力项或驱动项，由远离气泡处的条件确定；第二项称为热效应项，这一项的大小决定着不同的气泡动力学特性；第三项为加速度项；第四项为动能项；第五项为黏性项；第六项为表面张力项。

2.2　无热效应时的气泡动力学

2.2.1　气泡动力学

首先在不考虑热效应的情况下，分析一些气泡的动力学特性，也即$P_{\mathrm{v}}=P_{\mathrm{v}}(T_{\infty})=$常数，式(2.8)中第二项等于零。另外，除了 Rayleigh-Plesset 方程外，还有必要考虑气泡的不凝性气体的影响。一般情况下，假定气泡含有一定量的不凝性气体，且当参考半径为R_0、参考温度为T_{∞}时，不凝性气体的分压为P_{G0}。那么，忽略气体与液体之间的质量传递，得

$$P_{\mathrm{v}}(t)=P_{\mathrm{v}}(T_{\mathrm{v}})+P_{\mathrm{G0}}\frac{T_{\mathrm{v}}}{T_{\infty}}\left(\frac{R_0}{R}\right)^3 \tag{2.9}$$

式中，T_{v}为气体温度。

将式(2.9)代入式(2.8)，得

$$\frac{P_{\mathrm{v}}-P_{\infty}}{\rho_{\mathrm{l}}}+\frac{P_{\mathrm{G0}}}{\rho_{\mathrm{l}}}\frac{T_{\mathrm{v}}}{T_{\infty}}\left(\frac{R_0}{R}\right)^3=R\frac{\mathrm{d}^2R}{\mathrm{d}t^2}+\frac{3}{2}\left(\frac{\mathrm{d}R}{\mathrm{d}t}\right)^2+\frac{4\nu_1}{R}\frac{\mathrm{d}R}{\mathrm{d}t}+\frac{2\gamma}{\rho_{\mathrm{l}}R} \tag{2.10}$$

由无热效应假设，气泡体积变化过程中温度不变，则气泡中不凝性气体等温变化为

$$P_{\mathrm{G}}=P_{\mathrm{G0}}\left(\frac{R_0}{R}\right)^3 \tag{2.11}$$

式(2.10)进一步简化为

$$\frac{P_\mathrm{v}-P_\infty}{\rho_1}+\frac{P_{\mathrm{G}0}}{\rho_1}\left(\frac{R_0}{R}\right)^3=R\frac{\mathrm{d}^2R}{\mathrm{d}t^2}+\frac{3}{2}\left(\frac{\mathrm{d}R}{\mathrm{d}t}\right)^2+\frac{4\nu_1}{R}\frac{\mathrm{d}R}{\mathrm{d}t}+\frac{2\gamma}{\rho_1 R} \tag{2.12}$$

对于给定的 $P_\infty(t)$、温度 T_∞和其他物性常数的情况下，式(2.12)可以通过数值方法求解得到 $R(t)$。初始条件同样也是必需的，在气泡流动中，假定在 $t=0$ 时刻，外部压力为 $P_\infty(0)$，气泡半径为 R_0。$t>0$ 时，$P_\infty(t)$ 首先降低到小于 $P_\infty(0)$，然后恢复到 $P_\infty(0)$。$t=0$ 时刻，根据 Young-Laplace 方程，有

$$P_{\mathrm{G}0}=P_\infty(0)-P_\mathrm{v}(T_\infty)+\frac{2\gamma}{R_0} \tag{2.13}$$

且 $\mathrm{d}R/\mathrm{d}t|_{t=0}=0$。图 2.2 是水和液氮空化气泡流过低压区时 $R(t)$的典型数值解，U 为速度，t 为时间，需要指出的是求解过程中忽略了式(2.12)中的黏性项。计算结果反映了气泡经过低压区时的动态特性，也反映了式(2.12)的非线性特性。气泡增长过程非常顺畅，在最低压力时达到最大直径。但收缩过程却相当不同，由于没有黏性耗散，气泡的扩张-压缩将周期性无限持续，即使外界压力 $P_\infty(t)$恢复到 $P_\infty(0)$并保持不变。液氮气泡增长过程达到的最大直径比水大，同时收缩过程振幅也比水大，但是频率比水小。由式(2.12)可知，这是液氮与水的不同表面张力项导致的。液氮表面张力系数γ 比水要小 1 个数量级。表面张力方向指向气泡内部，因此作用是使气泡直径变小。

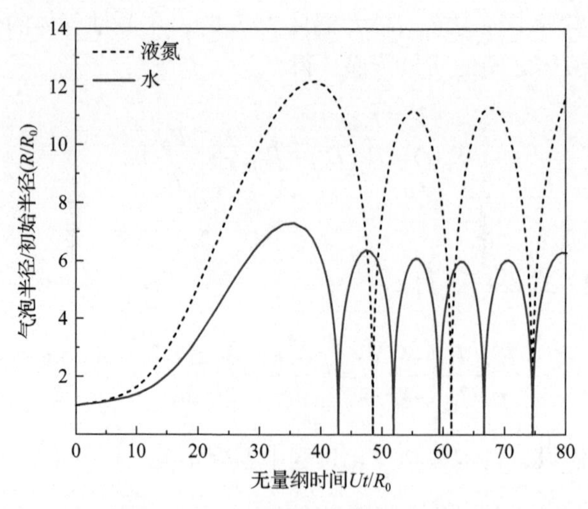

图 2.2　不考虑热效应时水和液氮气泡半径和无量纲时间的关系

若不考虑黏性，且外部压力 $P_\infty(t)$降低到 $P_\infty(t)=P^*<P_\infty(0)$后保持不变，对于这种情况，式(2.12)可得到理论解。在式(2.12)两边同时乘以 $2R^2\dot{R}$，得

$$\left[\frac{P_{\mathrm{v}}-P_{\infty}}{\rho_{\mathrm{l}}}+\frac{P_{\mathrm{G}0}}{\rho_{\mathrm{l}}}\left(\frac{R_0}{R}\right)^3\right]2R^2\dot{R}=\left[R\frac{\mathrm{d}^2R}{\mathrm{d}t^2}+\frac{3}{2}\left(\frac{\mathrm{d}R}{\mathrm{d}t}\right)^2\right]2R^2\dot{R}+\left(\frac{2\gamma}{\rho_{\mathrm{l}}R}\right)2R^2\dot{R} \tag{2.14}$$

对式(2.14)进行积分，得

$$\int\left[\frac{P_{\mathrm{v}}-P_{\infty}}{\rho_{\mathrm{l}}}+\frac{P_{\mathrm{G}0}}{\rho_{\mathrm{l}}}\left(\frac{R_0}{R}\right)^3\right]2R^2\mathrm{d}R=\int\left[2R^3\frac{\mathrm{d}^2R}{\mathrm{d}t^2}+3R^2\left(\frac{\mathrm{d}R}{\mathrm{d}t}\right)^2\right]\mathrm{d}R+\int\left(\frac{2\gamma}{\rho_{\mathrm{l}}R}\right)2R^2\mathrm{d}R \tag{2.15}$$

注意到：

$$\frac{\mathrm{d}\left(\dot{R}^2R^3\right)}{\mathrm{d}R}=2R^3\frac{\mathrm{d}^2R}{\mathrm{d}t^2}+3R^2\left(\frac{\mathrm{d}R}{\mathrm{d}t}\right)^2 \tag{2.16}$$

得

$$\dot{R}^2=\frac{2\left(P_{\mathrm{v}}-P^*\right)}{3\rho_{\mathrm{l}}}\left(1-\frac{R_0^3}{R^3}\right)+2\frac{P_{\mathrm{G}0}}{\rho_{\mathrm{l}}}\frac{R_0^3}{R^3}\ln\left(\frac{R_0}{R}\right)-\frac{2\gamma}{\rho_{\mathrm{l}}R}\left(1-\frac{R_0^3}{R^3}\right) \tag{2.17}$$

对式(2.17)积分可以得到当气泡半径从 R_0 变化到 R 的时间 t。

式(2.17)表明当 $R\gg R_0$ 时，等式右边后两项都趋向零，则气泡生长速度为

$$\dot{R}\to\left[\frac{2\left(P_{\mathrm{v}}-P^*\right)}{3\rho_{\mathrm{l}}}\right]^{\frac{1}{2}} \tag{2.18}$$

同时，初始时$(t=0)$，气泡气液界面厚度为 dR 的液体上的加速度为

$$\ddot{R}=\frac{F}{m}=\frac{\left(P_{\infty}^0-P^*\right)4\pi R_0^2}{\rho_{\mathrm{l}}4\pi R_0^2\mathrm{d}R}=\frac{P_{\infty}^0-P^*}{\rho_{\mathrm{l}}\mathrm{d}R}\approx\frac{P_{\infty}^0-P^*}{\rho_{\mathrm{l}}R_0} \tag{2.19}$$

式中，F 为液体受力；m 为液体质量；P_{∞}^0 为远处流体压力；P^* 为 t 时刻的外部压力。

由式(2.18)和式(2.19)可得到气泡半径变化周期约为

$$t_{\mathrm{A}}=\frac{\dot{R}}{\ddot{R}}=\left[\frac{2\rho_{\mathrm{l}}R_0^2\left(P_{\mathrm{v}}-P^*\right)}{3\left(P_{\infty}^0-P^*\right)^2}\right]^{\frac{1}{2}} \tag{2.20}$$

当外部压力从 P_{∞} 增加到 $P^*>P_{\infty}$ 时，气泡半径从 R_0 开始减小，式(2.17)变为

$$\dot{R} = -\left(\frac{R_0}{R}\right)^{\frac{3}{2}}\left[\frac{2\left(P^* - P_v\right)}{3\rho_l} + \frac{2\gamma}{\rho_l R} - \frac{2P_{G0}}{3(k-1)\rho_l}\left(\frac{R_0}{R}\right)^{3(k-1)}\right]^{\frac{1}{2}} \tag{2.21}$$

对等温过程$(k=1)$，可用$2\dfrac{P_{G0}}{\rho_l}\ln\left(\dfrac{R_0}{R}\right)$代替$\dfrac{2P_{G0}}{3(k-1)\rho_l}\left(\dfrac{R_0}{R}\right)^{3(k-1)}$。然而，大多数气泡破裂运动发生得非常迅速且气体特性更接近于绝热$(k=C_p/C_v$, C_v为等容比热容)而非等温，因此对气泡破裂过程假定$k\neq 1$。

当气泡内不凝性气体含量大时，其渐进的破裂速度不会达到式(2.21)计算得到的结果，气泡将以一个更小的、新的平衡半径简单振荡。然而当气泡含有较少不凝性气体时，气泡内的破裂速度将与$R^{-3/2}$呈比例不断增加，直到式(2.21)中中括号内的最后一项达到了其他项的数量级为止。然后气泡破裂速度将减小，同时气泡半径达到最小尺寸，其值可令式(2.21)中括号内不凝性气体压力项与压力项和表面张力项之和相等，得

$$\frac{2\left(P^* - P_v\right)}{3\rho_l} + \frac{2\gamma}{\rho_l R} = \frac{2P_{G0}}{3(k-1)\rho_l}\left(\frac{R_0}{R}\right)^{3(k-1)} \Rightarrow R_{min} = R_0\left[\frac{1}{k-1}\frac{P_{G0}}{\left(P^* - P_v + \dfrac{3\gamma}{R_0}\right)}\right]^{\frac{-1}{3(k-1)}} \tag{2.22}$$

需要注意的是，在得到式(2.22)的过程中，表面张力项应为$3\gamma/R$。考虑到对于惯性控制阶段，表面张力相对小得多，因此在表面张力项中用R_0代替R引起的误差可忽略不计。从式(2.22)可以看出，若P_{G0}比较小，那么R_{min}也相应地非常小。气泡半径最小时，其内部气体的压力可由理想气体绝热压缩方程获得

$$P_{G0}R_0^{3k} = P_{max}R_{min}^{3k} \Rightarrow P_{max} = P_{G0}\left(\frac{R_0}{R_{min}}\right)^{3k} \tag{2.23}$$

将式(2.22)代入式(2.23)得

$$P_{max} = P_{G0}\left[\frac{1}{k-1}\frac{P_{G0}}{\left(P^* - P_v + \dfrac{3\gamma}{R_0}\right)}\right]^{\frac{k}{k-1}} \tag{2.24}$$

同理，由理想气体绝热压缩方程可得内部气体的最大温度为

$$T_{\max}=\frac{T_0}{P_{G0}}\left[(k-1)\left(P^*-P_v+\frac{3\gamma}{R_0}\right)\right] \tag{2.25}$$

在不考虑表面张力和不凝性气体含量的情况下，Rayleigh[2]通过对式(2.17)进行积分计算，得到了气泡从 $R=R_0$ 到 $R=0$ 完全破裂的时间为

$$t_{TC}=0.915\left(\frac{\rho_l R_0^2}{P^*-P_v}\right)^{\frac{1}{2}} \tag{2.26}$$

需要注意的是，上述关于气泡的动力学推导非常实用，但是关于破裂过程的计算结果有一定的误导性，因为忽略了破裂过程的热效应，同时分析所基于的两个假设也与气泡实际过程有违背。实际上气泡破裂过程最后阶段会涉及高速和高压，此时液体不可压缩的假设也不再适用。更重要的是，一个破裂的气泡将会失去球对称性，而这种非球对称方式具有重要的工程影响。

2.2.2　气泡的稳定性

由 Young-Laplace 方程，当气泡处于平衡状态时，有

$$P_v-P_\infty+P_{GE}-\frac{2\gamma}{R_E}=0 \tag{2.27}$$

式中，P_{GE} 为不凝性气体压力；R_E 为气泡平衡半径。

然而式(2.27)并不是无条件稳定的。若气泡半径存在一个小的摄动 ε，即气泡半径从 $R=R_E$ 变化到 $R=R_E(1+\varepsilon)$，$\varepsilon \ll 1$，则从 Rayleigh-Plesset 方程的动态响应特性来判断气泡半径可能的变化。考虑到一般不凝性气体扩散相比于摄动要慢得多，因此可认为气泡中不凝性气体质量和温度 T_B 都保持不变。将 $R=R_E(1+\varepsilon)$ 代入式(2.12)，得

$$\frac{P_v-P_\infty}{\rho_l}+\frac{P_{GE}}{\rho_l}\left[\frac{R_E}{R_E(1+\varepsilon)}\right]^{3k}-\frac{2\gamma}{\rho_l R_E(1+\varepsilon)}=R\ddot{R}+\frac{3}{2}\dot{R}^2+\frac{4\nu_l}{R}\dot{R} \tag{2.28}$$

式中，等式左边是静力项，右边是动力项。注意到由泰勒展开，舍去二阶小量及更高阶数的小量，有

$$(1+\varepsilon)^{-1}=1-\varepsilon,\quad (1+\varepsilon)^{-3k}=1-3k\varepsilon \tag{2.29}$$

将式(2.29)代入式(2.28)，同时利用式(2.27)消去静力项，得

$$R\ddot{R}+\frac{3}{2}\dot{R}^2+\frac{4\nu_1}{R}\dot{R}=\frac{\varepsilon}{\rho_1}\left(\frac{2\gamma}{R_E}-3kP_{GE}\right) \tag{2.30}$$

由式(2.30)可见，若

$$\frac{2\gamma}{R_E}>3kP_{GE} \tag{2.31}$$

则

$$\frac{\varepsilon}{\rho_1}\left(\frac{2\gamma}{R_E}-3kP_{GE}\right)>0 \tag{2.32}$$

可见，若满足式(2.32)，式(2.30)左侧代表的气泡半径变化速度和加速度与摄动ε同方向。因此，这种平衡是不稳定的，因为产生的运动将导致气泡进一步偏离平衡条件$R=R_E$。反之，则气泡是稳定的。

由理想气体公式及式(2.31)，要满足平衡条件，则不凝性气体压力为

$$P_{GE}=\frac{m_G T_B K_G}{\frac{4}{3}\pi R_E^3}>\frac{2\gamma}{3kR_E} \tag{2.33}$$

式中，m_G为不凝性气体质量；K_G为不凝性气体常数。可见，对于给定的不凝性气体质量，存在一个临界半径R_{EC}：

$$R_{EC}=\left(\frac{9km_G T_B K_G}{8\pi\gamma}\right)^{\frac{1}{2}} \tag{2.34}$$

这个临界半径最早由Blake[3]、Neppiras和Noltingk[4]得到，故通常称为Blake临界半径。所有半径$R_E \leqslant R_{EC}$的气泡均能保持稳定平衡状态，而所有半径$R_E>R_{EC}$的气泡，则一定是不稳定的。这个临界半径R_{EC}可通过将来流压力从P_∞减小到临界压力$P_{\infty c}$得到，$P_{\infty c}$可由式(2.27)、式(2.31)和式(2.34)得

$$P_{\infty c}=P_v-\frac{4\gamma}{3R_{EC}}=P_v-\frac{4\gamma}{3}\left(\frac{8\pi\gamma}{9km_G T_B K_G}\right)^{\frac{1}{2}} \tag{2.35}$$

其中，$P_{\infty c}$通常也被称为Blake临界压力。

图2.3为等温情况下($k=1$)，不同流体气泡内部含有不同不凝性气体质量m_G时，稳定和不稳定气泡的平衡半径R_E与承受张力P_v-P_∞的关系，稳定的平衡

和不稳定的平衡用虚线分开。由图可见，对于任何给定的 m_G，临界半径 R_{EC} 对应于每条曲线的最高点。虚线为各曲线顶点 R_{EC} 的轨迹，虚线的方程为 $P_v - P_\infty = 4\gamma/3R_{EC}$。虚线右边的区域代表不稳定的平衡条件。当压力降低时，有利于确定可视化观察到准静态响应。

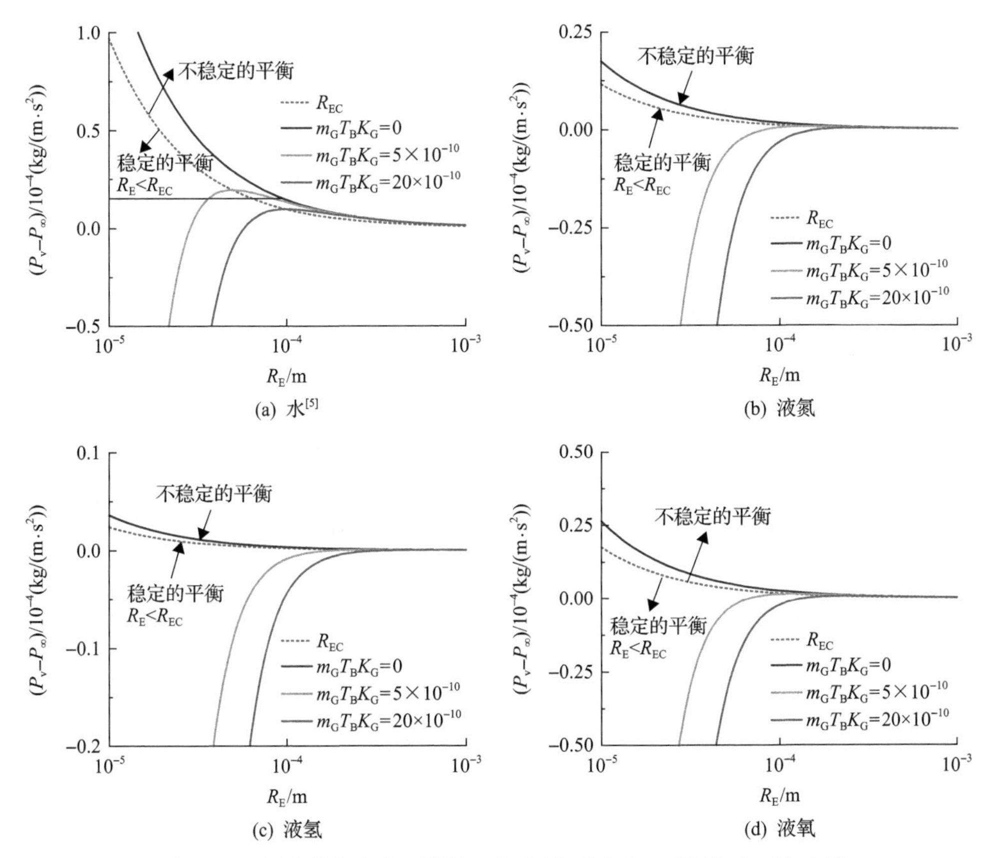

(a) 水[5]　(b) 液氮　(c) 液氢　(d) 液氧

图 2.3　不同流体气泡中不凝性气体含量不同时，不同张力下稳定的平衡和不稳定的气泡平衡半径

当外界压力 $P_\infty < P_v$ 时，从左下角开始，气泡平衡半径 R_E 首先随着 $P_v - P_\infty$ 的增加而增加，并达到最大值 R_{EC}，相应的外界压力为 Blake 临界压力 $P_{\infty c}$，由式(2.35)计算。这时候，无论 P_∞ 是否进一步下降，只要存在低于 Blake 临界压力 $P_{\infty c}$ 的扰动，就会导致气泡爆炸性生长。事实上，从分析中可以看到，液体的临界张力应为 $4\gamma/(3R_E)$，而不是前面提及的 $2\gamma/R_E$。因为对于气泡内含有不凝性气体的情况，张力处于式(2.36)范围时，气泡处于不稳定的平衡状态。

$$\frac{4\gamma}{3R_E} < P_v - P_\infty < \frac{2\gamma}{R_E} \tag{2.36}$$

仔细观察图 2.3 还可以发现，对于一个给定的稍微小于临界值的张力，如图 2.3(a)中横线所示，存在两个交替的平衡状态，一个为半径较小的稳定平衡状态，另一个为半径较大的不稳定平衡状态。假设一个气泡在较小半径的稳定平衡状态下受到足够大的压力振荡，使气泡半径瞬时超过临界半径 R_{EC}，那么气泡将无限地爆炸性地生长。这种影响对理解湍流对空化产生的作用或液体对声场的响应是非常重要的。这种稳定现象对许多空化流动有重要影响。首先假设各种尺寸的空化核流进流场中的低压区，那么式(2.27)和式(2.36)中的压力 P_∞ 为气泡周围液体的局部压力。为了使气泡爆炸性生长，P_∞ 必定小于 P_v。一旦 $P_v - P_\infty > 4\gamma/(3R_{EC})$，该气泡核子将会变得不稳定，爆炸性生长而形成空穴，而那些半径小于临界尺寸的空化核子只会被动响应，不会生长到肉眼能看到的尺寸。

尽管气泡的实际响应是动态的，并且 P_∞ 连续不断地变化，但还是可以期望空化核子的临界半径 R_{EC} 可近似表示为 $4\gamma/\left[3\left(P_v - P_\infty\right)\right]$。需要注意的是，$P_\infty$ 越低，气泡的临界半径越小，被激活的空化核子数量就会越多。这是因为随着压力的下降，空化流动中可观察到的气泡数量将会增加。这种影响的一个定量分析的例子如图 2.4 所示，这是对轴对称半球头绕流流动过程中液氮气泡的 Rayleigh-Plesset 方程进行积分而得到的结果。图中给出了四种不同空化数 σ 的计算结果，不同空化数代表不同的外界压力。需要注意的是，$\sigma < 0.5$ 的所有曲线在确定的临界半径 R_{EC} 处都有陡峭的竖直部分，同时临界核子尺寸随着 σ 的减小和减小。这种流动和其他流动的数值计算结果表明，空化核子的临界半径 R_{EC} 与之前推导的量纲的表达式非常一致，即

$$R_{EC} \approx \frac{\kappa\gamma}{\rho_l U_\infty^2\left(-\sigma - C_{pmin}\right)} \tag{2.37}$$

式中，$\kappa \approx 1$；C_{pmin} 为流动过程中的最小压力系数；ρ_l 为液体密度。

同时在图 2.4 中也要注意到，无论空化核的初始半径 R_0 有多大，所有不稳定的空化核几乎都生长到了相同的最大半径，这是因为气泡渐进生长率和有效的生长时间都与空化核初始半径无关。从式(2.18)可以得出气泡生长速度近似为

$$\frac{\mathrm{d}R}{\mathrm{d}t} = U_\infty\left(-\sigma - C_{pmin}\right)^{\frac{1}{2}} \tag{2.38}$$

而且，最低压力点附近的压力系数可表示为

$$C_p = C_{pmin} + C_{p*}\left(\frac{s}{R_H}\right)^2 \tag{2.39}$$

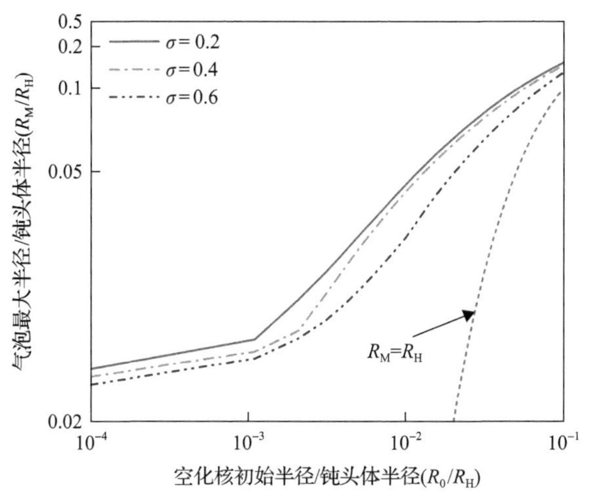

图 2.4　液氮流经轴对称钝头体

$R_{\mathrm{H}}=0.01\ \mathrm{m}$, $We=\dfrac{\rho_{\mathrm{l}}R_{\mathrm{H}}U_{\infty}^{2}}{\sigma}=28000$，$We$ 为韦伯数，空化核初始半径为 R_0，在不同空化数 σ 时生长为最大半径 R_{M}

式中，s 为沿表面测得的长度；R_{H} 为钝头体半径；$C_{\mathrm{p}*}$ 为一阶已知常数。那么气泡的生长所用的特征时间 t_{G} 可近似表示为

$$t_{\mathrm{G}}=\frac{2R_{\mathrm{H}}\left(-\sigma-C_{\mathrm{pmin}}\right)^{\frac{1}{2}}}{C_{\mathrm{p}*}^{\frac{1}{2}}U_{\infty}\left(1-C_{\mathrm{pmin}}\right)^{\frac{1}{2}}} \tag{2.40}$$

由此，结合式(2.38)和式(2.40)，气泡的最大半径 R_{M} 可近似为

$$\frac{R_{\mathrm{M}}}{R_{\mathrm{H}}}=\frac{2\left(-\sigma-C_{\mathrm{pmin}}\right)}{C_{\mathrm{p}*}^{\frac{1}{2}}\left(1-C_{\mathrm{pmin}}\right)^{\frac{1}{2}}} \tag{2.41}$$

因此，最大半径 R_{M} 只在有效范围内随空化数小幅度地变化。

2.3　热效应对气泡生长的影响

2.3.1　热效应项的计算

前面在不考虑热效应的情况下，探讨了一些气泡的动力学特性。现在有必要检验一下这些分析结果的有效性，并且计算热效应项的大小也是非常必要的，在得到式(2.12)时，热效应项被忽略掉了。

在式(2.8)中，当温度差不大时，应用泰勒展开，只保留一阶导数，热效应项

可近似计算为

$$\frac{P_{\mathrm{v}}(T_{\mathrm{B}})-P_{\mathrm{v}}(T_{\infty})}{\rho_{\mathrm{l}}}=A(T_{\mathrm{B}}-T_{\infty}) \tag{2.42}$$

应用克劳修斯-克拉珀龙(Clausius-Clapeyron)关系式，可计算出 A 的值为

$$A=\frac{1}{\rho_{\mathrm{l}}}\frac{\mathrm{d}P_{\mathrm{v}}}{\mathrm{d}T}=\frac{\rho_{\mathrm{v}}(T_{\infty})L(T_{\infty})}{\rho_{\mathrm{l}}T_{\infty}} \tag{2.43}$$

式中，L 为潜热。

在温度 T_{∞} 已知的情况下，这与泰勒展开式对 ρ_{v} 和 L 进行近似计算是一致的。因此，当温度差较小时，式(2.8)中第二项用 $A(T_{\mathrm{B}}-T_{\infty})$ 表示。

气泡内温度 T_{B} 偏离无穷远处液体温度 T_{∞} 的程度对气泡动力学特性有重要的影响，因此有必要讨论如何计算这个温度差。确定 $T_{\mathrm{B}}-T_{\infty}$ 需要两个步骤。首先，需要求解热扩散方程，来确定气泡周围液体内的温度分布 $T(r,t)$，即

$$\frac{\partial T}{\partial t}+\frac{\mathrm{d}R}{\mathrm{d}t}\left(\frac{R}{r}\right)^{2}\frac{\partial T}{\partial r}=\frac{\alpha_{1}}{r^{2}}\frac{\partial}{\partial r}\left(r^{2}\frac{\partial T}{\partial r}\right) \tag{2.44}$$

式中，$\alpha_{1}=k_{1}/(\rho_{1}C_{\mathrm{p}})$ 为液体的热扩散率，k_{1} 为液体导热系数。

在气泡边界上，假设所有的导热都用于液体气化(忽略用于加热或冷却气泡内气体的热量，在很多情况下，这个热量是很小的，考虑该项的计算将在 2.4 节讨论)，则由能量守恒得

$$4\pi R^{2}k_{1}\left(\frac{\partial T}{\partial r}\right)_{r=R}=\rho_{\mathrm{v}}L\left(4\pi R^{2}\frac{\mathrm{d}R}{\mathrm{d}t}\right) \tag{2.45}$$

式(2.45)左边是界面上液体侧导热，右边是相变蒸发率。式(2.45)中，ρ_{v}、L、k_{1} 都要在温度 T_{B} 下计算。然而，如果 $T_{\mathrm{B}}-T_{\infty}$ 很小，这与前面描述的在 $T=T_{\infty}$ 时计算这些物性值的线性分析是一样。

现在热效应问题的性质已经很清楚了。Rayleigh-Plesset 方程(式(2.8))中的热效应项需要建立 $T_{\mathrm{B}}(t)-T_{\infty}$ 与 $R(t)$ 之间的关系。能量守恒方程(式(2.45))建立了 $(\partial T/\partial r)_{r=R}$ 和 $R(t)$ 之间的关系，但 $(\partial T/\partial r)_{r=R}$ 和 $T_{\mathrm{B}}(t)-T_{\infty}$ 之间的关系需要求解热扩散方程(式(2.44))来得到。由于热扩散方程具有明显的非线性，很难确定两者的关系，因此不存在清晰的解析解。Plesset 和 Zwick[5]提供了一种对很多情况都适用的近似解法。假设气泡半径远远大于热边界层厚度 δ_{T}，且热边界层内温度线性分布，则有

$$R > \delta_{\mathrm{T}} \approx \left(T_{\mathrm{B}} - T_{\infty}\right) \Big/ \left(\frac{\partial T}{\partial r}\right)_{r=R} \tag{2.46}$$

则可求得式(2.44)的解为

$$T_{\infty} - T_{\mathrm{B}}(t) = \left(\frac{\alpha_{\mathrm{l}}}{\pi}\right)^{\frac{1}{2}} \int_{0}^{t} \frac{\left[R(x)\right]^{2} \left(\dfrac{\partial T}{\partial r}\right)_{r=R(x)}}{\left\{\int_{x}^{t} \left[R(y)\right]^{4} \mathrm{d}y\right\}^{\frac{1}{2}}} \mathrm{d}x \tag{2.47}$$

式中，x 和 y 为虚拟的时间变量。将式(2.45)代入式(2.47)得

$$T_{\infty} - T_{\mathrm{B}}(t) = \frac{L\rho_{\mathrm{v}}}{\rho_{\mathrm{l}} C_{\mathrm{pl}} \alpha_{\mathrm{l}}^{\frac{1}{2}}} \left(\frac{1}{\pi}\right)^{\frac{1}{2}} \int_{0}^{t} \frac{\left[R(x)\right]^{2} \dfrac{\mathrm{d}R}{\mathrm{d}t}}{\left\{\int_{x}^{t} \left[R(y)\right]^{4} \mathrm{d}y\right\}^{\frac{1}{2}}} \mathrm{d}x \tag{2.48}$$

式中，C_{pl} 为液相定压比热容。

接着，由实验观察，气泡半径近似以指数形式变化，近似为

$$R = R^{*} t^{n} \tag{2.49}$$

式中，R^{*} 和 n 为常量。则由式(2.48)和式(2.49)可得

$$T_{\infty} - T_{\mathrm{B}}(t) = \frac{L\rho_{\mathrm{v}}}{\rho_{\mathrm{l}} C_{\mathrm{pl}} \alpha_{\mathrm{l}}^{\frac{1}{2}}} R^{*} t^{n-\frac{1}{2}} C(n) \tag{2.50}$$

式中，常量 $C(n)$ 为

$$C(n) = n\left(\frac{4n+1}{\pi}\right)^{\frac{1}{2}} \int_{0}^{1} \frac{z^{3n-1}}{\left(1 - z^{4n+1}\right)^{\frac{1}{2}}} \mathrm{d}z \tag{2.51}$$

在实际情况下，对于大多数的 n 值，常量 $C(n)$ 的量级为 1(在气泡生长时，$0<n<1$)。在这些条件下，Rayleigh-Plesset 方程(式(2.8))中线性化的热效应项(第二项)为

$$\frac{P_{\mathrm{v}}\left(T_{\mathrm{B}}\right) - P_{\mathrm{v}}\left(T_{\infty}\right)}{\rho_{\mathrm{l}}} = \frac{L\rho_{\mathrm{v}}}{T_{\infty}\rho_{\mathrm{l}}}\left(T_{\mathrm{B}} - T_{\infty}\right) = -\Sigma\left(T_{\infty}\right) C(n) R^{*} t^{n-\frac{1}{2}} \tag{2.52}$$

式中，热力学参数 $\Sigma(T_\infty)$ 为

$$\Sigma\left(T_\infty\right)=\frac{L^2\rho_{\mathrm{v}}^2}{\rho_{\mathrm{l}}^2 C_{\mathrm{pl}} T_\infty \alpha_{\mathrm{l}}^{\frac{1}{2}}} \tag{2.53}$$

由此可以看出，参数 $\Sigma(T_\infty)$ 的单位为 $\mathrm{m/s^{3/2}}$，它对气泡动态特性起到关键作用。

2.3.2 第一临界时间 t_{c1}

在 Rayleigh-Plesset 方程（式(2.8)）中，当左边第一项占主导作用时，为惯性控制阶段。当第二项占主导作用时，为热控制阶段。现在可以讨论热效应项(第二项)相比于驱动项(第一项)的相对大小改变了，或者说，什么时候应该考虑热效应项。

由式(2.18)可知，当气泡半径 $R\gg R_0$ 时，气泡成长速率趋向不变。因此在 P_∞ 为常数的特殊情况下，式(2.8)中第一项和第三～六项要么为常数(第三～五项)，要么随着时间的推移不断变小(第一项和第六项)。此外，将式(2.18)与式(2.49)对比，得到一个恒定的线性生长速度关系式：

$$n=1,\quad R^*=\left[\frac{2\left(P_{\mathrm{v}}-P_\infty^*\right)}{3\rho_{\mathrm{l}}}\right]^{\frac{1}{2}} \tag{2.54}$$

此时($n=1$)，式(2.8)中热效应项(第二项)是渐进式增长的(式(2.52))，即

$$\mathrm{term}(2)=\Sigma\left(T_\infty\right)C(n)R^*t^{\frac{1}{2}} \tag{2.55}$$

式中，R^* 为气泡渐进生长速度系数。

在气泡生长过程中，若时间足够长，即使刚开始时热效应项被忽略，但之后热效应项也将与其他所有项的大小相当，并且最终成为一种影响气泡生长的不可忽略的因素。附带说明一下，普勒赛特-兹维克(Plesset-Zwick)方程在得到解(式(2.52))的过程中，假设一个小的边界层厚度 δ_{T}，且相对于半径 R，认为 δ_{T} 在整个气泡惯性控制生长期内保持不变。但实际上，δ_{T} 随 $(\alpha_{\mathrm{L}}t)^{1/2}$ 呈正比增长，而 R 随 t 呈线性增长(式(2.49))，因此，只有在气泡缓慢生长的情况下，这种假设才成立。

当式(2.8)中热效应项(第二项)的数量级与动能项，即以 $\dot{R}^2$ 表示的保留项的数量级相同时(因为与第二项对应的等式右边是 $\dot{R}^2$ 项，此项相比表面张力项及黏性项，占主导作用)，可以定义一个临界时间 t_{c1}，称为第一临界时间。由式(2.54)

得到 $\dot{R}^2$：

$$\dot{R}^2 = R^{*2} = \frac{2\left(P_\mathrm{v} - P_\infty^*\right)}{3\rho_\mathrm{l}} \tag{2.56}$$

令式(2.56)与式(2.55)相等，得

$$R^{*2} = \Sigma\left(T_\infty\right)C(n)R^* t_{\mathrm{c1}}^{\frac{1}{2}} \rightarrow t_{\mathrm{c1}} = \frac{R^{*2}}{\left[\Sigma\left(T_\infty\right)\right]^2} \approx \frac{P_\mathrm{v} - P_\infty^*}{\rho_\mathrm{l}}\frac{1}{\Sigma^2} \tag{2.57}$$

在得到式(2.57)的过程中，忽略了一些数量级为 1 的常数，如系数 2/3 及 $C(n)$。可见，第一临界时间不仅与张力 $\left(P_\mathrm{v} - P_\infty^*\right)/\rho_\mathrm{l}$ 有关，还取决于一个纯粹的热物理量 $\Sigma(T_\infty)$，$\Sigma(T_\infty)$ 只与液体的温度有关，数学表达式见式(2.53)。

从式(2.53)的分析中可以看出，在给定液体中，当液体温度 T_∞ 从三相点变化到临界点时，$\Sigma(T_\infty)$ 将经历多个数量级大小的变化，因为 $\left[\Sigma(T_\infty)\right]^2$ 与 $(\rho_\mathrm{v}/\rho_\mathrm{l})^4$ 成正比，相应地，第一临界时间 t_{c1} 也会随着 Σ 值数量级的变化而变化。图 2.5 为液氧、液氮和液氢饱和流体的 Σ 值随温度比(温度 T/临界温度 T_c)的变化，而图 2.6 为各种饱和流体的 Σ 值与气体压力的关系。例如，在典型水洞实验的空化流动中，其张力的数量级为 $10^4\mathrm{kg/ms^2}$。因为水在 20℃时 Σ 值大约为 $1\mathrm{m/s^{3/2}}$，其第一临界时间 t_{c1} 约为 10s，这比气泡生长的时间要长得多。因此在这种情况下，气泡生长不受热效应影响，即为“惯性控制”生长。但是，如果水被加热到 100℃，或者相当于在过热度为 2℃的沸水中观察气泡的生长，那么由于在 100℃时，$\Sigma \approx 10^3\mathrm{m/s^{3/2}}$，第一临界时间 t_{c1}=10μs。因此，事实上 100℃时所有观察到的气泡生长都是“热控

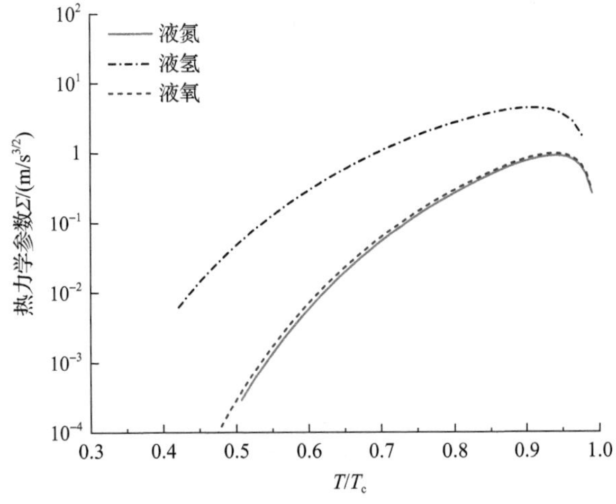

图 2.5　液氮、液氧和液氢饱和流体的热力学参数 Σ 值与温度比的关系

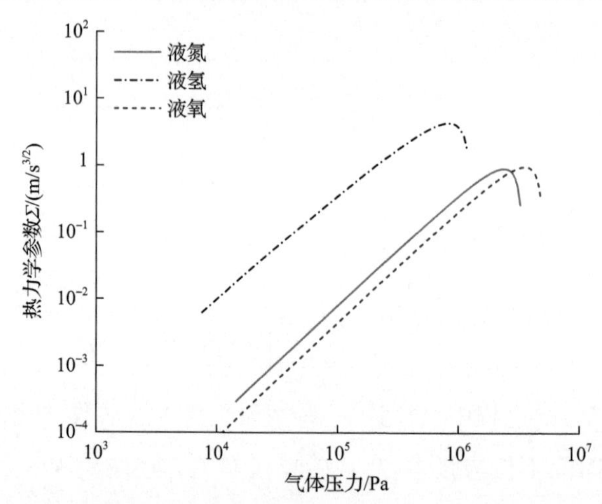

图 2.6 液氮、液氧和液氢饱和流体的热力学参数 Σ 值与气体压力的关系

制”的。对于液氮(78K 时)，$\Sigma \approx 3.16\text{m/s}^{3/2}$，$t_{c1}$=0.988s，因此，事实上液氮可能是惯性和热共同控制。同样地，对液氧和液氢计算可知，深低温流体空化气泡的生长过程可认为是惯性和热共同作用的结果。

2.3.3 热控制气泡的生长

当气泡生长时间超出第一临界时间后，很显然 Rayleigh-Plesset 方程式(式(2.8))中，各项的相对重要性将会发生变化。最重要的项变成了驱动项(第一项)和热效应项(第二项)，同时热效应项(第二项)的数量级要比动能项的数量级大。因此，如果张力 $P_v - P_\infty^*$ 保持不变，那么，由式(2.52)可得

$$\frac{P_v(T_B)-P_v(T_\infty)}{\rho_l}=\frac{L\rho_v}{T_\infty\rho_l}(T_B-T_\infty)=-\Sigma(T_\infty)C(n)R^* t^{n-\frac{1}{2}}=\text{常数} \tag{2.58}$$

则必有 $n=1/2$，使 $t^{n-\frac{1}{2}}=1$。则通过式(2.58)可求得 R^* 值：

$$R^*=\frac{P_v-P_\infty^*}{\rho_l C\left(\frac{1}{2}\right)\Sigma(T_\infty)} \tag{2.59}$$

将式(2.59)代入式(2.49)，得到气泡的渐进特性为

$$R=\frac{P_v-P_\infty^*}{\rho_l C\left(\frac{1}{2}\right)\Sigma(T_\infty)}t^{\frac{1}{2}} \tag{2.60}$$

因此，随着时间的推移，Rayleigh-Plesset 方程中动能项、黏性项和表面张力

项的重要性都迅速减小。若根据过热度而非张力表示，由式(2.60)及 Σ 的表达式(式(2.53))可得

$$R=\frac{\rho_{\mathrm{l}}C_{\mathrm{pl}}\left(T_{\mathrm{B}}-T_{\infty}\right)}{2C\left(\dfrac{1}{2}\right)\rho_{\mathrm{v}}L}\left(\alpha_{\mathrm{l}}t\right)^{\frac{1}{2}} \tag{2.61}$$

式中，在池沸腾的情况下，$\dfrac{\rho_{\mathrm{l}}C_{\mathrm{pl}}\Delta T}{\rho_{\mathrm{v}}L}$ 为雅各布(Jakob)数，$\Delta T=T_{\mathrm{w}}-T_{\infty}$，$T_{\mathrm{w}}$ 为壁温。式(2.60)和式(2.61)表明，当达到第一临界时间 t_{c1} 后，气泡的生长速度大幅降低，由惯性控制阶段的随 t 呈比例增长，过渡到热控制阶段的随 $t^{1/2}$ 呈比例生长。此外，由于热边界层 $\left(\alpha_{\mathrm{l}}t\right)^{1/2}$ 随 t 呈比例增加，所以 Plesset-Zwick 理论关于边界层厚度 δ_{T} 相对于半径 R 在整个气泡惯性控制生长期内保持不变的假设仍然有效。热遏制气泡生长的例子如图 2.7 所示，可以看出，水的实验数据和 Plesset-Zwick 理

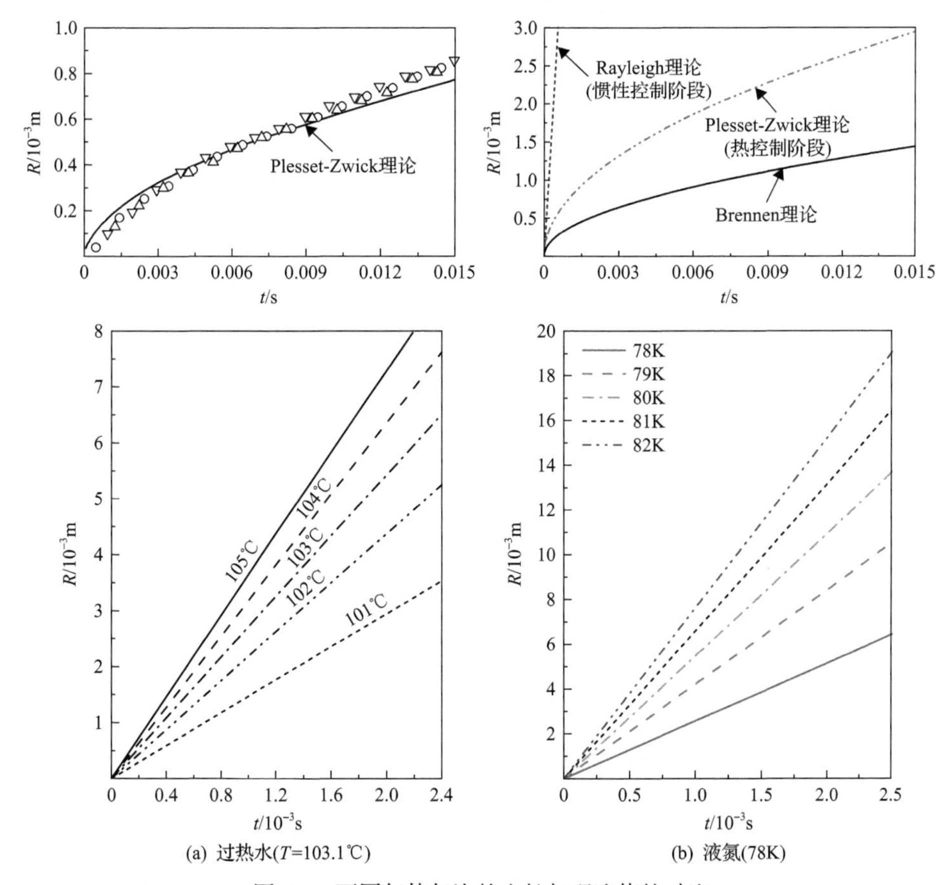

(a) 过热水(T=103.1℃)　　(b) 液氮(78K)

图 2.7　不同气体气泡的生长与理论值的对比

图(a)中▽△○代表三种不同气泡

论的计算模型结果相当吻合。由于表面张力更小，氮蒸气气泡生长速度远大于水。

当压力降低引起气泡生长时，气泡生长过程中 $P_\infty(t)$ 将随时间发生大幅变化，因此式(2.60)的简单近似求解不再适用，并且对气泡不稳定边界层的分析也变得更加复杂，必须求解能量对流扩散方程(式(2.44))、气泡边界上能量守恒方程(式(2.45))，以及 Rayleigh-Plesset 方程(式(2.8))。尽管此处考虑了气泡的热控制生长，但是式(2.8)中的很多项还是可以忽略，以至于可以令 $P_\infty(T_B)=P_\infty(t)$。当 P_∞ 变成一个常数时，式(2.8)就简化为 Plesset 和 Zwick[5]处理的问题，后来 Forster 和 Zuber[6]也对该问题进行了研究。在液体压力降低过程中，Theofanous 等[7]提出了对热控制气泡生长这一普遍问题的集中不同的近似解法。Theofanous 等提出的近似解法包含了非平衡状态热力学效应。如果忽略这些影响，那么这些结果与 Hewitt 和 Parker[8]实验测得的液氮中气泡生长的数据是非常吻合的。图 2.8 给出了 Hewitt 和 Parker[8]的典型液氮实验数据及与 Theofanous 等[7]、Jones 和 Zuber[9]、Cha 和 Henry[10]的理论解的对比。

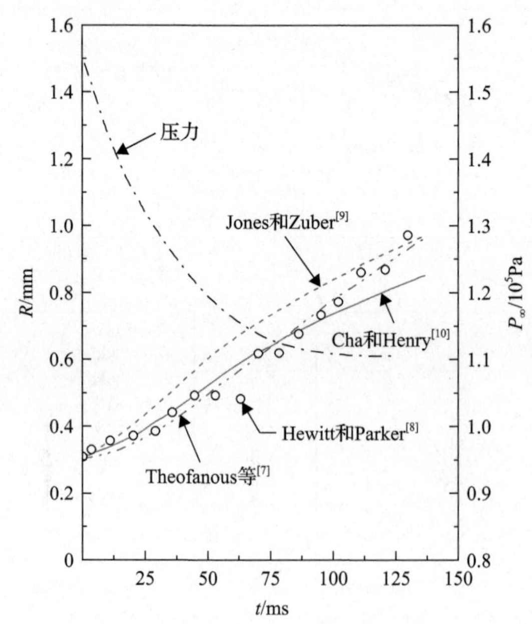

图 2.8　变压条件下液氮中气泡生长的实验结果与理论计算结果对比[1]

2.4　惯性控制阶段及热效应控制阶段完整阶段求解

2.4.1　控制方程及求解方法

在 Rayleigh-Plesset 方程(式(2.8))中，当第二项占主导作用时，为热控制阶段。

现在我们再回过头来看，在不考虑热效应的惯性控制阶段，并且假设没有不凝性气体，令式(2.17)中 $P_{G0}=0$，并积分得

$$R(t)=R_0+\sqrt{\frac{2\left[P_v(R)-P_l(\infty)\right]}{3\rho_l}\left(1-\frac{R_0^3}{R^3}\right)}\tau \tag{2.62}$$

式中，R_0 为气泡初始半径，通常取决于气泡核及最初液体过热度；τ 为气泡体积。一般的 R_0 相对很小可以忽略，则式(2.62)可简化为

$$R(t)=\sqrt{\frac{2\left[P_v(R)-P_l(\infty)\right]}{3\rho_l}}\tau \tag{2.63}$$

再考虑到 $P_v(R)\approx P_{sat}(T_\infty)$，其中，$P_{sat}(T_\infty)$ 由线性方程得

$$P_{sat}(T_\infty)=NT_\infty+M \tag{2.64}$$

式中，N 为线性方程斜率；M 为线性方程截距。

将式(2.64)代入式(2.63)得

$$R(t)=\left[\frac{2N\left(T_v-T_s'\right)}{3\rho_l}\right]^{\frac{1}{2}}\tau \tag{2.65}$$

式中，T_s' 为外部压力 $P_l(\infty)$ 下的饱和温度。式(2.65)说明，在惯性控制阶段，气泡半径随时间线性增加。

在热控制阶段，考虑气泡内气体内能的增加，重新写式(2.45)，得

$$4\pi R^2 k_l\left(\frac{\partial T}{\partial r}\right)_{r=R}=\rho_v L\left(4\pi R^2\frac{dR}{dt}\right)+\frac{4}{3}C_{pv}\rho_v\frac{dT_v}{d\tau} \tag{2.66}$$

式中，C_{pv} 为气相定压比热容。

另外，气泡内压力为

$$P_v=P_l(\infty)+\frac{2\sigma}{R}=NT_v+M \tag{2.67}$$

边界层内能量对流扩散方程为

$$\frac{2}{r}\frac{\partial T}{\partial r}+\frac{\partial^2 T}{\partial r^2}=\frac{1}{\alpha_l}\left(\frac{\partial T}{\partial \tau}+u_r\frac{\partial T}{\partial r}\right) \tag{2.68}$$

定义过盈温度 $\theta=T-T_L$，上述方程的边界条件及初始条件为

$$
\begin{aligned}
\theta(R,\tau) &= T(R,\tau) - T_{\mathrm{L}} = T_{\mathrm{v}} - T_{\mathrm{L}} = \theta_{\mathrm{w}} \\
\theta(R,0) &= T(R,0) - T_{\mathrm{L}} = T_{\mathrm{L}} - T_{\mathrm{L}} = 0 \\
\theta(\infty,0) &= T(\infty,0) - T_{\mathrm{L}} = T_{\mathrm{L}} - T_{\mathrm{L}} = 0
\end{aligned}
\tag{2.69}
$$

式中，θ_{w} 为气液过盈温度。

注意到径向速度(式(2.2)) $u_r = \frac{\mathrm{d}R}{\mathrm{d}t}\left(\frac{R}{r}\right)^2$，则式(2.68)及边界条件式(2.69)可以通过相似变量法求解[11]，得到气泡边界层内过盈温度分布为

$$
\theta = T - T_{\mathrm{L}} = c_1 \int_{\varepsilon_1}^{\varepsilon} \exp\left[-\left(\frac{D}{\varepsilon} + \varepsilon^2 + 2\ln\varepsilon\right)\right]\mathrm{d}\varepsilon + c_2 \tag{2.70}
$$

式中，$\varepsilon = \frac{r}{2\sqrt{\alpha_1 \tau}}$；$\varepsilon_1 = \frac{R_1}{2\sqrt{\alpha_1 \tau_1}}$；$D = \frac{R^2 \dot{R}}{2\alpha_1 \sqrt{\alpha_1 \tau}}$，$R_1$ 和 τ_1 分别是气泡半径及惯性控制阶段结束时间。考虑到在热控制阶段气泡半径与 $t^{1/2}$ 成正比(式(2.55))，参数 D 近似为常数。边界条件式(2.69)可以重写为

$$
\begin{cases}
\varepsilon = \varepsilon_1, & \theta = \theta_{\mathrm{w}} \\
\varepsilon = 0, & \theta = 0
\end{cases}
\tag{2.71}
$$

由此，可以获得式(2.70)中温度解中的系数：

$$
c_1 = -\frac{\theta_{\mathrm{w}}}{\int_{\varepsilon_1}^{\infty} \exp\left[-\left(\frac{D}{x} + x^2 + 2\ln x\right)\right]\mathrm{d}x}, \quad c_2 = T_{\mathrm{v}} - T_{\mathrm{L}} = \theta_{\mathrm{w}} \tag{2.72}
$$

式(2.66)、式(2.67)和式(2.70)组成了封闭的方程组。设 $H = -D/\varepsilon - \varepsilon^2 - 2\ln\varepsilon$, $H_1 = -D/\varepsilon_1 - \varepsilon_1^2 - 2\ln\varepsilon_1$，将式(2.67)和式(2.70)代入式(2.66)，然后积分，得

$$
\frac{k_1\left(T_{\mathrm{L}} - T_{\mathrm{v}}\right)}{2\alpha_1 \rho_{\mathrm{v}} L} c \cdot \exp\left(H_1\right)\left(2\sqrt{\alpha_1 \tau} - 2\sqrt{\alpha_1 \tau_1}\right) = \left(R - R_1\right) - \frac{2\sigma C_{\mathrm{pv}}}{3NL} \ln\left(\frac{R}{R_1}\right) \tag{2.73}
$$

式中，系数 $c = \frac{1}{\int_{\varepsilon_1}^{\infty} \exp\left[-\left(\frac{D}{x} + x^2 + 2\ln x\right)\right]\mathrm{d}x} = \frac{1}{\int_{\varepsilon_1}^{\infty} \exp(H)\mathrm{d}x}$。在得到式(2.73)的过程中，利用了 $T_{\mathrm{v}} = T_{\mathrm{sat}}(P_{\mathrm{v}})$。

继续定义 $F = \frac{k_1 \Delta T}{2\alpha_1 \rho_{\mathrm{v}} L} c \cdot \exp(H_1)$，$k_1 = \frac{T_{\mathrm{L}} - T_{\mathrm{v}}}{\Delta T}$，这里 ΔT 是液体过热度。

式(2.73)可以简化为

$$2k_1F\sqrt{\alpha_1\tau}=R-\frac{2\gamma C_{\mathrm{pv}}}{3NL}\ln R+\frac{2\gamma C_{\mathrm{pv}}}{3NL}\ln R_1-R_1+2k_1F\sqrt{\alpha_1\tau_1} \tag{2.74}$$

由式(2.74)可以注意到，如果 $k_1=1$，则一定有 $T_{\mathrm{v}}=T_{\mathrm{L}}-\Delta T=T_{\mathrm{s}}'$，进而得到 $P_{\mathrm{v}}=P_1(R)=P_1(\infty)$，所以 $\frac{2\gamma}{R}=0$，代入式(2.7)表明液体的表面张力忽略不计。另外，当 $k_1<1$ 时，由于流体表面张力的影响，气泡内部压力略大于外侧压力，因此 $T_{\mathrm{L}}-T_{\mathrm{v}}$ 略小于液体的过热度。因此 k_1 表示由于流体表面张力的存在而影响热边界层的温度梯度，从而影响气泡的成长速率。

若令 $A=\frac{2\gamma C_{\mathrm{pv}}}{3NL}\ln R_1-R_1+2k_1F\sqrt{\alpha_1\tau_1}$，则可知，$A$ 为定解常数，也可由函数的连续性条件得到；另外在式(2.74)中，由于 $\frac{2\gamma C_{\mathrm{pv}}}{3NL}$ 为 10^{-8} 数量级，远远小于 1，并且，对于热控制阶段，气泡半径大于 10^{-6}m，因此 $\frac{2\gamma C_{\mathrm{pv}}}{3NL}\ln R$ 远远小于 R，在定性考虑中可以忽略不计，因此可得到如下与上述分析相同的结论：在热控制阶段，气泡成长的半径大致与 $\sqrt{\tau}$ 成正比，这个结论和 Scriven[12]、Birkhoff[13]的理论以及大量过去的研究一致。

对式(2.74)做等价代换得

$$2k_1k_2F\sqrt{\alpha_1\tau}-\frac{2\gamma C_{\mathrm{pv}}}{3NL}\ln\left(2k_1k_2F\sqrt{\alpha_1\tau}\right)=R-\frac{2\gamma C_{\mathrm{pv}}}{3NL}\ln R \tag{2.75}$$

式中，k_2 为待定系数，它表示由于流体表面张力的存在而导致气泡内部温度的变化，从而影响气泡的成长速率，可以通过数值方法进行求解，其值非常接近于 1。若 $k_2=1$，则表明该项对气泡的成长没有影响，k_2 越小于 1，表明该项对气泡成长的影响也越大。

则必有

$$\begin{cases}R=2k_1k_2F\sqrt{\alpha_1\tau}\\[2mm] 2k_1\left(k_2-1\right)F\sqrt{\alpha_1\tau}=\dfrac{2\gamma C_{\mathrm{pv}}}{3N\gamma}\ln\left(2k_1k_2F\sqrt{\alpha_1\tau}\right)\end{cases} \tag{2.76}$$

由式(2.76)，定义表面张力影响因子：

$$k=k_1k_2 \tag{2.77}$$

则 k 表示流体表面张力对气泡成长的总影响因子。同理，若 $k=1$，则表明表面张力对气泡的成长没有影响，k 越小于 1，表明表面张力对气泡成长的影响也越大。

由于气泡的成长相对缓慢，在数学上体现为气泡半径的变化是连续的，因此 R_1、τ_1 满足式(2.76)，另外式(2.76)中常数项 $=\dfrac{2\gamma C_{\mathrm{pv}}}{3N\gamma}\ln R_1 - R_1 + 2k_1F\sqrt{\alpha_1\tau_1}$，根据连续性有 $R_1 = 2k_1k_2F\sqrt{\alpha_1\tau_1}$，而 k_2 非常接近于 1，由此可得 A 中的第二项和第三项基本相互抵消，而第一项中的系数 $\dfrac{2\gamma C_{\mathrm{pv}}}{3N\gamma} < 10^{-8}$，因此 A 为一极小量，在计算中可忽略不计；因此可得

$$\varepsilon_1 = \frac{R_1}{2\sqrt{\alpha_1\tau}} = kF \tag{2.78}$$

即

$$\begin{cases} D = 2k^3F^3 \\ H_1 = -3k^2F^2 - 2\ln(kF) \end{cases} \tag{2.79}$$

因此，气泡半径随时间的变化函数即为

$$R = 2kF\sqrt{\alpha_1\tau} = 2kc_{\mathrm{s}} \cdot Ja \cdot \sqrt{\alpha_1\tau} \tag{2.80}$$

式中，$c_{\mathrm{s}} = \dfrac{c \cdot \exp(H_1)}{2}$；$Ja$ 为雅各布数。式(2.80)即为在热控制阶段，气泡半径随时间的变化函数。

1. 边界层厚度的计算

根据传热学关于边界层厚度 δ[14]的定义，将温降(升)为最大温降(升)的 99% 处定义为边界层的外边界，由此定义厚径比 ω 如下：

$$\omega = \frac{R+\delta}{R} = \frac{r_{\max}}{R} \tag{2.81}$$

式中，$r_{\max}$ 为对应边界层的外边界到气泡球心的径向距离，则根据以上的定义和式(2.70)、式(2.81)可以得到如下等式：

$$\frac{\int_{\varepsilon_1}^{\omega kF} \exp(H)\mathrm{d}x}{\int_{\varepsilon_1}^{\infty} \exp(H)\mathrm{d}x} = 0.99 \tag{2.82}$$

根据式(2.82)求得厚径比 ω，便可以得到边界层厚度 $\delta = (\omega - 1)R$ 。至此，式(2.75)、式(2.76)、式(2.81)及式(2.82)便构成了热控制阶段气泡成长的完整模型，当然，对于上面各个方程的求解，需要不断迭代上述这些方程直到收敛，求得气泡成长速率。

2. 气泡全过程成长模型

根据式(2.63)和式(2.80)便可得到气泡的全过程成长模型：

$$R(\tau)=\begin{cases}\left[\dfrac{2N\left(T_{\mathrm{v}}-T_{\mathrm{s}}'\right)}{3\rho_{1}}\right]^{\frac{1}{2}}\cdot\tau, & 0\leqslant\tau\leqslant\tau_{1}\\ 2kc_{\mathrm{s}}\cdot Ja\cdot\sqrt{\alpha_{1}\tau}, & \tau>\tau_{1}\end{cases} \tag{2.83}$$

式中，τ_1 为惯性控制阶段结束时的时间。然而气泡成长的两个阶段并没有明确的分界线。但是式(2.83)显然是连续的。根据气泡成长的实际情况，气泡半径的变化都是缓慢的，体现在气泡随时间变化的曲线比较圆滑；这在数学上表现为在过渡点是连续可导的。通过这个条件可以确定 τ_1，进而得到气泡的全过程成长模型：

$$\tau_{1}=\frac{6\rho_{1}\alpha_{1}}{N(\Delta T)}\left(kc_{\mathrm{s}}\cdot Ja\right)^{2} \tag{2.84}$$

综上所述，式(2.63)、式(2.81)、式(2.82)、式(2.83)以及式(2.84)即为均匀过热液体中气泡全过程成长新模型，需要迭代以上各式进行求解。

在建模过程中做了两点假设，其一是假设气泡为球形，其二是忽略流体的黏性作用，并没有做过多的其他假设，因此本模型适用于一切黏性不大的流体。

2.4.2　模型验证

大量文献报道了水气泡增长过程的理论和实验研究，因此为了方便和其他模型及实验进行比较，这里也采用在 1atm 下均匀缓慢加热容器中的水为例进行求解，其过程如下。

(1)首先通过拟合，确定式(2.64)中的 M、N 值，拟合水在 0.8～1.5atm 下的数据，得到 $M = -309158.09$ ，$N = 4105.54$ 。

(2)给出物性参数，假设在 1atm 下，物性参数选用平均温度值所对应的参数值，例如，当过热度 ΔT 为 3.1K 时，其参数如表 2.1 所示。

(3)把上述拟合得到的值以及物性参数代入式(2.63)、式(2.76)、式(2.79)和式(2.84)中得到水在相应过热度下的气泡成长模型：

$$R(\tau)=\begin{cases}2975.4\tau(\text{mm}), & 0\leqslant\tau\leqslant 1.167\mu\text{s}\\ 7.451k_1k_2\cdot\sqrt{\tau}(\text{mm}), & \tau>1.167\mu\text{s}\end{cases}\tag{2.85}$$

式中

$$k_1=\begin{cases}0.929, & \tau_1\leqslant\tau\leqslant 0.16\text{ms}\\ 0.986, & 0.16\text{ms}<\tau\leqslant 20\text{ms}\\ 1, & \tau>20\text{ms}\end{cases},\quad k_2=0.978$$

表 2.1　水的物性参数表

项目	物理量	单位	数值
液体	导热系数	W/(K·m)	0.6651
	密度	kg/m³	958.4
	比热容	J/(K·kg)	4217
	表面张力	N/m	0.05794
气体	密度	kg/m³	0.5891
	比热容	J/(K·kg)	2060
	气化潜热	kJ/kg	2257

注：$P=1\text{bar}$，$T_{\text{sat}}=373.15\text{K}$，过热度 $\Delta T=3.1\text{K}$。

从式(2.85)可以看出，在开始阶段气泡成长速率很快，1.167μs 之后，气泡进入热控制成长阶段，成长速率也随之减小。

另外将表 2.1 中数据代入式(2.81)计算得到的厚径比为 $\omega=1.23$，表明在这样的情况下，边界层的厚度非常小，其与气泡半径的关系式为

$$\delta=(\omega-1)R=0.23R\tag{2.86}$$

从式(2.86)可以看出，温降只发生在很薄的薄层上，可以当作边界层进行建模；式(2.86)计算结果与 Scriven[12]的计算结果基本保持一致。

为了验证本模型计算结果的准确性，需要引入一定的实验数据以及其他相对准确、应用较多的模型进行对比，这里根据文献[15]～[17]引入一系列实验数据。另外，对于气泡的热控制成长阶段，引入著名的、应用较多的两个模型：P-Z(Plesset-Zwick)[5]模型和 F-Z(Forster-Zuber)[6]模型，其模型的计算方程如下。

P-Z 模型：

$$R(\tau)=2\cdot\sqrt{\frac{3}{\pi}}\sqrt{\alpha_1\tau}\cdot Ja\tag{2.87}$$

F-Z 模型：

$$R(\tau)=2\cdot\frac{\sqrt{\pi}}{2}\sqrt{\alpha_1\tau}\cdot Ja \tag{2.88}$$

上述两大模型都是从基本三大方程出发，在忽略流体黏性力和表面张力的作用下，通过不同的数学方法求解得到的。需要指出的是，式(2.87)为 P-Z 模型的精简表达式，根据文献[5]，其误差为 10%～30%。本模型与上述两大模型相比，最大的优点有二：一为本模型考虑了气液边界层温度梯度变化对气泡成长速率的影响，二为本模型考虑气泡本身内能的变化，而这两点在以上两大模型中都不曾考虑。代入表 2.1 中的相关数据，得到在过热度均为 3.1K 的情况下，各个模型以及实验数据[5]的对比，如图 2.9 所示。

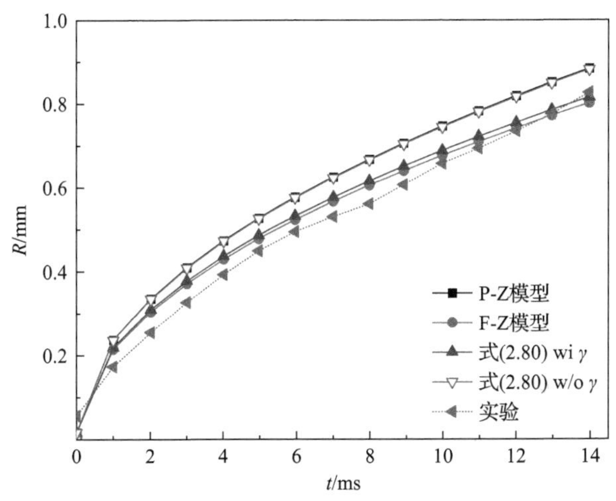

图 2.9　本模型、P-Z 模型和 F-Z 模型与水过热度为 3.1K 时实验数据的对比
wi γ、w/o γ 分别表示考虑、不考虑表面张力

从图 2.9 中可以看出，各实验点均分布在各模型曲线附近。但也可以明显看出，P-Z 模型、F-Z 模型及本模型均不同程度地偏大于实验值。其中，P-Z 模型的偏差最大，F-Z 模型的偏差最小，而本模型在不考虑表面张力的情况下，即 $k=1$ 时，所得结果基本上与 P-Z 模型重合，偏差较大；而当本模型考虑表面张力影响时，所得到的结果几乎与 F-Z 模型重合，偏差较小。这主要是由于表面张力的存在表现为阻止气泡的进一步长大；因此从图 2.9 中可以看出，表面张力对气泡成长的影响不能忽略，这些结论均表明了本模型的准确性。另外，以上这些结论同样可以从图 2.10、图 2.11 中得出，这两幅图是分别针对过热度为 4.5K 和 5.3K 给出的三大模型与实验数据的比较情况。

从以上结果可以看出，三个模型计算的结果均不同程度地偏大于实验数据，并且随着过热度的增大，这种偏大程度也越演越烈。据分析，其原因为，这些模

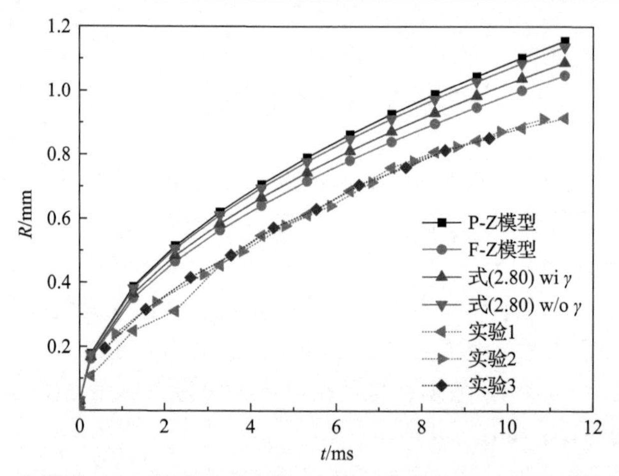

图 2.10　本模型、P-Z 模型和 F-Z 模型与水过热度为 4.5K 时实验数据的对比

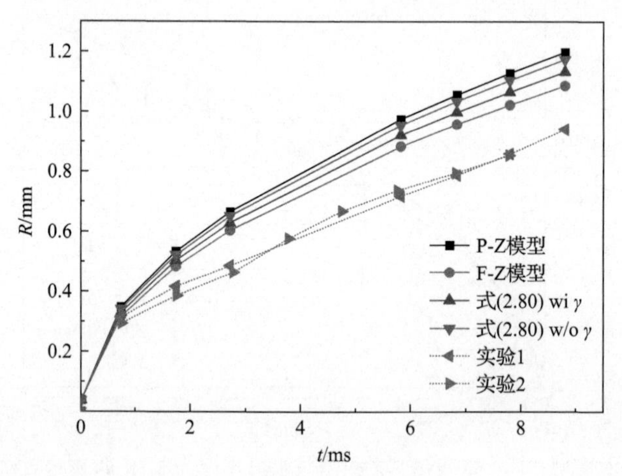

图 2.11　本模型、P-Z 模型和 F-Z 模型与水过热度为 5.3K 时实验数据的对比

型均假设气泡成长只由惯性控制和热控制两大阶段组成，忽略了其中间的过渡阶段，因此导致一部分过渡阶段被当成第一阶段，而第一阶段的成长速度将远远大于过渡阶段，以至于在第二阶段开始时其初始半径大于实际情况。因此从图 2.9～图 2.11 中可以看出，对于惯性控制阶段，三大模型的计算结果与实验值吻合很好。另外随着过热度的增加，惯性控制阶段气泡成长速率也增大，导致随着过热度的增加，这种偏大程度也增加。

2.4.3　水中气泡增长连续过程分析

气泡成长速率与过热度有关，式(2.85)只列出了过热度在 3.1K 的计算结果；因此，下面将计算在不同过热度情况下气泡的成长模型；表 2.2 列出了水在不同过热度下，气泡成长的相关数据；表中的 k_1 是由分段函数给出的，这是因为 k_1

是随着气泡半径的变化而变化的，在同一段时间内采用时间加权平均法求得 k_1 值。图 2.12 则描绘了水在不同过热度下，气泡半径随时间的变化情况。

表 2.2　水在不同过热度下气泡成长的相关计算数据

计算数据		6K	7K	8.3K	9K	10K
第一阶段末气泡半径 R_1/mm		0.005744	0.007191	0.009266	0.01039	0.01213
第一阶段持续时间 $\tau_1/10^{-6}$s		1.388	1.608	1.895	2.049	2.270
Ja		18.238	21.278	25.229	26.899	29.842
c_s		0.991	0.987	0.984	0.983	0.982
k_1	$\tau_1 \leqslant \tau \leqslant 0.16$ms	0.934	0.950	0.962	0.967	0.978
	0.16ms$< \tau \leqslant$20ms	0.990	0.991	0.992	0.993	0.995
	$\tau >$20ms	1	1	1	1	1
k_2		0.981	0.989	0.991	0.998	0.999
表面张力影响因子 k	$\tau_1 \leqslant \tau \leqslant 0.16$ms	0.916	0.940	0.953	0.965	0.977
	0.16ms$< \tau \leqslant$20ms	0.971	0.980	0.983	0.991	0.994
	$\tau >$20ms	0.981	0.989	0.991	0.998	0.999
ω		1.19	1.17	1.14	1.13	1.12
边界层厚度 δ		0.19R	0.17R	0.14R	0.13R	0.12R

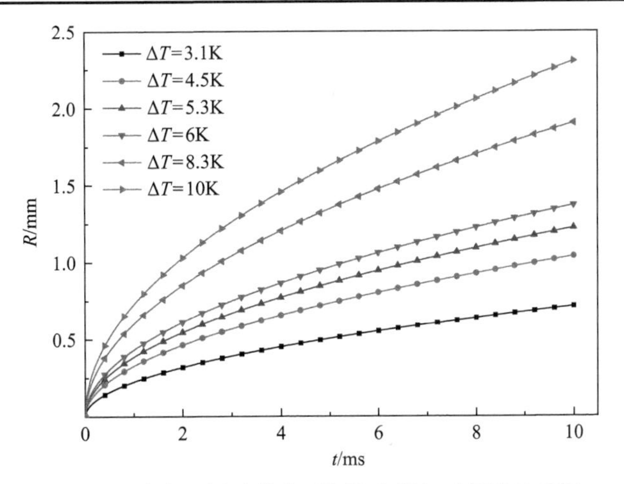

图 2.12　水在不同过热度下气泡半径与时间的关系图

图 2.13 给出了在不同过热度下，表面张力影响因子随时间的变化；由于多条曲线有重叠部分，所以图中只列出了部分曲线，从图中可以明显看出以下几个特征：其一，表面张力对气泡成长速率有一定的影响，过热度越小，表面张力的影响也越大，最大甚至会超过 20%，当过热度增大时，表面张力的影响将有所减小；其二，表面张力对气泡成长速率的影响还与气泡半径(或成长时间)有关，在相同

过热度情况下，气泡半径越小(或成长时间越短)，表面张力的影响越大，当气泡半径大到一定程度时，表面张力的影响将可以忽略不计，但是由于表面张力的时间累积效应，气泡半径比在不考虑表面张力情况下要小很多，最大时能达到接近10%。

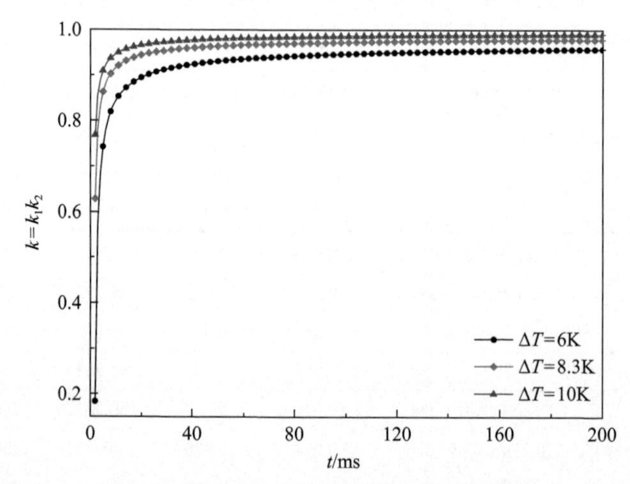

图 2.13　在不同过热度下水的表面张力影响因子随时间的变化图

2.4.4　氮气泡增长连续过程分析

本模型在建模过程中，只是忽略了流体的黏性力，因此，本模型更适用于液氮、液氢等低温流体，这里以液氮为例，对模型进行扩展运算。

通过拟合液氮 0.6～1.6atm 下的数据，确定式(2.64)中的 M、N 值分别为 $M=-842112.25$，$N=12236.08$；假设在 1atm 下，物性参数选用平均温度值对应的参数值；当过热度 ΔT 为 8K 时，其物性参数如表 2.3 所示；对于不同过热度的情况，其参数变化甚微，可以近似用表 2.3 中的参数进行计算。

表 2.3　液氮的物性参数表

项目	物理量	单位	数值
液体	导热系数	W/(K·m)	0.1375
	密度	kg/m^3	806.6
	比热容	J/(K·kg)	2042
	表面张力	N/m	0.008823
气体	密度	kg/m^3	4.624
	比热容	J/(K·kg)	1340
	气化潜热	kJ/kg	198.8

注：$P=1\text{bar}$，$T_{sat}=77.50\text{K}$，过热度 $\Delta T=8\text{K}$。

把上述拟合得到的值以及物性参数代入式(2.63)、式(2.76)、式(2.79)和式(2.84)中进行数值求解，表 2.4 列出了液氮在不同过热度下，气泡成长的相关数据，图 2.14 则描绘了在不同过热度下，气泡半径随时间的变化。

表 2.4　液氮在不同过热度下气泡成长的相关计算数据

计算数据		6K	7K	8K	9K	10K
第一阶段末气泡半径 $R_1/10^{-3}$mm		1.231	1.546	1.874	2.226	2.599
第一阶段持续时间 $\tau_1/10^{-7}$s		1.580	1.838	2.083	2.333	2.584
Ja		10.751	12.542	14.334	16.126	17.918
c_s		1.007	1.001	0.997	0.994	0.991
k_1	$\tau_1 \leqslant \tau \leqslant 1$ms	0.979	0.981	0.983	0.985	0.987
	$\tau > 1$ms	1	1	1	1	1
k_2		0.990	0.992	0.994	0.995	0.996
表面张力影响因子 k	$\tau_1 \leqslant \tau \leqslant 1$ms	0.969	0.973	0.977	0.980	0.983
	$\tau > 1$ms	0.990	0.992	0.994	0.995	0.996
ω		1.21	1.18	1.16	1.14	1.13
边界层厚度 δ		$0.21R$	$0.18R$	$0.16R$	$0.14R$	$0.13R$

从以表 2.4 和图 2.14 可以得知，过热液氮气泡半径随时间的变化与水相近，在初始阶段，气泡的成长速度很快，但是持续时间却极短，一般不超过毫秒或微秒级，随后气泡进入第二成长阶段，成长速率也随之减小。k_1 也是由分段函数给出，求解方法相同，并且液氮中表面张力对气泡成长速率的影响也很显著，最大也超过了 20%，如图 2.15 所示。但是，液氮中表面张力对气泡成长速率的影响不如水中大，主要的原因是液氮的表面张力比水小一个数量级左右。在液氮中同样体现为，在相同过热度下，当气泡半径较小时，表面张力的影响较大，随着气泡半径的变大，表面张力的影响逐渐减小趋于零。两者的边界层厚度都较小，并且与气泡半径的关系也极其相似，但是在相同过热度下，液氮中边界层厚度相对于气泡半径的倍数较水中稍稍大些，其主要原因可能体现为液氮的导热系数与比热之比大于水。另外，从图 2.14 中则可以明显看出，当过热度大时，气泡的成长速率也较大，对于不同的过热度，曲线变化趋势相似。由图 2.15 可见，在不同过热度下，液氮表面张力对气泡成长速率的影响同水相似，k 值越小则表面张力的影响越大。考虑到曲线重叠情况，图 2.15 中只给出了三种不同过热度情况下的曲线。

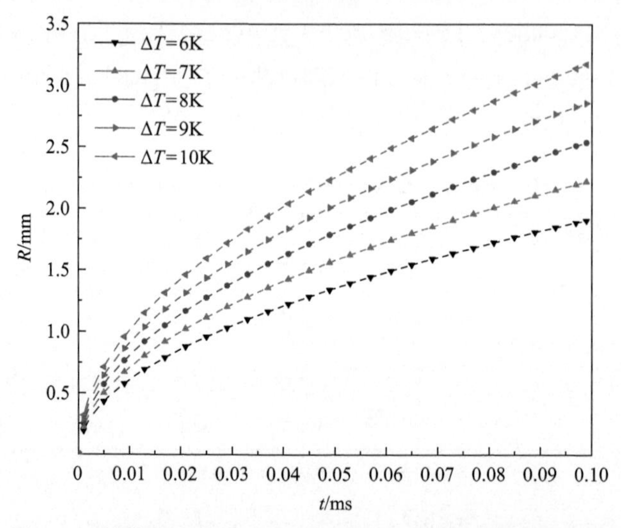

图 2.14　计算的液氮在不同过热度下气泡半径与时间的关系

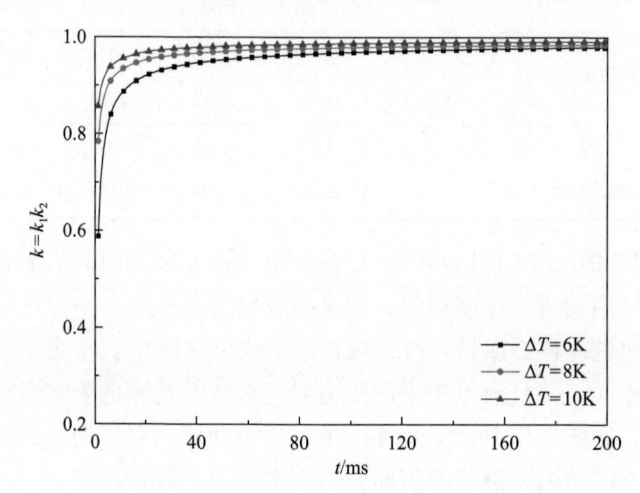

图 2.15　在不同过热度下液氮表面张力影响因子随时间的变化图

2.5　各向同性气泡成核过程热力学分析

前面分析了气泡在外在张力作用下长大和溃灭过程的动力学行为，分析模型假设了气液界面的热平衡条件，即蒸气和液体之间传质速率无穷大，即气液间相变传质时间相对气泡动力学可忽略不计。本节从热力学角度探讨气泡核的形成特性。

在热力学稳定的饱和液体内部分子不停涨落，随机的某个微元内分子运动可能偏离正常饱和液体状态，甚至导致局部密度小于饱和蒸气密度，从而产生了液体内部的气泡核。需要判断该气泡核是否稳定，也即不变、长大或重新液化的条件。对于初形成的微小球形气泡，气液温度一定相等，两相化学势也相等：

$$\mu_{\mathrm{l}} = \mu_{\mathrm{ve}} \tag{2.89}$$

对于压力，由于气液界面曲率影响，气泡内外压力不同，且受 Young-Laplace 方程约束：

$$P_{\mathrm{ve}} = P_{\mathrm{l}} + \frac{2\gamma}{r_{\mathrm{e}}} \tag{2.90}$$

气泡长大过程视为等温过程，将 Gibbs-Duhem 方程从 $P=P_{\mathrm{sat}}(T_{\mathrm{l}})$（$P_{\mathrm{sat}}$ 表示饱和蒸气压）到任何压力 P 积分：

$$\mathrm{d}\mu = -s\mathrm{d}T + v\mathrm{d}P$$

$$\mu - \mu_{\mathrm{sat}} = \int_{P_{\mathrm{sat}}(T_{\mathrm{l}})}^{P} v\mathrm{d}P \tag{2.91}$$

对于蒸气相，假设满足理想气体方程 $v=RT_{\mathrm{l}}/P$，代入式(2.91)得到化学势和平衡压力间的关系：

$$\mu_{\mathrm{ve}} = \mu_{\mathrm{sat,v}} + RT_{\mathrm{l}} \ln\left[\frac{P_{\mathrm{ve}}}{P_{\mathrm{sat}}(T_{\mathrm{l}})}\right] \tag{2.92}$$

对于液相，考虑到液相不可压，比容 v 为常数，在饱和温度 T_{l} 条件下，$v = v_{\mathrm{l}}$，对式(2.91)从 $P = P_{\mathrm{sat}}(T_{\mathrm{l}})$ 到任何压力 $P = P_{\mathrm{l}}$ 积分，得

$$\mu_{\mathrm{l}} = \mu_{\mathrm{sat,l}} + v_{\mathrm{l}}\left[P_{\mathrm{l}} - P_{\mathrm{sat}}(T_{\mathrm{l}})\right] \tag{2.93}$$

在新的条件下，化学势依然满足式(2.89)，将式(2.92)和式(2.93)代入式(2.89)，同时考虑到 $\mu_{\mathrm{sat,v}} = \mu_{\mathrm{sat,l}}$，得到新的平衡条件下气泡蒸气压为

$$P_{\mathrm{ve}} = P_{\mathrm{sat}}(T_{\mathrm{l}}) \exp\left\{\frac{v_{\mathrm{l}}\left[P_{\mathrm{l}} - P_{\mathrm{sat}}(T_{\mathrm{l}})\right]}{RT_{\mathrm{l}}}\right\} \tag{2.94}$$

对过热类稳态液体，P_{l} 一定小于 $P_{\mathrm{sat}}(T_{\mathrm{l}})$，即 $P_{\mathrm{l}} - P_{\mathrm{sat}}(T_{\mathrm{l}}) < 0$，所以式(2.94)指数项一定小于 1，所以 $P_{\mathrm{ve}} < P_{\mathrm{sat}}(T_{\mathrm{l}})$。将式(2.94)代入式(2.90)，得到气泡核半径 r_{e} 的表达式：

$$r_e = \frac{2\gamma}{P_{sat}(T_l)\exp\left\{\frac{v_l\left[P_l - P_{sat}(T_l)\right]}{RT_l}\right\} - P_l} \tag{2.95}$$

也就是说，只有半径为 r_e 的气泡核与周围过热液体处于平衡状态。

同样地，如果将式(2.90)代入式(2.94)，消去 P_l，则得到气泡蒸气压 P_{ve} 的近似解：

$$P_{ve} = P_{sat}(T_l)\exp\left(\frac{-2v_l\gamma}{r_e RT_l}\right) \tag{2.96}$$

式(2.96)假设了 $P_{sat}(T_l) - P_{ve} \leqslant 2\gamma/r_e$，式中指数项小于 0，说明 $P_{ve} < P_{sat}(T_l)$。上面的推导建立了过热液体中气泡核与液体的热力学平衡条件，但是是否是稳定的平衡呢？van Carey 计算了系统㶲在气泡形成前后的变化[18]，得

$$\Delta\Psi = \frac{4}{3}\pi r_e^2\gamma - \frac{8}{3}\pi\gamma(r - r_e)^2 + \cdots \tag{2.97}$$

式(2.97)说明 $\Delta\Psi$ 在 $r = r_e$ 处有一个最大值。也说明当 $r\to\infty$ 时，所有处于类稳态的过热液体都将转变为过热蒸气，导致化学势 μ 和㶲 Ψ 的减小，所以当 r 的值较大时，$\Delta\Psi$ 为负值。同时，当 $r\to 0$ 时，$\Delta\Psi\to 0$，因此，$\Delta\Psi$ 随 r 的变化定性上如图 2.16 所示。由于对一个稳定状态 $\Delta\Psi$ 必须为最小值，因此，由图可见，半径为 r_e 的气泡核处于非稳定状态，此时，气相失去一个分子，使 $0<r<r_e$，且 $d\Delta\Psi/dr>0$，可以预见，由于系统将朝着减小㶲的方向自动演变，因此气泡将自动坍塌，即半径将自然地减小到零，也即变为液体。相反，当半径为 $r = r_e$ 的气泡得到一个分子，使 $r>r_e$ 时，$\Delta\Psi$ 随 r 的增加而减小，气泡将自发增大。这样，如果类稳态过热液体中的密度波动产生了一个 $r<r_e$ 的气泡，气泡很可能会坍塌，不

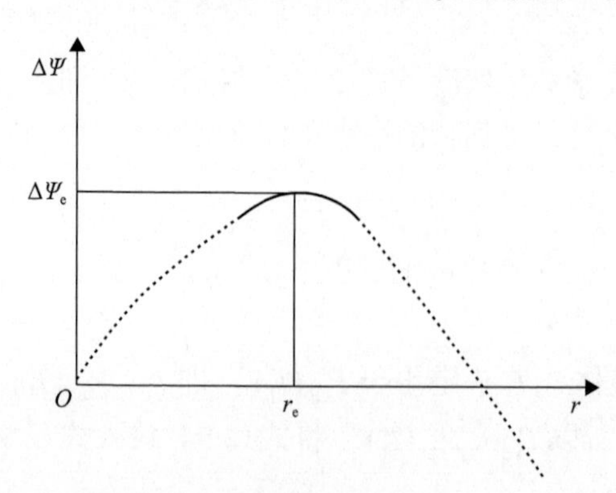

图 2.16　过热液体中系统㶲随自发形成的气泡核半径 r 的变化

能成长为稳定气泡。反过来，如果产生了一个 $r>r_e$ 的气泡，它会自发地生长，形成液体中的各向同性气泡核。

2.6 非平衡效应

2.6.1 气液界面热力学非平衡

气泡表面液体与气泡内部的气体是否处于热平衡状态是影响热控制气泡生长动力特性的一个因素。大部分的分析假设界面上液体的温度 T_{LS} 就是气泡内饱和气体的温度 T_B，但 Theofanous 等[7]的研究表明，由于蒸发率高，实际情况并不是这样。因此他们使用了一个调节系数 Λ，Schrage[19]定义为

$$G_v = \Lambda\left[\left(\frac{1}{2\pi K_v}\right)^{\frac{1}{2}}\left(\frac{P_v(T_{LS})}{T_{LS}^{\frac{1}{2}}} - \frac{P_v(T_B)}{T_B^{\frac{1}{2}}}\right)\right] \tag{2.98}$$

式中，G_v 为蒸发质量；K_v 为气体常数。对于一个既定的 Λ 值，式(2.98)有效地表明了交界面上温度的不连续性。很显然，$\Lambda=\infty$对应之前假设的平衡条件。Plesset 和 Prosperetti[20]证明，如果 Λ 的数量级为 1，那么非平衡效应修正量的数量级与气泡壁面运动马赫数的数量级相同，因此除了在剧烈破裂的气泡尾部附近位置，其余位置的非平衡效应都可以忽略(参见文献[21])。但是如果 $\Lambda \ll 1$，那么会产生严重的非平衡效应。

1969 年 Theofanous 等[7]从理论上探究了较小 Λ 值的影响，证实了 Λ 的数量级为 1 不会使气泡产生变化，这与那些假设的平衡条件大相径庭。Λ 的数量级为 0.01 确实产生了本质的差别。但是使用平衡假设得出的结果与图 2.8 所示的结果很吻合。这表明，尽管这个问题没有被彻底解决，因为一些研究表明 $\Lambda<0.01$ 是可能的，但仍可以说非平衡效应对热控制气泡生长几乎没有影响。

2.6.2 对流传热效应

气泡和液体之间相对运动引起的对流是改变交界面传热速率的另外一种方式。这种传热速率的增加通常用 Nu 表示，其定义为实际传热速率与热传导速率的比值。因此，在目前情况下 Nu 应作为 Rayleigh-Plesset 方程热效应项的一个乘数。那么有必要建立 Nu 与 Pe 之间的关系，$Pe = WR/\alpha_l$，Pe 表示对流效应与热传导效应之比，W 为气泡相对液体的特征平移速度(下面称为相对速度)。这里需要说明的是，气泡生长和移动之间的关系尚未完全清楚。从分析来看，实质上建立 Nu 与 Pe 之间的关系比 Plesset 和 Zwick 所处理的问题复杂得多。不过推测 $Nu(Pe)$

的形式以及观察气泡成长速率造成的影响也是很有意义的。因此，假定 Nu 与 Pe 的关系采用与对流传热问题中普遍采用的关系相近似的形式：

$$Nu=\begin{cases}1, & Pe\ll 1\\ C\cdot Pe^{m}, & Pe\gg 1\end{cases} \tag{2.99}$$

式中，C 为数量级为 1 的常数；m 为经验指数。相对速度 W 可能由多种原因引起，在空化流和池沸腾中，相对速度 W 可能是由液体中加速产生的压力梯度引起的，也有可能是由气泡附近存在固体边界引起的。

对流换热效应准确计算困难重重，但可以考虑两种可能的平动对以 $R=R^{*}t^{n}$ 方式生长的气泡的定性影响。第一种影响由浮力引起，在不考虑黏性阻力的情况下，由浮力引起的相对速度 W 与 gt(g 为重力加速度)成正比，即 $W\propto gt$，比例系数数量级为 1。只要黏性边界层 $\upsilon_{\mathrm{L}}t\ll R^{2}$（$\upsilon_{\mathrm{L}}$ 为黏性），那么黏性阻力对气泡运动就几乎没有影响。第二种情况是气泡在固体壁面上生长，在壁面上气泡的有效对流速度约为 $\mathrm{d}R/\mathrm{d}t$，因此 $W\propto R^{*}t^{n-1}$。于是这两种情况下的 Pe 分别为

$$Pe=\frac{RW}{\alpha_{1}}=\frac{R^{*}t^{n}gt}{\alpha_{1}}=\frac{gR^{*}t^{n+1}}{\alpha_{1}},\ Pe=\frac{RW}{\alpha_{1}}=\frac{R^{*}t^{n}R^{*}t^{n-1}}{\alpha_{1}}=\frac{R^{*2}t^{2n-1}}{\alpha_{1}} \tag{2.100}$$

首先考虑 $n=1$ 时气泡的惯性控制生长情况。那么可以得出：对流换热效应只会发生在 $Pe\gg 1$ 或者时间 $t>t_{\mathrm{c}2}$ 的情况下。由式(2.18)可得到气泡渐进的生长速度系数 $R^{*}=\left[\dfrac{2\left(P_{\mathrm{v}}-P^{*}\right)}{3\rho_{1}}\right]^{1/2}$，令 $Pe=1$(对流效应和热扩散效应相等)，可得 $t_{\mathrm{c}2}$ 分别为

$$t_{\mathrm{c}2}=\left[\frac{\rho_{1}\alpha_{1}^{2}}{\left(P_{\mathrm{v}}-P_{\infty}^{*}\right)g^{2}}\right]^{\frac{1}{4}},\ t_{\mathrm{c}2}=\frac{\rho_{1}\alpha_{1}}{P_{\mathrm{v}}-P_{\infty}^{*}} \tag{2.101}$$

在得到式(2.101)的过程中，量纲为 1 的系数 3/2 已经被忽略。因此，$t_{\mathrm{c}2}$ 称为第二临界时间。如果 $t_{\mathrm{c}2}<t_{\mathrm{c}1}\left(t_{\mathrm{c}1}\approx\dfrac{P_{\mathrm{v}}-P_{\infty}^{*}}{\rho_{1}}\dfrac{1}{\Sigma^{2}},\ \text{式(2.57)}\right)$，那么对流换热的增强只发生在气泡的惯性控制生长期间，对比式(2.57)及式(2.101)，同时需分别满足：

$$P_{\mathrm{v}}-P_{\infty}^{*}>\rho_{1}\left(\frac{\Sigma^{4}\alpha_{1}}{g}\right)^{\frac{2}{5}},\ P_{\mathrm{v}}-P_{\infty}^{*}>\rho_{1}\left(\Sigma^{2}\alpha_{1}\right)^{\frac{1}{2}} \tag{2.102}$$

由于 Σ 随温度的升高而迅速升高，所以与较高的对比温度相比，在较低的对比温度下，这些不等式的准确性更高。例如，在 20℃的水中，式(2.102)的右侧分别为 30kg/ms^2 和 4kg/ms^2，此时很容易产生很小的张力(和相应的轻微过热度)。如果张力低于临界值，那么对流效应会变得非常重要。但是，在 100℃的水中，式(2.102)右侧的值相当于 160K 和 0.5K 的过热度，这是不太可能发生的。

接着考虑，在这两种气泡运动中，假定某一低于 t_{c1} 的温度，认为该温度在达到 t_{c1} 之前，Pe 已经达到 1，那么在温度达到 t_{c1} 之后(即达到热控制阶段)将会发生什么呢？很显然，从 t_{c1} 时刻开始，由于热传递的增强，热效应将会发生改变。当 $Pe>1$ 时，Rayleigh-Plesset 方程中的热效应项(第二项)的增加不再与 $t^{1/2}$ 成正比，而是与 $t^{1/2}/Nu$ (Nu = 对流换热/导热)成正比。根据式(2.99)和式(2.100)，对于这两种气泡运动，当 n=1 时，气泡半径随时间的变化正比于 $t^{1/2}/Nu \propto t^{1/2}/Pe^m \propto t^{1/2}/t^{(1+1)m}=t^{1/2-2m}$ (浮力引起)和 $t^{1/2}/Nu \propto t^{1/2}/Pe^m \propto t^{1/2}/t^{(2-1)m}=t^{1/2-m}$ (靠近壁面生长)，即热效应的增加分别与 $t^{1/2-2m}$ 和 $t^{1/2-m}$ 成正比。在许多对流传热问题中，m=1/2，则在壁面附近传热导致的气泡生长将被遏制($t^{1/2-1/2}=1$)，即热效应消失，从而使气泡的惯性控制生长无限期地继续。

最后，考虑其他可能的情况，当 $t_{c2}>t_{c1}$ 时，对流传热效应会影响气泡的热控制生长。给定 n=1/2，将式(2.59)代入式(2.100)，并令浮力引起的运动的 Pe=1，得到：

$$t_{c3}=\left[\frac{\alpha_1\rho_1\Sigma}{g\left(P_v-P_\infty^*\right)}\right]^{\frac{2}{3}} \tag{2.103}$$

可见，在 $t=t_{c3}$ 之后，对流传热会改变气泡热控制生长的形式。确实，由以上分析可知，对浮力引起的运动，气泡半径随时间的变化正比于 $t^{1/2-2m}$，如果 $m>1/4$ (m 值见式(2.99))，则 $t>t_{c3}$ 时恢复回惯性控制生长也是可能的。对气泡在壁面生长的情况，达到 t_{c1} 时刻后，Pe 会一直保持小于 1，因此，如果 $P_v-P_\infty^* \gg \rho_1\left(\Sigma^2\alpha_1\right)^{1/2}$，对流换热效应将会无限期地推迟气泡的热控制生长，也就是说，对流换热效应几乎不会影响气泡热控制生长的开始和形式。

2.6.3 非球形扰动

到目前为止，在气泡的生长和破裂过程中，都是假定气泡生长保持球形，也就是说，假设气泡在非球形扭曲时都是稳定的，靠自身能恢复到球形。然而，在有些情况下这种假设是不正确的，偏离光滑球形时能产生重要的实际影响。

Birkhoff[13]、Plesset 和 Mitchell[22]等已从单纯的流体力学角度对非球形扰动的稳定性进行了分析。瑞利-泰勒(Rayleigh-Taylor)不稳定性理论原来用于分析气液界面为平面的情况，这些分析验证了球面等效的 Rayleigh-Taylor 不稳定性。这些分析没有包含热效应。如果气泡内不凝性气体的惯性力可忽略不计，那么 $n(n>1)$ 阶球形谐波扰动振幅 $a(t)$ 将由式(2.104)控制：

$$\frac{\mathrm{d}^2 a}{\mathrm{d}t^2}+\frac{3}{R}\frac{\mathrm{d}R}{\mathrm{d}t}\frac{\mathrm{d}a}{\mathrm{d}t}-\left[\frac{n-1}{R}\frac{\mathrm{d}^2 R}{\mathrm{d}t^2}-(n-1)(n+1)(n+2)\frac{\gamma}{\rho_1 R^3}\right]a=0 \tag{2.104}$$

式中，系数 $\mathrm{d}R/\mathrm{d}t$ 由整体动态特性 $R(t)$ 确定。假定 $\mathrm{d}R/\mathrm{d}t$ 不随时间变化，则很容易求解式(2.104)得到 $a(t)$ 的解，并使 $\mathrm{d}a/\mathrm{d}t>0$，得到最不稳定条件发生在 $\mathrm{d}R/\mathrm{d}t<0$ 及 $\mathrm{d}^2R/\mathrm{d}t^2\geqslant 0$，前一个条件表示气泡半径减小，属于溃灭过程，后一个条件表示加速度减小，同时满足这两个条件的情况仅发生在破裂的气泡反弹之前。另外，最稳定条件发生在 $\mathrm{d}R/\mathrm{d}t>0$ 以及 $\mathrm{d}^2R/\mathrm{d}t^2<0$，同时满足这两个条件的情况发生在生长的气泡半径接近其最大尺寸时。

事实上，式(2.104)中的系数 $\mathrm{d}R/\mathrm{d}t$ 是随时间变化的，这与假设的平面边界上的 Rayleigh-Taylor 不稳定性不同。表面张力具有稳定作用，但 $\mathrm{d}^2R/\mathrm{d}t^2\geqslant 0$ 导致了不稳定性，从这个意义上讲，得到的幅值 a 的值并不是完全与假设平面边界条件得到的值不一致。两者主要差别来自 $\mathrm{d}a/\mathrm{d}t$ 项，这项可以理解为几何效应。当气泡生长时，表面波长也增加，因此振幅的增长减弱了。相反地，在气泡溃灭时，表面波长减小，振幅的增长增加。

Plesset 和 Mitchell[22]研究了初始时刻处于平衡状态的水蒸气/不溶性气体气泡，$t>0$ 时无穷远处压力 P_∞^* 以阶梯函数变化这样一种特殊情况，不考虑热效应和黏性效应。当前的研究中考虑了气泡中固定质量的不溶性气体影响，但这种影响在 Plesset 和 Mitchell[22]的研究中被忽略。需要指出的是，这种简单球形气泡的生长问题已经在 2.2 节得到了解决。得到的解中，其中一个非常重要的特性是 $\mathrm{d}^2R/\mathrm{d}t^2\geqslant 0$，正是这一特性造成了气泡的不稳定性。然而，在任何实际情况中，$\mathrm{d}^2R/\mathrm{d}t^2\geqslant 0$ 的初始加速阶段都是一段有限的时间，所以问题变成在气泡显著生长的加速期内是否有足够的时间发生不稳定。

为了数学上表达方便，引入无量纲数 $y=R/R_0$，代替时间 t 作为自变量，则式(2.104)可重写为

$$A(y)\frac{\mathrm{d}^2 a}{\mathrm{d}y^2}+\frac{B(y)}{y}\frac{\mathrm{d}a}{\mathrm{d}y}-\frac{(n-1)C(y)a}{y^3}=0 \tag{2.105}$$

式中

$$A(y)=\frac{2}{3}\left(1-\frac{1}{y^3}\right)-\frac{\beta_1}{y}\left(1-\frac{1}{y^2}\right)+\frac{\beta_2}{y^3}\ln y$$

$$B(y)=2-\frac{1}{y^3}-\frac{\beta_1}{y}\left(\frac{5}{2}-\frac{3}{2y^2}\right)+\frac{\beta_2}{y^3}(1+\ln y)$$

$$C(y)=\frac{1}{y^2}-\frac{3\beta_1}{2y^2}+\frac{\beta_2}{y^2}\left(1-\frac{3}{2}\ln y\right)+\frac{\beta_1}{2}\left[1-(n+1)(n+2)\right]$$

其中，$\beta_1=\dfrac{2\gamma}{R_0\left(P_{\rm v}-P_\infty\right)}$、$\beta_2=\dfrac{P_{\rm G0}}{P_{\rm v}-P_\infty}$分别为表面张力及不凝性气体含量参数。

注意，若$\left(P_{\rm v}-P_\infty\right)\left(1-\beta_1-\beta_2\right)$为正值，则表示气泡从 $t=0$ 开始生长，为负值则表示气泡破裂。

图 2.17 表示的是在表面张力和不凝性气体含量参数分别为 β_1 和 β_2 时，空化气泡表面上 n 阶球形谐波扰动振幅 a 与气泡半径的关系，并且呈现了在气泡生长过程中对式(2.105)进行积分的一些典型结果，图中振幅大小是任意的。

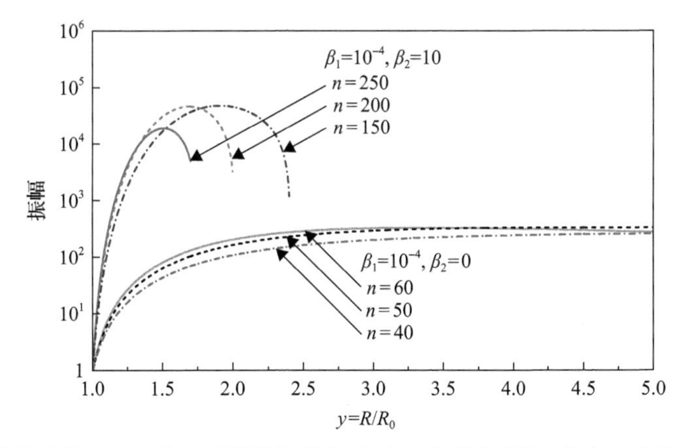

图 2.17　两种典型的表面张力和不凝性气体含量时，球形谐波扰动振幅 a 与气泡半径的关系

Plesset 和 Mitchell 对较小 n 值的情况进行了理论计算，发现气泡半径增长过程振幅很小。但是，从式(2.105)可以看出，对较大 n 值的情况振幅可能更大。从图 2.17 可以看出，气泡增长过程中扰动振幅先增加到最大值，然后减小，也就是说，对特定的 β_1 和 β_2 值，存在一个特殊的 $n_{\rm A}$ 阶球形谐波，当 $n=n_{\rm A}$ 时，振幅 a 达到最大。图 2.17 直接给出了 n 的值，而 $n_{\rm A}$ 与 β_1 和 β_2 的关系见图 2.18。图中，$n_{\rm B}$ 表示的是 a/y 最大时的 n 值。由于是 a/y 而不是 a，表示扰动振幅与波长的比值，图 2.18 也给出了 $n_{\rm B}$ 与 β_1 和 β_2 的关系。为了得到图 2.18，图 2.19 给出了不同表面张力和不凝性气体含量时，气泡表面球形谐波扰动最大振幅 $a_{\max}$、振幅与气泡半

径的比例最大比$(a/y)_{max}$以及这些最大值所对应的气泡半径y_{max}。

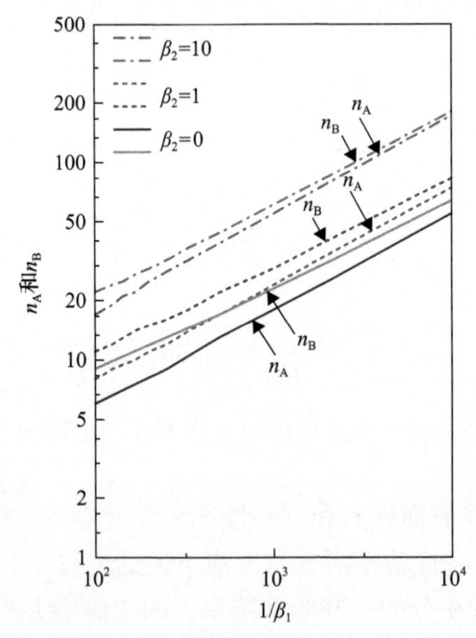

图 2.18　气泡生长过程中不同表面张力参数β_1及不凝性气体含量参数β_2时球形谐波的阶数(n_A)和扰动振幅和气泡半径之比(n_B)的变化情况

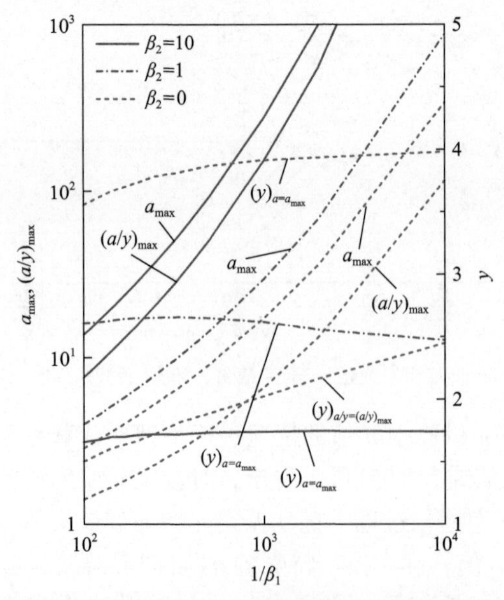

图 2.19　生长气泡表面不同表面张力参数β_1及不凝性气体含量参数β_2下，最大振幅a_{max}和振幅与气泡半径的最大比$(a/y)_{max}$的变化。图中同时给出了a_{max}时和$(a/y)_{max}$时的气泡大小y值

总之，可以从图 2.17 看出，对高阶的n阶球形谐波扰动而言，在气泡生长

最初加速阶段，即 $\ddot{R} \geqslant 0$，气泡是不稳定的。同时，观察式(2.104)也可得出结论：在气泡生长的其他阶段(除最初的加速阶段)，$\dot{R} > 0$，$\ddot{R} < 0$，对所有球形谐波扰动波都是稳定的。因此，如果在加速阶段扰动增长没有获得足够的时间，那么气泡在接下来的生长阶段将维持非扰动状态。在关于水下爆破的实验中，Reynolds 和 Berthoud[23]观察到了气泡在加速阶段的不稳定性，他们还计算了加速阶段的持续时间，同时基于估算的增长速度证明了这一阶段有足够的时间使气泡表面发生显著粗化。然而，这些气泡在接下来的减速阶段再次变得光滑。Reynolds 和 Berthoud[23]研究的气泡很大，半径在 2.5～4.5cm。就 Brennen[1]阐述，对于大多数典型的空化实验中的较小气泡而言，还没有类似这种加速阶段不稳定的报道。这可能是加速时间较短所致，也可能是因为较小的气泡具有极大的表面张力稳定效应。

参 考 文 献

[1] Brennen C E. Cavitation and Bubble Dynamics[M]. Cambridge: Cambridge University Press, 2014.

[2] Rayleigh L. Ⅷ. On the pressure developed in a liquid during the collapse of a spherical cavity[J]. The London, Edinburgh, and Dublin Philosophical Magazine and Journal of Science, 1917, 34(200): 94-98.

[3] Blake F G. Onset of cavitation in liquids[D]. Boston: Harvard University, 1949.

[4] Neppiras E A, Noltingk B E. Cavitation produced by ultrasonics: Theoretical conditions for the onset of cavitation[J]. Proceedings of the Physical Society. Section B, 1951, 64(12): 1032.

[5] Plesset M S, Zwick S A. A nonsteady heat diffusion problem with spherical symmetry[J]. Journal of Applied Physics, 1952, 23(1): 95-98.

[6] Forster H K, Zuber N. Growth of a vapor bubble in a superheated liquid[J]. Journal of Applied Physics, 1954, 25(4): 474-478.

[7] Theofanous T, Biasi L, Isbin H S, et al. A theoretical study on bubble growth in constant and time-dependent pressure fields[J]. Chemical Engineering Science, 1969, 24(5): 885-897.

[8] Hewitt H C, Parker J D. Bubble growth and collapse in liquid nitrogen[J]. Journal of Heat Transfer, 1968, 90: 22-26.

[9] Jones O C , Zuber N. Bubble growth in variable pressure fields[J]. Journal of Heat Transfer-transactions of the Asme, 1978, 100: 453-459.

[10] Cha Y S, Henry R E. Bubble growth during decompression of a liquid[J]. Journal of Heat Transfer-transactions of the Asme, 1981, 103: 56-60.

[11] 贾力，方肇洪. 高等传热学[M]. 2 版. 北京：高等教育出版社, 2003.

[12] Scriven L E. On the dynamics of phase growth[J]. Chemical Engineering Science, 1959, 10(1-2): 1-13.

[13] Birkhoff G. Note on Taylor instability[J]. Quarterly of Applied Mathematics, 1954, 12(3): 306-309.

[14] 杨世铭，陶文铨. 传热学[M]. 4 版. 北京：高等教育出版社, 2006.

[15] Hord J. Cavitation in liquid cryogens. 2: Hydrofoil[R]. Washington, D.C.: NASA, 1973.

[16] Hord J. Cavitation in liquid cryogens. 3: Ogive[R]. Washington, D.C.: NASA, 1973.

[17] Hord J. Cavitation in liquid cryogens. 1: Venturi[R]. Washington, D.C.: NASA, 1973.

[18] Carey V P. Liquid-vapor Phase-change Phenomena: An Introduction to the Thermophysics of Vaporization and Condensation Processes in Heat Transfer Equipment[M]. 3rd ed. Baca Raton: CRC Press, 2020.

[19] Schrage R W. A Theoretical Study of Interphase Mass Transfer[M]. New York: Columbia University Press, 1953.

[20] Plesset M S, Prosperetti A. Bubble dynamics and cavitation[J]. Annual Review of Fluid Mechanics, 1977, 9(1): 145-185.

[21] Fujikawa S, Akamatsu T. Effects of the non-equilibrium condensation of vapour on the pressure wave produced by the collapse of a bubble in a liquid[J]. Journal of Fluid Mechanics, 1980, 97(3): 481-512.

[22] Plesset M S, Mitchell T P. On the stability of the spherical shape of a vapor cavity in a liquid[J]. Quarterly of Applied Mathematics, 1956, 13(4): 419-430.

[23] Reynolds A B, Berthoud G. Analysis of EXCOBULLE two-phase expansion tests[J]. Nuclear Engineering and Design, 1981, 67(1): 83-100.

第3章　低温流体空化的数值模型

本章介绍计算流体力学建模低温流体空化流的相关问题，目的是通过建模二维及三维几何并与文献报道的水及 Hord 的液氮液氢空化实验结果对比，获得适用于低温流体的数值框架。具体包括：①空化模型系数的确定，包括完全空化模型、动态空化模型及 Sauer-Schnerr 空化模型；②湍流黏度系数的修正方法，包括 LES、滤波模型修正、基于密度修正模型以及边界修正模型；③近壁面网格分辨率及近壁处理方法的选择；④考虑气液两相可压缩性的压力-速度耦合方程。本章结果为阐明低温流体在不同空化体的空化特性和机理提供准确数值方法。

3.1　基于均相平衡流框架和输运方程的低温流体空化数值模型

在均相平衡流框架内，空化过程气液两相被认为具有相同的速度和压力并处于局部热平衡状态。由于空化区往往是高速流动，气液相之间的相对滑移速度较小，因此假设两相具有相同的速度是合理的。同时，在低温流体空化过程中，相变导致的温度变化影响（即热效应）不可忽略且对空化区动量传输影响较大，需同时建模流动和传热方程组。因此，低温流体空化方程组除质量守恒方程（式(3.1)）、动量守恒方程（式(3.2)），还需考虑能量守恒方程（式(3.3)）：

$$\frac{\partial \rho_{\mathrm{m}}}{\partial t}+\frac{\partial\left(\rho_{\mathrm{m}} u_j\right)}{\partial x_j}=0 \tag{3.1}$$

$$\frac{\partial\left(\rho_{\mathrm{m}} u_i\right)}{\partial t}+\frac{\partial\left(\rho_{\mathrm{m}} u_i u_j\right)}{\partial x_j}=-\frac{\partial P}{\partial x_i}+\frac{\partial}{\partial x_j} \tau_{ij} \tag{3.2}$$

$$\frac{\partial}{\partial t}\left(\rho_{\mathrm{m}} E_{\mathrm{m}}\right)+\frac{\partial}{\partial x_j}\left[\left(\rho_{\mathrm{m}} E_{\mathrm{m}}+P\right) u_j\right]=\frac{\partial}{\partial x_j}\left(\lambda_{\mathrm{eff}} \frac{\partial T}{\partial x_j}\right)-h_{\mathrm{fg}} \dot{R} \tag{3.3}$$

$$\rho_{\mathrm{m}}=\rho_{\mathrm{v}} \alpha_{\mathrm{v}}+\rho_{\mathrm{l}} \alpha_{\mathrm{l}}，\ \mu_{\mathrm{m}}=\mu_{\mathrm{v}} \alpha_{\mathrm{v}}+\mu_{\mathrm{l}} \alpha_{\mathrm{l}}，\ \rho_{\mathrm{m}} H_{\mathrm{m}}=\rho_{\mathrm{v}} \alpha_{\mathrm{v}} H_{\mathrm{v}}+\rho_{\mathrm{l}} \alpha_{\mathrm{l}} H_{\mathrm{l}}$$

式中，τ_{ij} 为黏性应力；ρ 为流体密度；T 为温度；u 为速度；α 为体积分数；μ 为黏度；H 为焓；下标 v、l、m 分别代表气相、液相和气液混合物；$E=h-P/\rho+(u_i)^2/2$，

h 为比焓；$\lambda_{eff}=\alpha_v(\lambda_v+\lambda_t)+\alpha_l(\lambda_l+\lambda_t)$ 为有效导热系数，其中 λ_l、λ_v 分别为气液的层流导热系数，λ_t 为湍流导热系数；$\dot{R}$ 为质量相变率，kg/(m^3·s)，即单位时间和体积内气液相变质量，其数学表达式也称为空化模型；h_{fg} 为气化潜热。

式(3.1)～式(3.3)中混合物物性为相含量的加权平均，因此为封闭动量和能量方程，需获得流场中的体积分数 α，该物理量可通过求解相含量输送方程获得：

$$\frac{\partial}{\partial t}(\alpha_v\rho_v)+\nabla\cdot(\alpha_v\rho_v\boldsymbol{V})=\dot{R} \tag{3.4}$$

式中，$\boldsymbol{V}$ 为气相速度。

3.2 空 化 模 型

3.2.1 完全空化模型

完全空化模型(FCM)由 Singhal[1]提出，最初用于水等非热效应流体的空化建模，Zhang 等[2-5]通过与 Hord 低温流体空化实验对比修正了 FCM 的经验系数，从而拓展到低温流体空化的建模。该模型中，空化流场两相含量通过求解气相质量分数输运方程获得。Singhal[1]基于 Rayleigh-Plesset 气泡动力学方程推导 $\dot{R}$ 的计算模型，具体过程如下。

两相均匀流体混合密度 ρ_m 为蒸气质量分数 f_v 的函数：

$$\frac{1}{\rho_m}=\frac{f_v}{\rho_v}+\frac{1-f_v}{\rho_l} \tag{3.5}$$

蒸气体积分数 α_v 与气相密度 ρ_v 的关系为

$$\alpha_v=\frac{f_v}{\rho_v}\rho_m \tag{3.6}$$

由式(3.5)和式(3.6)得

$$\rho_m=\rho_l-(\rho_l-\rho_v)\alpha_v \tag{3.7}$$

所以

$$\frac{d\rho_m}{dt}=-(\rho_l-\rho_v)\frac{d\alpha_v}{dt} \tag{3.8}$$

同时考虑到

$$\alpha_{\mathrm{v}}=\frac{3}{3}n\pi R_{\mathrm{b}}^{3} \tag{3.9}$$

式中，n 为气泡数密度，即单位体积气泡数量；R_{b} 为单个气泡半径。进一步可得

$$\frac{\mathrm{d}\alpha_{\mathrm{v}}}{\mathrm{d}t}=(3n\pi)^{\frac{1}{3}}\left(3\alpha_{\mathrm{v}}\right)^{\frac{2}{3}}\frac{\mathrm{d}R_{\mathrm{b}}}{\mathrm{d}t} \tag{3.10}$$

另外由 Rayleigh-Plesset 方程(推导过程见 2.2 节)，得

$$R_{\mathrm{v}}\frac{\mathrm{d}^{2}R_{\mathrm{b}}}{\mathrm{d}t^{2}}+\frac{3}{2}\left(\frac{\mathrm{d}R_{\mathrm{b}}}{\mathrm{d}t}\right)^{2}=\left(\frac{P_{\mathrm{b}}-P}{\rho_{\mathrm{l}}}\right)-\frac{3\mu_{\mathrm{l}}}{R_{\mathrm{b}}}\dot{R}_{\mathrm{b}}-\frac{2S}{R_{\mathrm{b}}\rho_{\mathrm{l}}} \tag{3.11}$$

式中，P_{v} 为气泡压力。

根据式(3.10)和式(3.11)并省略黏度项和表面张力项[6]，可得

$$\frac{\mathrm{d}\alpha_{\mathrm{v}}}{\mathrm{d}t}=(3n\pi)^{\frac{1}{3}}\left(3\alpha_{\mathrm{v}}\right)^{\frac{2}{3}}\left[\frac{2}{3}\left(\frac{P_{\mathrm{b}}-P}{\rho_{\mathrm{l}}}\right)-\frac{2R_{\mathrm{b}}}{3}\frac{\mathrm{d}^{2}R_{\mathrm{b}}}{\mathrm{d}t^{2}}\right]^{\frac{1}{2}} \tag{3.12}$$

另外，为了反映两相区气液相分布，列出各相的输运方程：

$$\frac{\partial}{\partial t}\left[\left(1-\alpha_{\mathrm{v}}\right)\rho_{\mathrm{l}}\right]+\nabla\cdot\left[\left(1-\alpha_{\mathrm{v}}\right)\rho_{\mathrm{l}}\vec{\boldsymbol{V}}\right]=-\dot{R} \tag{3.13}$$

$$\frac{\partial}{\partial t}\left(\alpha_{\mathrm{v}}\rho_{\mathrm{v}}\right)+\nabla\cdot\left(\alpha_{\mathrm{v}}\rho_{\mathrm{v}}\vec{\boldsymbol{V}}\right)=\dot{R} \tag{3.14}$$

将式(3.13)和式(3.14)微分项重写，分别得

$$\frac{\mathrm{d}\alpha_{\mathrm{v}}}{\mathrm{d}t}+\alpha_{\mathrm{v}}\nabla\cdot\vec{\boldsymbol{V}}=\frac{\dot{R}}{\rho_{\mathrm{v}}} \tag{3.15}$$

$$\frac{\mathrm{d}\left(1-\alpha_{\mathrm{v}}\right)}{\mathrm{d}t}+\left(1-\alpha_{\mathrm{v}}\right)\nabla\cdot\vec{\boldsymbol{V}}=-\frac{\dot{R}}{\rho_{\mathrm{l}}} \tag{3.16}$$

将式(3.15)和式(3.16)左右两侧分别相加，可以得

$$\nabla\cdot\boldsymbol{V}=\frac{\left(\rho_{\mathrm{l}}-\rho_{\mathrm{v}}\right)\dot{R}}{\rho_{\mathrm{l}}\rho_{\mathrm{v}}} \tag{3.17}$$

将式(3.17)再次代入式(3.15)得

$$\frac{\mathrm{d}\alpha_{\mathrm{v}}}{\mathrm{d}t}=\frac{\left(1-\alpha_{\mathrm{v}}\right)\rho_{\mathrm{l}}+\alpha_{\mathrm{v}}\rho_{\mathrm{v}}}{\rho_{\mathrm{l}}\rho_{\mathrm{v}}}\dot{R}=\frac{\rho_{\mathrm{m}}}{\rho_{\mathrm{l}}\rho_{\mathrm{v}}}\dot{R} \tag{3.18}$$

最终将式(3.12)代入式(3.18)，得到净质量相变率：

$$\dot{R}=(3n\pi)^{\frac{1}{3}}\left(3\alpha_{\mathrm{v}}\right)^{\frac{2}{3}}\frac{\rho_{\mathrm{l}}\rho_{\mathrm{v}}}{\rho_{\mathrm{m}}}\left[\frac{2}{3}(P_{\mathrm{b}}-P)/\rho_{\mathrm{l}}\right]^{1/2} \tag{3.19}$$

将式(3.19)代入式(3.13)得

$$\frac{\partial\left(f_{\mathrm{v}}\rho_{\mathrm{m}}\right)}{\partial t}+\nabla\cdot\left(f_{\mathrm{v}}\rho_{\mathrm{m}}\vec{u}_{\mathrm{v}}\right)=\frac{(3n\pi)^{\frac{1}{3}}\left(3\alpha_{\mathrm{v}}\right)^{\frac{2}{3}}\left[\frac{2}{3}(P_{\mathrm{b}}-P)/\rho_{\mathrm{l}}\right]^{1/2}\rho_{\mathrm{l}}\rho_{\mathrm{v}}}{\rho_{\mathrm{m}}} \tag{3.20}$$

式中，$\vec{u}_{\mathrm{v}}$为气相速度。

至此，式(3.20)只有一个未知项，即气泡数密度n。Singhal[1]假设气动阻力与表面张力平衡，采用了一个最大概率气泡半径：

$$R_{\mathrm{b,m}}=\frac{0.061We\gamma}{2\rho_{\mathrm{l}}u_{\mathrm{rel}}^{2}} \tag{3.21}$$

式中，We为韦伯数；u_{rel}为相对速度。这样不需要计算n，得到了完整的完全空化模型，其形式如下：

$$\dot{R}_{\mathrm{e}}=C_{\mathrm{e}}\rho_{\mathrm{v}}\rho_{\mathrm{l}}\left(1-f_{\mathrm{v}}-f_{\mathrm{g}}\right)\frac{\sqrt{k}}{\gamma}\sqrt{\frac{2}{3}\frac{P_{\mathrm{sat}}-P}{\rho_{\mathrm{l}}}} \tag{3.22}$$

$$\dot{R}_{\mathrm{c}}=C_{\mathrm{c}}\rho_{\mathrm{l}}\rho_{\mathrm{l}}f_{\mathrm{v}}\frac{\sqrt{k}}{\gamma}\sqrt{\frac{2}{3}\frac{P_{\mathrm{sat}}-P}{\rho_{\mathrm{l}}}} \tag{3.23}$$

式中，f_{g}为不凝性气体的质量分数，为减小其影响，一般取$f_{\mathrm{g}}=10^{-10}$；C_{e}与C_{c}为蒸发率和液化率经验系数，通过与实验对比得到，对于水，Singhal[1]的推荐值为$C_{\mathrm{e}}=0.02$，$C_{\mathrm{c}}=0.01$。

Zhang等[7]将基于FCM的液氮空化建模结果与Hord测量的水翼(283C，284D)及钝头体(419A，420D)[8,9]结果对比，以匹配C_{e}与C_{c}值。计算中湍流模型采用可实现(Realizable) k-ε湍流模型，不同湍流模型及边界处理方法的影响将在3.3节详细阐述。不同系数时计算的温度和压力分布与实验值对比见图3.1和图3.2。从结果中发现，适用于水的$C_{\mathrm{e}}=0.02$、$C_{\mathrm{c}}=0.01$的组合，同样适合液氮空化流建模。

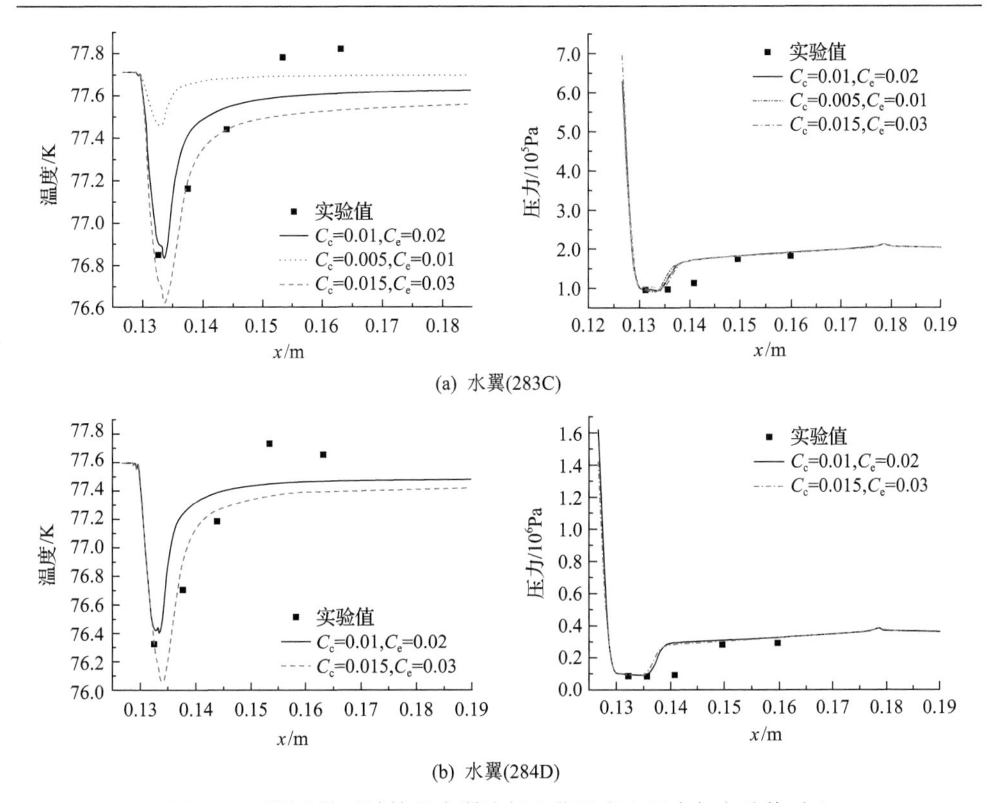

(a) 水翼(283C)

(b) 水翼(284D)

图 3.1　不同系数时计算的水翼液氮空化温度和压力与实验值对比

为了进一步验证 FCM 建模低温流体空化流的准确性,基于同样的数学框架及蒸发和液化系数值,开展了 Hord 实验中更多工况下的数值计算并与其他空化模型计算结果[10,11]进行对比，见图 3.3。可见，FCM 在建模液氮的空化流时能够获得更好的精度。

进一步开展基于 FCM 建模钝头体液氢空化的验证工作,数值模型与上述内容相同。如图 3.4 所示，基于 FCM 的模型获得了与 Hord 实验较一致的温度和压力分布，精度与 Utturkar 等基于 Merkle 空化模型得到的结果类似。

3.2.2　动态空化模型

注意到将 We 表达式代入上述最大概率气泡半径(式(3.21))中得到 $R_{b,m}=0.03L_{ch}$(L_{ch} 为弦长)，为一常数，这是因为 FCM 中只考虑了压力的变化率对气泡大小的影响(一阶效应)，而未考虑压力大小对气泡初始大小的影响(零阶效应)。因此，FCM 适用于模拟气泡直径相对变化不大的稳态或者类稳态空化，用于非稳态空化时将导致误差增加。

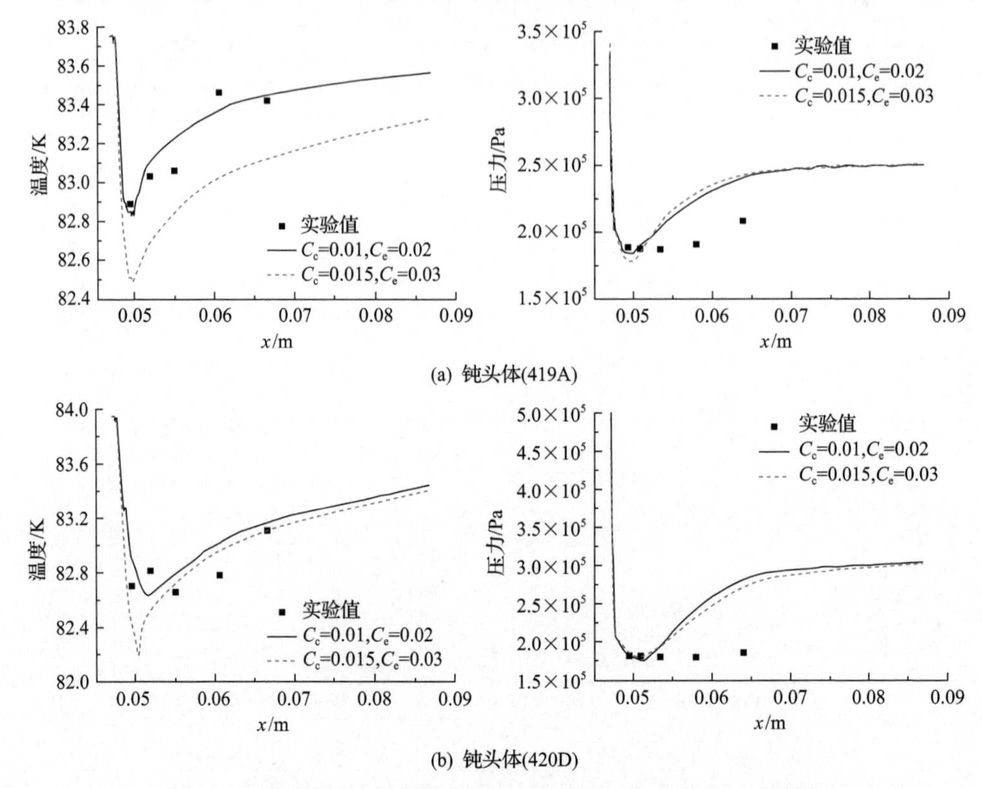

图 3.2　不同系数时计算的钝头体液氮空化温度和压力与实验值对比

经典均相成核理论为气泡半径的计算提供了另外一种方法[12]，进而可推导出适用于非稳态空化计算的动态空化模型(DCM)。与 2.5 节推导相似，可得到气化过程中随压力变化的气泡半径 $R_{\mathrm{b,e}}$：

$$R_{\mathrm{b,e}}=\frac{2\gamma}{P_{\mathrm{sat}}\left(T_{\mathrm{l}}\right)\exp\left\{\dfrac{\left[P_{\mathrm{l}}-P_{\mathrm{sat}}\left(T_{\mathrm{l}}\right)\right]}{RT_{\mathrm{l}}\rho_{\mathrm{l}}}\right\}-P_{\mathrm{l}}} \tag{3.24}$$

式中，下标 e 表示气化过程。

同理可得到气相液化过程中随压力变化的气泡半径 $R_{\mathrm{b,c}}$：

$$R_{\mathrm{b,c}}=\frac{2\gamma}{P_{\mathrm{sat}}\left(T_{\mathrm{v}}\right)+RT_{\mathrm{v}}\rho_{\mathrm{l}}\ln\left[\dfrac{P_{\mathrm{v}}}{P_{\mathrm{sat}}\left(T_{\mathrm{l}}\right)}\right]-P_{\mathrm{v}}} \tag{3.25}$$

式中，下标 c 表示液化过程。需要说明的是，计算过程中式(3.24)和式(3.25)中的 P_{l} 及 P_{v} 实际上都为当地压力 P，T_{l} 及 T_{v} 为当地温度 T。现在再将式(3.9)代入

式(3.20)，消除 n，得到相变率：

$$\dot{R}=\dot{R}_{\mathrm{e}}-\dot{R}_{\mathrm{c}}=\frac{2}{R_{\mathrm{b}}}\frac{\rho_{\mathrm{l}}\rho_{\mathrm{v}}}{\rho}\sqrt{\frac{2}{3}\frac{P_{\mathrm{v}}-P}{\rho_{\mathrm{l}}}} \tag{3.26}$$

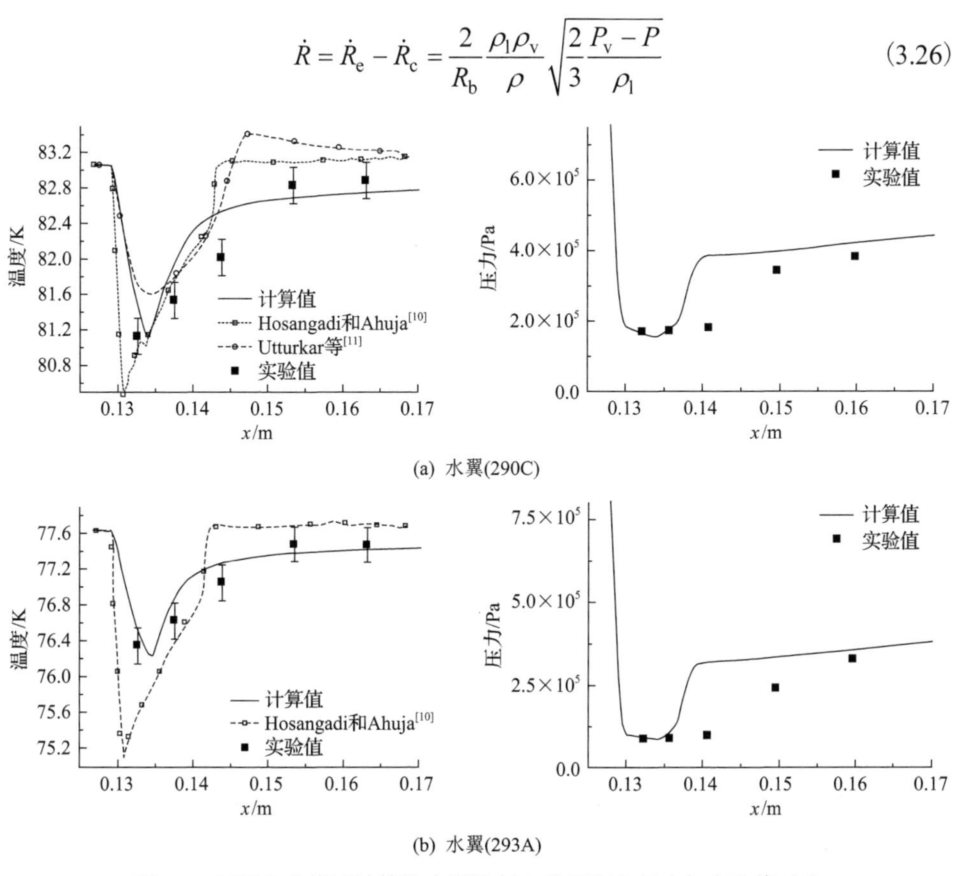

(a) 水翼(290C)

(b) 水翼(293A)

图3.3　不同空化模型计算的水翼液氮空化温度和压力与实验值对比

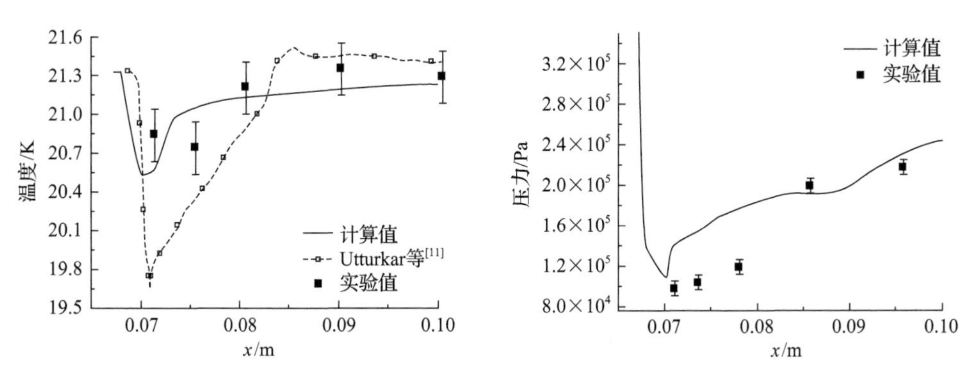

图3.4　不同空化模型计算的钝头体(349B)液氢空化温度和压力与实验值对比

再将式(3.24)和式(3.25)分别代入式(3.26)，并考虑到相变质量正比于来源相的体积比例，利用式(3.9)计算式(3.20)中的 α_{v}，并利用关系式 $\alpha_{\mathrm{v}}=f_{\mathrm{v}}\rho/\rho_{\mathrm{v}}$ 分别

求得气化率和液化率计算公式。

$P_{sat}(T) > P$ 时(气化过程)：

$$\dot{R}_e = C_e \rho_v \left(1 - f_v - f_g\right) \frac{P_{sat}(T) \exp\left[\dfrac{P - P_{cav}(T)}{\rho_l RT}\right] - P}{\gamma} \sqrt{\frac{2}{3} \frac{P_{sat} - P}{\rho_l}} \tag{3.27}$$

$P_{sat}(T) \leqslant P$ 时(液化过程)：

$$\dot{R}_c = C_c \rho_l f_v \frac{\rho_l RT \ln\left[\dfrac{P}{P_{sat}(T)} + P_{sat}(T) - P\right]}{\gamma} \sqrt{\frac{2}{3} \frac{P - P_{sat}(T)}{\rho_l}} \tag{3.28}$$

式中，C_e 和 C_c 为经验系数；f_g 为不凝性气体的质量分数。上面对气泡半径的推导并没有假设气泡压力等于饱和蒸气压，但由热力学理论可知，两者的实际状态十分接近，因此式(3.27)和式(3.28)可进一步简化。另外，由式(3.24)和式(3.25)可知，相变过程气泡半径为当地压力和饱和蒸气压的函数，常温流体相变过程温度几乎不变，且饱和蒸气压和表面张力系数都为常数，气泡半径实际上只取决于当地压力。对气化过程，当地压力 P 越小，气化率 $\dot{R}_e$ 越大；对液化过程，当地压力越大，液化率 $\dot{R}_c$ 也越大[13]。另外同时也注意到上述源项并没有像 Singhal 模型那样强烈依赖湍动能，因此湍流的计算耦合性不高，提高了计算收敛性。

由于湍流的影响，液体会提前发生空化，即空化临界压力略高于饱和蒸气压。本模型采用与 Singhal 模型同样的处理方法[1]，认为湍流使当地压力降低到高于当地温度对应的饱和蒸气压时就发生了气化。定义这时发生空化时的临界压力为

$$P_{cav}(T) = P_{sat}(T) + \frac{P_t}{2} \tag{3.29}$$

式中，$P_t = 0.39\rho k$ 为湍流压力，最终动态空化模型如下。

$P_{sat}(T) > P$ 时(气化过程)：

$$\dot{R}_e = C_e \rho_v \left(1 - f_v - f_g\right) \frac{P_{cav}(T) \exp\left[\dfrac{P - P_{cav}(T)}{\rho_l RT}\right] - P}{\gamma} \sqrt{\frac{2}{3} \frac{P_{cav}(T) - P}{\rho_l}} \tag{3.30}$$

$P_{sat}(T) \leqslant P$ 时(液化过程)：

$$\dot{R}_c = C_c \rho_l f_v \frac{\rho_l RT \ln\left(\dfrac{P}{P_{cav}}\right) + P_{cav}(T) - P}{\gamma} \sqrt{\frac{2}{3} \frac{P - P_{sat}}{\rho_l}} \tag{3.31}$$

3.2.2.1　DCM 建模二维室温水空化

图 3.5 展示了 NACA66 水翼几何结构和近壁面局部网格分布。该翼型弦长 c= 0.15m，距离翼型头部 0.45c，最大厚度 τ=12%，距离翼型头部 0.5c，最大弯度为 2%。数值计算结果与 Leroux 等[14,15]的实验结果进行对比分析，以检验该模型的准确性。

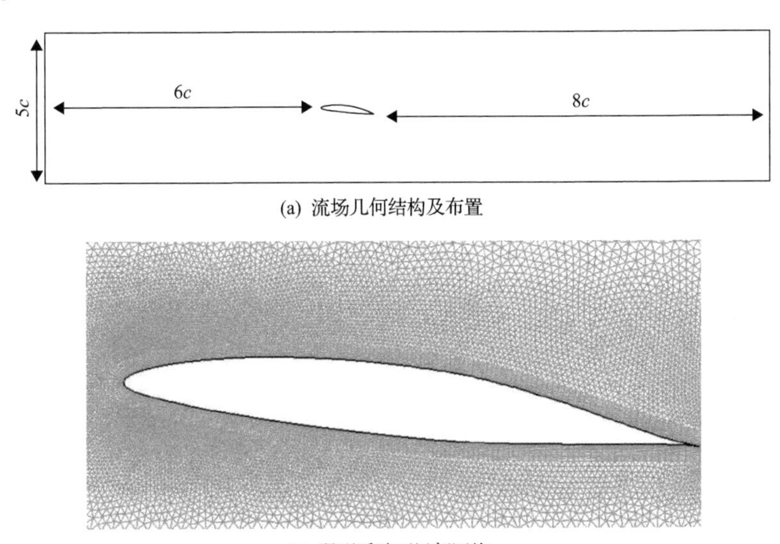

(a) 流场几何结构及布置

(b) 翼型近壁面局部网格

图 3.5　NACA66 水翼几何结构和近壁面局部网格分布

Leroux 实验中翼型上表面，也即负压面安装了一系列传感器，相对弦长位置如表 3.1 所示。模拟时，也同样在这些位置设置了压力监测点，以进行定量分析。

表 3.1　Leroux 实验中翼型上表面压力传感器的相对弦长位置[14,15]

序号	1	2	3	4	5	6	7	8	9	10
相对弦长位置	0.05c	0.1c	0.2c	0.3c	0.4c	0.5c	0.6c	0.7c	0.8c	0.9c

湍流模型采用 Realizable k-ε 模型，能够预测强流线弯曲位置的流动，并且较好地反映空化区的封闭尾迹区流动特征，该模型的控制方程将在下面具体介绍。

边界条件分别是速度进口和压力出口，对流项采用二阶迎风离散格式，气相质量分数项采用对流运动学的二次上游差值(QUICK)离散格式，其他如湍流模型项均采用一阶迎风格式。考虑到是常温下的流动，先暂不考虑流体的可压缩性。工作环境和实验一致，工质流体为水，温度为 293K，饱和蒸气压为 2367Pa，表面张力为 0.0717N/m，不考虑不凝性气体的影响，设置它的质量分数为 f_g=10^{-8}。相关物性如表 3.2 所示。

表 3.2　气相和液相的物性

物性	液相	气相
密度/(kg/m^3)	998.12	0.0175
黏性/(Pa·s)	9.97×10^{-4}	9.7325×10^{-6}

控制方程由 Fluent 18.1 迭代求解，DCM 通过用户自定义函数(user-defined function，UDF)的方法加载到相应的气相体积分数输送方程(式(3.4))以及能量守恒方程(式(3.3))中。UDF 程序由 C 语言程序编写，见附录 1。

常用无量纲的空化数来衡量空化强弱程度：

$$\sigma=\frac{P_{\mathrm{i}}-P_{\mathrm{v}}}{0.5\rho u_{\mathrm{i}}^{2}} \tag{3.32}$$

式中，P_{i} 为流场进口压力；u_{i} 为流场进口速度。另外一个重要的无量纲数是压力系数 C_{p}，其反映流场中的无量纲压力分布：

$$C_{\mathrm{p}}=\frac{P-P_{\mathrm{i}}}{0.5\rho u_{\mathrm{i}}^{2}} \tag{3.33}$$

式中，P 为流场中当地压力。容易发现计算的时间步长对非稳态空化的瞬态特征，如周期性[16,17]和气泡脱落[18]等有着重要影响。在计算开始时，使用动态空化模型开展当 $\sigma=1.25$ 时时间步长对部分片状空化的影响特性分析。对翼型中部的一个监测点($x/c=0.5$)在不同时间步长下获得的周期性压力波动进行对比分析。图 3.6 中，当时间步长 Δt 从 0.0005s 降低到 0.0001s 时，计算的周期明显减小，而当时间步长 Δt 进一步减小时，获得的压力波动几乎不变，和 Δt =0.0001s 时的结果基

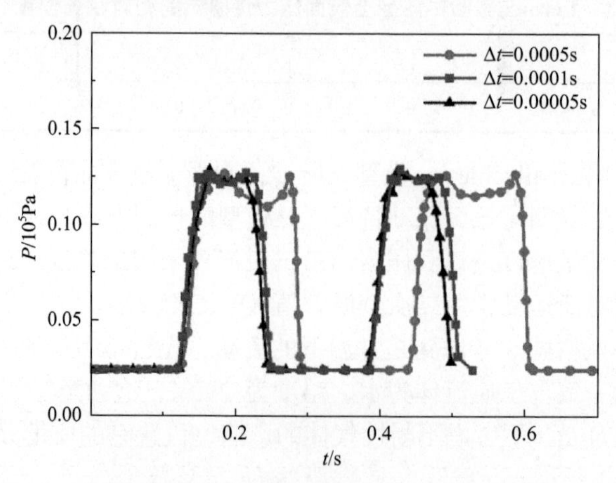

图 3.6　动态空化模型在不同时间步长下的压力波动(x/c=0.5)

本一致。除此之外，计算表明翼型负压侧壁面的 y^+ 约等于 10.2，而先前的研究[18]表明，只要气穴核心区的 y^+ 小于 100 就可以保证网格适用于 k-ε 湍流模型。到此验证了用于非稳态空化模拟的网格无关性和时间步长无关性。

图 3.7 计算结果表明，$\sigma = 1.34$ 时，气穴长度稳定，流动为稳定流动。基于 DCM 计算的空化区长度和弦长的比值 $l/c = 0.37$，接近相应的实验值 0.4。图 3.8 给出了翼型表面监测处的压力波动和实验对比，定义如下：

$$\Delta p = \frac{P_{\mathrm{rms}}}{q} = \frac{\left[\sum \frac{(P - \bar{P})^2}{n}\right]^{0.5}}{0.5\rho u_{\mathrm{i}}^2} \tag{3.34}$$

式中，$\bar{P}$ 为时均压力值。容易发现此时大部分监测点的压力波动强度 Δp 都小于 0.05，除了在气穴尾部毗邻的监测点，DCM 计算的最大值为 0.10，小于实验测量的 0.17。但压力的波动幅值很小，DCM 的计算结果大部分都和实验值吻合并有着相同的变化趋势，同时和 FCM 的计算值吻合很好。压力波动强度小，进一步表明了 $\sigma = 1.34$ 时的流动为稳定流动。

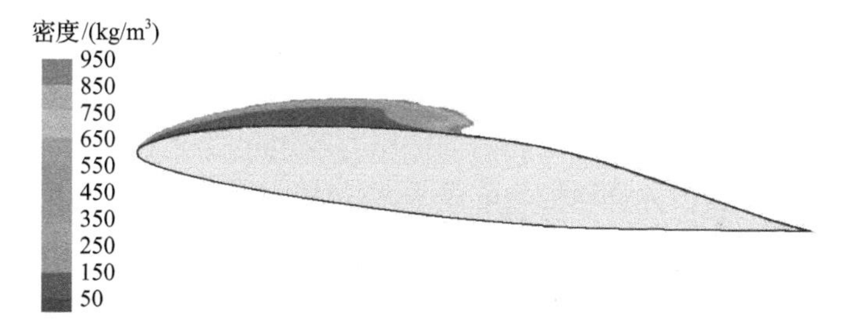

图 3.7　动态空化模型计算的密度云图($\sigma = 1.34$)

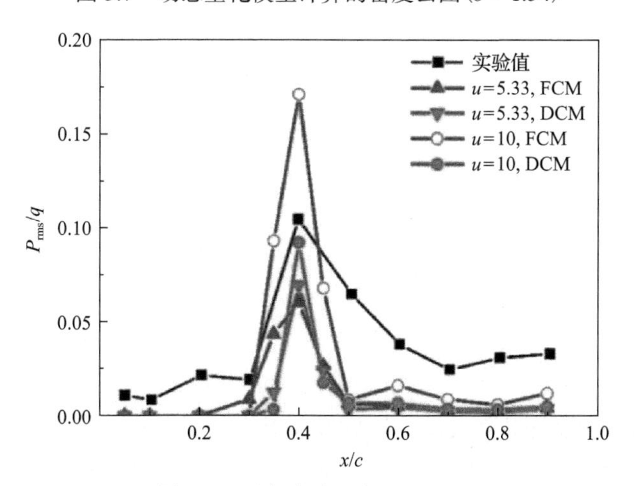

图 3.8　压力波动强度($\sigma = 1.34$)

图 3.9 显示了 NACA66 翼型负压侧 DCM 和 FCM 计算的时均压力系数和实验对比。两种空化模型的计算结果几乎重合，获得的平坦时均 C_p 区域是 x=0.36c 之前，考虑到这样的长度实际上反映的是空化区的长度，因此可以合理地推断出，在计算稳态空化时，DCM 有着和 FCM 相同的精度。

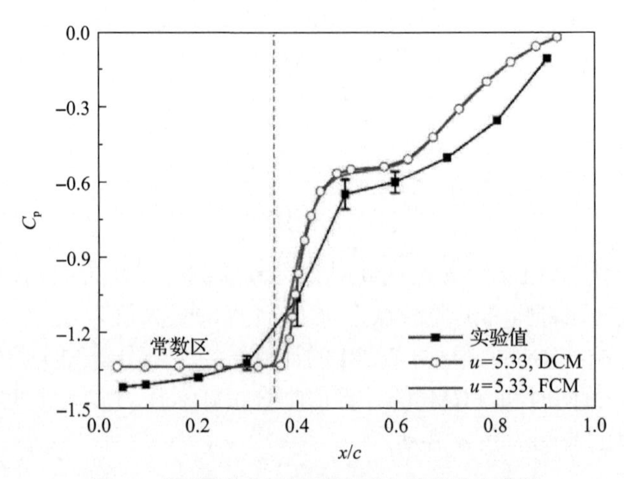

图 3.9 沿翼型表面的时均压力系数分布曲线

在空化核心区，计算的 C_p 为−1.34，比实验值略高，并且绝对值和空化数相等，式(3.32)和式(3.33)的定义也表明当地压力和饱和蒸气压相等。在气穴尾迹，压力系数 C_p 急剧增加，并且增加速度高于实验值。同时在翼型的尾部，DCM 计算得到的 C_p 和 FCM 结果一致，都比实验值略高。

当空化数从 1.34 降低到 1.25 时，压力波动强度 P_{rms}/q 急剧增加，而且在整个负压侧都存在强烈波动，而不仅仅是空化区的尾迹，具体如图 3.10 所示。计算的压力波动强度 P_{rms} / q 最大值达到了 0.31，计算值在趋势上和最大波动处和实验吻合，但是在翼型头部附近和尾部附近比实验值小，这说明随空化的非稳态性增加，压力分布变得更加难以预测。在空化核心区，DCM 计算的结果相对较小，但相对于 FCM，它更加接近实验值。在空化区尾迹($0.6 < x/c < 0.8$)范围内 DCM 和 FCM 计算的压力波动强度都小于实验值，说明此时数值模型计算的湍流黏度过大，抑制了尾部空化发展，但总体上，FCM 计算结果稍好。从压力波动强度的全局来看，DCM 反映了非稳态空化带来的压力波动和周期性生长，能够更正确地反映实验现象。

图 3.11 表示了半个周期内翼型表面的压力系数变化。容易理解 C_p 的周期性变化实际反映的是壁面附近气泡的周期性生长和脱落变化。通过观测压力系数 C_p 的常数区长度，可以看出从初始时刻 t = 0.686s 开始气穴开始逐渐变大，并在 0.854s 时达到最大值。在此之后则开始了下半个周期，气穴开始减小和脱落，考虑到对

称性，后半个周期 C_p 并没有在图中显示出来。尽管在 0.686s＜t＜0.770s 范围内计算的瞬时 C_p 明显高于实验值，并且看似不吻合，但时均的 C_p 却显示了计算的准确性，如图 3.12 所示。

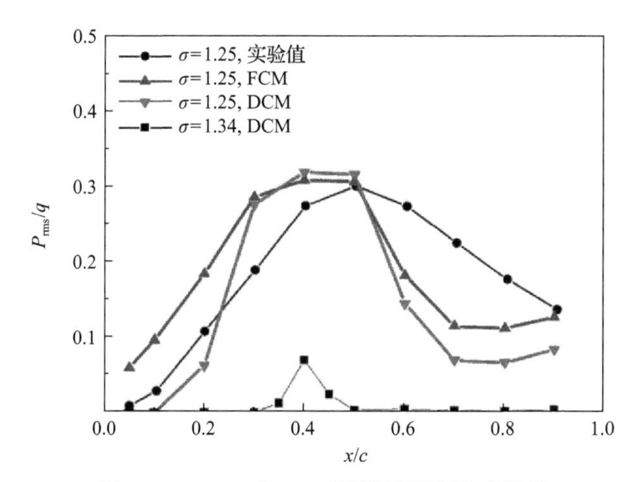

图 3.10　DCM 和 FCM 计算的压力波动强度

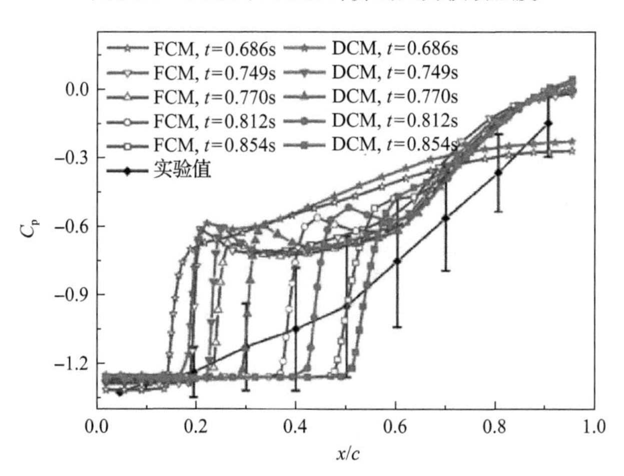

图 3.11　半个周期内翼型表面压力系数 C_p 分布

无论是 DCM，还是 FCM，时均 C_p 都和实验值吻合较好，都在实验波动范围内。在翼型头部(x/c = 0.0～0.2)，DCM 计算的时均 C_p 更接近实验值，而 FCM 的计算结果则相对较小；在翼型中部(x/c = 0.3～0.6)，DCM 的计算结果则更加接近实验值。在翼型的中后部，由于回射流的影响气泡开始从壁面脱落[19,20]，该区的时均压力系数急剧增加，以至于比实验值大很多。图 3.13 表示了半个周期内翼型表面的气相体积分数分布，图中每一个时间下 DCM 结果都超前，这样的变化反映了 DCM 计算的周期比 FCM 小。

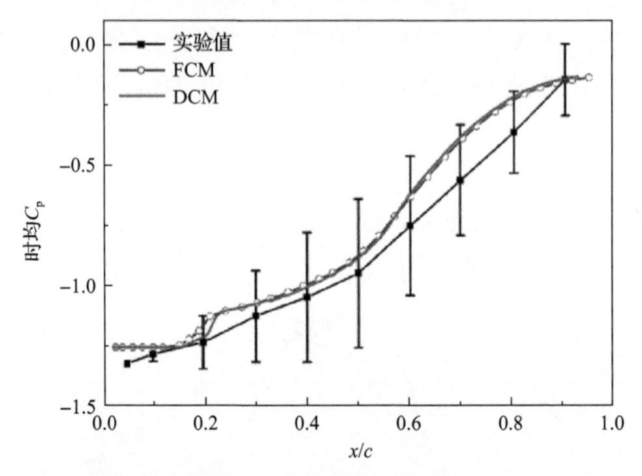

图 3.12　沿翼型表面的时均压力系数分布曲线($u = 5.33\text{m/s}$，$\sigma = 1.25$)

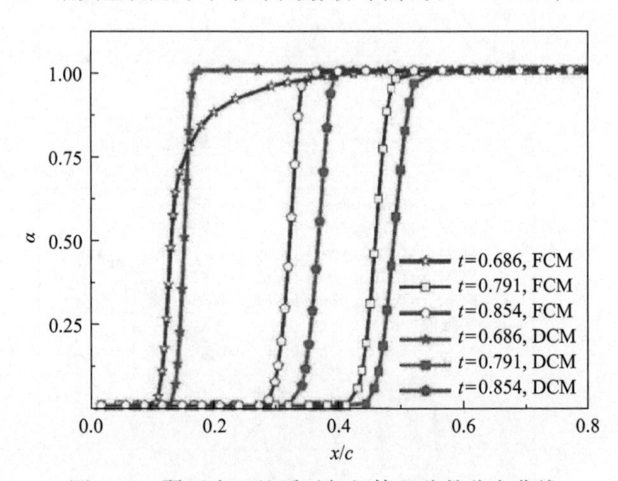

图 3.13　翼型表面的瞬时气相体积分数分布曲线

图 3.14 描述了不同时间下的气相云图，直观地表述了空化过程的非稳态变化，包括气穴的生长、发展、脱落和崩溃。同时将这些云图和相同工况的实验图像[21]对比，容易看出，计算结果和实验现象在定性上吻合得很好。当 $t = 1.26\text{s}$ 时，翼型头部形成了一个狭长的气泡，并且沿着翼型表面不断长大。当空化区长度增加到 $0.5c$ 时，空化区尾迹变得非常不稳定，此时尾迹开始脱离壁面，与此同时，容易发现黏附在壁面的空化区长度也开始逐渐减小，如图 3.14(f)和(g)所示[14,15,22]。

为进一步描述非稳态空化的脱落特征，图 3.15 刻画了空化区附近的流线分布，尤其是尾迹的回射流影响。在 $t = 1.26\text{s}$ 时气穴内部的流动仍是光滑地向右流动。此后随着气穴的不断向后发展，尾迹的涡流变得十分强烈，由于边界层分离带来的回射流此时也逐渐增强，如图 3.15(b)所示，当涡变得足够强的时候，气穴开始

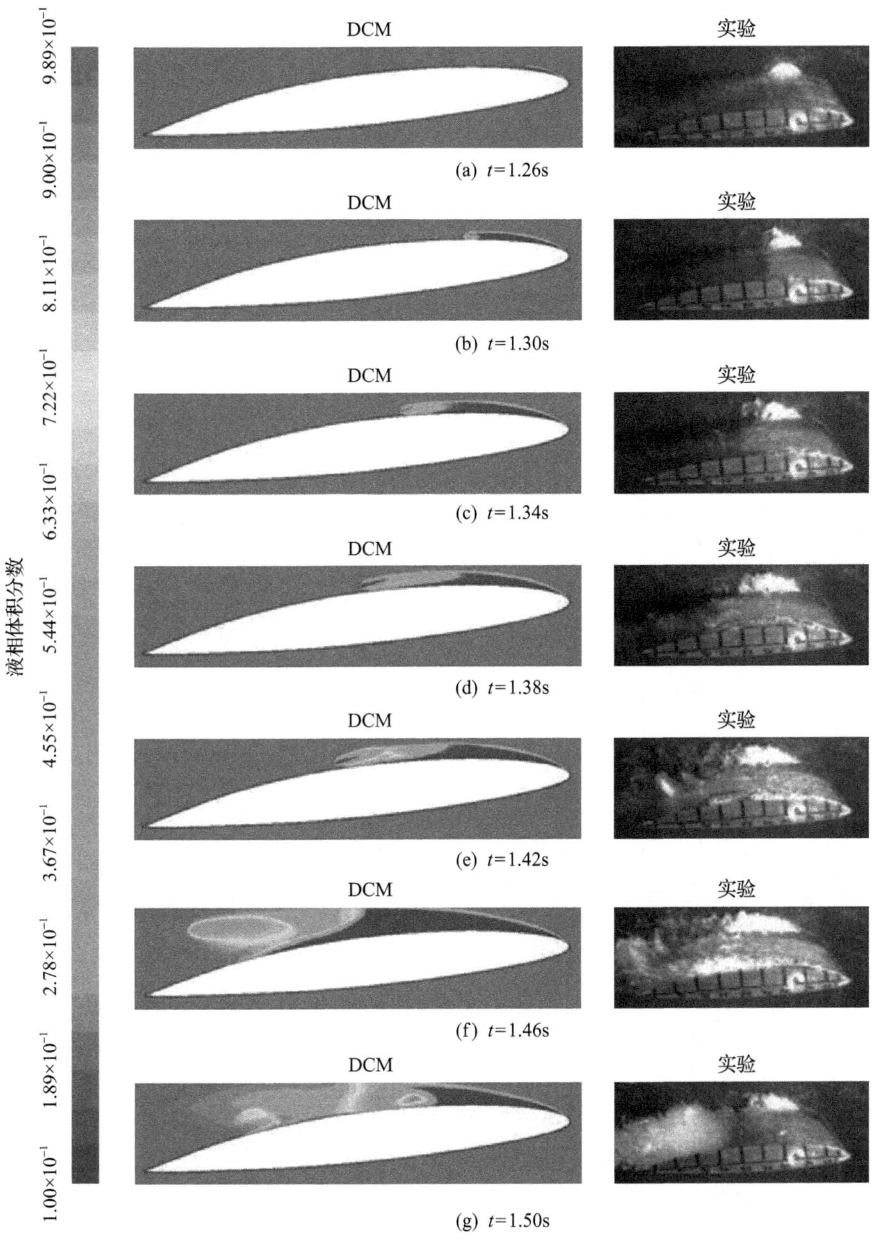

图 3.14　不同时间下翼型表面的气相体积数分布曲线(自右向左流动)

气相体积分数=1–液相体积分数

脱落，同时黏附在壁面的气穴长度在回射流的作用下也开始逐渐减小，Leroux 等[14]也描述了同样的现象。当空化区长度减小到一定程度时，回射流的作用减弱，在主流的作用下又有气穴附着壁面进一步生长，以此不断循环。图 3.16 描述了在

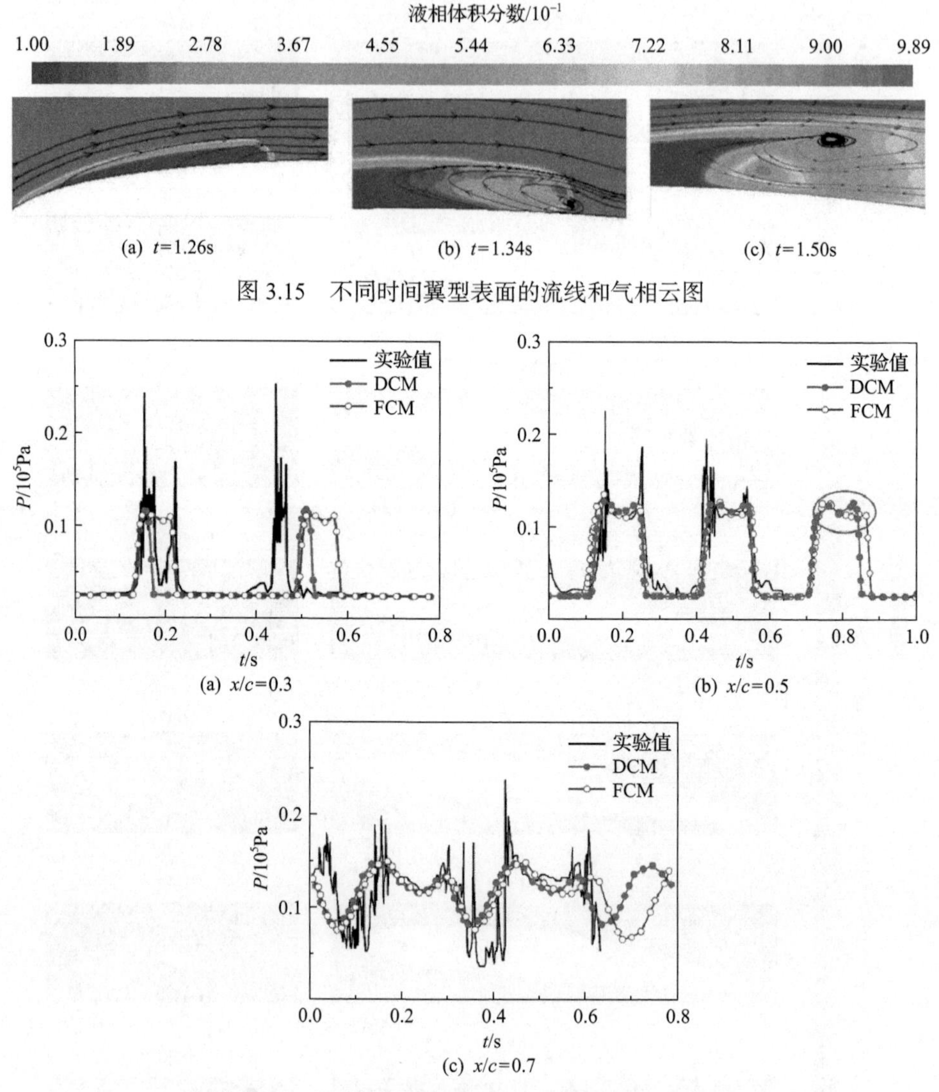

图 3.15　不同时间翼型表面的流线和气相云图

图 3.16　不同位置的瞬时压力和实验对比($\sigma = 1.25$)

气穴连续的生长和消亡周期里 $x/c = 0.3, 0.5, 0.7$ 位置处的压力周期性波动计算值和实验值。以 $x/c = 0.5$ 为例，获得的 DCM 周期是 0.292s，相应的实验和 FCM 周期的分别是 0.276s、0.297s。两种模型计算的非稳态周期频率都比实验值小，DCM 的相对误差是 5.8%，和实验值非常接近，并且优于 FCM 的计算结果，如表 3.3 所示。图 3.16 中椭圆内的“相位差”表明频率计算结果也更加接近实验值，这和图 3.13 中描述的 FCM 计算的 C_p 相对 DCM 存在一个“相位差”一致。除少数实验值很高，计算的压力幅值和实验记录的瞬时压力幅值都吻合得很好，这也展示了 DCM 在计算非稳态压力波动时的可行性和准确性。

表 3.3　在 $x/c = 0.5$ 处的非稳态流动周期性特征（$\sigma = 1.25$）

变量	实验值	FCM	相对误差（FCM）/%	DCM	相对误差（DCM）/%
周期/s	0.276	0.297	7.61	0.292	5.80
频率/Hz	3.625	3.36	−7.31	3.425	−5.52
$St=fc/U$	0.102	0.095	−6.86	0.0964	−5.49

注：*St* 为施特鲁哈尔数。

图 3.16 中，DCM 和 FCM 计算的 $x/c = 0.3$ 监测处的压力波动幅值和实验水平总体相当。并且从波峰的宽度和形状上看，DCM 的计算结果和实验值更加吻合，而 FCM 计算的波峰宽度则明显高于实验值。容易看出，在 $x/c = 0.7$ 处计算的压力波动频率和实验值很接近，但是幅值则存在一定的差异，计算值比实验值偏小一些，可能的原因是实验中的气泡群在壁面附近的随机非稳态性波动变强，导致压力波动的误差也变得更大，而数值模型计算的是气泡群的平均行为，并非单个气泡，也不是气泡群的整体行为，因此数值计算结果显得周期性规律更加明显，压力也没有实验值波动得那么杂乱无章。另外一个可能的影响因素是沿着弦长方向的回射流（re-entrant jet flow），在图 3.14 中的实验值也完全反映出了这点[23,24]。

图 3.17 展示了 DCM 在不同监测位置处的瞬时压力波动对比。这些周期性压力波动来自壁面附近空化区的周期性生长、脱落和破灭。在 $x/c = 0.3$ 监测点，大多数时候压力幅值等于饱和蒸气压，此后在回射流的影响下，空化区逐渐减小，当空化区的长度小于 $0.3c$ 时，压力幅值陡然增加，之后当空化区又开始长大时，压力幅值再次降低到饱和蒸气压。

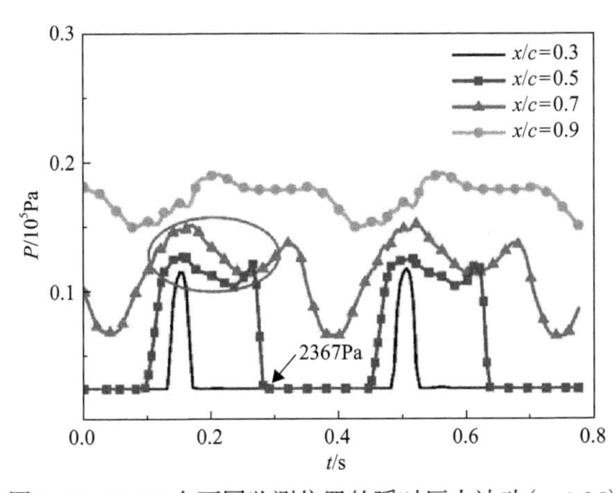

图 3.17　DCM 在不同监测位置的瞬时压力波动（σ=1.25）

在监测点 $x/c = 0.5$ 处的最低压力值也是饱和蒸气压，这表明一个周期内的最大气穴长度超过了 $0.5c$。相应地，压力波动幅值也开始降低，并且开始形成了两个波峰，这在图 3.17 中 $x/c = 0.7$ 曲线中更加明显。在 $x/c = 0.7$ 点最低压力幅值远远大于饱和蒸气压，这是由于气泡在 $x/c = 0.7$ 点之前就开始脱落崩溃，相应地由于气泡数量的减少，压力波动幅值变得更小，这在图中 $x/c = 0.9$ 对应的曲线中更加明显。

3.2.2.2 DCM 建模三维室温水空化

本部分开展 DCM 用于复杂三维水翼结构非稳态空化的验证工作。三维结构翼型展现了更丰富的空化流物理。季斌等[25-27]研究了绕一个扭曲翼型的马蹄形空化流动，指出环向流动和气泡云脱落之间的交互作用是马蹄形空化涡(horse-shoe vortex)产生的主要机理。Park 和 Rhee[28]也针对同样的翼型开展了详细的计算分析，发现展向方向(span wise)的负载分布是导致二维和三维空化特性不同的直接原因，气穴的脱落也存在两种现象，在翼型攻角最大的中部形成的气穴脱落翻滚(rolling up)是由气穴后方的回射流和沿弦长方向的外流共同作用形成的。Dang 和 Kuiper[29]详细分析了三维空化计算时的收敛性和准确性验证。Marcer 和 Audiffrenr[30]在计算三维非稳态空化时采用了修正 $k\text{-}\varepsilon$ 湍流模型来获得非稳态结果，计算结果显示翼型上方存在两个独立的涡，一个平行于壁面，一个平行于展向方向，当这两个涡合并形成一个涡时，这才开始脱落。Luo 等[31]采用大涡模拟(LES)精细地计算了绕另一扭曲翼型(截面 NACA-16012)的空化流动，指出由于回流(reversed flow)影响，脱落的气穴破灭引起的回射流会挤进气穴和壁面之间，从而引起片状空化脱落，与此同时侧向射流不断向中间靠拢。升力系数和阻力系数也有这样的规律，它们的主频和气穴脱落频率吻合。本部分将分析绕三维扭曲翼型(Twist-11N)的非稳态空化流动，包括翼型表面不同位置压力非稳态变化，以及弦长方向的回射流和展向方向的侧面射流共同作用导致的不同于二维的气穴脱落特征，以验证 DCM 用于三维复杂空化模型的准确性。

从前面二维水翼的数值结果发现只采用二方程的 $k\text{-}\varepsilon$ 模型，在初始阶段，空化长度有一个瞬态波动，但在此之后，片状空化呈现出类稳态特性。详细分析计算结果，发现沿着弦长方向的回射流停止太早，没有引起气泡脱离壁面的现象。定量分析表明 $k\text{-}\varepsilon$ 模型过大地计算了湍流黏度，非稳态脱落特性也因此被抑制，流动特征和实验值吻合较差[30]。除此之外，在两相混合区，压缩性较高，而 $k\text{-}\varepsilon$ 模型只能通过湍流方程中流体平均密度的变化来体现可压缩性。因此，本部分采用 RNG $k\text{-}\varepsilon$ 模型并对湍流黏度项基于边界修正模型进行了修正，它能够更好地描述边界层增长及黏附层壁面的回流[10]。湍流黏度修正模型将在下面详细阐述。黏度修正表达式如下：

$$\mu_t = C_\mu \rho_v \left(1 + 4Re_t^{-\frac{3}{4}}\right)\tanh\left(\frac{Re_k}{125}\right)\frac{k^2}{\varepsilon} \tag{3.35}$$

式中，$Re_t = \dfrac{\rho k^2}{\varepsilon \mu_L}$；$Re_k = \dfrac{\rho y \sqrt{k}}{\mu_L}$；$k$ 为湍动能；ε 为湍流耗散率。

Twist-11N[20]的剖面为 NACA-0009 翼型，如图 3.18 所示。水翼弦长为 c = 0.15m，展长为 s = 0.3m。翼型攻角沿着展向方向的变化规律如式(3.36)和图 3.19 所示，最大攻角为 9°，位于翼型中部；最小攻角为–2°，位于翼型边缘。

$$\alpha(z) = 11\left(2\left|\frac{z}{0.15} - 1\right|^3 - 3\left|\frac{z}{0.15} - 1\right|^3 + 1\right) - 2 \tag{3.36}$$

图 3.18　Twist-11N 翼型界面 NACA-0009

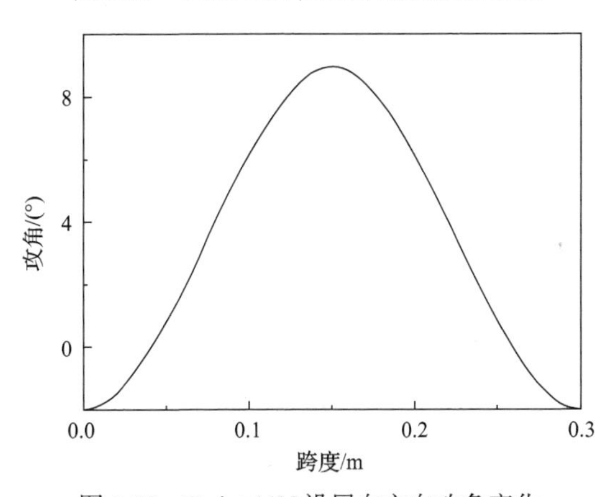

图 3.19　Twist-11N 沿展向方向攻角变化

由于水翼是平面对称结构，实际只计算一半区域，在 50%s (s 为展长)的剖面上设置对称边界条件，流场几何布置如图 3.20 所示。其他的进口和出口边界条件则是速度进口和压力出口，进口速度为 6.97m/s，通过调节出口压力，使空化数为 1.07。网格为全结构化网格，且在翼型表面进行了局部加密。流场网格总数是 677688，其中翼型上壁面的网格数为 2860，将上下壁面网格加密使网格数为 10360 作为对比，发现压力分布几乎不变，由此得到不依赖于网格密度的数值解。液态水的密度和动力黏度分别是 998.12kg/m^3 和 912.62×10^{-6}Pa·s，水蒸气的密度和动力黏度分别为 0.023kg/m^3 和 9.8361×10^{-6}Pa·s，水的饱和蒸气压为 2970Pa。在翼型表面也布置了相应的压力监测点位置，以分析流场的非稳态性和周期性，如

图 3.21 所示。

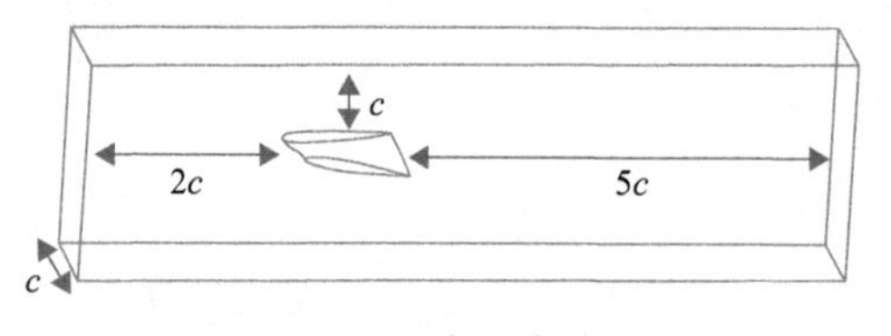

图 3.20　流场几何布置

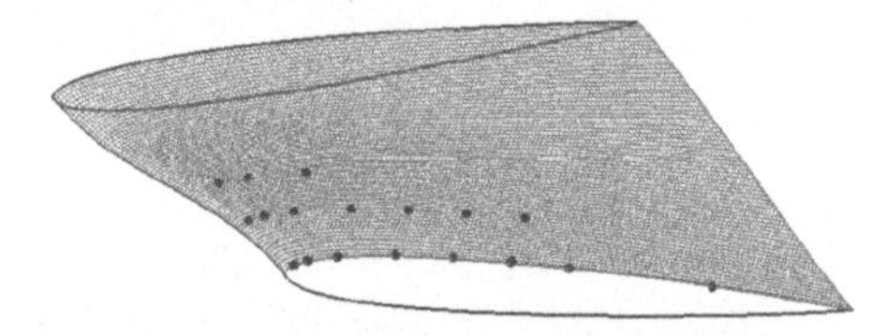

图 3.21　Twist-11N 表面结构化网格

图 3.22 描述了 FCM 和 DCM 在展向方向 50%*s* 处(对称面)、弦长方向 40%*c* 处的压力波动，容易看出无论是幅值还是相位，DCM 的计算结果都和 FCM 保持一致。图 3.23 是不同位置压力波动的频谱分析，DCM 计算的主频是 3.67Hz，FCM 计算的主频是 3.59Hz，相对误差为 2.23%。可见两个模型有相同的计算精度，DCM 能够定量地描述流场的非稳态性和周期性。

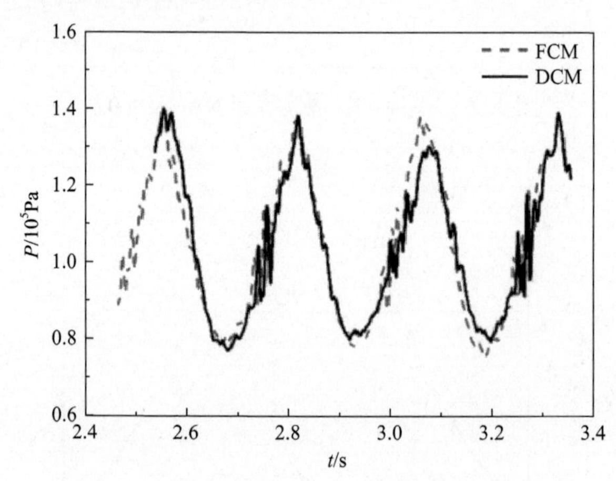

图 3.22　不同模型下的压力对比(50%*s*、40%*c*)

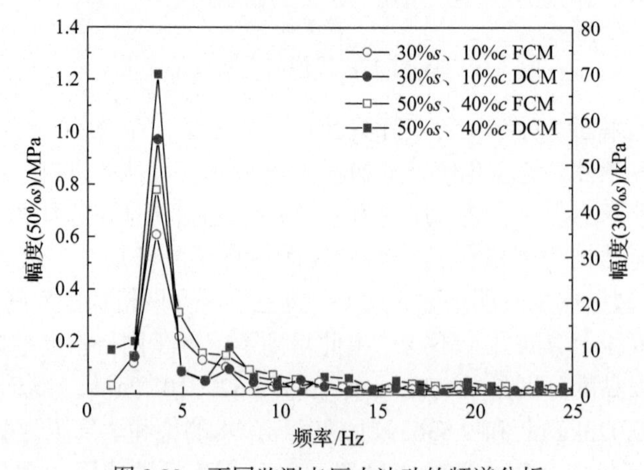

图 3.23　不同监测点压力波动的频谱分析

图 3.24 和图 3.25 给出了 DCM 计算的弦长 20%*c* 及 10%*c* 位置时不同展向位置处的压力变化。在 30%*s* 处，压力的波动幅度较大，并且最低值达到了饱和蒸气压 P_v，越靠近对称面，压力幅值越高。容易发现在 50%*s* 处，压力的最低值并没有达到 P_v，这是因为该处攻角最大，气泡更容易脱离壁面，导致黏附在壁面的空化区长度减小，该处并没有被气泡覆盖。在固定展向 50%*s* 及 40%*s* 处，不同弦长位置压力波动如图 3.26 和图 3.27 所示，它们具有相同的周期，并且存在相位差异。20%*c* 处的波谷早于 40%*c*，同样地，40%*c* 处的波谷早于 75%*c* 处。这实际上也是气泡沿着弦长方向流动，低压区逐渐向尾部移动的结果。当气泡流过监测点之后，压力回升，直到下一个气泡到来，开始新的循环。

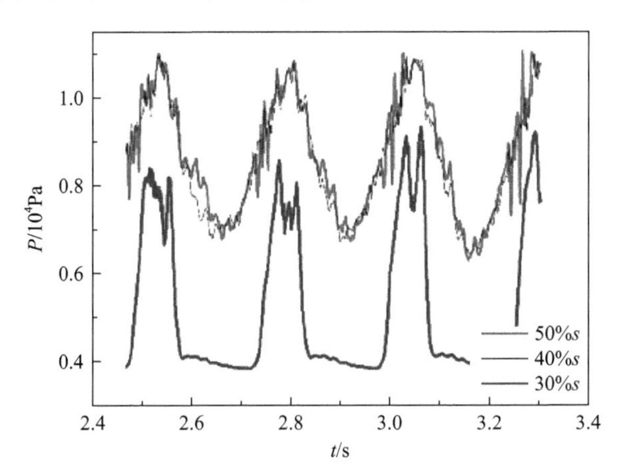

图 3.24　不同展向位置的压力波动(弦长 20%*c*)

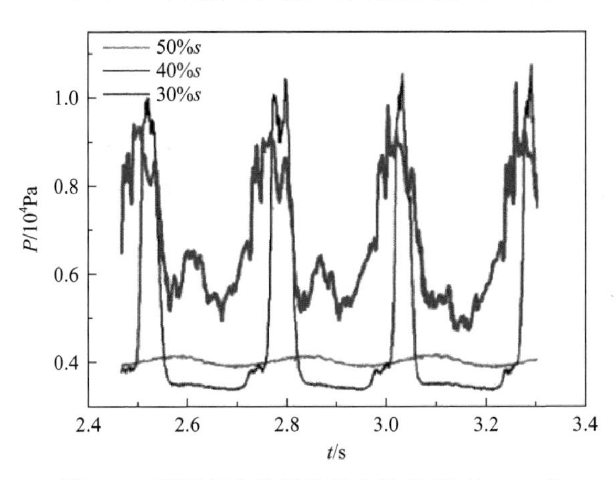

图 3.25　不同展向位置的压力波动(弦长 10%*c*)

翼型上表面速度矢量分布如图 3.28 和图 3.29 所示。在对称面，空化区后方存在和二维空化一致的回射流，随气泡的脱落而动态变化。同时在翼型的展向方向

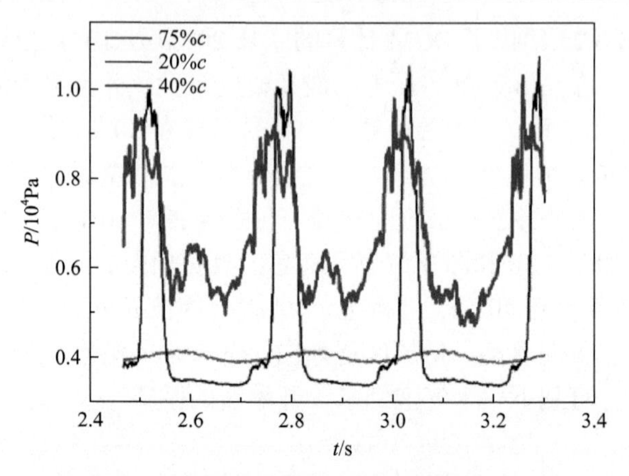

图 3.26　不同弦长位置的压力波动(展向 50%s)

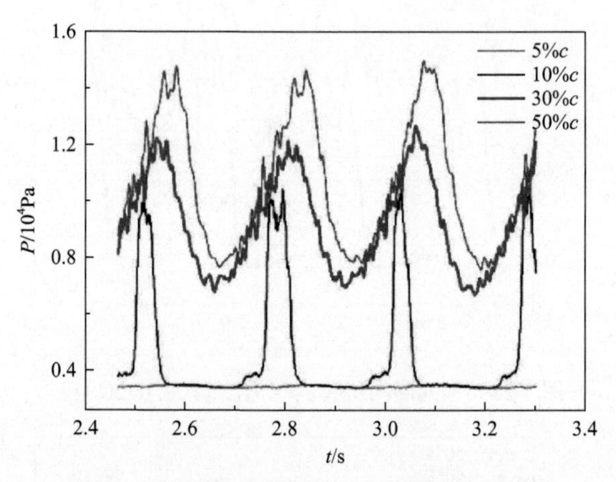

图 3.27　不同弦长位置的压力波动(展向 40%s)

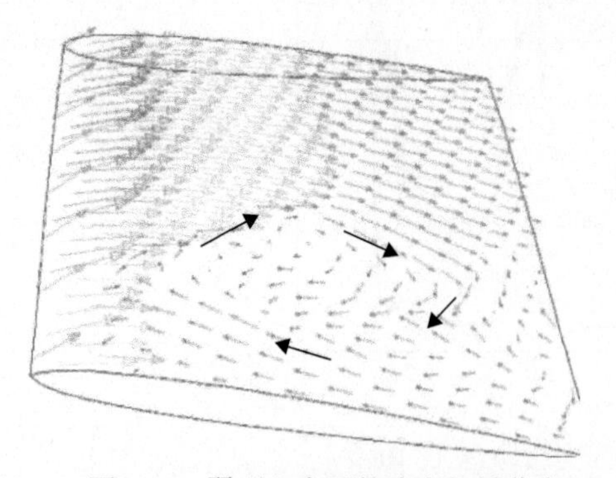

图 3.28　翼型上表面的速度矢量分布 ($t = 3.7647$s)

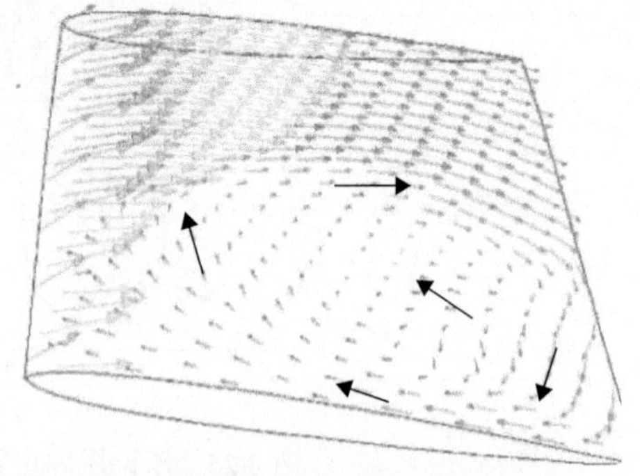

图 3.29　翼型上表面的速度矢量分布 ($t = 3.8687$s)

上存在着侧面射流，在翼型前缘，侧面射流是远离对称面的，在翼型后缘，则侧面射流方向是指向对称面的。同时可以观察到气泡的脱落实际上也反映的是壁面涡的脱落。在初始阶段，涡位于翼型前缘，强度(箭头密则强度大，箭头疏则强度小)也较小，随后向翼型后缘发展，并且强度增加，带来了更加明显的侧面射流，增加了三维空化脱落的复杂性。

图 3.30 描述了一个周期内翼型表面的空化流动(图中以气相的体积分数等值线 0.2 作为边界)。在图 3.30(a)中，黏附在壁面的气泡体积最小；此后空化区逐渐长大，并且在 50%s 处，气泡开始脱落，如图 3.30(b)所示；而在远离对称面处由于攻角较小，空化区仍然处于扩张的过程，如图 3.30(c)所示；此后在对称面处，黏附在壁面上的气泡区域逐渐减小，在远离对称面处的区域也开始脱落，空化区在向后缘发展的同时逐渐减小，如图 3.30(d)～(f)所示。

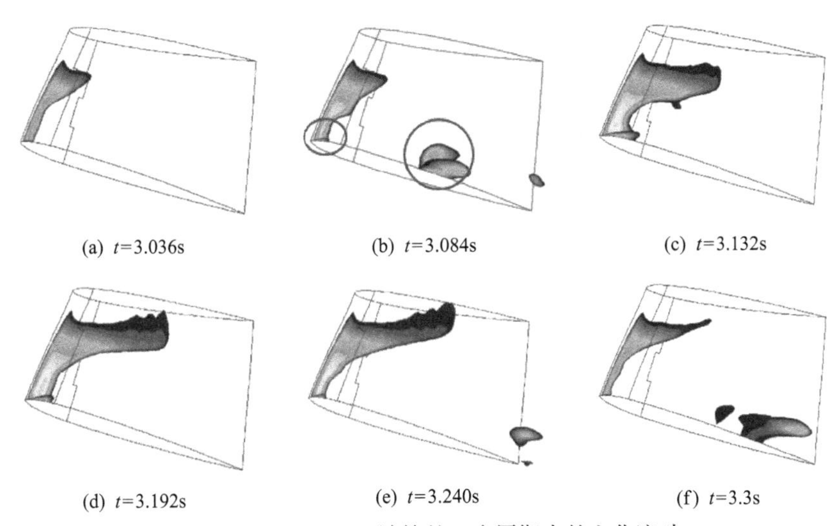

(a) t=3.036s　(b) t=3.084s　(c) t=3.132s

(d) t=3.192s　(e) t=3.240s　(f) t=3.3s

图 3.30　基于 DCM 计算的一个周期内的空化流动

3.2.2.3　DCM 建模低温流体空化

将 DCM 计算结果与 Hord 的液氮、液氢实验数据[8]进行对比。表 3.4 给出了 Hord 实验报告中的编号以及相应的边界条件，相应的二维水翼和隧道结构及其计算域见图 3.31。

表 3.4　基于 DCM 建模低温流体水翼空化的边界条件[8]

液体	编号	进口速度/(m/s)	进口温度/K	进口总压/Pa	出口温度/K
LN_2	283C	14.5	77.71	211241.8	77.71
	284D	23.5	77.6	356795.2	77.6
LH_2	229C	40.4	20.62	190500	20.62

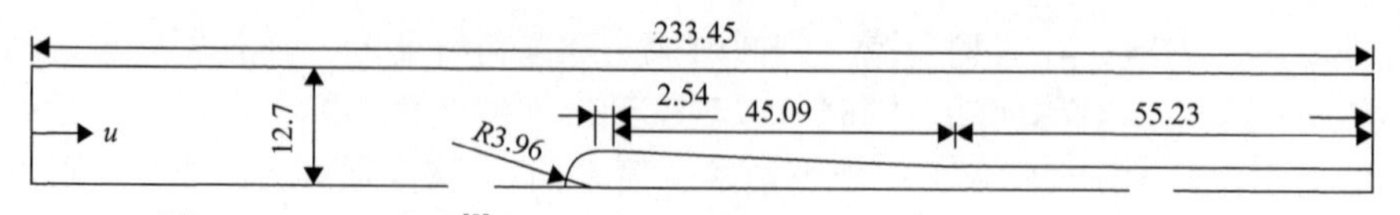

图 3.31　Hord 实验[8]中二维水翼和隧道结构及其计算域(单位：mm)

图 3.32 和图 3.33 分别给出了采用 DCM 和 FCM 模拟的液氮和液氢空化结果以及 Hord 的实验数据。经过大量的排列和组合以产生与实验数据最一致的压力和温度分布结果，DCM 中的经验常数选择为如下值：对于液氮，$C_e = 0.018$，$C_c = 0.01$；对于液氢，$C_e = 0.01$，$C_c = 0.01$。结果表明，考虑到实验测量的压力不确定度为 6900Pa，温度不确定度为 0.2K[4]，两种模型的模拟结果与大多数空化区的实验数据吻合较好，计算的压力场和温度场非常接近。空化的非稳态特性(气泡的产生、长大和熄灭)表现在空化区大小和最低温度的波动形态上。在我们计算的例子中，温度波动的幅度约为 0.3K。从这一观点出发，可以认为 DCM 和 FCM 在模拟二维水翼低温流体空化时可以达到相同的精度。图 3.32 和图 3.33 中出现在 0.18m 处的压力剖面的不连续性是几何不连续性的结果，那里是水翼后缘和隧道壁的连接处。结果表明，温降滞后于压力降，这说明热效应流体的温度受蒸发冷却效应的控制。因此，图 3.32 和图 3.33 中水翼前缘温度和压力的陡峭曲线表明，静压力和动压力之间的交换对空化有显著影响。

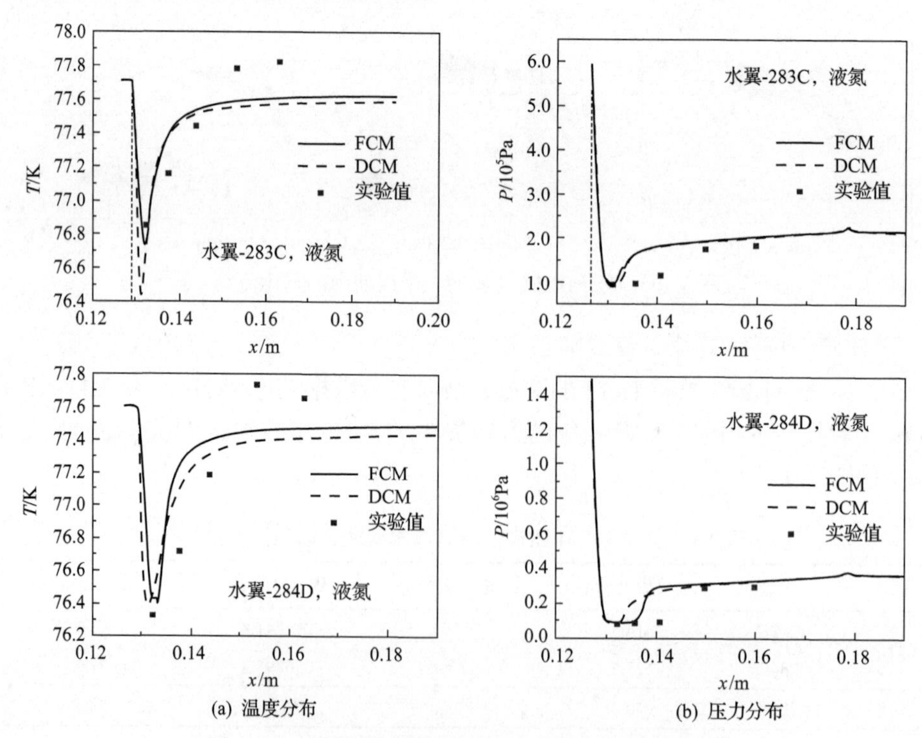

图 3.32　液氮空化流体温度和压力沿水翼表面分布

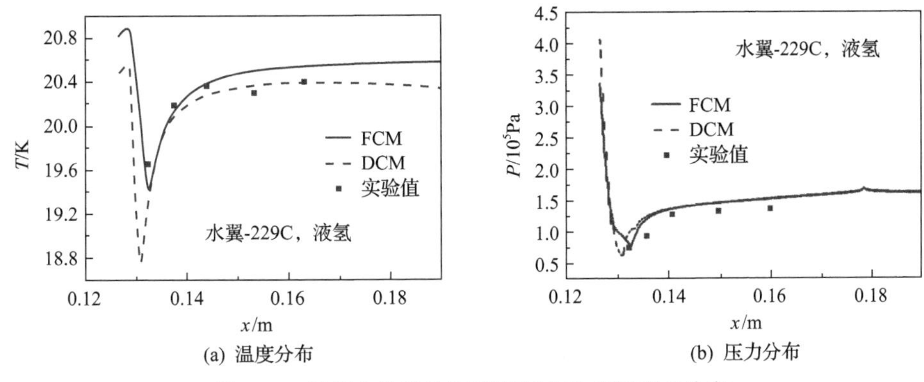

(a) 温度分布　(b) 压力分布

图 3.33　液氢空化流体温度和压力沿水翼表面分布

在空化闭合区(图 3.32 中最后两个温度实验点近似表示)，两个模型的温度与实验值相比均表现出明显的差异：模拟温度没有恢复到入口自由流水平，测试温度明显高于模拟值，甚至高于入口值。其原因被认为与 HEM 的数学模型有关，在 HEM 中，只计算时均物理量，特别是一个单元中液相和气相的湍流黏度。因此很有可能捕捉到气泡溃灭的瞬态最大温度和压力值。

对于钝头体结构的液氮和液氢空化建模，表 3.5 给出了 Hord 实验编号以及边界条件[9]，钝头体及流道的几何模型见图 1.13 和图 1.14，相应的几何结构及其计算域见图 3.34。

表 3.5　基于 DCM 建模低温流体钝头体空化的边界条件[9]

液体	编号	进口速度/(m/s)	进口温度/K	进口总压/Pa	出口温度/K
LN_2	419A	14.9	83.75	212402.6	83.75
	420D	21.7	83.95	228243.5	83.95
LH_2	390B	66	21.87	165500	21.87

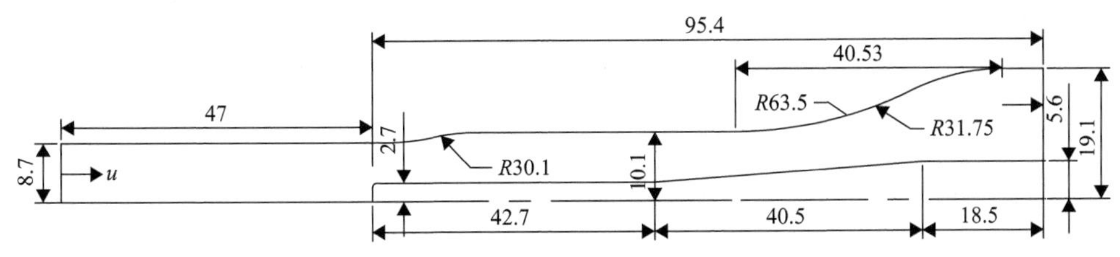

图 3.34　Hord 实验[9]中钝头体和隧道的几何结构及其计算域(单位：mm)

考虑测量不确定度，两个空化模型的温度分布与实验数据吻合得很好。由于隧道壁的堵塞效应，沿拱壁的实测温度分布看起来很混乱，DCM 模拟也很好地捕捉到了这一点。结果表明，两种模型在空化区前缘的最小压力值与实验数据吻合较好。然而，空化闭合区的压力分布与实验结果有很大的偏差。与水翼模拟的相应情况相比，其几何构型存在差异，因此，我们将偏差主要归因于隧道壁的堵塞效应。但其深层机制尚不清楚，值得进一步研究。图 3.35 和图 3.36 对比了采用 DCM 和 FCM 的模拟结果以及 Hord 的实验数据。

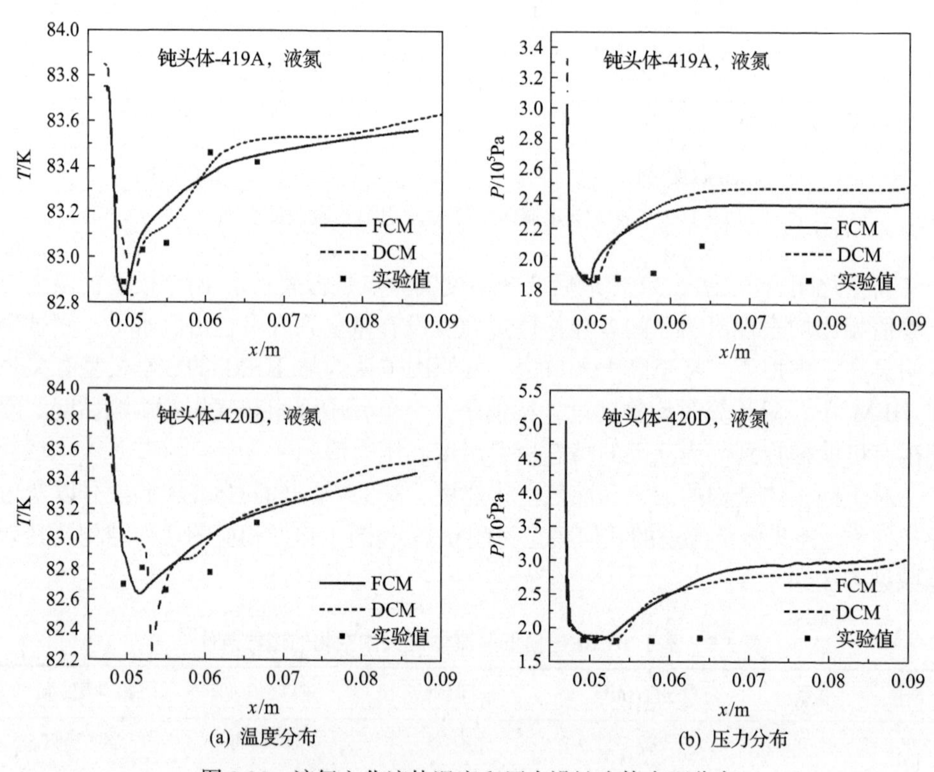

图 3.35　液氮空化流体温度和压力沿钝头体表面分布

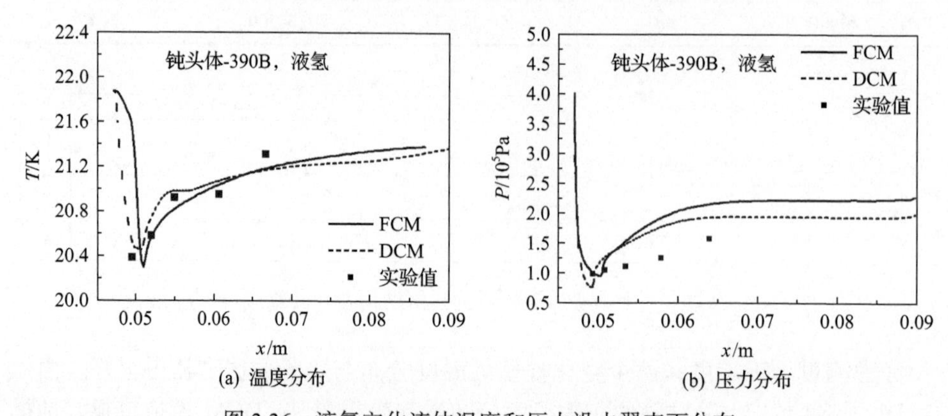

图 3.36　液氢空化流体温度和压力沿水翼表面分布

3.2.3　Sauer-Schnerr 空化模型

气相体积分数传输方程为

$$\frac{\partial}{\partial t}\left(\rho_{\mathrm{v}}\alpha_{\mathrm{v}}\right)+\nabla\cdot\left(\rho_{\mathrm{v}}\alpha_{\mathrm{v}}\vec{u}\right)=\dot{S} \tag{3.37}$$

式中，α_{v} 为气相体积分数；名义质量源项 $\dot{S}$ 可表示为通用形式[32]：

$$\dot{S}=\frac{\rho_{\mathrm{v}}\rho_{\mathrm{l}}}{\rho_{\mathrm{m}}}\frac{\mathrm{d}\alpha_{\mathrm{v}}}{\mathrm{d}t} \tag{3.38}$$

Sauer 和 Schnerr[33]用式(3.39)来关联气相体积分数和单位体积液体气泡数密度：

$$\alpha_{\mathrm{v}}=\frac{n\frac{4}{3}\pi R_{\mathrm{B}}^{3}}{1+n\frac{4}{3}\pi R_{\mathrm{B}}^{3}} \tag{3.39}$$

式中，R_{B} 为气泡半径；n 为单位体积液体气泡数密度。

将式(3.38)和式(3.39)联立，$\dot{S}$ 可表示为

$$\dot{S}=\frac{3\alpha_{\mathrm{v}}\left(1-\alpha_{\mathrm{v}}\right)}{R_{\mathrm{B}}}\cdot\frac{\rho_{\mathrm{v}}\rho_{\mathrm{l}}}{\rho_{\mathrm{m}}}\frac{\mathrm{d}R_{\mathrm{B}}}{\mathrm{d}t} \tag{3.40}$$

由于采用的是均相流混合物模型，同一个网格内液体和气相共享温度和压力，因此在同一个网格内，气泡和相邻液体之间的传热时间被忽略，即瞬间达到热平衡，但相邻网格间流体的传热通过能量方程计算得到。假设气泡是球形的，忽略 Rayleigh-Plesset 方程的二阶项，推导得到气泡半径变化速率为[33]

$$\frac{\mathrm{d}R_{\mathrm{B}}}{\mathrm{d}t}=\operatorname{sign}\left(P_{\mathrm{v}}-P\right)\sqrt{\frac{2}{3}\frac{\operatorname{abs}\left[P_{\mathrm{v}}(T)-P\right]}{\rho_{\mathrm{l}}}} \tag{3.41}$$

式中，T 为当地温度。

将式(3.41)代入式(3.40)，名义空化相变传质率为

$$\begin{aligned}
&P<P_{\mathrm{v}}(T),\quad \dot{S}_{\mathrm{e}}=\frac{3\alpha_{\mathrm{v}}\left(1-\alpha_{\mathrm{v}}\right)}{R_{\mathrm{B}}}\cdot\frac{\rho_{\mathrm{v}}\rho_{\mathrm{l}}}{\rho_{\mathrm{m}}}\left[\frac{2}{3}\frac{P_{\mathrm{v}}(T)-P}{\rho_{\mathrm{l}}}\right]^{\frac{1}{2}}\\
&P\geqslant P_{\mathrm{v}}(T),\quad \dot{S}_{\mathrm{c}}=-\frac{3\alpha_{\mathrm{v}}\left(1-\alpha_{\mathrm{v}}\right)}{R_{\mathrm{B}}}\cdot\frac{\rho_{\mathrm{v}}\rho_{\mathrm{l}}}{\rho_{\mathrm{m}}}\left[\frac{2}{3}\frac{P-P_{\mathrm{v}}(T)}{\rho_{\mathrm{l}}}\right]^{\frac{1}{2}}
\end{aligned} \tag{3.42}$$

式中，$P_v(T)$为当地温度 T 对应的饱和蒸气压。

气泡半径 R_B 表示为

$$R_B = \left(\frac{\alpha_v}{1-\alpha_v} \frac{3}{3\pi} \frac{1}{n} \right)^{\frac{1}{3}} \tag{3.43}$$

显然，式(3.42)中的质量源项和 $\alpha_v(1-\alpha_v)$ 呈比例，并且当 $\alpha_v = 0$ 或 1 时趋近于 0。其中唯一需要确定的参数即为 n。在水中，Sauer-Schnerr 模型默认的气泡数密度为 10^{13}，然而低温流体表面张力等物性与常温水存在数量级差异，因此会影响流体中的气化核密度。

为准确确定适用于低温流体空化的 Sauer-Schnerr 模型的气化核密度，在以上数值框架中采用 Realizable k-ε 湍流模型，并采用类稳态压力-速度耦合方程，分别建模 Hord[8]在水翼结构上做的液氢和液氮空化实验，并将两者的压力及温度对比，从而校正空化模型参数。

水翼厚度为 7.92mm，实验槽道宽 25.3mm，计算域如图 3.37 所示，具体尺寸见图 3.31。整个流体域由 380000 个结构化网格组成，水翼表面附近的网格被细化以考虑壁面效应，y^+为 10 左右。建模的工况编号及边界条件如表 3.6 所示。表中空化数为$(P_{in}-P_v)/0.5\rho_l u_{in}^2$，其中 P_{in} 为入口压力，P_v 为入口温度对应的饱和蒸气压，u_{in} 为入口速度，ρ_l 为液体密度。

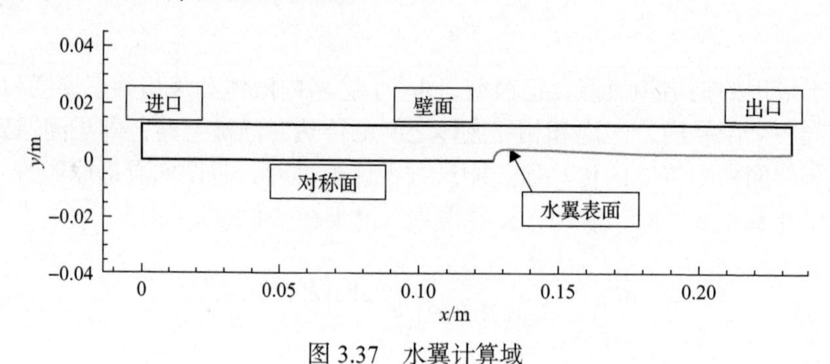

图 3.37　水翼计算域

表 3.6　建模的工况编号及边界条件[8]

流体	工况编号	来流温度/K	来流雷诺数 Re	空化数
液氮	290C	83.06	9.1×10^6	1.70
液氮	296B	88.54	1.1×10^7	1.61
液氢	248C	20.46	1.8×10^7	1.60
液氢	249D	20.70	2.0×10^7	1.57

首先，290C 工况被用于网格独立性验证，其中的气泡数密度取 10^8。由于网格数量为 3.8×10^5 时的压力及温度计算结果和 1.4×10^6 时的结果几乎一样，如图 3.38 所示，为了减少计算时间，以下计算中采用 3.8×10^5 这套网格。

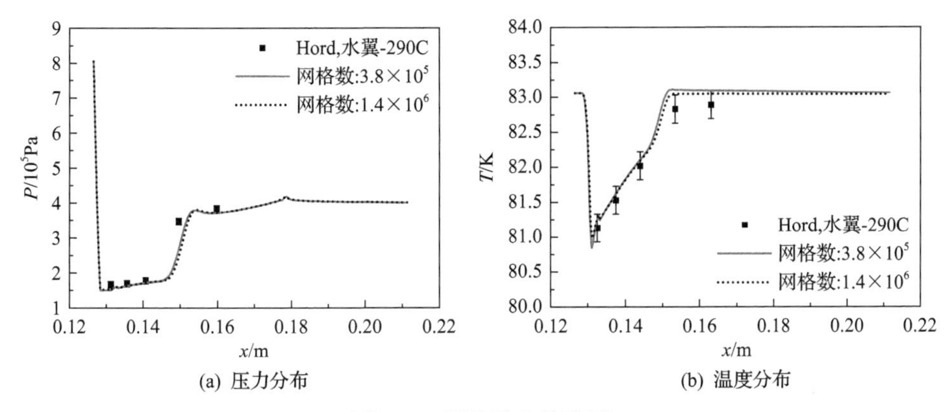

图 3.38　网格独立性验证

其次，采用不同气泡数密度对 290C 工况进行模拟，计算结果如图 3.39 所示。当气泡数密度超过 10^{10} 时，空化区域不断扩大，计算发散；当气泡数密度为 10^{10} 时，压力分布和实验值存在较大差距；当气泡数密度降到 10^9、10^8 和 10^5 时，压力和温度模拟值和实验数据吻合很好。对比空化区传质速率云图(图 3.40)可见，相比 n 为 10^{10} 时的情况(图 3.40(a))，当 n 降为 10^9、10^8 和 10^5 时(图 3.40(b))，水翼前缘的液体蒸发强度被降低，空化区中后部的蒸气冷凝区域沿轴向扩大，这一变化使空化区形状(图 3.41(b))相比于 n 为 10^{10} 时(图 3.41(a))和实验图像(图 3.42)更加吻合。

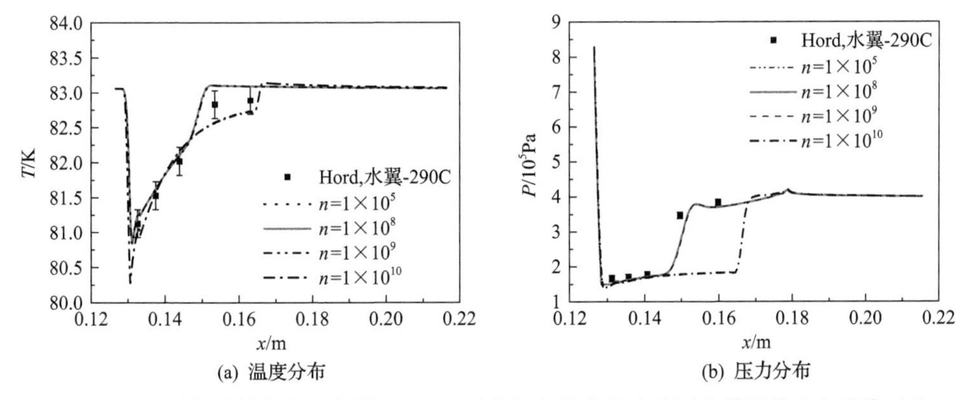

图 3.39　不同气泡数密度下水翼-290C 工况液氮空化中温度及压力模拟值和实验值对比

图 3.43(a)表示 $n=10^8$ 时水翼-290C 工况空化区的液相含量云图，从流线分布可以发现，低温液体可以直接流进空化区蒸发，这和水空化存在较大的不同，文

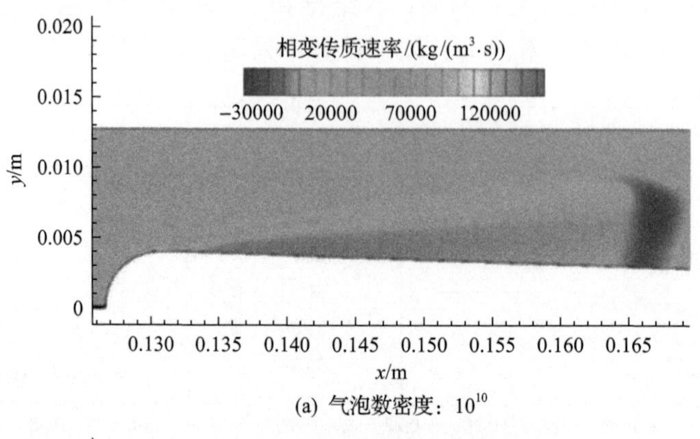

(a) 气泡数密度：10^{10}

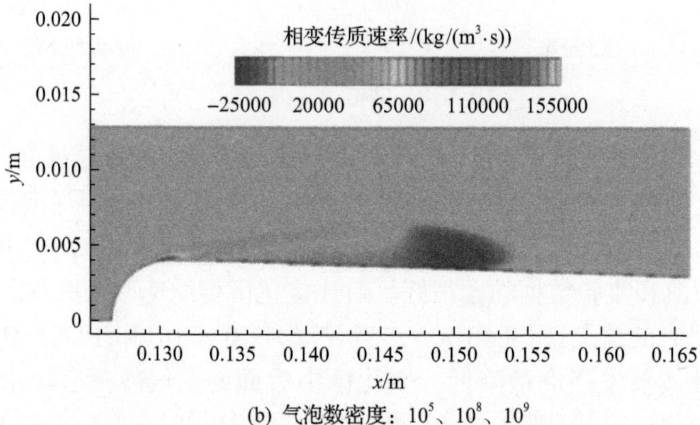

(b) 气泡数密度：10^5、10^8、10^9

图 3.40　水翼-290C 工况下的空化源项分布

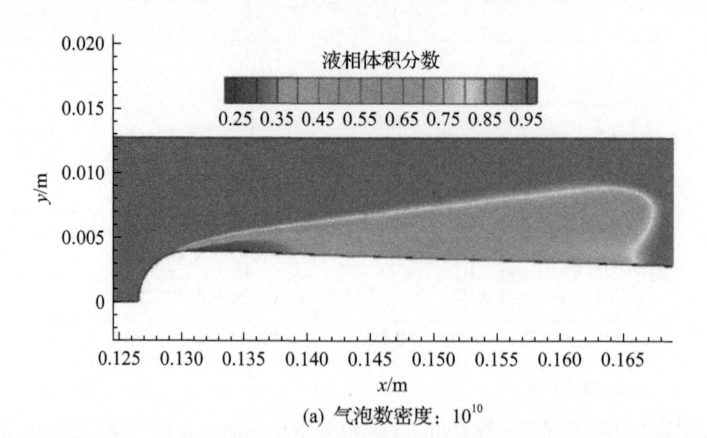

(a) 气泡数密度：10^{10}

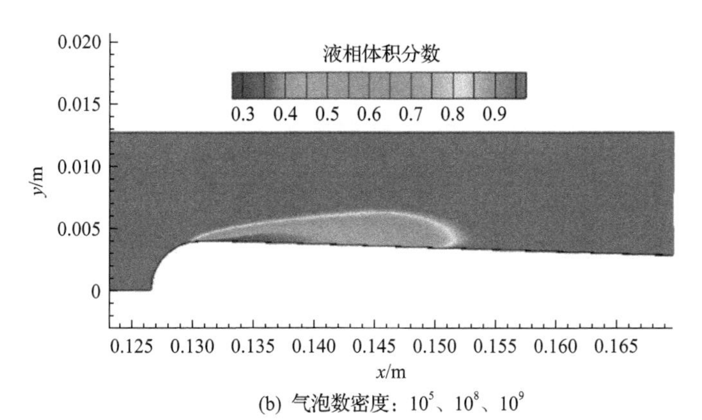

(b) 气泡数密度：10^5、10^8、10^9

图 3.41　水翼-290C 工况下的空化区形状

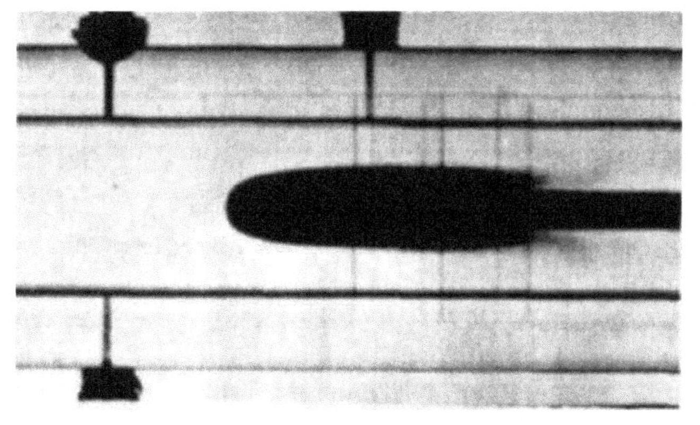

图 3.42　Hord 的水翼空化可视化实验图像[8]

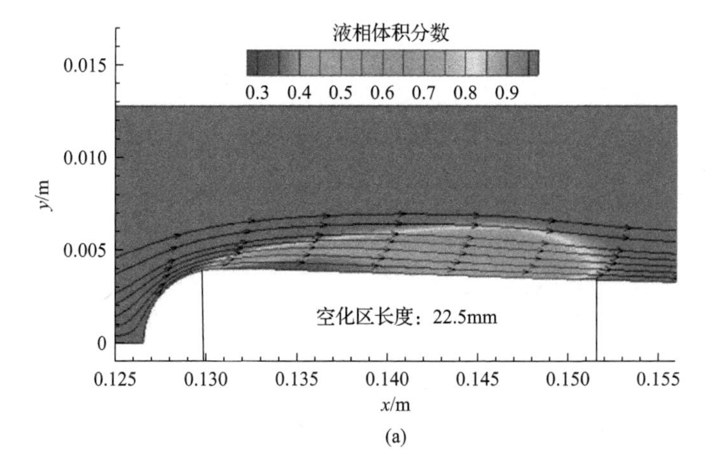

(a)

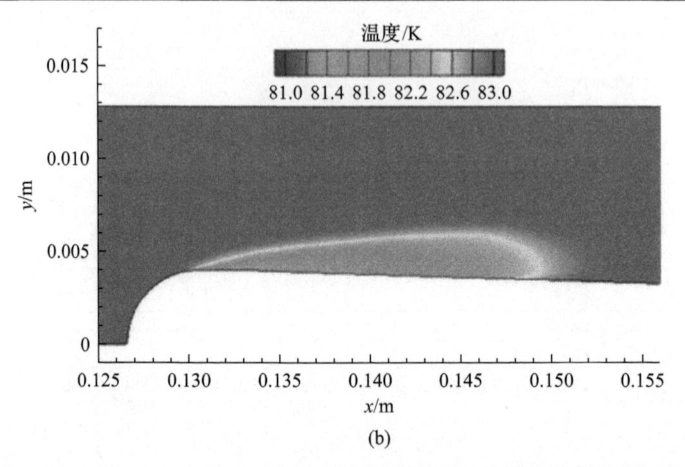

(b)

图 3.43 水翼-290C 工况空化区形状及温度分布(带箭头线的即为流线)

献[34]指出水空化区存在清晰的气液界面，气液相变主要发生在该界面上。同时，低温流体空化区中大部分区域的气相体积分数在 50%以下，这和文献[9]中实验报道的热效应影响下的雾状空化区一致。计算所得空化区长度为 22.5mm，与 Hord 实测空化区长度 19mm 仅存在 18%的差别。由图 3.43(b)的空化区温度分布可知，空化区存在温降并呈梯度分布，靠近水翼前缘壁面处的空化区域温降最大。

从以上分析可知，当 n 为 10^9、10^8 和 10^5 时，数值模型对水翼空化区的模拟具有较高的准确度。随后，该模型在其他工况中被检验。图 3.44 表示水翼-296B 工况下液氮空化区的压力和温度分布对比，图 3.45 展示了水翼-248C 和水翼-249D 两个工况下的液氢空化区压力和温度分布对比，可见以上气泡数密度下的模拟值和实验值吻合良好。

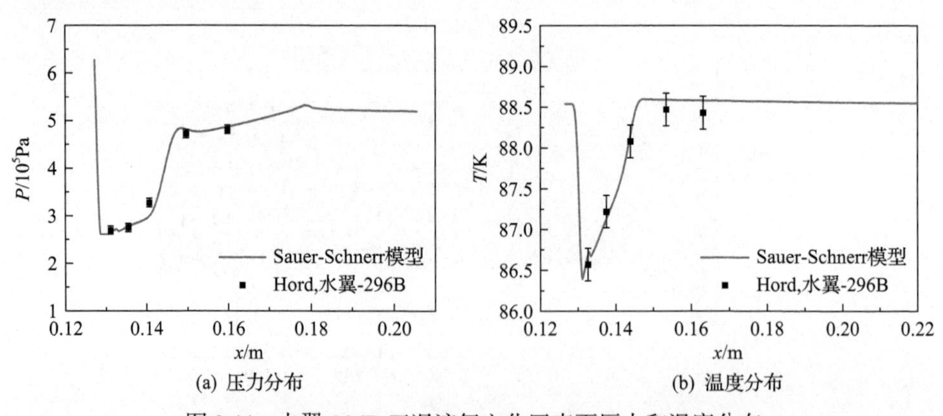

图 3.44 水翼-296B 工况液氮空化区表面压力和温度分布

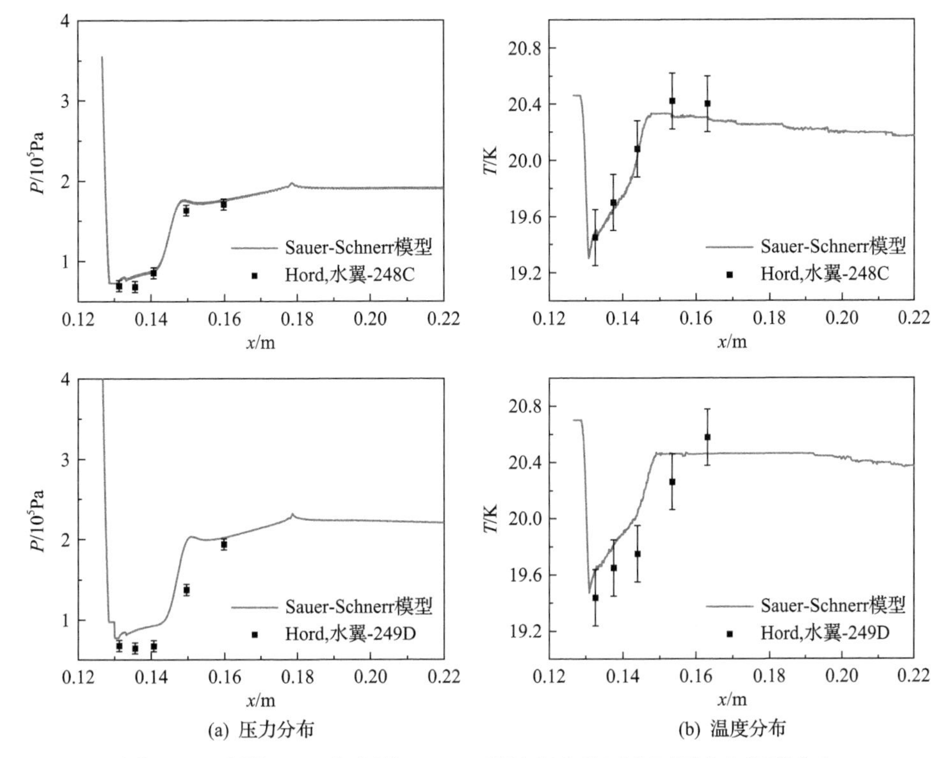

图 3.45　水翼-248C 和水翼-249D 工况液氢空化区表面压力和温度分布

3.3　湍流模型的影响

除了空化模型，湍流模型对非稳态空化或者类稳态空化的尾迹也有着重要影响，低温流体空化同样存在这样的问题。对空化流动，最近的研究表明 k-ε 模型带来黏性扩散率（μ_t）过大问题，导致数值计算结果过度圆滑[30]，非稳态流动也因为过大的湍流黏性被抑制[35]。因此需要对非稳态空化数值模拟的湍流黏度进行修正，目前报道的修正方法主要包括如下三种：①修正的 k-ε 模型；②修正的 k-ω 模型；③大涡模拟或分离涡模拟(LES/DES)[36]。修正的 k-ε(k-ω)模型是在传统的 k-ε(k-ω)模型的湍流黏度计算式中引入修正函数，以改善气液混合物区域湍流黏性计算偏大的结果，从而使建模的流动更接近实际，呈现为非稳态。大涡模拟或分离涡模拟由于其在计算湍流时能够较好地模拟各种湍流尺度的影响，正逐步受到人们的重视，但其对网格和计算资源要求较高。

目前应用较多的仍是修正的 RANS 模型，Hosangadi 讨论了标准的 RANS 湍流模型和 LES 湍流模型对非稳态空化的影响，指出标准 k-ε 模型与常温下非稳态空化计算存在同样的问题，但是却没有进一步采用修正模型来改善模拟。

本节讨论 LES 模型和 k-ε 模型的三种修正方式对计算精度的影响。通过和 Hord 的水翼实验结果[8]进行对比分析，以探讨适合于非稳态低温流体空化的湍流模型。计算的水翼几何模型见图 3.31。计算中空化模型都采用 Sauer-Schnerr 模型，壁面计算方法采用增强型壁面函数（enhanced wall function），其他壁函数的影响将在 3.4 节详细论述。

RNG 模型是对瞬态 N-S 方程直接推导并使用重整化群（renormalization group）理论获得的，它的控制方程组如下[37]：

$$\frac{\partial(\rho k)}{\partial t}+\frac{\partial\left(\rho k u_i\right)}{\partial x_i}=\frac{\partial}{\partial x_j}\left(\alpha_k \mu_{\mathrm{eff}} \frac{\partial k}{\partial x_j}\right)+G_k+G_{\mathrm{b}}+\rho \varepsilon \tag{3.44}$$

$$\frac{\partial(\rho \varepsilon)}{\partial t}+\frac{\partial\left(\rho u_i \varepsilon\right)}{\partial x_i}=\frac{\partial}{\partial x_j}\left(\alpha_k \mu_{\mathrm{eff}} \frac{\partial \varepsilon}{\partial x_j}\right)+\frac{C_{1 \varepsilon}^* \varepsilon}{k} G_k-\rho C_{2 \varepsilon} \frac{\varepsilon^2}{k} \tag{3.45}$$

式中，k、ε 分别为湍动能和湍流耗散率；$C_{1\varepsilon}^*$ 和 $C_{2\varepsilon}$ 为经验系数；G_k 为因层流速度梯度而产生的湍流动能；G_{b} 为因浮力而产生的湍流动能，计算公式如下[38]：

$$G_k=\mu_{\mathrm{t}}\left(\frac{\partial u_i}{\partial x_j}+\frac{\partial u_j}{\partial x_i}\right) \frac{\partial u_i}{\partial x_j}, \quad G_{\mathrm{b}}=\beta g_i \frac{\mu_{\mathrm{t}}}{P r_{\mathrm{t}}} \frac{\partial T}{\partial x_i} \tag{3.46}$$

式中，Pr_{t} 为湍流普朗特数；g_i 为重力加速度在 i 方向的分量；β 为热膨胀系数。和标准 k - ε 模型相比，RNG k - ε 模型还在 ε 方程增加了主流时均应变率项 E_{ij}。这样模型中的产生项不仅与流动情况相关，也与空间坐标相关[37]。

$$E_{ij}=\frac{1}{2}\left(\frac{\partial u_i}{\partial x_j}+\frac{\partial u_j}{\partial x_i}\right) \tag{3.47}$$

在 RNG k - ε 模型中湍流黏度的计算方法如下：

$$\mu_{\mathrm{eff}}=\mu+\mu_{\mathrm{t}}, \quad \mu_{\mathrm{t}}=\rho C_\mu \frac{k^2}{\varepsilon} \tag{3.48}$$

式中，μ_{eff} 为有效湍流黏度；C_μ=0.085。前面已多次强调了 k-ε 模型中计算过大的湍流黏性对流场非稳态性的影响，下面将着重讨论不同 RNG k-ε 修正方式对流场非稳态性的影响，包括压力波动、温度波动和气穴脱落等。湍流黏度的修正公式如下：

$$\mu_{\mathrm{t}}=\rho C_\mu \frac{k^2}{\varepsilon} f_\mu \tag{3.49}$$

式中，f_μ 为湍流黏性修正函数，不同修正模型的 f_μ 表达式不一样，并且所反映的修正本质也并不一样，当 f_μ 值为 1 时，即为原 RNG 模型。下面将采用不同的湍流黏性修正方案计算非稳态空化流，包括和大涡模拟的计算结果对比分析。

3.3.1　大涡模拟

湍流黏性修正方案总是存在一些经验系数，数值结果也在一定程度上依赖这些经验系数，如滤波模型中的滤波尺寸、基于密度修正模型中的多项式指数 n、边界修正模型中的关联式，并且它们的修正原理也不尽相同。尽管大涡模拟对网格的计算要求高，但却不依赖这样的经验系数，并且能够非常精确地描述流动脱落细节，因此大涡模拟也逐渐随着计算机的发展开始普遍应用[13,39-41]，并且常常作为湍流黏性修正的检验标准。一方程形式的大涡模拟通过亚格子湍动能来计算输运方程，进一步可以计算湍流黏性，从而计算亚格子雷诺应力（sub-grid Reynolds stress，SGS），模型方程如下[31]：

$$\frac{\partial \bar{\bar{\rho}}\tilde{k}}{\partial t}+\frac{\partial}{\partial x_i}\left(\bar{\bar{\rho}}\tilde{k}\overline{u}_i-\bar{\rho}\mu_{\mathrm{t}}\frac{\partial \tilde{k}}{\partial x_i}\right)=\tau_{ij}^{\mathrm{sgs}}\frac{\partial \overline{u}_i}{\partial x_j}-D_k \tag{3.50}$$

式中，$\bar{\bar{\rho}}$ 为过滤后密度；$\tilde{k}$ 为 Favre 滤波亚格子湍动能；$\overline{u}_i$ 为分解的速度；$\bar{\rho}$ 为滤波后的密度；τ_{ij}^{sgs} 为亚格子尺度应力；μ_{t} 为亚格子尺度的湍流黏度；D_k 为亚格子湍动能扩散系数。亚格子尺度应力 τ_{ij}^{sgs} 的计算公式为[42]

$$\tau_{ij}^{\mathrm{sgs}}=-2\bar{\rho}v_{\mathrm{T}}\left(\tilde{S}_{ij}-\frac{1}{3}\delta_{ij}\tilde{S}_{kk}\right)+\frac{2}{3}\delta_{ij}\bar{\rho}\tilde{k} \tag{3.51}$$

式中，$\tilde{S}_{ij}$、$\tilde{S}_{kk}$ 为应变率张量；v_{T} 为湍流运动黏度；δ_{ij} 为克罗内克函数。

μ_{t} 计算公式为

$$\mu_{\mathrm{t}}=C_{\mathrm{v}}\tilde{k}^{\frac{1}{2}}\Delta \tag{3.52}$$

式中，C_{v} 为模型常数，值为 0.0667；Δ 为当地网格大小。

图 3.46 的压力分布中，各个压力监测点具有强烈的波动：在翼型头部，获得的时均压力较高，但是也容易看出最低压力值仍是流体的饱和蒸气压，这样强烈的波动主要是因为大涡模拟的计算结果展示了强烈的非稳态性，因此监测点被气泡和液体交替覆盖，压力值最低为饱和蒸气压，最高值又达到 12atm，变化剧烈。以监测点 P2 为例，它一个周期的压力波动如图 3.47 所示。

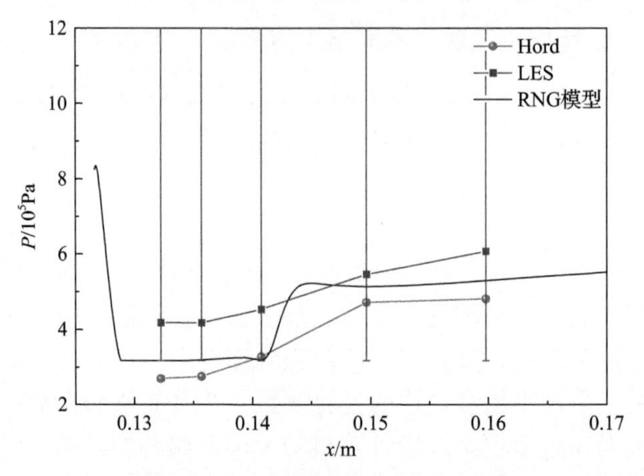

图 3.46　大涡模拟下计算的压力分布

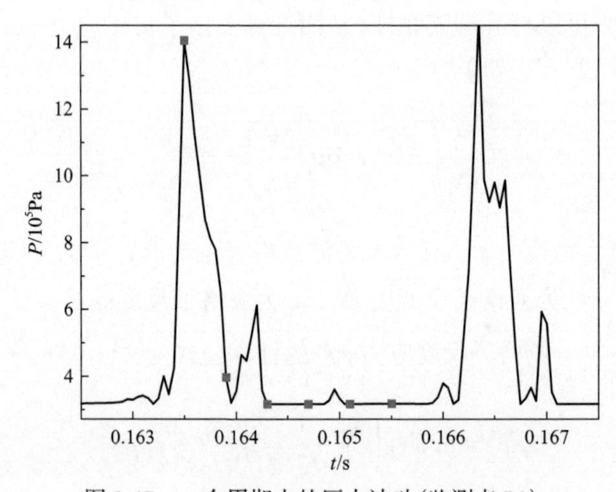

图 3.47　一个周期内的压力波动(监测点 P2)

图 3.48 展示了半个脱落周期内的空化流场密度云图，具体的时刻位置也如图 3.47 的方形记号所示。和湍流模型中湍流黏度修正方案的结果相比，大涡模拟的计算结果的脱落频率高达 357Hz(周期为 0.0028s)，脱落的气穴也更小，相应的密度修正方案中脱落的气穴尺度则较大，空化区长度也更接近实验值，可见大涡模拟比基于密度修正方案刻画出了更多脱落细节。也正是这些强烈的高频脱落导致没有稳定的热边界层，当然也容易注意到翼型前缘的各个温度监测点都具有较大的温度波动，最低点也在实验值附近。

3.3.2　滤波模型修正

滤波模型(filter-based method，FBM)基于当地的数值分辨率来限制湍流黏性，本质上来讲是将直接数值模拟和 RANS 模型结合在一起。这时湍流黏性的大小由当地网格结构决定的滤波器尺寸 Δ 和湍流长度比 $\kappa^{3/2}/\varepsilon$ 共同决定[43,44]，具体计算公式为

$$f_\mu = \min\left(1, \frac{\Delta\varepsilon}{\kappa^{\frac{3}{2}}}\right) \tag{3.53}$$

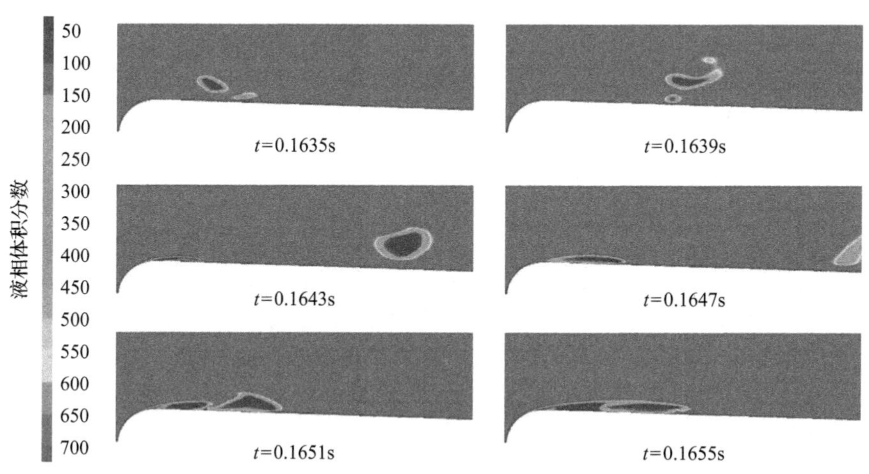

图 3.48　半个脱落周期内的空化流场密度云图

滤波器后，当湍流尺度大于滤波器尺寸时，采用 RNG k-ε 模型，当湍流长度小于滤波器尺寸时，湍流黏度如下：

$$\mu_t = C_\mu \rho_m \Delta \kappa^{\frac{1}{2}} \tag{3.54}$$

这时 FBM 类似于一方程的大涡模拟[23,45]。对于滤波器尺寸，经常以弦长作为衡量标准：

$$\Delta = nc \tag{3.55}$$

式中，n 为滤波器尺寸系数，常用值为 0.11；c 为弦长。结果显示 $\Delta\varepsilon/\kappa^{3/2}$ 的计算范围为 1.06～1630，则 f_μ 在全局上等于 1，即此时并没有达到修正的效果。相反地，在图 3.49 中 n = 0.11 计算的低压区长度远大于原 RNG 结果，也即黏附在壁面的空化区长度更大，和预期相反。另外，滤波模型计算的温度分布和实验值的吻合程度也不如 RNG，计算的最低温度值更低，并且位置也向后推移，偏离实验值，如图 3.50 所示。这主要是因为滤波器尺寸系数的大小对流场非稳态性，包括周期和频率以及壁面压力波动的幅值至关重要。滤波器尺寸偏大，则修正系数 f_μ 总是为 1，没有达到修正的效果，流动也依然为稳态流动；滤波器尺寸偏小，则

会因为计算的湍流黏性过小，回射流动量过大，使空化区长度明显小于实验值。可见滤波器尺寸对空化的非稳态性有着很大的影响，因此滤波模型在选择滤波器尺寸时难度较大，需要强烈的经验，在低温下的适用性还有待更多的验证。

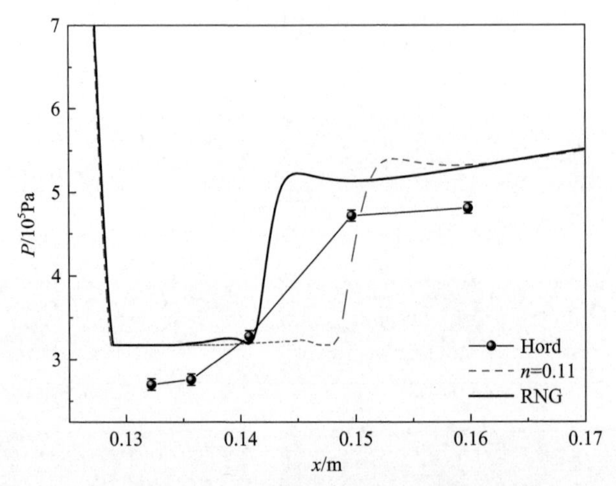

图 3.49　不同滤波器尺寸系数下的压力分布

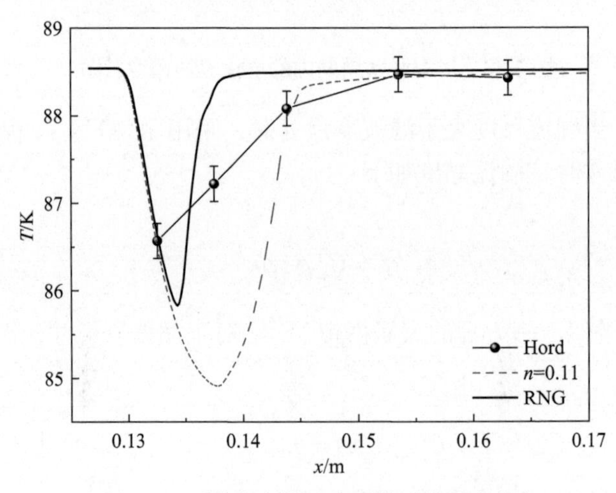

图 3.50　不同滤波器尺寸系数下的温度分布

3.3.3　基于密度修正模型

容易注意到空化区的混合物密度远远小于主流区的密度，因此也可以联想到根据这样的密度分布来修正空化区的湍流黏性。实际上与此同时修正的是当地可压缩效应，降低湍流应力，增加了回射流的动量，容易使空化区分裂破灭。密度修正方案的 f_μ 为[44,46]

$$f_{\mu}=\frac{\rho_{\mathrm{v}}+(\alpha_{\mathrm{l}})^{n}(\rho_{\mathrm{l}}-\rho_{\mathrm{v}})}{\rho_{\mathrm{v}}+\alpha_{\mathrm{l}}(\rho_{\mathrm{l}}-\rho_{\mathrm{v}})} \tag{3.56}$$

这样的修正方法实际上是和液相的体积分数联系在一起，修正了液相体积分数较小的区域，也即空化区[47,48]。

图 3.51 和图 3.52 展示了不同指数 n 下的湍流黏性修正结果，其中 n=1 实际上是 RNG k-ε 模型，计算结果为稳态流动，压力波动几乎可以忽略不计。修正之后，容易看出低压区变长，也即空化区变长。在修正前，空化区稳定且在压力传感器 P3 附近就开始恢复，而修正后即便在传感器 P4 位置时均压力值仍然很低，进一步分析可以看出，修正后的空化区呈现非稳态脱落，而非未修正的黏附在空化区壁面。在图 3.51 中，注意到空化区前沿时均压力和未修正的时均压力值很接近，但也存在波动，并且最大压力达到了 650000Pa，图 3.53 中计算的监测点 P1 的压力波动更加详细地描述了这时压力波动的周期性和非稳态性，而在中后部的监测点 P4 处，时均压力远低于实验值，不过压力值的波峰和实验值很接近，如图 3.51 中的圆圈所示。

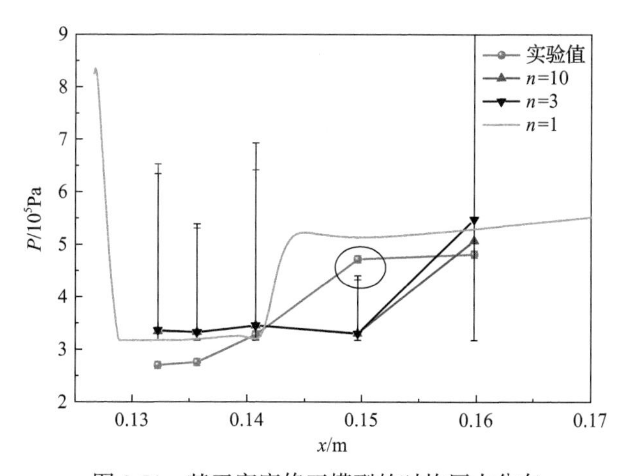

图 3.51　基于密度修正模型的时均压力分布

从时均压力分布来看，指数 n=3 和 10 的计算结果在图 3.51 中几乎重合。进一步分析图 3.53 中压力监测点(P1)计算的波动频率为 233Hz，和指数 n 关系不大。可见当 n 大于 3 后，计算结果与指数 n 关联程度减小，这给非稳态空化的数值模拟提供了极大方便。

在温度分布方面，不同指数 n 下的计算结果在温度传感器处的计算值和实验值接近，并有着相同的发展趋势，见图 3.52。另外也容易看出这时温度有着较大波动，并且总体上计算的温度比实验值略低，在监测点 T1 处最低温度更是低达 83.6K。结合相含量分布图对比分析，可能的原因是非稳态空化脱落严重，在翼型

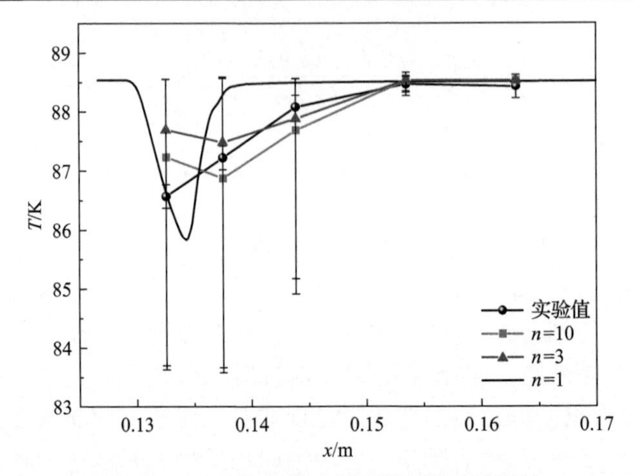

图 3.52　基于密度修正模型的时均温度分布

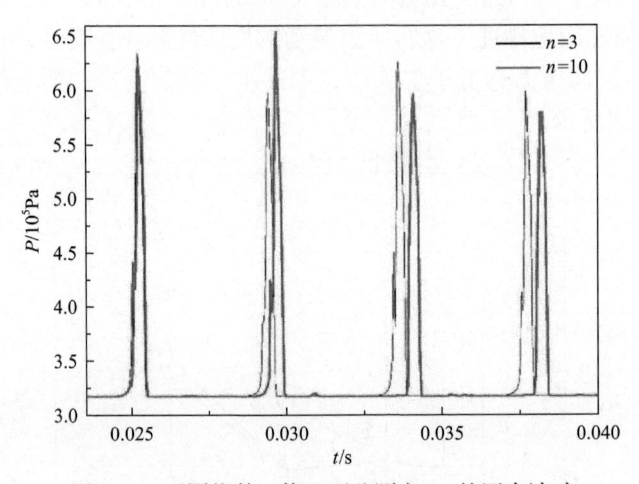

图 3.53　不同指数 n 修正下监测点 P1 的压力波动

头部就开始脱落，壁面和主流区域热交换明显，或者监测点被主流和空化区交替覆盖，综合作用导致时均温度偏高，同时最低温度又很低。不同指数 n 计算的时均压力分布差别较小，但在时均温度图中，两者的区别则显得比较明显。在监测点 T1 位置处，$n=10$ 的计算结果较 $n=1$ 的计算值低，并且更加接近实验值。

综上所述，密度修正能够很好地减小尾迹区的湍流黏性，增加回射流的动量，从而形成了非稳态流动，能达到较好的效果。

图 3.54 展示了一个周期内的压力波动，在大部分时间段里为饱和蒸气压，监测点被汽蚀区覆盖，随后又被主流扰动覆盖，压力陡增，如此周而复始。图 3.55 则详细描述了图 3.54 中的六个时间点的瞬态密度场，实际上反映的也是空化区分布，展示了黏附在壁面的空化区的脱落以及再形成动态过程。

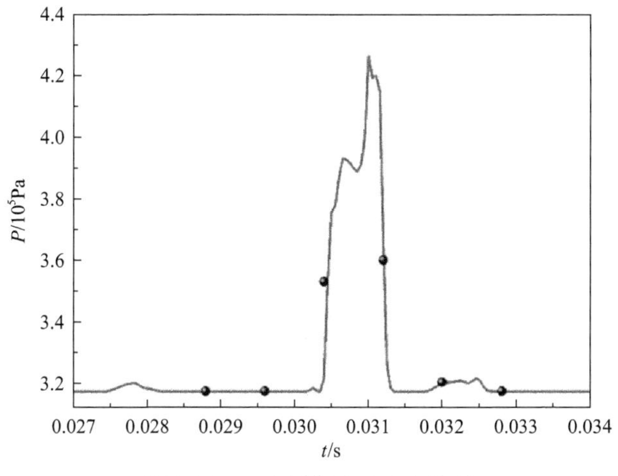

图 3.54　一个周期内的压力波动

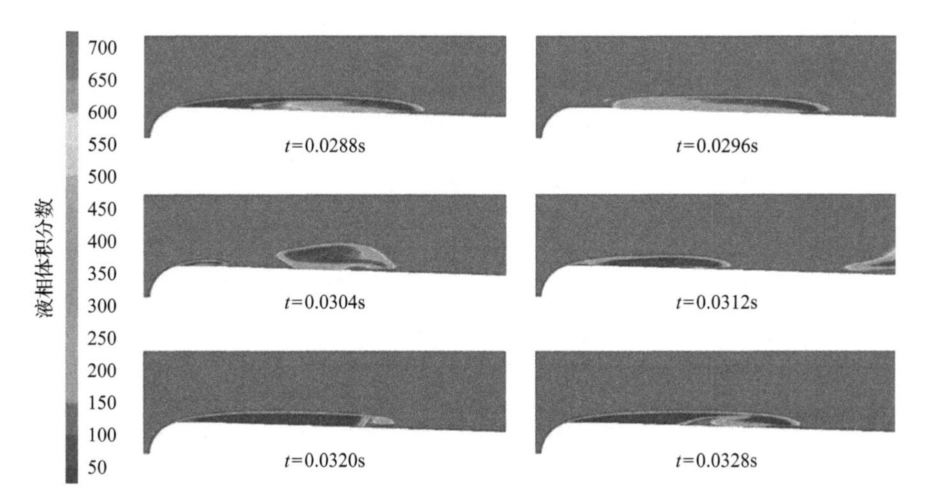

图 3.55　一个周期内的空化脱落云图(基于密度修正)

3.3.4　边界修正模型

Hosangadi 和 Ahuja[10]指出由于低温流体的层流黏性远小于水，因此低温下大多数流动都是高雷诺数(Re)、高度湍流的流动。容易注意到气穴一般也是黏附在翼型壁面上，因此也可以采用与壁面的距离来修正湍流黏性。另外，这样的修正方式一般和低 Re 模型结合在一起，因为 Daly[49]指出当局部湍流雷诺数 Re_t 小于 150 时，就应当使用低 Re 的 k-ε 模型。而在空化的计算中，$Re_t<150$ 的区域实际上正是空化区，如图 3.56 所示，因此应该考虑使用低 Re k-ε 模型。

低 Re k-ε 模型的控制方程组如下：

$$\frac{\partial(\rho k)}{\partial t}+\frac{\partial}{\partial x_i}\left[\rho k u_i-\left(\mu+\frac{\mu_{\mathrm{t}}}{\sigma_k}\right)\frac{\partial k}{\partial x_i}\right]=P_k-\rho\varepsilon+S_k \tag{3.57}$$

$$\frac{\partial(\rho\varepsilon)}{\partial t}+\frac{\partial\left(\rho\varepsilon u_i\right)}{\partial x_i}\left[\rho\varepsilon u_i-\left(\mu+\frac{\mu_{\mathrm{t}}}{\sigma_\varepsilon}\right)\frac{\partial \varepsilon}{\partial x_i}\right]=C_1 f_1 P_k-C_2 f_2\rho\varepsilon+S_\varepsilon \tag{3.58}$$

式中，P_k 为因层流速度梯度而产生的湍动能；S_k 和 S_ε 为用户定义数据；C_1、C_2 为经验系数；f_1 和 f_2 为考虑到近壁面低 Re 效应的经验系数，So 等[50]给出了经验系数的计算方法，这样的系数在近壁面为雷诺应力和湍动能提供了一个渐进关联式：

$$f_1=1.0-\exp\left[-\left(\frac{Re_{\mathrm{t}}}{30}\right)^2\right] \tag{3.59}$$

$$f_2=1.0-\frac{2}{9}\exp\left[-\left(\frac{Re_{\mathrm{t}}}{6}\right)^2\right] \tag{3.60}$$

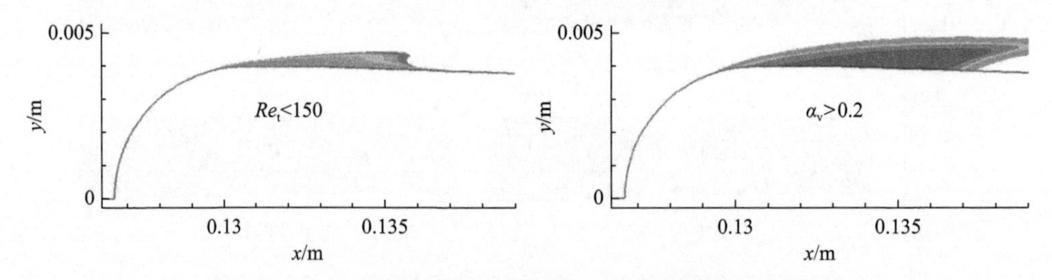

图 3.56 RNG 模型计算的局部湍流 Re_{t} 和气相体积分数分布

低雷诺数的湍流黏性修正函数在很大程度上影响着流动的非稳态性特征，Hosangadi 和 Ahuja[10]提出的渐进关联式为

$$f_\mu=\left(1+4Re_{\mathrm{t}}^{-\frac{3}{4}}\right)\tanh\frac{Re_k}{125} \tag{3.61}$$

$$Re_{\mathrm{t}}=\frac{\rho k^2}{\varepsilon\mu_{\mathrm{L}}},\quad Re_k=\frac{\rho\sqrt{k}\,y}{\mu_{\mathrm{L}}} \tag{3.62}$$

式中，y 为节点距壁面距离，k-ε 对应的四种壁面函数中，只有增强型壁面函数耦合了节点距壁面的距离，因此本节采用增强型壁面函数计算。

另外，So 等[50]也提出了类似的渐进关联式：

$$f_\mu=\left(1+4Re_{\mathrm{t}}^{-\frac{3}{4}}\right)\left[1+80\exp\left(-Re_\varepsilon\right)\right]\left[1-\exp\left(-\frac{Re_\varepsilon}{33}-\frac{Re_\varepsilon^2}{330}\right)\right]^2 \tag{3.63}$$

式中，$Re_{\varepsilon}=(\mu\varepsilon)^{1/3}y/\mu$。

图 3.57 和图 3.58 展示了边界修正方式计算的压力分布和温度分布。压力分布方面，空化区前缘计算值和未修正的结果重合，和实验值吻合，只有在空化区尾迹(P3)处存在压力波动，和实验尾迹相符，但空化区长度偏大。温度分布方面，修正结果只是具有相同的趋势，但是总体温度都偏小，误差较大。

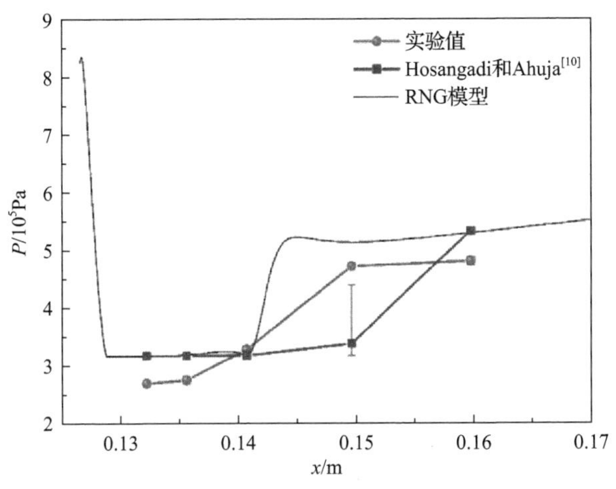

图 3.57　边界修正模型下压力分布

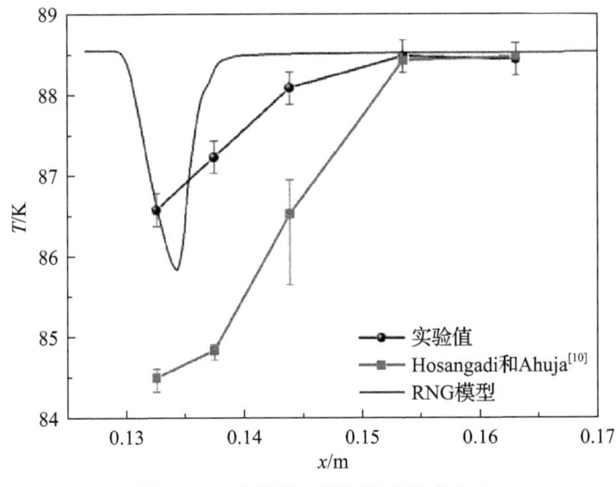

图 3.58　边界修正模型下温度分布

3.4　近壁面网格分辨率及近壁处理方法的影响

由于壁面是时均涡度和湍流的主要来源，近壁面模型对数值解的保真度有很大的影响，近壁区域流动建模是否准确表征决定了壁面湍流流动预测的成功与否。

在近壁面区域，变量具有较大的梯度，动量和其他标量发生最为剧烈的传输，因此近壁面网格质量对空化湍流流动数值模拟有着显著的影响。

3.4.1 近壁面网格分辨率的影响

为探究近壁面网格分辨率以及近壁处理方法对空化模拟结果的影响，构建了广泛使用的 HEM+FCM 空化模型，湍流采用 Realizable k-ε模型。通过与 Hord 的液氢空化实验数据对比来验证结果，建模的编号及边界条件见表 3.7，风洞及水翼和钝头体几何形状分别如图 3.31 和图 3.34 所示。

表 3.7 液氢空化流体近壁面网格分辨率建模编号及边界条件

几何	编号	来流速度/(m/s)	来流温度/K
水翼	229C	41.4	20.64
	237D	46.8	22.07
钝头体	390B	66	21.87
	396B	68.7	22.9

Realizable k-ε 湍流模型如式(3.64)和式(3.65)所示[51]：

$$\frac{\partial(\rho_{\mathrm{m}}k)}{\partial t}+\frac{\partial(\rho_{\mathrm{m}}u_i k)}{\partial x_i}=\frac{\partial}{\partial x_j}\left[\left(\mu_{\mathrm{m}}+\frac{\mu_{\mathrm{t}}}{\sigma_k}\right)\frac{\partial k}{\partial x_j}\right]+G_k-\rho_{\mathrm{m}}\varepsilon \tag{3.64}$$

$$\frac{\partial(\rho_{\mathrm{m}}\varepsilon)}{\partial t}+\frac{\partial(\rho_{\mathrm{m}}u_i \varepsilon)}{\partial x_i}=\frac{\partial}{\partial x_j}\left[\left(\mu_{\mathrm{m}}+\frac{\mu_{\mathrm{t}}}{\sigma_\varepsilon}\right)\frac{\partial \varepsilon}{\partial x_j}\right]+\rho_{\mathrm{m}}C_1E_{ij}\varepsilon-\rho_{\mathrm{m}}C_2\frac{\varepsilon^2}{k+\sqrt{v\varepsilon}} \tag{3.65}$$

$$C_1=\max\left(0.43\frac{\eta}{\eta+5}\right),\eta=\left(2E_{ij}\cdot E_{ij}\right)^{\frac{1}{2}}\frac{k}{\varepsilon},E_{ij}=\frac{1}{2}\left(\frac{\partial u_i}{\partial x_j}+\frac{\partial u_j}{\partial x_i}\right) \tag{3.66}$$

式中，ρ_{m} 为混合相密度；G_k 为速度梯度的湍流动能源项；σ_k 和 σ_ε 分别为 k 和 ε 的湍流普朗特数；μ_{t} 为涡流黏度，$\mu_{\mathrm{t}}=\rho_{\mathrm{m}}C_\mu\frac{k^2}{\varepsilon}$，式(3.64)和式(3.65)中相关的常数为 C_2=1.9，σ_k=1.0，σ_ε=1.2。从而得到应力 τ_{ij} 为

$$\tau_{ij}=(\mu_{\mathrm{m}}+\mu_{\mathrm{t}})\left(\frac{\partial u_i}{\partial x_j}+\frac{\partial u_j}{\partial x_i}-\frac{2}{3}\frac{\partial u_k}{\partial x_k}\delta_{ij}\right) \tag{3.67}$$

式中，$\mu_{\mathrm{m}}=\mu_{\mathrm{v}}\alpha_{\mathrm{v}}+\mu_{\mathrm{l}}\alpha_{\mathrm{l}}$。

采用 Realizable k-ε 模型及增强壁处理(enhanced wall treatment，EWT)方法，可考虑低雷诺数效应以及边界层中的其他效应，如压力梯度和流动可变特性。

EWT 是一种近壁建模方法，如果近壁网格足够细，则采用两层模型；否则，如果网格在对数律区域，则采用增强壁函数。y^+是到管壁的无量纲法向距离，定义为 $y^+ = \rho u y / \mu$ ，ρ、u、μ 分别是流体密度、速度和动态黏度，y 是管壁和网格中心节点之间的距离。为了获得与网格无关的解并节省计算时间，用水翼和钝头体测试了几种以 y^+表示的近壁网格分辨率，如图 3.59（A、B、C、D 为四套网格方案）所示。由于空化发生在壁面附近，只有壁面附近的网格被细化，而核心区的网格分布保持不变。

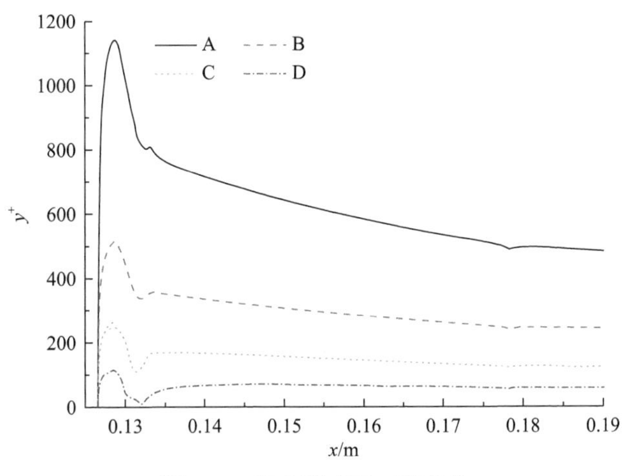

图 3.59　沿水翼表面 y^+值变化

空化核心区气相的存在降低了局部流体密度，使 y^+值局部减小，如图 3.59 所示。随着整个近壁网格进一步细化（y^+减小），空化区 y^+值相对减小量变得更加明显，这意味着位于对数层的第一个网格点可能落在空化核心区的黏性子层中。据报道，这个问题对精度和数值稳定性都有不利影响[52]。图 3.60 给出了不同 y^+时水翼-229C 和水翼-237D 壁面液氢空化流压力和温度分布与实验数据的定量比较。结果表明，在靠近前缘的空化核心区，温度急剧下降到最低位置，在空化区尾部闭合区，温度逐渐上升到自由流值。总的来说，考虑到空化的类稳态性和 0.2K 的温度测量误差[8,9]，所有不同 y^+值的温度分布与实验数据符合得很好。然而，图 3.60 显示，y^+对结果有明显的影响。首先，当 y^+值从约 800 降至 100 时，空化区的最低温度升高，对应于 y^+约为 800 和 y^+约为 100 的最低温度差约为 0.2K。其次，当 y^+值从大约 800 降低到 100 时，最低温度的位置向水翼尾部移动。显然，y^+约为 100 的温度分布比 y^+约为 800 和 y^+约为 350 的温度分布更符合实验数据[53]。当 y^+值在空化区继续从 100 下降到 30 左右时，温度分布变化很小。然而，如果 y^+继续下降到约 5，计算变得不稳定，最后出现数值发散，如文献[52]所述。图 3.60 中空化闭合区压力分布与实验数据符合得很好，测量误差约为 6900Pa，并且它们对

y^+不敏感。相比之下，空化区域的计算压力远高于实验数据，这一特征将在 3.4.2 节详细解释。同样，随着 y^+的增加，最低计算压力增加，其位置逐渐偏离水翼前缘。

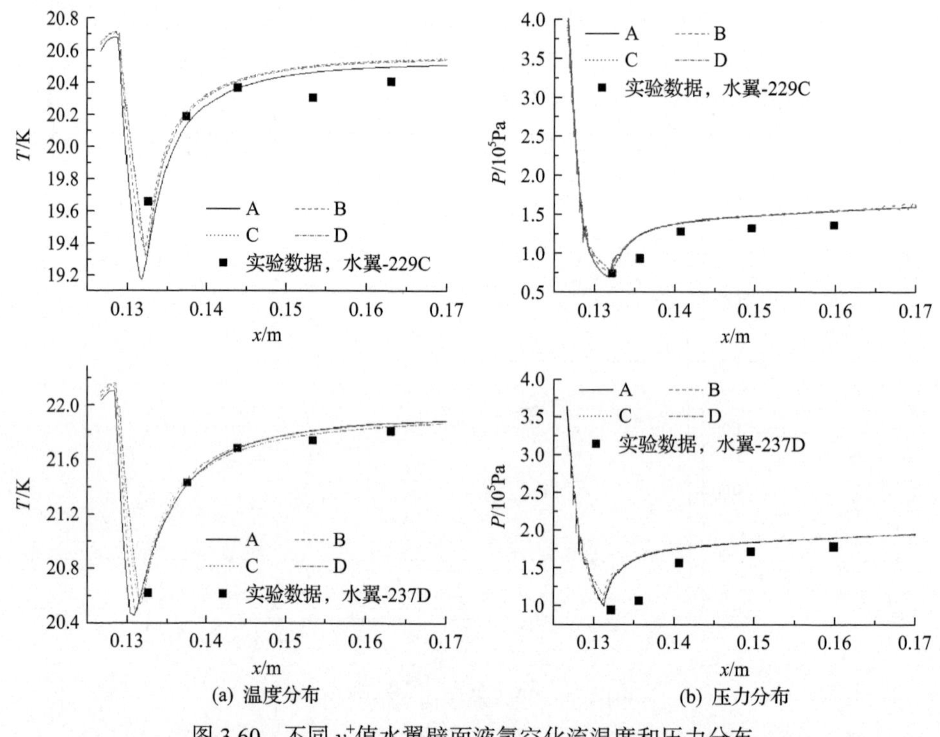

(a) 温度分布　　(b) 压力分布

图 3.60　不同 y^+值水翼壁面液氢空化流温度和压力分布

3.4.2　近壁处理方法的影响

本节通过对水翼-237D 和 Ogive-390B 建模，讨论了两种常用的近壁处理方法，即标准壁函数（SWF）和增强壁处理（EWT）。对于 SWF，用壁面定律（$11.6 < y^+ < 300$）计算近壁单元的平均速度和温度，并可考虑可压缩流时的黏性加热项。近壁湍流参数，包括湍流动能的产生及其耗散率，通过代数公式进行计算，详细信息见文献[32]。对于 EWT 方法，如果近壁网格足够精细，可以建模层流底层（通常为 $y^+ \approx 1$），则使用两层分区模型。然而，要求近壁网格必须足够精细，会使空化建模的计算量太大。幸运的是，该方法可以通过使用增强壁函数并基于 SWF 网格来处理，增强壁函数使用简单函数混合了整个边界层的层流和湍流定律，并且与两层方法相比，不会显著降低精度。根据上述部分的结果，对空化核心区的网格（$y^+ \approx 100$）进行网格密度的灵敏度分析。

图 3.61 显示，分别使用 SWF 和 EWT 时，空化闭合区的壁温和压力分布几乎没有差异。然而，在空化核心区，两种情况下，EWT 的温降和压降均大于 SWF。

此外，EWT 最低温度或压力的位置比 SWF 更靠近前缘。研究还发现，与 SWF 测定的滞止温度和滞止压力相比，EWT 测定的相应量要低得多。尽管两种近壁处理的温度分布与实验数据吻合良好，但从整体上看，用 EWT 获得的温度分布比 SWF 更匹配。两种方法之间的差异可能归因于 SWF 的常剪切力假设以及近壁单元内动能产生与其耗散率之间的局部平衡。在空化核心区，近壁流动受到严重的压力梯度影响，处于强烈的非平衡状态，因此违反了 SWF 固有的假设，影响了其预测质量。与 SWF 计算相比，EWT 方法使用局部速度梯度计算动能的产生，并考虑了热和压力梯度的影响。

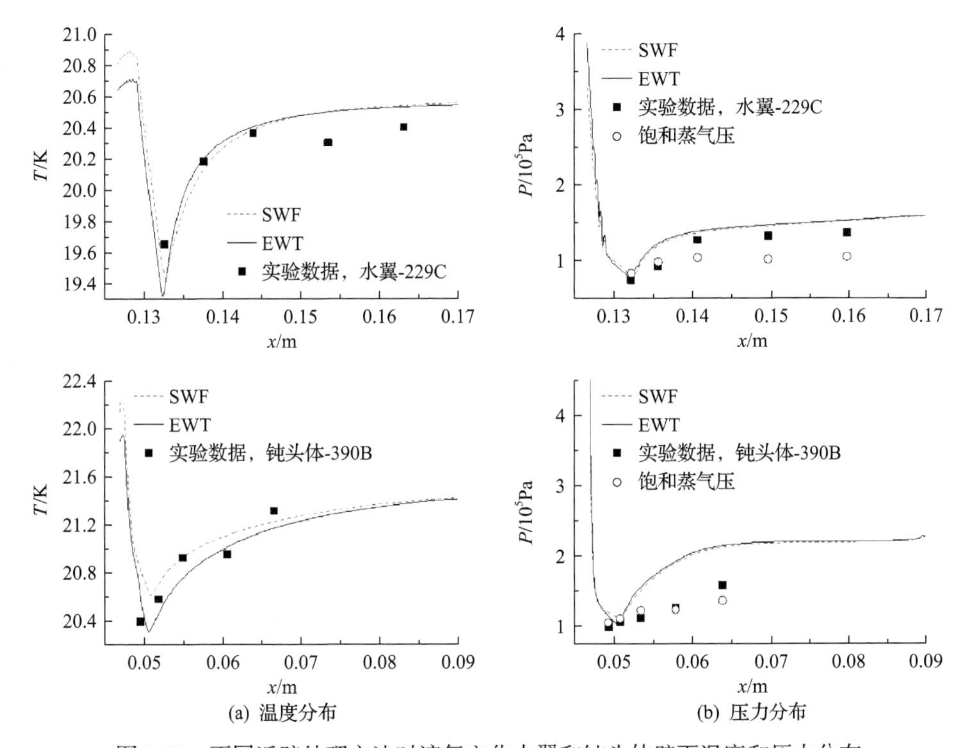

(a) 温度分布　(b) 压力分布

图 3.61 不同近壁处理方法时液氢空化水翼和钝头体壁面温度和压力分布

研究发现，无论采用哪种近壁处理，模拟压力都远高于实验数据和对应于当地温度的饱和蒸气压，尤其是在空化核心区，见图 3.61。原因解释如下，根据完全空化模型表达式(式(3.31)和式(3.32))，相比于饱和蒸气压，模拟的蒸发压力因湍流压力而升高。因此，当局部压力高于饱和蒸气压时，相变或空化现象(伴随温度降低)将提前发生。于是当空化过程达到热力学平衡时，计算压力将高于饱和蒸气压，升高的压力大小由湍流压力项 $0.39\rho\kappa$ 确定。然而，从图 3.61 可以推断，由于模拟压力远大于测量压力且差值不是常数，因此基于 $0.39\rho\kappa$ 计算的湍流压力过大且不是常数。对比表明，在液氢空化流中用于计算湍流压力的公式($0.39\rho\kappa$)变得不可靠。此外，图中测量压力和饱和蒸气压之间的巨大不匹配可能表明对于液氢流动，尤其是在空化闭合区，气相和液相之间不存在热力学平衡。

3.5 压力-速度耦合方程

建立适用于低温流体空化的压力修正方程是迭代快速收敛及获得准确解的关键因素之一。为了满足连续性要求以及保证计算的稳定性，非稳态项采用一阶隐式方案，压力修正方程的建立基于总体积守恒方程[53,54]：

$$\frac{1}{\rho_l}\left\{\frac{\partial \rho_l \alpha_l}{\partial t}+\nabla\cdot(\rho_l\alpha_l\vec{u})-\dot{S}\right\}+\frac{1}{\rho_v}\left\{\frac{\partial \rho_v \alpha_v}{\partial t}+\nabla\cdot(\rho_v\alpha_v\vec{u})-\left(-\dot{S}\right)\right\}=0 \quad (3.68)$$

3.5.1 类稳态空化

理论上，对于类稳态空化，压力和密度耦合方式只影响收敛的过程而不影响最终的结果[55,56]。文献[57]进一步证明，对于类稳态空化，不考虑气液可压缩性的稳态空化模型计算结果和可压缩模型的计算结果及实验结果相同，因此液体和气体的可压缩性在类稳态空化的计算中可以被忽略。式(3.68)从而简化为

$$\nabla\cdot u=\left(\frac{1}{\rho_l}-\frac{1}{\rho_v}\right)\dot{S} \quad (3.69)$$

使用 Simple 算法，基于压力的连续性方程和动量方程求解过程如下[55]。

(1)使用有限体积法离散动量方程得到线性代数方程 $Au=t-\nabla P$，随后得到关系式：$u^*=A_H/A_D-(1/A_D)\cdot\nabla P^*$ 和 $u'=(-1/A_D)\cdot\nabla P'$，其中 A 为速度矢量 u 代数方程组的系数矩阵；$A_D=\mathrm{diag}A$，$A_H=t-A_N u$，$A_N=A-\mathrm{diag}A$；u^* 和 P^* 分别为猜测的速度和压力；u' 和 P' 分别为速度和压力修正量。

(2)将 $P=P^*+P'$、$u=u^*+u'$ 以及 $u^*=A_H/A_D-(1/A_D)\cdot\nabla P^*$ 代入式(3.69)得到关于 P' 的隐式控制方程组并求解，这里需要指出的是，该方程中质量源项 $\dot{S}$ 也包含 P^* 和 P'。

(3)压力和速度迭代为新值：$P=P^*+P'$ 和 $u=u^*+u'$。

标量$(T, k, \varepsilon, \alpha_v)$分别依次由离散形式的方程(式(3.3)、式(3.64)、式(3.65)及式(3.4))求解，更新流体物性数据，包括混合物密度。

3.5.2 非稳态空化

对于空化区非稳态特性很明显的空化计算，气体和液体的可压缩性将影响最

终的结果，特别是对液氢空化(液氢/气氢都存在可压缩性)，因此建立包含可压缩性的压力修正方程非常重要。

在控制体中对式(3.68)积分并假设：

$$\rho_\mathrm{l}=\rho_\mathrm{l}^*+\rho_\mathrm{l}',\quad \rho_\mathrm{v}=\rho_\mathrm{v}^*+\rho_\mathrm{v}',\quad \alpha_\mathrm{l}=\alpha_\mathrm{l}^*+\alpha_\mathrm{l}',\quad \alpha_\mathrm{v}=\alpha_\mathrm{v}^*+\alpha_\mathrm{v}',\quad \rho_\mathrm{l}'=\frac{\partial\rho_\mathrm{l}}{\partial P}P',$$

$$\rho_\mathrm{v}'=\frac{\partial\rho_\mathrm{v}}{\partial P}P',\quad V_\mathrm{l}^{\mathrm{en}}=V_\mathrm{l}^{\mathrm{en},*}+V_\mathrm{l}^{\mathrm{en},\prime},\quad V_\mathrm{v}^{\mathrm{en}}=V_\mathrm{v}^{\mathrm{en},*}+V_\mathrm{v}^{\mathrm{en},\prime},\quad \alpha_\mathrm{l}'\approx 0,\quad \alpha_\mathrm{v}'\approx 0$$

式中，上标*和′分别代表了上一迭代步的值和这一步的修正量。

从而得到如下离散化的压力修正方程[53]：

$$\begin{aligned}
&\frac{1}{\rho_\mathrm{l}}\left\{\sum_e \alpha_\mathrm{l}^{e,*}\rho_\mathrm{l}A^{\mathrm{en}}V_\mathrm{l}^{\mathrm{en},\prime}+\dot{S}'\mathrm{Vol}+\frac{\alpha_\mathrm{l}^*\mathrm{Vol}}{\Delta t}\frac{\partial\rho_\mathrm{l}^{*\prime}}{\partial P}P'+\sum_e\frac{1}{\rho_\mathrm{l}^{e,*}}\left(\frac{\partial\rho_\mathrm{l}^*}{\partial P}\right)_e F_\mathrm{l}^{e,*}P'\right\}\\
&+\frac{1}{\rho_\mathrm{v}}\left\{\sum_e \alpha_\mathrm{v}^{e,*}\rho_\mathrm{v}A^{\mathrm{en}}V_\mathrm{v}^{\mathrm{en},\prime}-\dot{S}'\mathrm{Vol}+\frac{\alpha_\mathrm{v}^*\mathrm{Vol}}{\Delta t}\frac{\partial\rho_\mathrm{v}^{*\prime}}{\partial P}P'+\sum_e\frac{1}{\rho_\mathrm{v}^{e,*}}\left(\frac{\partial\rho_\mathrm{v}^*}{\partial P}\right)_e F_\mathrm{v}^{e,*}P'\right\}\\
&=-\frac{1}{\rho_\mathrm{l}}\left\{\frac{\alpha_\mathrm{l}^*\rho_\mathrm{l}^*\mathrm{Vol}-\alpha_\mathrm{l}^0\rho_\mathrm{l}^0\mathrm{Vol}^0}{\Delta t}+\sum_e F_\mathrm{l}^{e,*}+\dot{S}^*\mathrm{Vol}\right\}\\
&\quad-\frac{1}{\rho_\mathrm{v}}\left\{\frac{\alpha_\mathrm{v}^*\rho_\mathrm{v}^*\mathrm{Vol}-\alpha_\mathrm{v}^0\rho_\mathrm{v}^0\mathrm{Vol}^0}{\Delta t}+\sum_e F_\mathrm{v}^{e,*}-\dot{S}^*\mathrm{Vol}\right\}
\end{aligned}\tag{3.70}$$

式中，Vol 为控制体网格体积；Δt 为时间步长；A 为控制体面“e”的面积；F 为相质量流量；上标“0”表示修正值；上标“e”和“en”表示控制体面。这里需要注意的是项 $\partial\rho^*/\partial P$ 即代表了压力修正方程中的可压缩性，$\partial\rho_\mathrm{l}^*/\partial P$ 和 $\partial\rho_\mathrm{v}^*/\partial P$ 分别为液体和气体的声速。

由于非稳态空化更加不稳定，建议使用耦合算法(coupled algorithm)求解，其将压力修正方程和动量方程同时求解并得到更新的压力和速度：$P=P^*+P'$ 和 $u=u^*+u'$。随后，求解式(3.3)和式(3.4)分别得到标量 T 和 α_v 并更新物性数据。

3.6 本 章 小 结

本章通过数值建模液氮液氢等低温流体在不同几何体的空化流并与实验结果对比，阐明了 FCM 和 DCM 建模低温流体空化流的准确性，获得了 Sauer-Schnerr 模型用于低温流体时准确的气泡数密度。针对空化区尾部计算的湍流黏度过大遏制了空化发展问题，解释了不同湍流黏度修正方法的准确性；系统给出了低温流体空化流建模时近壁面网格分辨率及壁处理方法；考虑气液两相可压缩性给出了压力-速度耦合方程的离散方法。

参 考 文 献

[1] Singhal A K. Multi-dimensional simulation of cavitating flows using a pdf model of phase change[C]. ASME FED Meeting, Vancouver, 1997.

[2] Zhang X B, Zhu J K, Qiu L M, et al. Calculation and verification of dynamical cavitation model for quasi-steady cavitating flow[J]. International Journal of Heat and Mass Transfer, 2015, 86: 294-301.

[3] Zhang X B, Qiu L M, Qi H, et al. Modeling liquid hydrogen cavitating flow with the full cavitation model[J]. International Journal of Hydrogen Energy, 2008, 33(23): 7197-7206.

[4] Cao X L, Zhang X B, Qiu L M, et al. Validation of full cavitation model in cryogenic fluids[J]. Chinese Science Bulletin, 2009, 54(10): 1633-1640.

[5] Zhang X B, Xiang S J, Cao X L, et al. Effects of surface tension on bubble growth in an extensive uniformly superheated liquid[J]. Chinese Science Bulletin, 2011, 56(30): 3191-3198.

[6] 杨世铭, 陶文铨. 传热学[M]. 4 版. 北京: 高等教育出版社, 2006.

[7] Zhang X B, Zhang W, Chen J Y, et al. Validation of dynamic cavitation model for unsteady cavitating flow on NACA66[J]. Science China Technological Sciences, 2014, 57(4): 819-827.

[8] Hord J. Cavitation in liquid cryogens. 2: Hydrofoil[R]. Washington, D.C.: NASA, 1973.

[9] Hord J. Cavitation in liquid cryogens. 3: Ogives[R]. Washington, D.C.: NASA, 1973.

[10] Hosangadi A, Ahuja V. Numerical study of cavitation in cryogenic fluids[J]. Journal of the Fluids Engineering, 2005, 127(2): 267-281.

[11] Utturkar Y, Wu J, Wang G, et al. Recent progress in modeling of cryogenic cavitation for liquid rocket propulsion[J]. Progress in Aerospace Sciences, 2005, 41(7): 558-608.

[12] Carey V P. Liquid-vapor Phase-change Phenomena: An Introduction to the Thermophysics of Vaporization and Condensation Processes in Heat Transfer Equipment[M]. Boca Raton: CRC Press, 2020.

[13] Zhang M, Tan J, Yi W, et al. Large eddy simulation of three-dimensional unsteady flow around underwater supercavitating projectile[J]. Journal of Ballistics. 2012, 24(3): 91-95.

[14] Leroux J B, Coutier-Delgosha O, Astolfi J A. A joint experimental and numerical study of mechanisms associated to instability of partial cavitation on two-dimensional hydrofoil[J]. Physics of Fluids, 2005, 17(5): 052101.

[15] Leroux J B, Astolfi J A, Billard J Y. An experimental study of unsteady partial cavitation[J]. Journal of Fluids Engineering, 2004, 126(1): 94-101.

[16] Kubota A, Kato H, Yamaguchi H. A new modeling of cavitating flow: A numerical study of unsteady cavitation on a hydraulic section[J]. Journal of Fluid Mechanics, 1992, 240: 59-96.

[17] Callenaere M, Franc J P, Michel J, et al. The cavitation instability induced by the development of a re-entrant jet[J]. Journal of Fluid Mechanics, 2001, 444(1): 223-256.

[18] Zhang X B, Qiu L M, Gao Y, et al. Computational fluid dynamic study on cavitation in liquid nitrogen[J]. Cryogenics, 2008, 48(9-10): 432-438.

[19] Pascarella C, Salvatore V, Ciucci A. Effects of speed of sound variation on unsteady cavitating flows by using a barotropic model[C]. 5th International Symposium on Cavitation CAV2003, Osaka, 2003.

[20] Foeth E J. The structure of three-dimensional sheet cavitation[D]. Delft: Delft University of Technology, 2008.

[21] d'Agostino L, Rapposelli E, Pascarella C, et al. A modified bubbly isenthalpic model for numerical simulation of cavitating flows[C]. 37th Joint Propulsion Conference and Exhibit, Salt Lake City, 2001: 3402.

[22] Coutier-Delgosha O, Reboud J L, Delannoy Y. Numerical simulation of the unsteady behaviour of cavitating flows[J]. International Journal for Numerical Methods in Fluids, 2003, 42(5): 527-548.

[23] Huang B, Wang G Y. Experimental and numerical investigation of unsteady cavitating flows through a 2D hydrofoil[J]. Science China Technological Sciences, 2011, 54(7): 1801-1812.

[24] Callenaere M, Franc J P, Michel J M, et al. The cavitation instability induced by the development of a re-entrant jet[J]. Journal of Fluid Mechanics, 2001, 444: 223-256.

[25] Ji B, Luo X, Peng X, et al. Numerical analysis of unsteady cavitating turbulent flow and shedding horse-shoe vortex structure around a twisted hydrofoil[J]. International Journal of Multiphase Flow, 2013, 51: 33-43.

[26] 季斌, 罗先武, 彭晓星, 等. 绕扭曲翼型三维非定常空泡脱落结构的数值分析[J]. 水动力学研究与进展 A 辑, 2010(2): 217-223.

[27] Ji B, Luo X, Peng X, et al. Numerical investigation of the ventilated cavitating flow around an under-water vehicle based on a three-component cavitation model[J]. Journal of Hydrodynamics, Ser. B, 2010, 22(6): 753-759.

[28] Park S, Rhee S H. Numerical analysis of the three-dimensional cloud cavitating flow around a twisted hydrofoil[J]. Fluid Dynamics Research, 2012, 45(1): 015502.

[29] Dang J, Kuiper G. Re-entrant jet modeling of partial cavity flow on three-dimensional hydrofoils[J]. Journal of Fluids Engineering, 1999, 121(4): 781-787.

[30] Marcer R, Audiffrenr C. Simulation of unsteady cavitation on a 3D foil[C]. Ⅴ European Conference on Computational Fluid Dynamics, Lisbon, 2010.

[31] Luo X, Ji B, Peng X, et al. Numerical simulation of cavity shedding from a three-dimensional twisted hydrofoil and induced pressure fluctuation by large-eddy simulation[J]. Journal of Fluids Engineering, 2012, 134(4): 041202.

[32] Ansys Inc. ANSYS FLUENT 14.5[Z]. 2009.

[33] Sauer J, Schnerr G H. Unsteady cavitating flow-a new cavitation model based on a modified front capturing method and bubble dynamics[C]. Proceedings of 2000 ASME Fluid Engineering Summer Conference, Boston, 2000.

[34] Ji B, Luo X W, Arndt R E A, et al. Large eddy simulation and theoretical investigations of the transient cavitating vortical flow structure around a NACA66 hydrofoil[J]. International Journal of Multiphase Flow, 2015, 68: 121-134.

[35] Reboud J L, Sauvage-Boutar E, Desclaux J. Partial cavitation model for cryogenic fluids[C]. Cavitation and Multiphase Flow Forum, Toronto, 1990.

[36] Huang B, Wang G, Yu Z, et al. Detached-eddy simulation for time-dependent turbulent cavitating flows[J]. Chinese Journal of Mechanical Engineering, 2012, 25(3): 484-490.

[37] 车得福, 李会雄. 多相流及其应用[M]. 西安: 西安交通大学出版社, 2007.

[38] Franc J P. La Cavitation: Mécanismes Physiques et Aspects Industriels[M]. Grenoble: Presse Universitaires de Grenoble, 1995.

[39] Nouri N M, Mirsaeedi S M H, Moghimi M. Large eddy simulation of natural cavitating flows in Venturi-type sections[J]. Proceedings of the Institution of Mechanical Engineers, Part C: Journal of Mechanical Engineering Science, 2011, 225(2): 369-381.

[40] Hosangadi A, Ahuja V. A new unsteady model for dense cloud cavitation in cryogenic fluids[C]. 17th AIAA Computational Fluid Dynamics Conference, Toronto, 2005: 5347.

[41] Luo X, Ji B, Peng X, et al. Numerical simulation of cavity shedding from a three-dimensional twisted hydrofoil and

induced pressure fluctuation by large-eddy simulation[J]. Journal of Fluids Engineering, 2012, 134(4): 041202.

[42] Liu D, Liu S, Wu Y, et al. LES numerical simulation of cavitation bubble shedding on ALE 25 and ALE 15 hydrofoils[J]. Journal of Hydrodynamics, Ser. B, 2009, 21(6): 807-813.

[43] Tseng C C, Shyy W. Modeling for isothermal and cryogenic cavitation[J]. International Journal of Heat and Mass Transfer, 2010, 53(1-3): 513-525.

[44] Tseng C C, Wei Y, Wang G, et al. Modeling of turbulent, isothermal and cryogenic cavitation under attached conditions[J]. Acta Mechanica Sinica, 2010, 26(3): 325-353.

[45] Huang B, Wang G Y. Evaluation of a filter-based model for computations of cavitating flows[J]. Chinese Physics Letters, 2011, 28(2): 026401.

[46] Lee S, Lee C, Park S. Unsteady cavitation and cryogenic flow cavitation around 2D body[C]. 2007 International Conference on Computational Science and its Applications (ICCSA 2007), Kuala Lampur, 2007: 306-310.

[47] Lu C J, He Y S, Chen X, et al. Numerical and experimental research on cavitating flows[C]. New Trends in Fluid Mechanics Research, Berlin, 2007: 45-52.

[48] Ducoin A, Huang B, Young Y L. Numerical modeling of unsteady cavitating flows around a stationary hydrofoil[J]. International Journal of Rotating Machinery, 2012(2012): 215678.

[49] Daly B J. Transport equations in turbulence[J]. The Physics of Fluids, 1970, 13(11): 2634-2649.

[50] So R, Sarkar A, Gerodimos G, et al. A dissipation rate equation for low-Reynolds-number and near-wall turbulence[J]. Theoretical and Computational Fluid Dynamics, 1997, 9(1): 47-63.

[51] Spalding D B. The numerical computation of turbulent flow[J]. Computer Methods in Applied Mechanics and Engineering, 1974, 3: 269-289.

[52] Senocak I, Shyy W. Interfacial dynamics-based modelling of turbulent cavitating flows, Part-1: Model development and steady-state computations[J]. International Journal for Numerical methods in Fluids, 2004, 44(9): 975-995.

[53] Li H Y, Vasquez S A. Numerical simulation of steady and unsteady compressible multiphase flows[C]. International Mechanical Engineering Congress & Exposition, Houston Texas, 2012.

[54] Ansys Inc. Ansys fluent theory guide[R]. Canonsburg: ANSYS Inc, 2011.

[55] Senocak I, Shyy W. Interfacial dynamics-based modelling of turbulent cavitating flows, Part-2: Time-dependent computations[J]. International Journal for Numerical Methods in Fluids, 2004, 44(9): 997-1016.

[56] Senocak I, Shyy W. Numerical simulation of turbulent flows with sheet cavitation[C]. Fourth International Symposium on Cavitation, Pasadena, 2001.

[57] Zhang L X, Khoo B C. Computations of partial and super cavitating flows using implicit pressure-based algorithm (IPA) [J]. Computers & Fluids, 2013, 73: 1-9.

第4章　不同几何体低温流体空化机理分析

本章基于第3章建立的计算流体力学(computational fluid dynamics，CFD)数值框架，包括空化模型、湍流模型以及壁面网格处理方法，系统分析了液氢液氮在轴对称钝头体、三维平展及扭曲水翼几何体中的空化特性和机理。通过对比水空化结果，发现低温流体空化热效应影响下非稳态空化压力、温度变化规律以及特有的云状空化脱落现象，阐明了导致低温流体空化的不同现象和机理。结果为低温流体空化影响下的部件优化设计打下了基础。

4.1　钝头体液氢空化

基于系数修正的Sauer-Schnerr空化模型及LES湍流模型，结合考虑气液可压缩性的空化压力-速度耦合方程，对钝头体上的液氢非稳态空化进行模拟。图4.1为二维轴对称计算域，钝头体头部直径为9.07mm，边界条件为进出口温度为21.33K，入口速度为63.9m/s，出口压力为246000Pa。图4.2为网格数为1.2×10^5

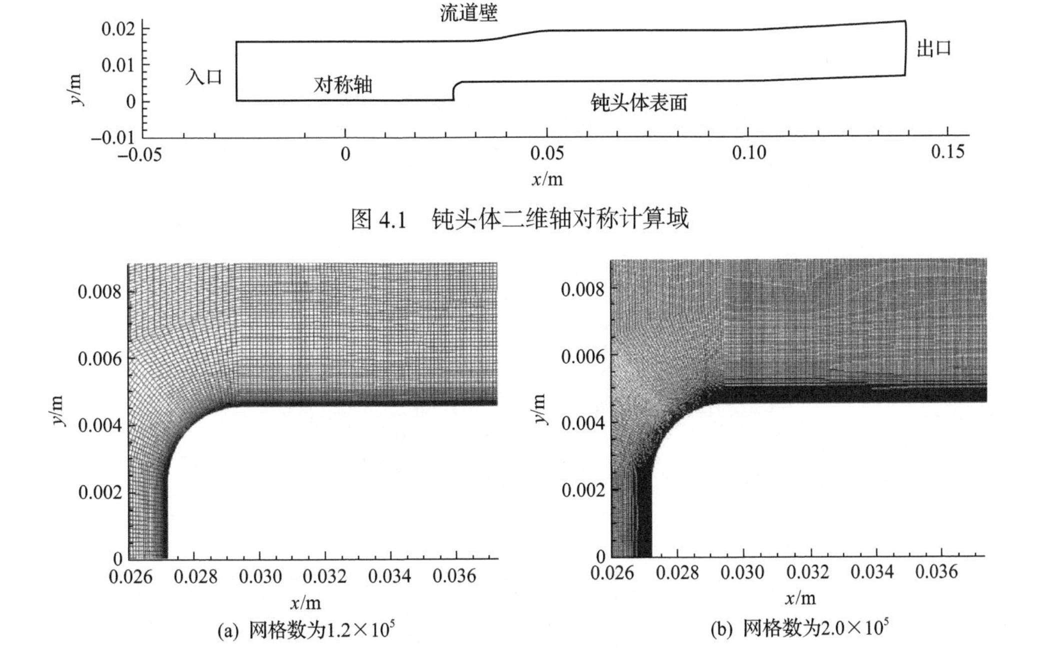

图4.1　钝头体二维轴对称计算域

(a) 网格数为1.2×10^5　(b) 网格数为2.0×10^5

图4.2　不同网格数情况下钝头体表面附近网格

和 2.0×10^5 时的网格分布，近壁面网格被细化以保证 $y^+\leqslant1$。相应的时间步长为 1×10^{-6}s，小于 $1/f$(f 为空化区脱落频率，小于 10^4Hz)，使相应的柯朗(Courant)数小于 1，满足模型应用要求。图 4.3 中将模拟得到的时均压力及温度分布和实验数据进行对比，可见两者吻合良好，同时由于两套网格模拟结果几乎一致，1.2×10^5 被用于后续模拟计算。

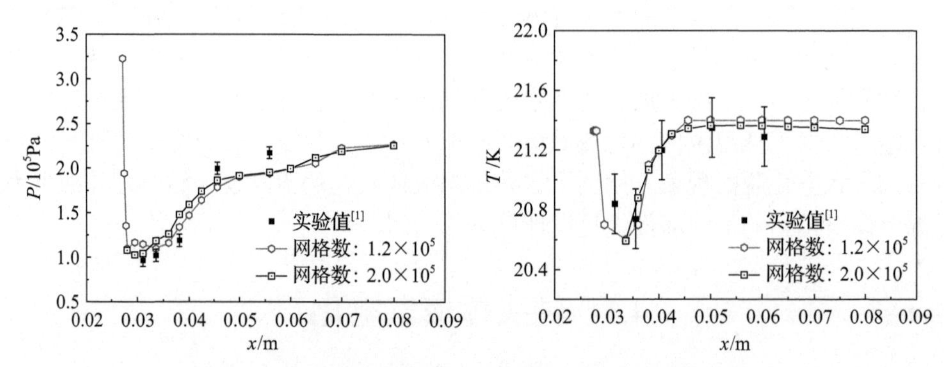

图 4.3　钝头体表面时均压力和温度分布与实验值对比

Hord 在实验中拍摄的典型钝头体表面液氢空化区形态如图 4.4 所示，空化区呈现高度的非稳态脱落特性。模拟得到的表面液氢空化区形态如图 4.5 所示，模拟结果与实验对比定性一致。

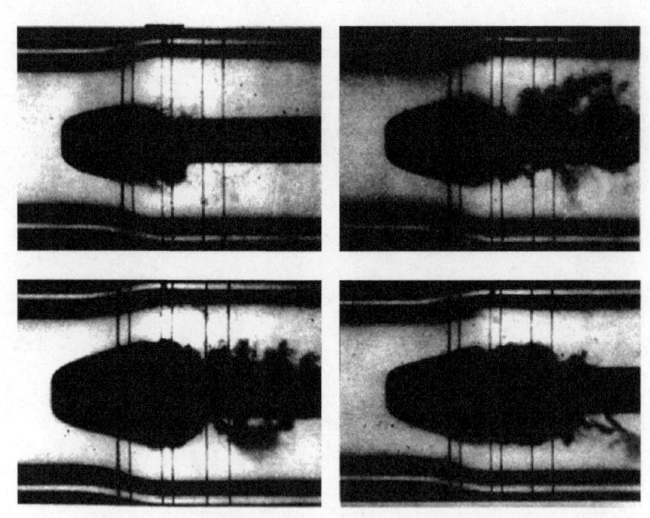

图 4.4　实验中典型钝头体表面液氢空化区形态[1]

为详细分析非稳态脱落过程，图 4.6 列出了 15 张不同时刻液氢空化气相体积分数云图，两张图片之间时间间隔为 0.3ms。由图可见整个空化区气相体积分数小于 60%，并以约 275Hz 周期性地脱离壁面。图 4.6 中包含了两个完全不一样的空化云团脱落阶段。如图 4.6(a)～(f)所示，附着在壁面的主空化区形状基本没有改变，但是其尺寸随时间逐渐变小；同时一些小空化云团不断地从空化区内部形成并贴着壁面“流出”空化区尾部，逐渐在下游溃灭。该阶段被定义为部分脱落模式(partially shedding mode，PSM)。如图 4.6(j)～(m)所示，不同于 PSM，附着

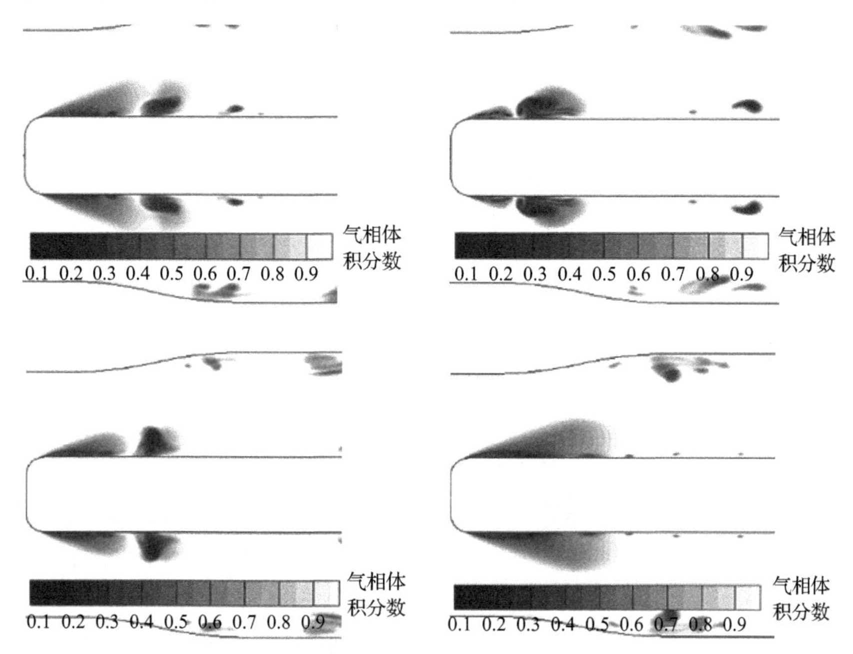

图 4.5　模拟中典型钝头体表面液氢空化区形态

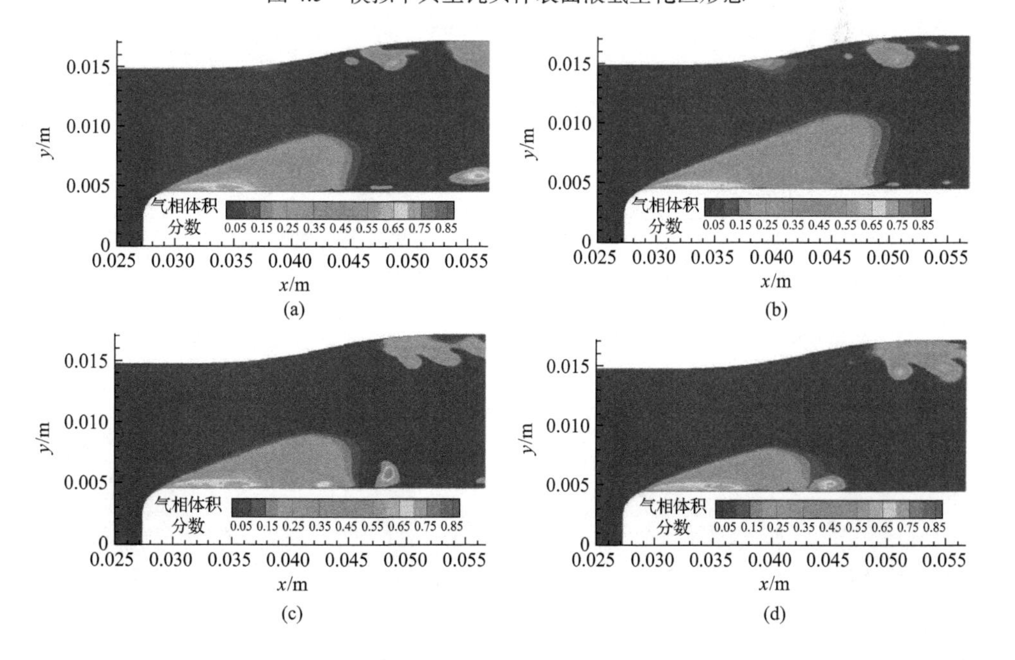

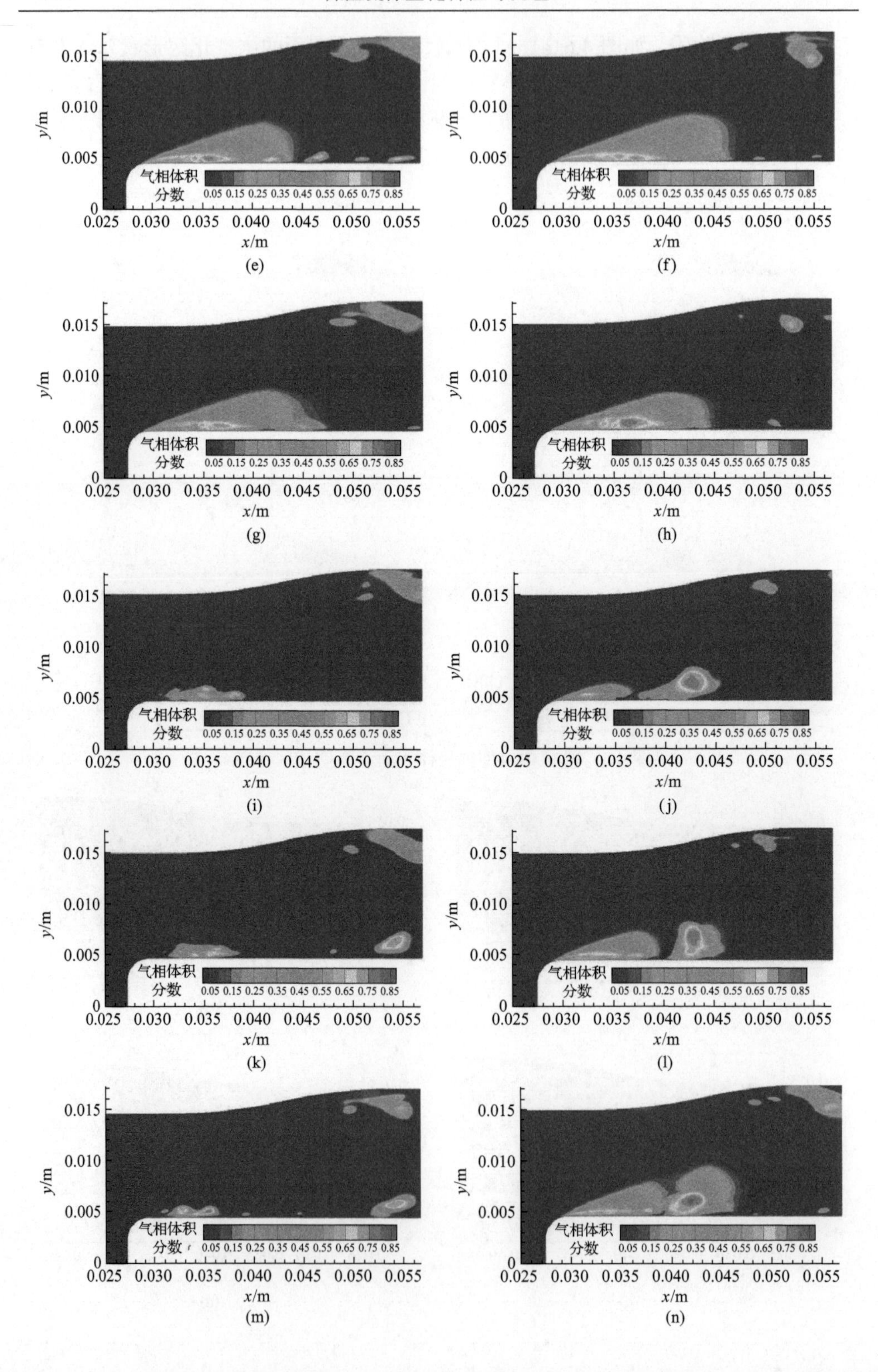
y/m
0.015
0.010
0.005
0
x/m
0.025 0.030 0.035 0.040 0.045 0.050 0.055
气相体积
分数
0.05 0.15 0.25 0.35 0.45 0.55 0.65 0.75 0.85
(e)
(f)
(g)
(h)
(i)
(j)
(k)
(l)
(m)
(n)

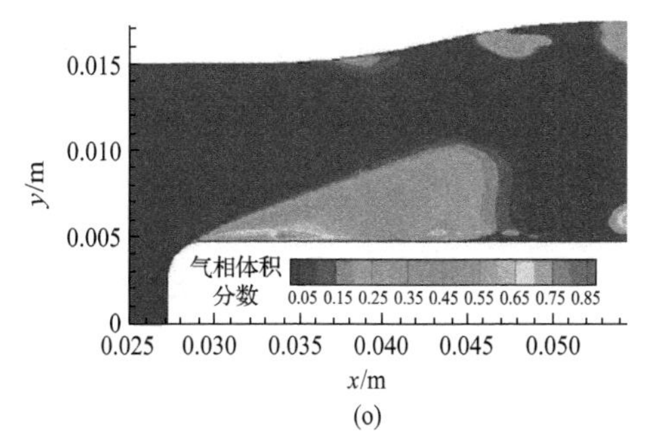

(o)

图 4.6　非稳态大涡模拟得到的不同时刻液氢空化气相体积分数云图

在壁面的主空化区开始变得明显不稳定并整体从钝头体前缘脱落，该阶段定义为全脱落模式(fully shedding mode，FSM)。周期内其余阶段代表了 PSM 和 FSM 之间的转变，并将在后面详细分析。

4.1.1　部分脱落模式特性和机理

在 PSM 中，主空化区呈类稳态特性，但有很多的小空化云团不断从空化区近壁面形成并在尾部脱落。为揭示这些小空化云团的形成机理，涡量传输方程(式(4.1))被应用于该过程分析。

$$\frac{\mathrm{d}\vec{\omega}}{\mathrm{d}t}=(\vec{\omega}\cdot\nabla)\vec{V}-\vec{\omega}(\nabla\cdot\vec{V})+\frac{\nabla\rho_{\mathrm{m}}\times\nabla P}{\rho_{\mathrm{m}}^{2}}+\left(\nu_{\mathrm{m}}+\nu_{\mathrm{t}}\right)\nabla^{2}\vec{\omega} \tag{4.1}$$

式中，$\mathrm{d}\vec{\omega}/\mathrm{d}t$ 为涡量 $\vec{\omega}$ 的物质导数，反映了涡量的传输速率；ν_{m} 和 ν_{t} 为混合运动和湍流运动的黏度。在方程右边，第一项为涡旋伸展项，对于本计算中的二维情况，该项为 0。第二项为体积膨胀和压缩引起的涡旋扩张项，用于描述流体可压缩性的影响。如果气体和液体密度被认为是常数[2]，则由式(3.69)可得 $\nabla\cdot\vec{V}=\left(1/\rho_{\mathrm{v}}-1/\rho_{\mathrm{l}}\right)\dot{S}$，涡旋扩张项就变为 $\vec{\omega}\left(1/\rho_{\mathrm{v}}-1/\rho_{\mathrm{l}}\right)\dot{S}$，可见空化源项和涡量产生之间具有密切的联系。第三项为斜压项，由压力及密度梯度引起。最后一项代表涡旋的黏性耗散，在高雷诺数下该项的影响可忽略[3]，本节不予计算。

图 4.7 表示了不同时刻的气相体积分数、压力、温度、流线以及 $\mathrm{d}\vec{\omega}/\mathrm{d}t$ 值的分布，时间间隔为 0.1ms。整个 PSM 的基本特征描述如下：在图 4.7(a)中，小空化云团以 0.4ms 的周期脱落，相应的频率为 2500Hz。同时，相对于主空化区其余部分，小云团中心有更高的气相体积分数以及更低的压力和温度(图 4.7(b)和图 4.7(c))。当云团离开空化区时，由于周围的高压环境，所含气相开始冷凝，过程中产生的热量甚至使云团周围局部升温并超过入口来流温度，这类似于 Petkovšek 观察到的热水空化区尾部的升温效应[4]。

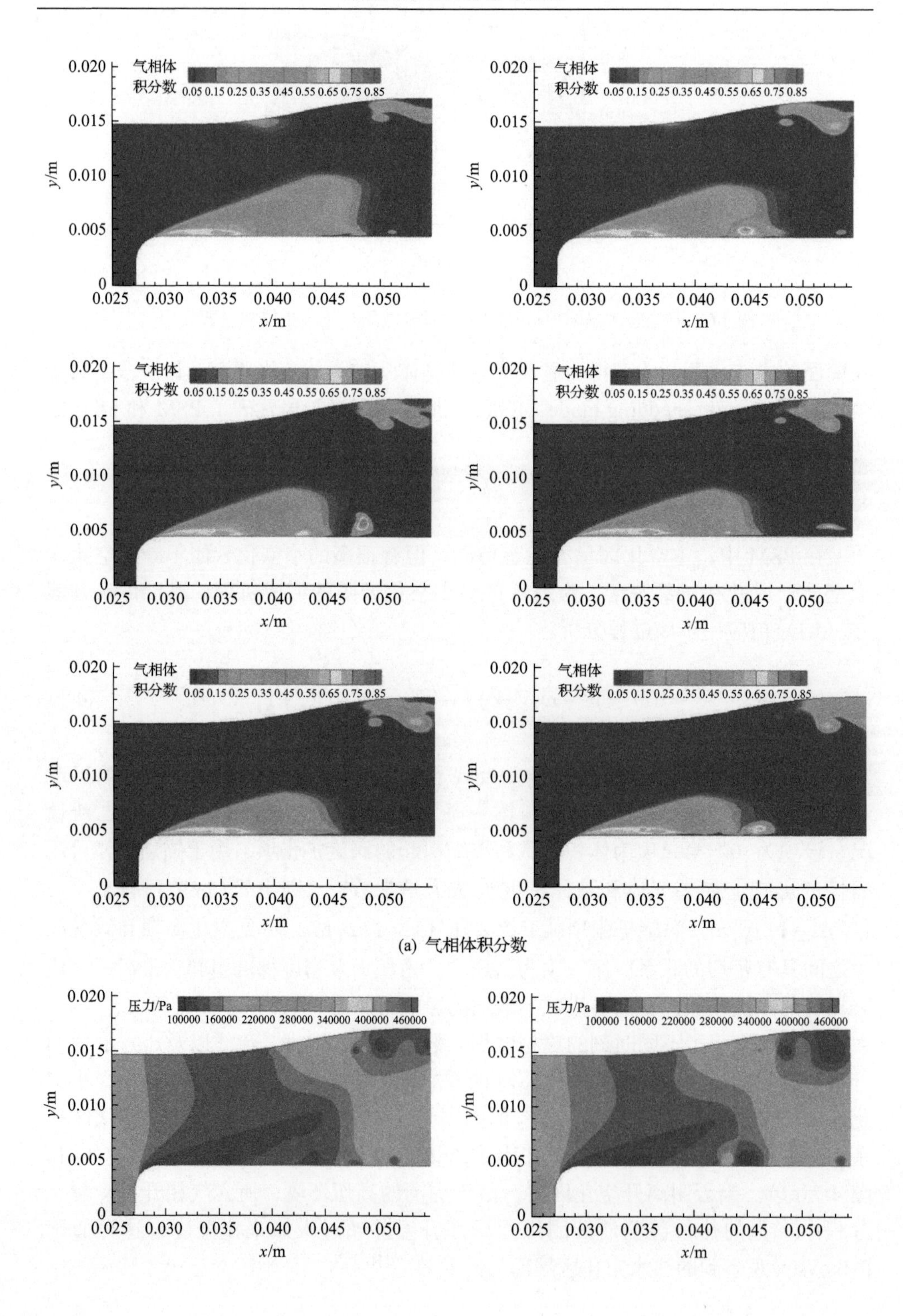
气相体积分数
0.05 0.15 0.25 0.35 0.45 0.55 0.65 0.75 0.85
压力/Pa
100000 160000 220000 280000 340000 400000 460000
y/m
x/m
0.025 0.030 0.035 0.040 0.045 0.050
0 0.005 0.010 0.015 0.020

(a) 气相体积分数

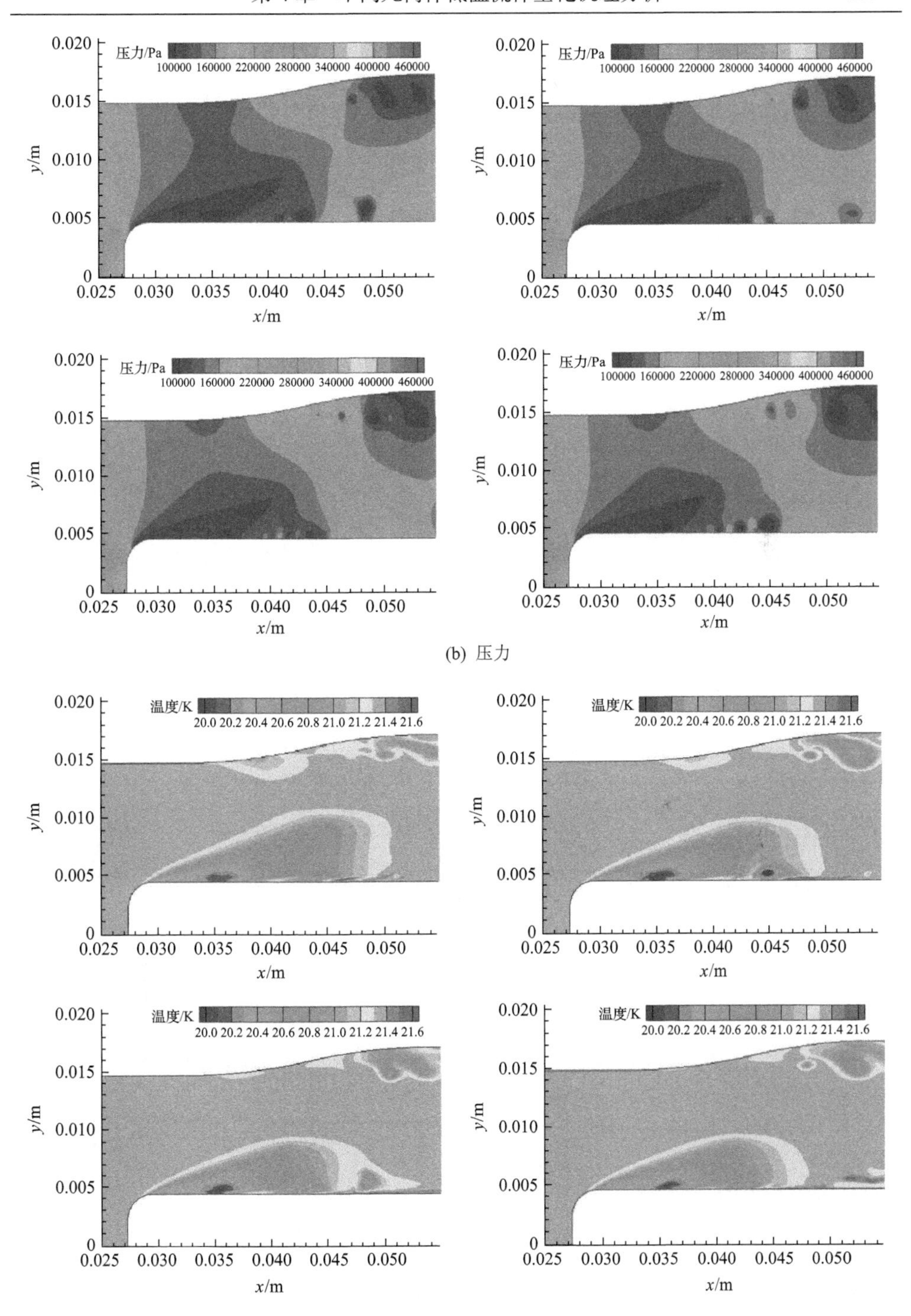

压力/Pa
100000 160000 220000 280000 340000 400000 460000
温度/K
20.0 20.2 20.4 20.6 20.8 21.0 21.2 21.4 21.6
y/m
x/m

(b) 压力

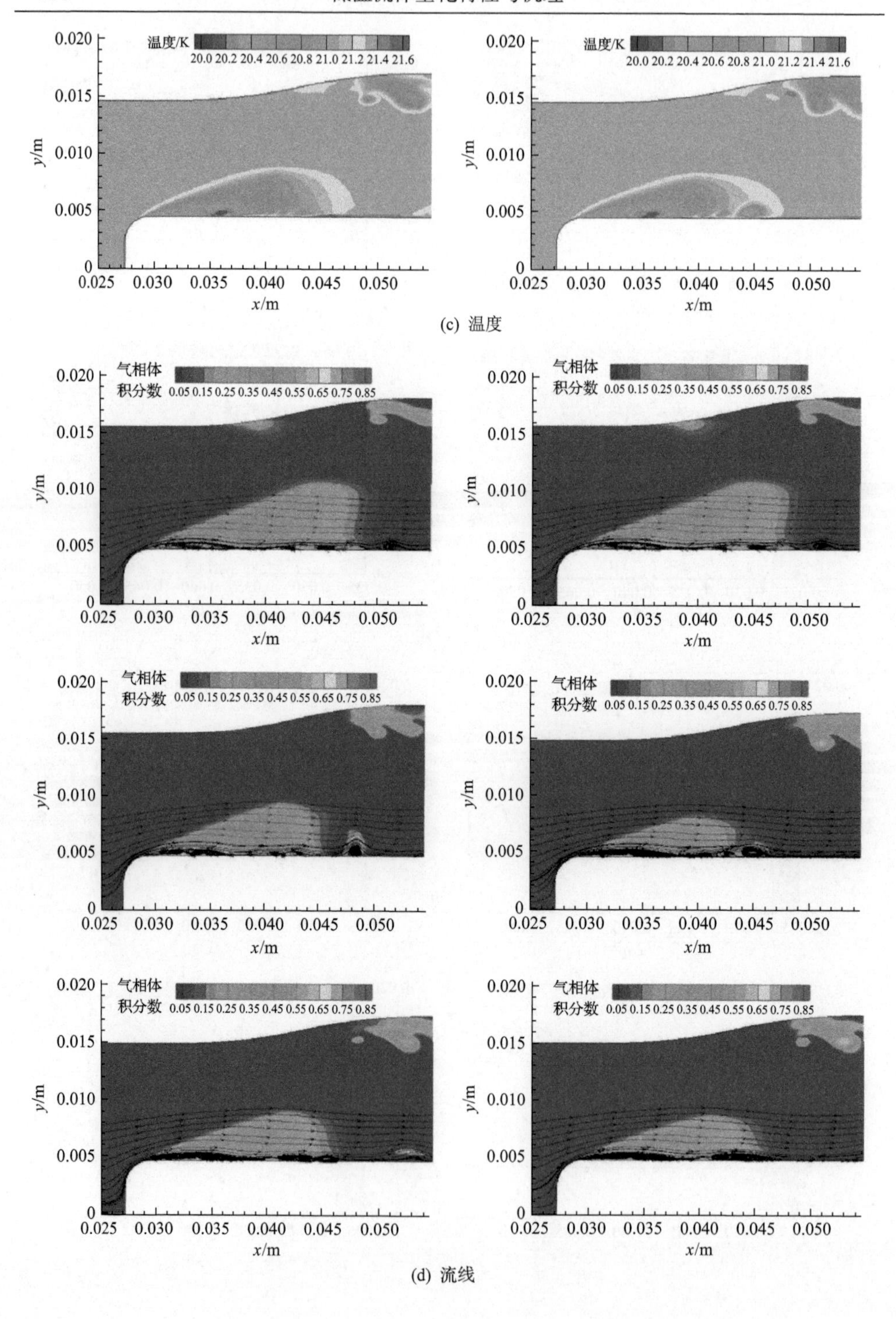
温度/K
20.0 20.2 20.4 20.6 20.8 21.0 21.2 21.4 21.6
y/m
x/m
气相体积分数
0.05 0.15 0.25 0.35 0.45 0.55 0.65 0.75 0.85

(c) 温度

(d) 流线

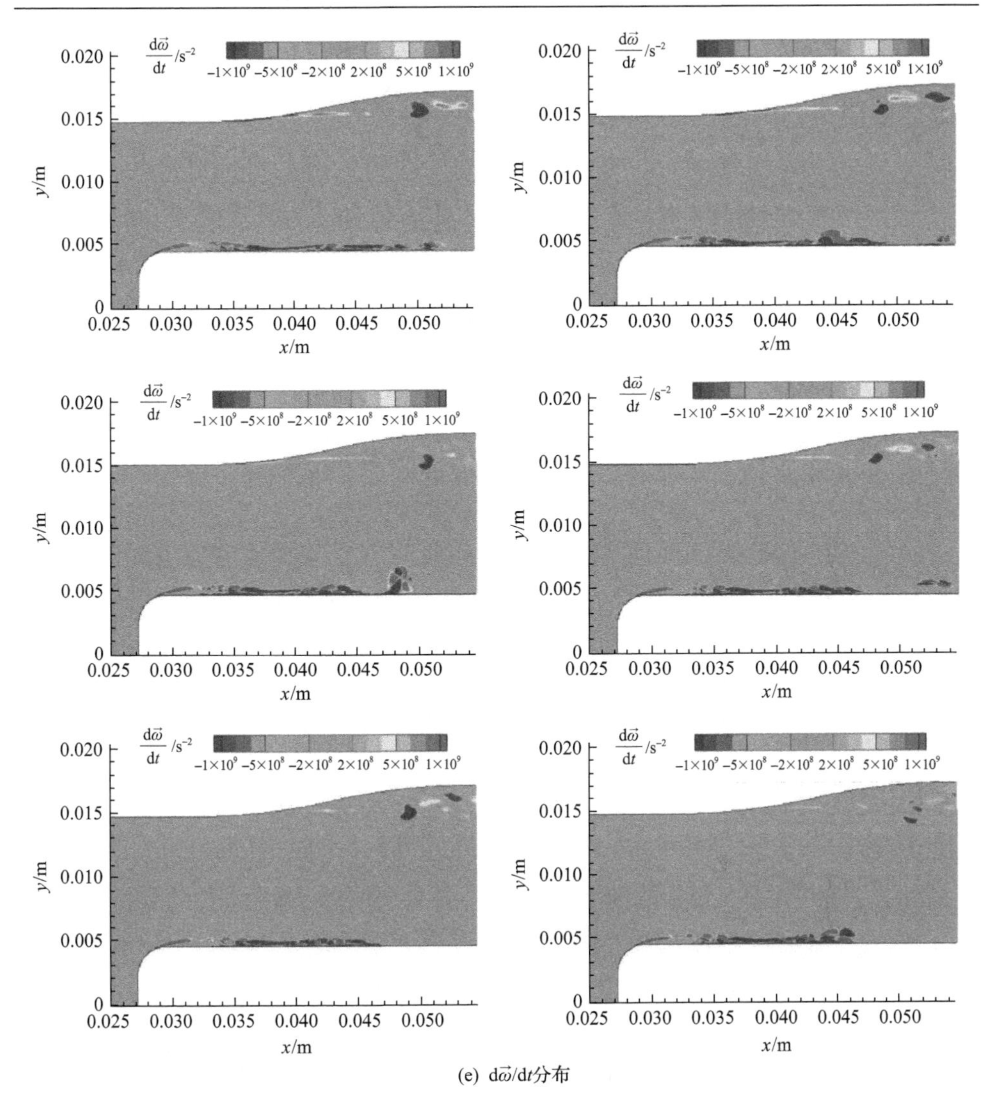

(e) $\mathrm{d}\vec{\omega}/\mathrm{d}t$分布

图 4.7　气相体积分数、压力、温度、流线及 $\mathrm{d}\vec{\omega}/\mathrm{d}t$ 分布(PSM，$\Delta t = 0.1\mathrm{ms}$)

在图 4.7(d)流线图中存在一个普遍的现象：液体能够直接流入空化区相变。分析可知，当液体遇到低压区时，由于当地压力接近其饱和蒸气压，液体发生气化即空化，但低温流体物性组合使相变引起的当地温度明显降低(图 4.7(c))，对应的局部饱和蒸气压随之显著降低，和当地压力的差值变小甚至接近当地压力，使液体气化过程被抑制(热效应对单气泡的成长的抑制作用可见第 2 章)，不完全蒸发的液体流入空化区。因此低温流体空化中液体可流入空化区的本质原因是：热效应导致液体蒸发不完全。

当不完全蒸发的气液混合物进入空化区后，在钝头体前缘处和近壁面回射流相互作用形成压力梯度进而增大了涡量传输方程中的斜压项绝对值，使该处 $\mathrm{d}\bar{\omega}/\mathrm{d}t$ 绝对值变大(图 4.7(e))，促使涡旋在钝头体前缘产生(图 4.7(d))；流线箭头则表明涡旋处于顺时针旋转方向。随后，涡旋的离心力使内部产生更小的压强，引发并加速了其内部液体的气化，更大的相变传质速率使式(4.28)中的涡旋扩张项变大；而液体气化导致的涡旋处更高的气相体积分数(图 4.7(a))增大了涡旋内部的混合物密度梯度，使斜压项增强；两涡量产生项的增强进而使 $\mathrm{d}\bar{\omega}/\mathrm{d}t$ 绝对值变得更大，涡旋被进一步加强。但是，由于热效应的存在，涡旋内部温降伴随空化的加强而增加(图 4.7(c))，局部饱和蒸气压降低进而抑制了空化加强，使涡旋尺寸并不能持续增加到主空化区大小。另外，涡旋和空化中心几乎重合，如图 4.7(d)流线所示，随着涡旋向下游移动，空化云团也移动出空化区并在高压区溃灭。因此，在 PSM 中空化、涡旋和热效应三者之间的相互作用将涡量传输限制在了近壁面处，而空化区其他部分则相对较弱，如图 4.7(e)所示。

为进一步研究热效应对液氢空化特性的影响，关闭数值模型中能量守恒方程(式(3.3))得到等温空化特征，并和热效应存在时的非等温空化特征进行对比，结果如图 4.8 所示。研究发现，等温空化区大部分区域的气相体积分数超过 85%，气相体积分数大于非等温空化区，显然空化区较大的气相体积分数导致气液界面处的密度梯度变得很大，与此同时，由于没有降温效应存在，蒸发压力近似为常数，大部分来流液体在气液界面上充分蒸发，因此来流流体不能直接进入空化区内而是绕着空化区在外围流动(图 4.8(a)流线图)，在空化区尾部部分流体由于压差回流形成回射流。等温空化气液相变传质主要发生在气液界面，由于涡量传输中的扩张项由传质速率主导，该项在空化区气液界面处的值很大，但在空化区内

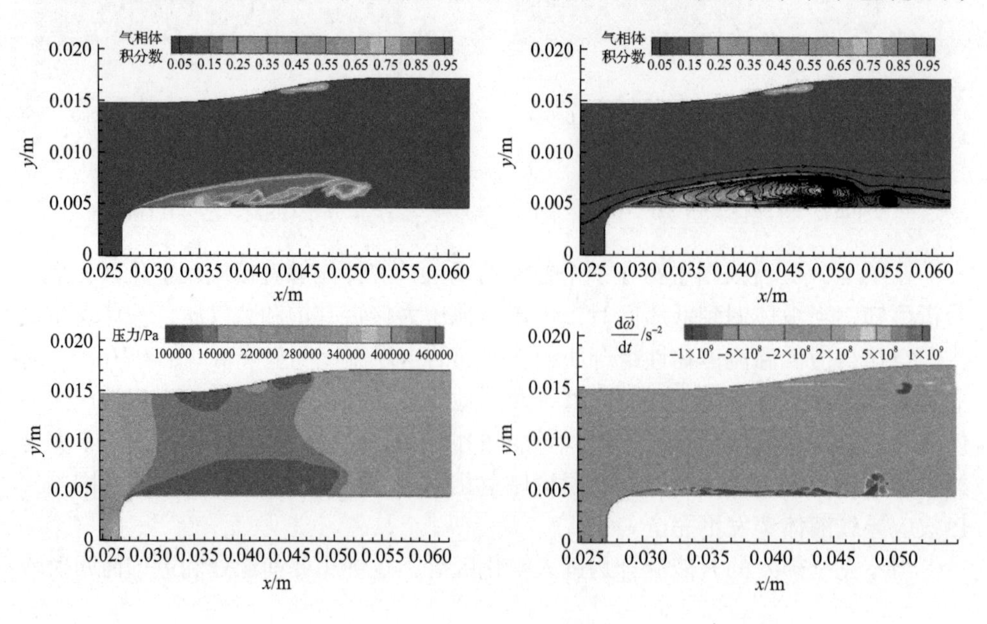

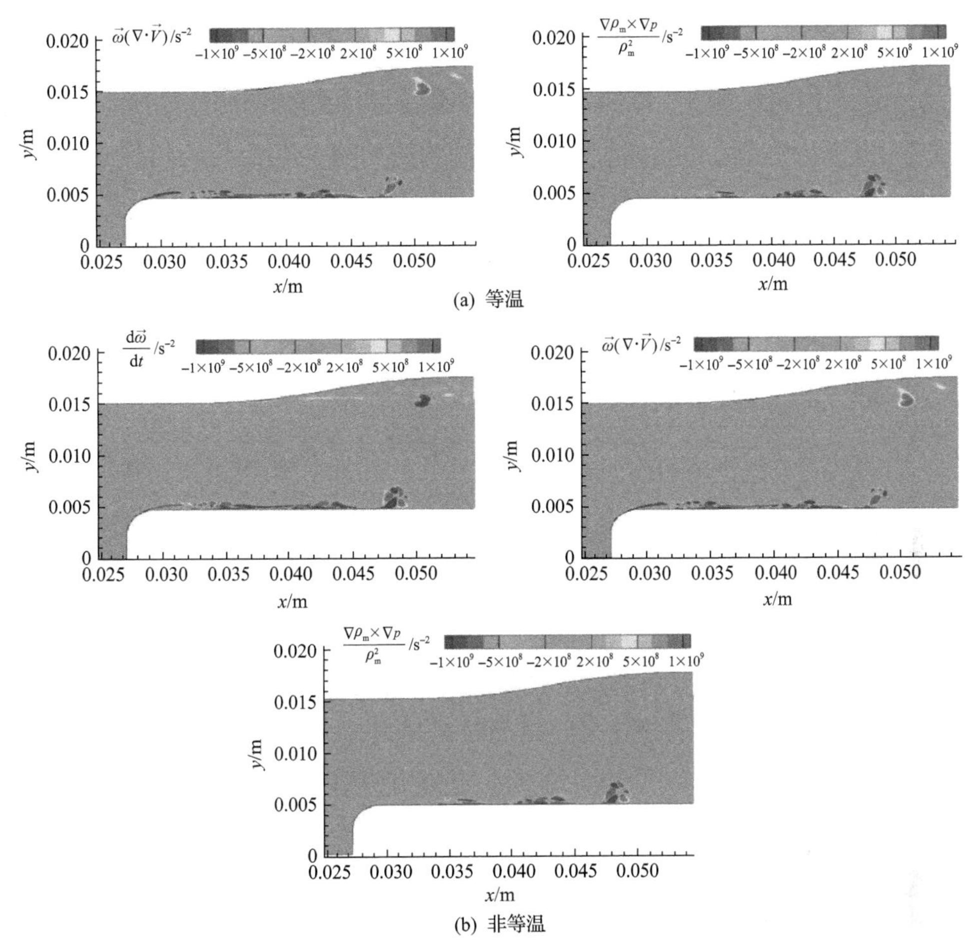

图 4.8　部分脱落模式中等温和非等温空化区特性对比

部可忽略，如图 4.8(a)所示。同时可以发现，非等温空化区在径向上比等温空化区的发展区域更大，即热效应使空化区在垂直于来流方向更易于扩张，该性质将用于解释 5.5.1 节实验的空化区长度变化特性。

综合以上分析可知，热效应完全改变了空化区的脱落形式和机理，可由图 4.9 中的原理简图进一步阐明。

对于强热效应(非等温空化)(图 4.9(a))，由于热效应的抑制作用，涡旋的尺寸较小并在近壁面处产生并脱落，形成独特的小云团脱落现象。

对于无热效应(等温空化)(图 4.9(b))，整个空化区由一个大涡旋构成，空化区气液界面处及尾部的涡量产生和传输维持着空化腔内的涡旋强度，因此等温空化中并没有出现小涡旋引起的小云团脱落现象。当其空化区后缘的回射流沿着壁面达到空化区前缘后，空化区被切断，大涡旋带着空化区一起脱落。

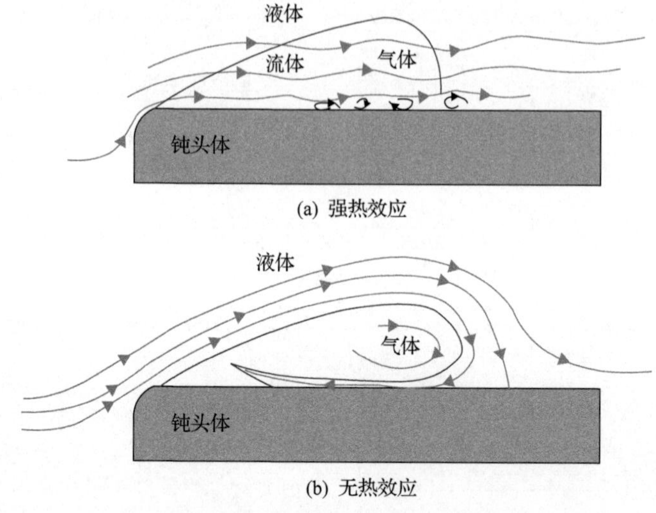

图 4.9 液氢非稳态空化区机理

4.1.2 完全脱落模式特性和机理

与部分脱落模式不同，在完全脱落模式中，主空化区变得更加不稳定，伴随着更大的温度和压力变化，如图 4.10 所示，相邻图片时间间隔 Δt = 0.1ms。在图 4.10(a)中，空化区的尺寸比 PSM 中小很多，同时整个空化区间歇性地从前缘脱落，形成一个空化云团。前一个空化云团刚刚脱落，新的空化区就紧随其后从前缘生成。如图 4.10(b)和(c)所示，空化区的压力和温度在空化区相对应。云团的脱落带来了流道内更大的压力变化，在云团往下游运动的同时，冷凝引起的温升非常明显，如图 4.10(c)所示。在图 4.10(d)中，流线能够进入空化云团，同时被内部的涡旋结构扭曲。空化云团大部分被涡旋所占据。因此，高量值的 $\mathrm{d}\bar{\omega}/\mathrm{d}t$ 分布在空化云团大部分区域内，如图 4.10(e)所示。FSM 和 PSM 两个模式共同的特点是，空化云团内 $\mathrm{d}\bar{\omega}/\mathrm{d}t$ 都很高。

近壁面 x = 0.05m 处的压力波动及快速傅里叶变换(FFT)分析得到的频率分布如图 4.11 所示。主频约为 275Hz。同时可见压力波动幅值较大，其接近 100%～200%的时均值。这主要是由于 FSM 中脱落的云团尺寸比 PSM 大很多，这也进一步表明 FSM 具有更大的破坏能力，相关压力波对空化区的影响机理将在 4.2 节进一步探讨。

为进一步研究热效应对 FSM 中涡旋形成的影响，图 4.12 对比了等温空化和非等温空化中涡旋脱落时的气相体积分数和压力。对比图 4.10 的非等温空化 FSM 中涡量传输方程各项的分布特征，发现非等温空化云团比等温空化云团小很多。在非等温空化云团内，存在明显的对应于温降的压力梯度，然而在等温空化云团

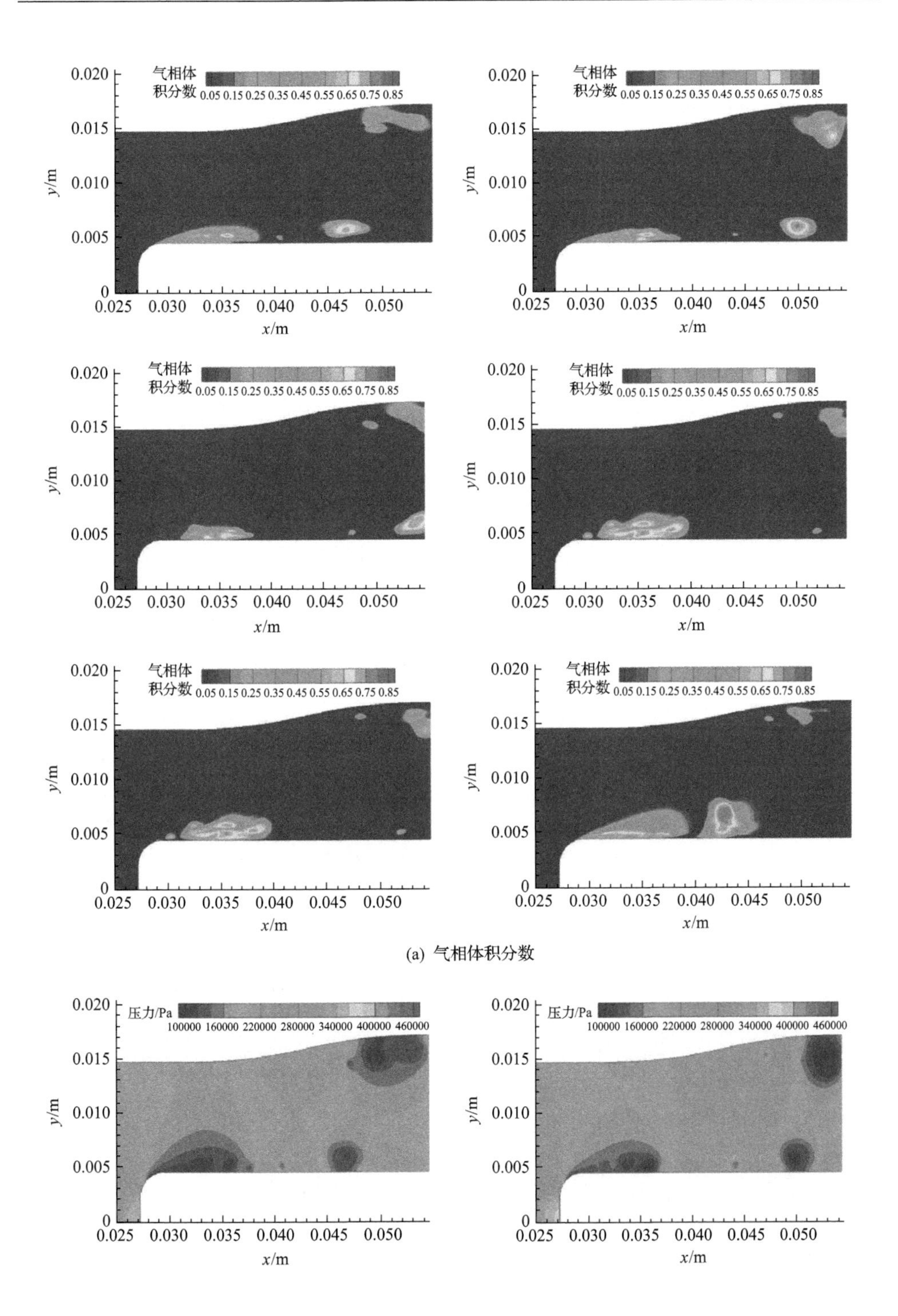
气相体积分数
0.05 0.15 0.25 0.35 0.45 0.55 0.65 0.75 0.85
压力/Pa
100000 160000 220000 280000 340000 400000 460000
y/m
x/m
0.020
0.015
0.010
0.005
0
0.025 0.030 0.035 0.040 0.045 0.050

(a) 气相体积分数

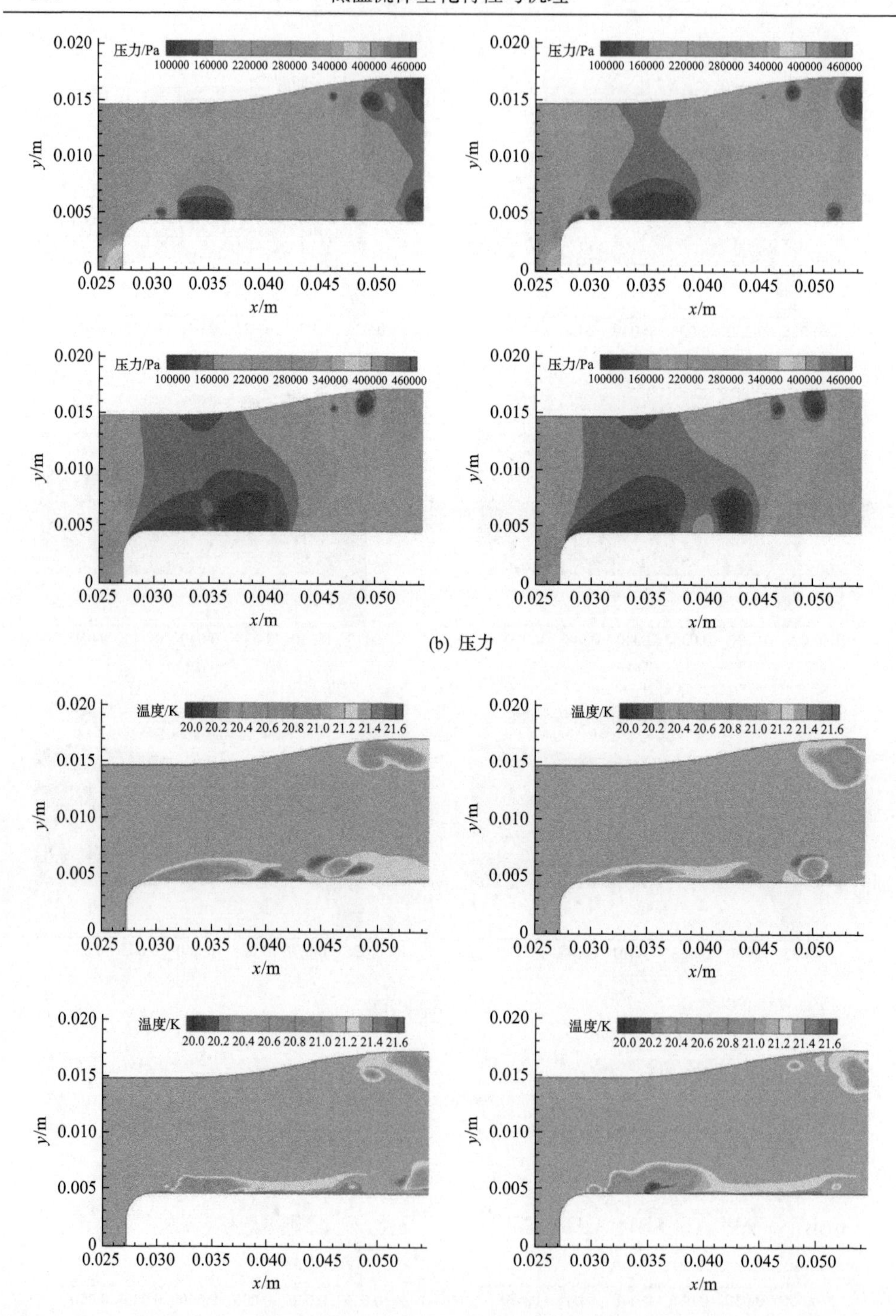

压力/Pa
100000 160000 220000 280000 340000 400000 460000
y/m
x/m
温度/K
20.0 20.2 20.4 20.6 20.8 21.0 21.2 21.4 21.6

(b) 压力

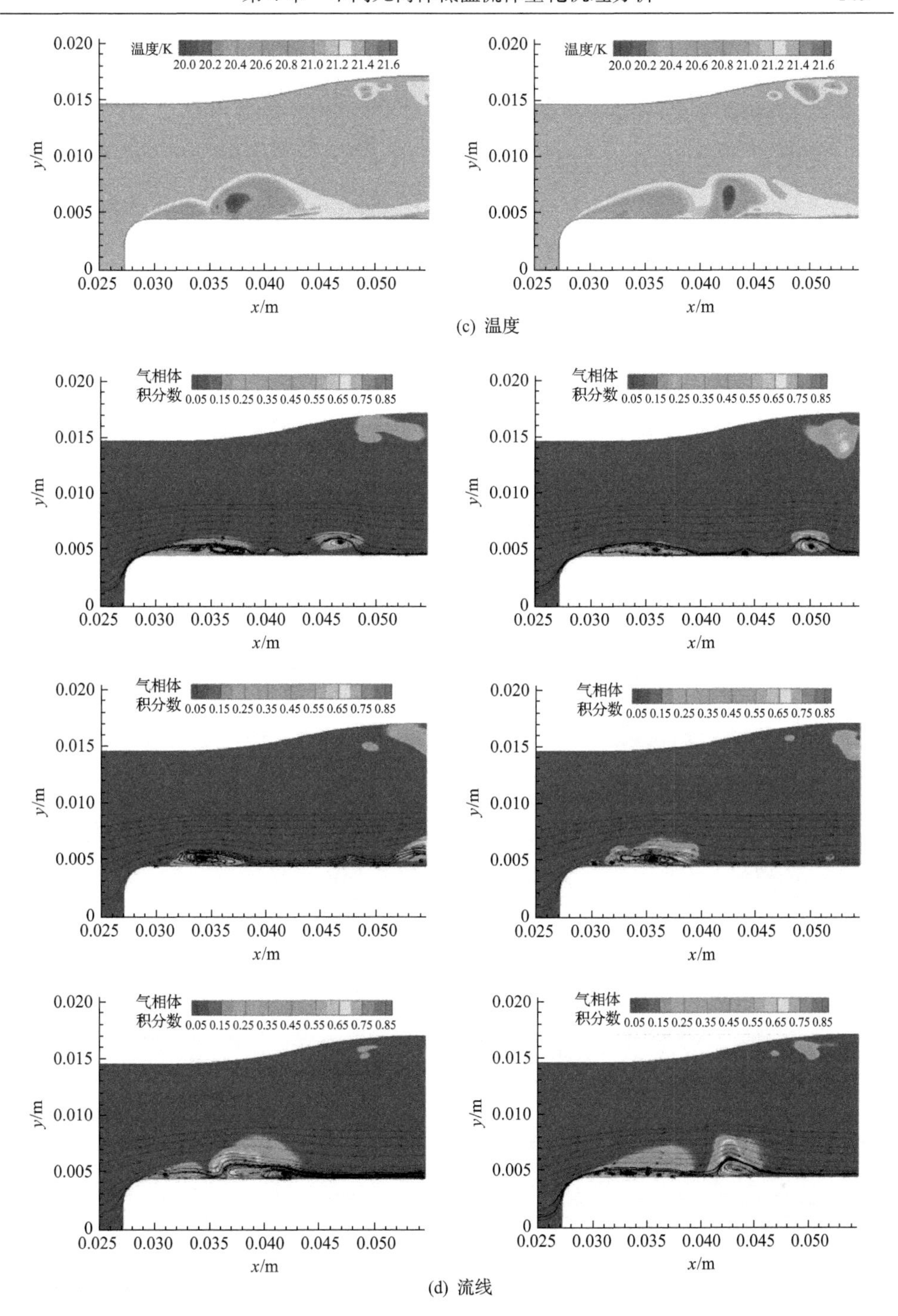

温度/K
20.0 20.2 20.4 20.6 20.8 21.0 21.2 21.4 21.6
y/m
x/m
气相体积分数
0.05 0.15 0.25 0.35 0.45 0.55 0.65 0.75 0.85

(c) 温度

(d) 流线

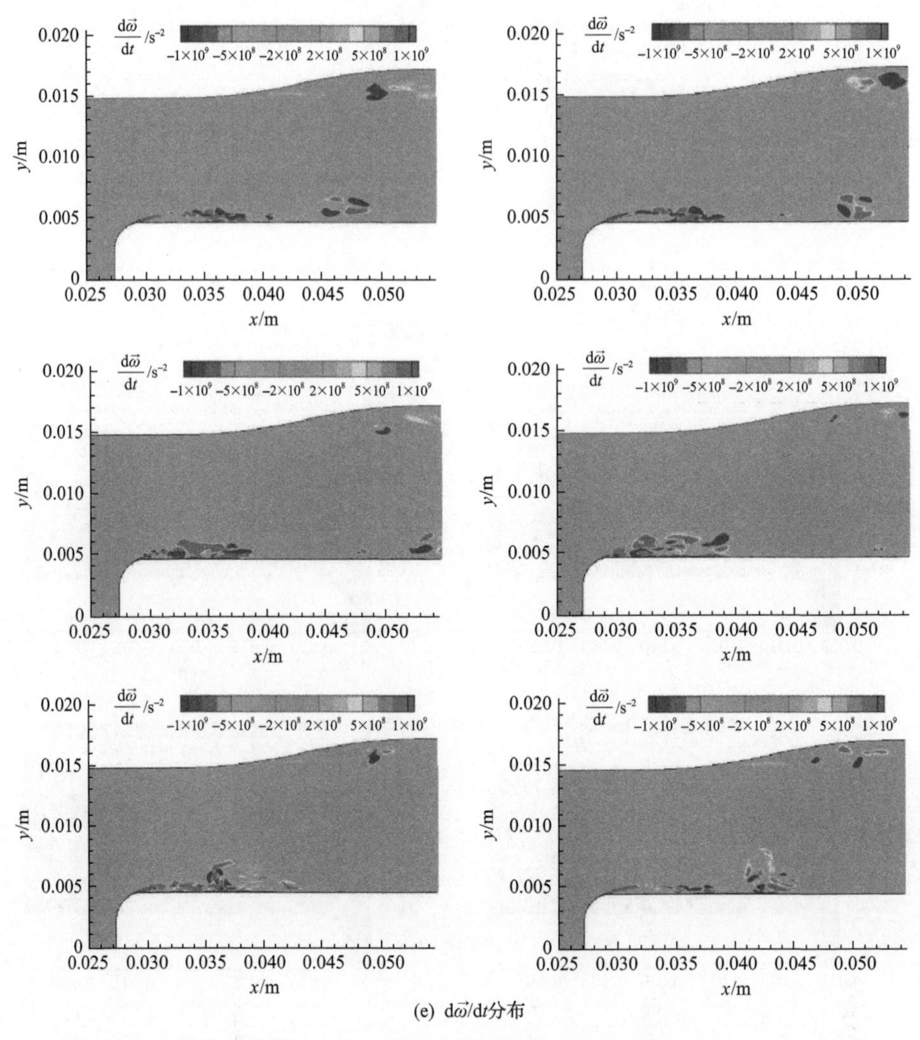

图 4.10　气相体积分数、压力、温度、流线以及 $d\vec{\omega}/dt$ 分布（FSM，$\Delta t = 0.1$ms）

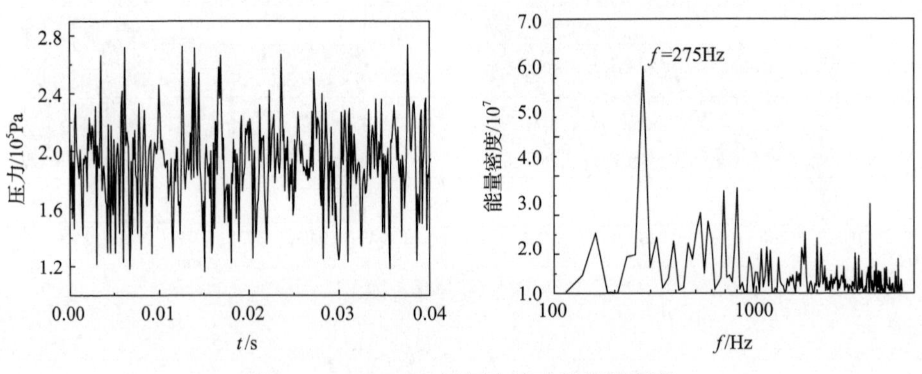

图 4.11　$x = 0.05$m 处压力波动及能量密度

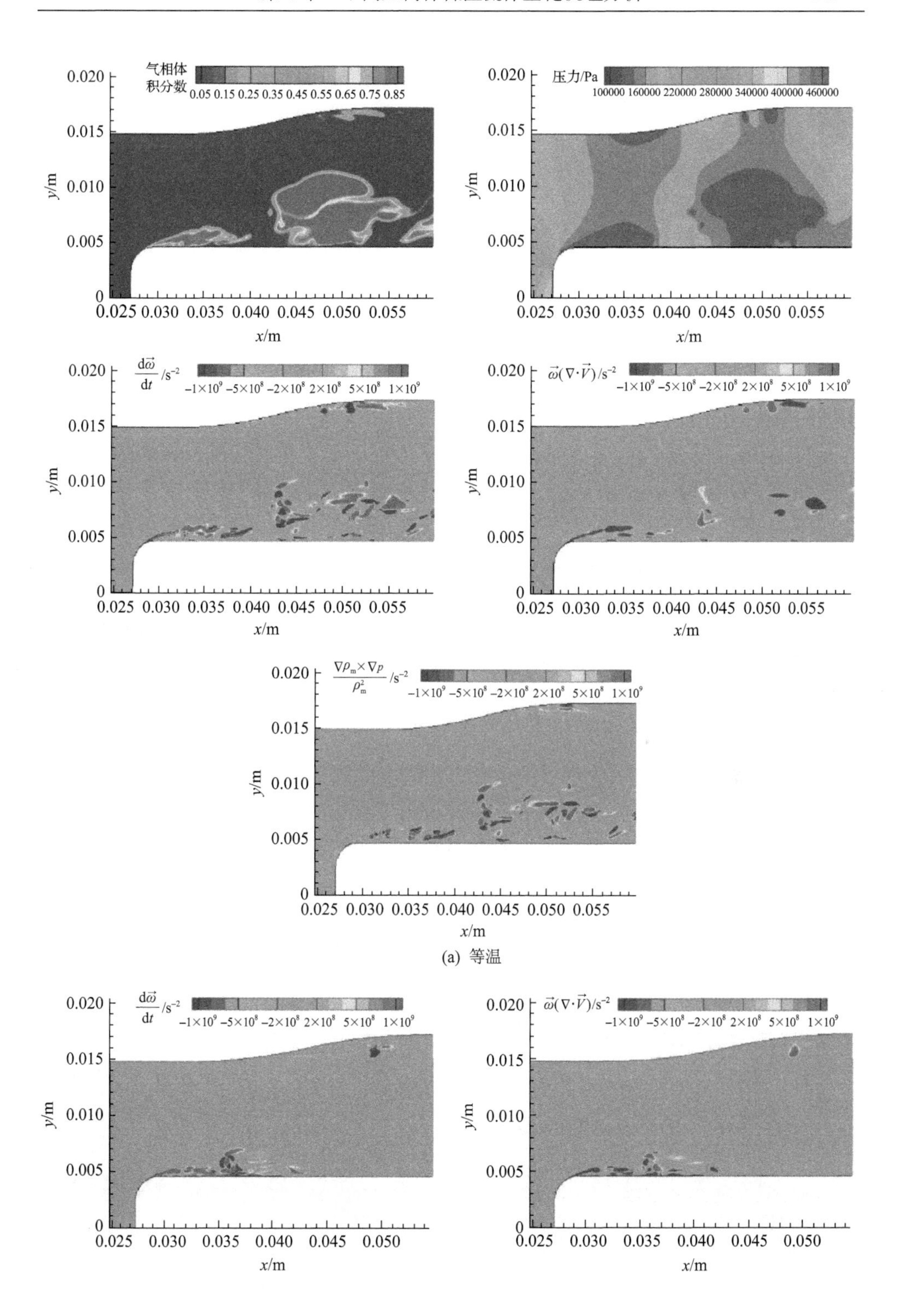

气相体积分数
0.05 0.15 0.25 0.35 0.45 0.55 0.65 0.75 0.85
压力/Pa
100000 160000 220000 280000 340000 400000 460000
y/m
x/m
(a) 等温

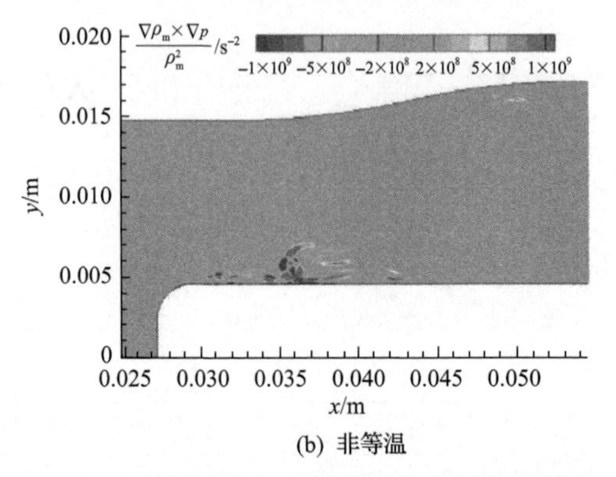

(b) 非等温

图 4.12　全脱落模式中等温和非等温空化云团对比

中压力近似为常数。除此之外，非等温空化云团大部分区域的气相体积分数小于 0.75，但是在等温空化云团内该值大于 0.8。无论等温还是非等温空化云团，都存在较高的 $d\bar{\omega}/dt$ 值。对于前者，最大的 $d\bar{\omega}/dt$ 值存在于气液界面，而对于后者，最大值则存在云团内部。

4.1.3　完全脱落模式和部分脱落模式之间的转变机理

一个完整的周期由 PSM 和 FSM 共同组成，两者之间存在着两个过渡阶段：①从 FSM 转变为 PSM；②从 PSM 转变为 FSM。

对于①，以图 4.6(m)FSM 空化区脱落瞬间作为起点，云团脱落后，由于液体惯性力的作用，钝头体前缘附近流场中的压力突然下降，因而触发了空化的快速发展，且速度略大于前缘涡旋的形成速度，快速形成了 PSM 中的大空化区。同时因为流线能进入空化区，所以前缘涡旋依旧在空化区内形成并且对局部空化具有强化作用但被空化热效应抑制，涡旋空化云团向下游发展，形成 PSM 中的小空化云团脱落现象。

对于②，相关的气相体积分数云和流线如图 4.13 所示，每两张图片间隔 0.1ms。在 PSM 阶段，主空化区稳定地附着在钝头体壁面并且占据很大的区域，其内不断生成涡旋空化，同时向下游运动并以 2500Hz 的频率脱离主空化区。这些小空化

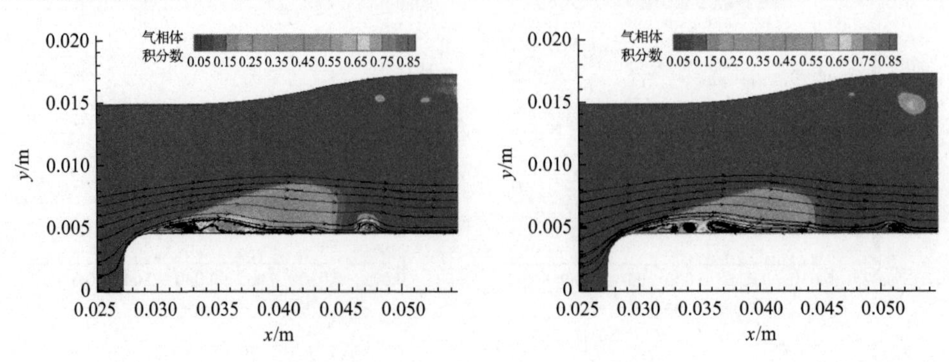

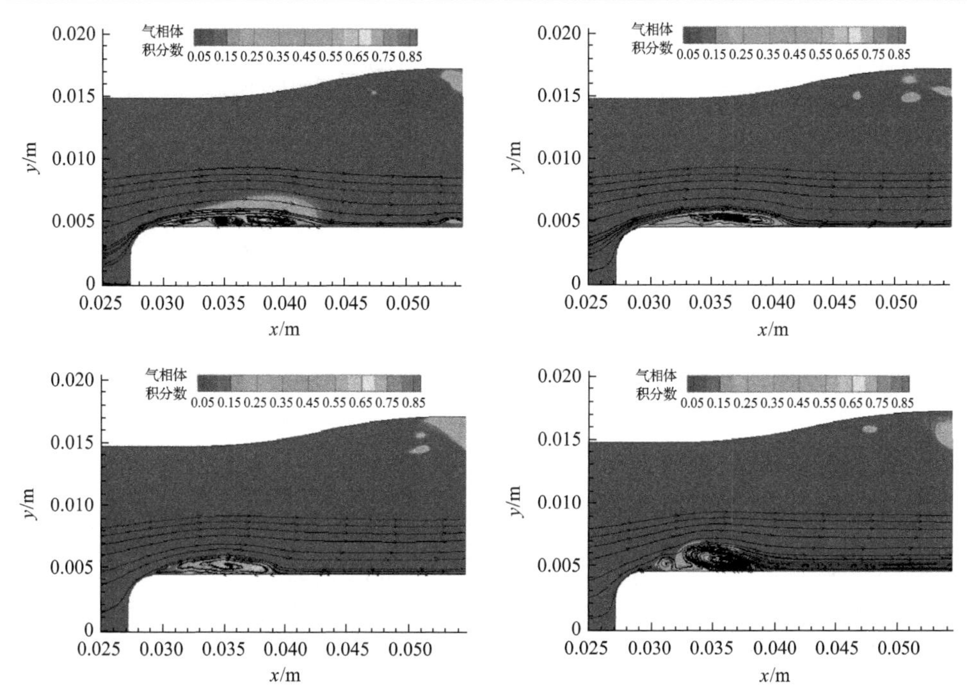

图 4.13　FSM 转变至 PSM 过程中气相体积分数及流线分布(Δt=0.1ms)

云团的生成和脱落将带走部分空化区的气体，导致空化区逐渐变小，当主空化区的界面接触到壁面处的空化涡旋的时候，整个空化区将被涡旋全部带走，从而进入 FSM。

图 4.13 在 $x = 0.035$m 处径向上的压力分布如图 4.14 所示。虚线代表了空化区的高度，实线最低处为壁面。图 4.14(a)方框即表示图 4.13 中的涡旋区域，可见涡旋处压力最低且梯度最大，因此从空化区压力的分布可以判断内部涡旋的尺寸

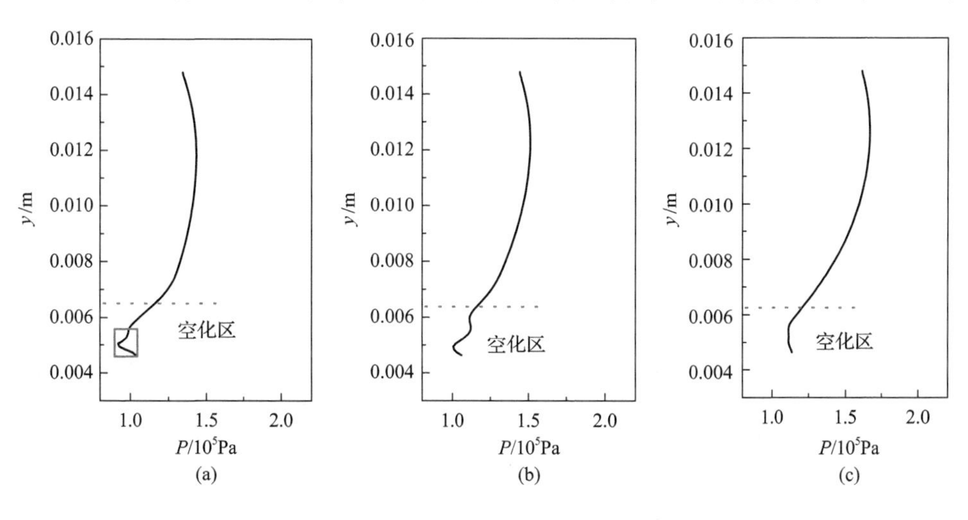

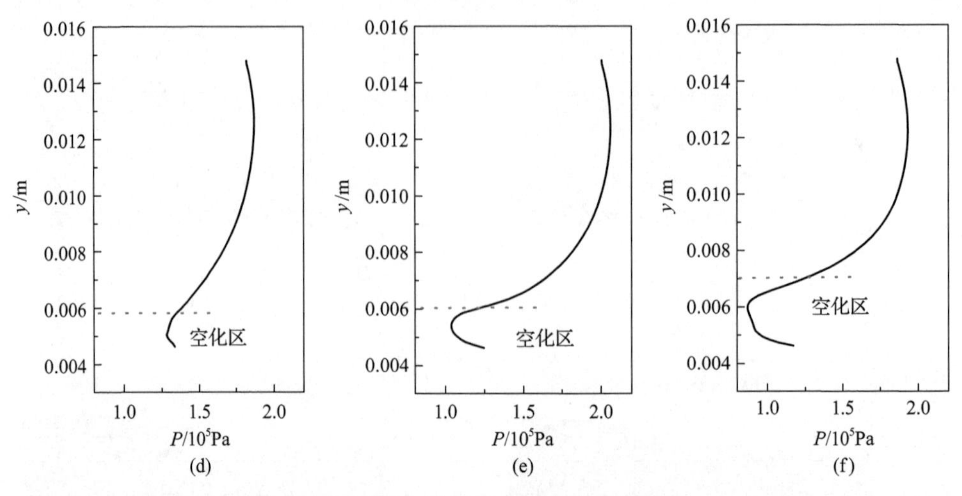

图 4.14　x=0.035m 处径向上压力分布（Δt=0.1ms）

量级及强度。图 4.14(a)～(d)中压力梯度大的区域高度小，对比图 4.13 发现，相应涡旋尺寸较小，但当压力梯度及相应区域变大时，如图 4.14(e)～(f)所示，对应涡旋变大且将整个空化区带离壁面，从而进入 FSM 状态。

4.2　三维平展水翼液氢空化

4.2.1　三维模型建立及验证

对于水翼结构，首先将模型在三维空化中进行验证，建模 Hord 的水翼实验[5]，计算域如图 4.15 所示，网格分布如图 4.16 所示，y^+小于 1，网格总数为 2764961，时间步长为 10^{-7}s，边界条件为表 3.6 中的 248C 工况。计算结果如图 4.17 所示，模拟和实验结果均吻合良好。

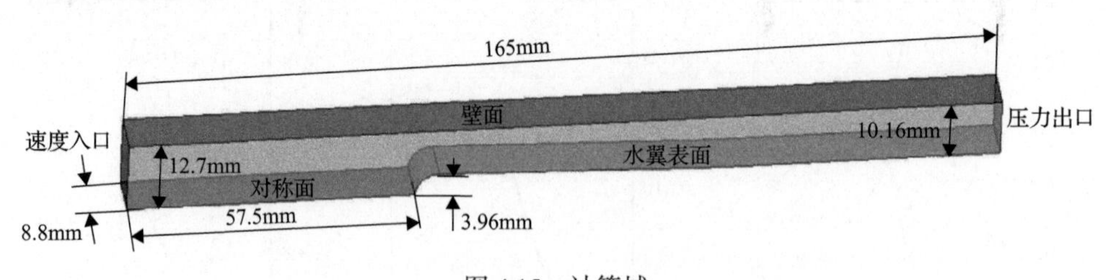

图 4.15　计算域

以上证明了该模型在三维空化热效应的预测上具有较高的精度，但由于 Hord 的实验数据为时均值，而本节注重于压力波动对空化的影响，因此，将该模型用于建模密歇根大学报道的由压力波主导的水空化实验过程[6]。三维模型几何结构如图 4.18 所示，局部网格分布如图 4.19 所示，六面体结构化网格数量为 2320120，

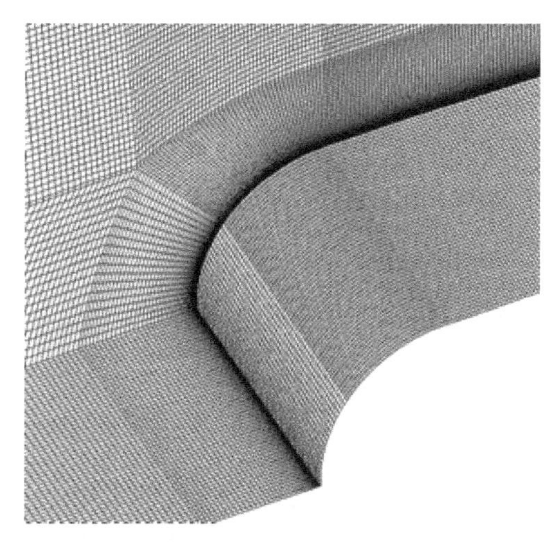

图 4.16　水翼头部附近的网格(共 2764961 个网格)

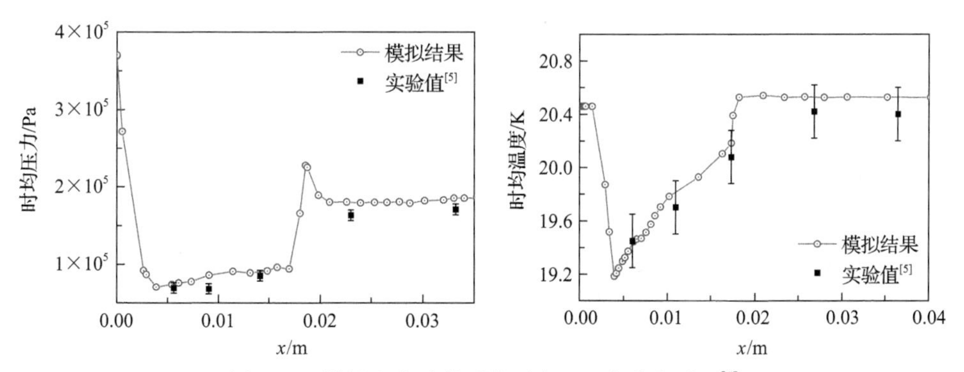

图 4.17　模拟和实验的时均压力和温度分布对比[5]

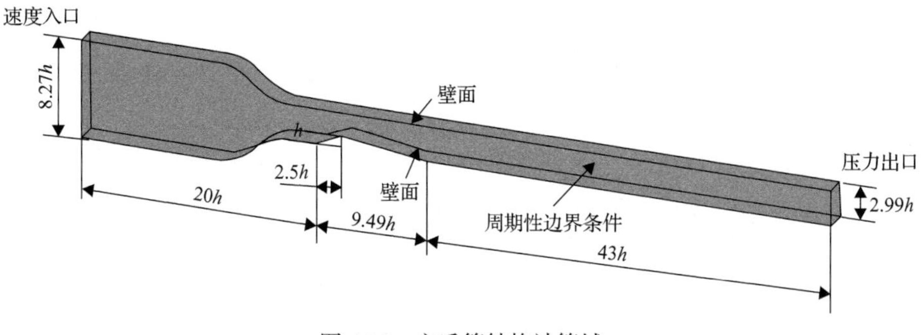

图 4.18　文氏管结构计算域

h 为文氏管结构计算域厚度

时间步长为 10^{-6}s。通过表面压力波动的 FFT 分析得到模拟的 St_c($St_c = fC/u_{in}$，f 为主频率，C 为空化区长度，u_{in} 为入口速度)为 0.265，和实验值相同[6]，同时由尾流溃灭云团处高压引起的空化区冷凝及脱落过程(图 4.20(a))也和实验 X 射线拍摄的气相体积分数云团演变(图 4.20(b))吻合。对图 4.20(a)，模拟得到的冷凝前缘前后的平均气相体积分数分别为 0.75 和 0.4；对图 4.20(b)，实验测量得到的冷凝前缘前后的平均气相体积分数分别为 0.8 和 0.38，模拟值和实验值非常接近。因此,经过以上实验对比及验证,该模型对热效应和压力波动具有良好的预测能力。

图 4.19　文氏管壁面附近网格

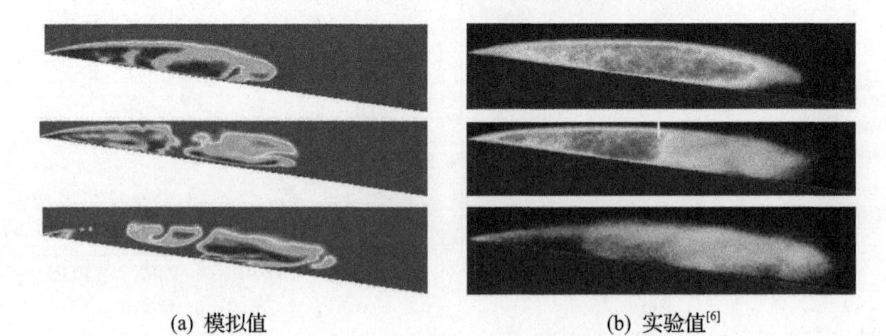

(a) 模拟值　　(b) 实验值[6]

图 4.20　流道中间截面气相体积分数分布

本节所要建模的水翼和流道结构如图 4.21(a)所示，图 4.21(b)为水翼附近网格划分。水翼及流道的高度和文献中[7-9]Fluketone 空化实验水翼及流道一样。文献[7]采用 Fluketone 来模拟液氢空化过程中的热效应,据文献报道,Fluketone 在 70℃时热效应强度和液氢类似，25℃时热效应可忽略。流道宽 $0.3L_{ch}$(L_{ch} 为水翼弦长，50.8mm)，两侧为周期性边界，根据文献[3]，$0.3L_{ch}$ 的宽度对涡旋三维效应的建模已经足够。模拟中，出入口的温度设定为 20.3K。

首先使用两套网格(网格单元数量分别为 2340000 和 4300000)进行模拟从而进行网格无关性验证。模拟得到的基于水翼弦长的 St 均为 0.1($St = fL_{ch}/u_{in}$，f 为水翼表面中部压力 FFT 分析主频率，u_{in} 为入口速度)，同时由于两套网格压力和温度分布非常接近，因此 2340000 这套网格被用于后续模拟。相关边界条件列于

表4.1，雷诺数定义为$Re=\rho_l L_{ch} u_{in}/\mu_l$，表中$\alpha$为攻角值，空化数$\sigma=\left(P_{out}-P_v\left(T_{in}\right)\right)/0.5\rho_l u_{in}^2$，式中，$P_{out}$为出口压力，$P_v(T_{in})$为入口温度$T_{in}$对应的饱和蒸气压，空化数和2倍攻角比$\sigma/2\alpha$长被用于水翼空化描述工况。

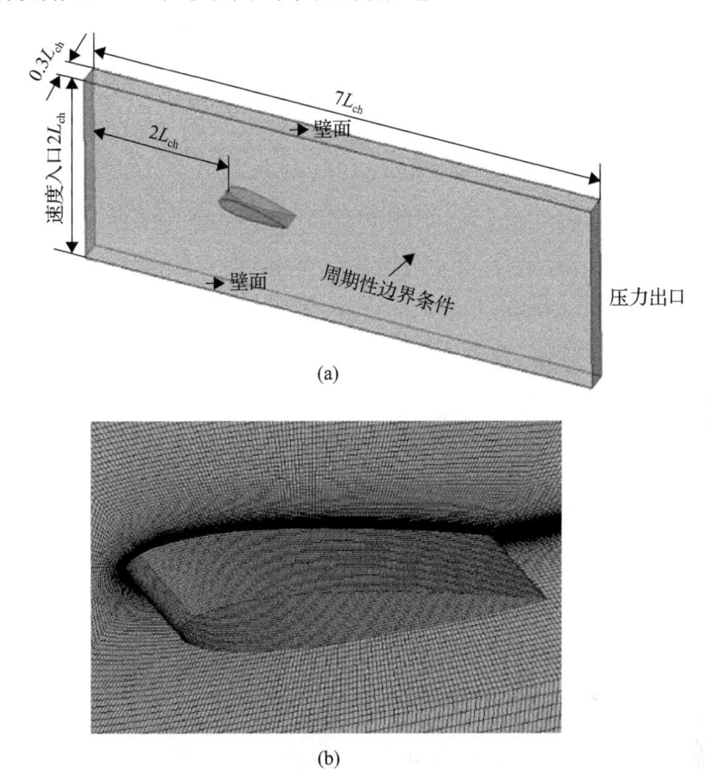

图4.21　NACA0015水翼计算域及水翼附近网格划分(2340000网格)

表4.1　液氢空化模拟边界条件

工况	α/(°)	是否考虑热效应	u_{in}/(m/s)	P_{out}/Pa	Re	σ/rad	$\sigma/2\alpha$
1	6	考虑	40	147500	1.53×10^5	0.80	3.82
2			45		1.72×10^5	0.63	3.01
3			52	155105	1.91×10^5	0.56	2.67
4				147500		0.48	2.29
5				142079		0.42	2.00
6				135000		0.35	1.67
7		不考虑	45	147500	1.72×10^5	0.63	3.01

4.2.2　空化形态

如图4.22所示，空化区可分为附着空化区和空化云团区两个部分，前者在空化周期中始终没有完全脱离壁面，而后者中的小云团在前者尾部不断产生并不断脱落向下游移动。该形态和第 3 章中的部分脱落模式相同，都是以小空化云团形成和脱落；不同的是，图 4.22 中的空化云团并不在附着空化区内，两者没有包含关系，这主要是由于结构的改变影响了涡旋的产生位置。当 σ=0.8 时，附着区和云团区都很小(图 4.22(a))。当 σ 降低到 0.63 以下后，空化区在变长的同时变得更加不稳定(图 4.22(b)和(c))。模拟得到的液氢空化区的形态和相同水翼结构表面的 70℃Fluketone 空化实验图像(图 4.23(a))非常类似；后者中的 Fluketone 在 70℃时同样具有很强的热效应[9]。当计算中不考虑热效应时(表 4.1 工况 7)，空化形态转变为图 4.24：附着在水翼表面的空化区出现了周期性的整体脱落。这也和 25℃的 Fluketone 空化实验图像非常类似(图 4.23(b))，当温度降为 25℃时 Fluketone 空化热效应很弱并可以忽略。以上对比也进一步定性证明了本节模拟结果的准确性。

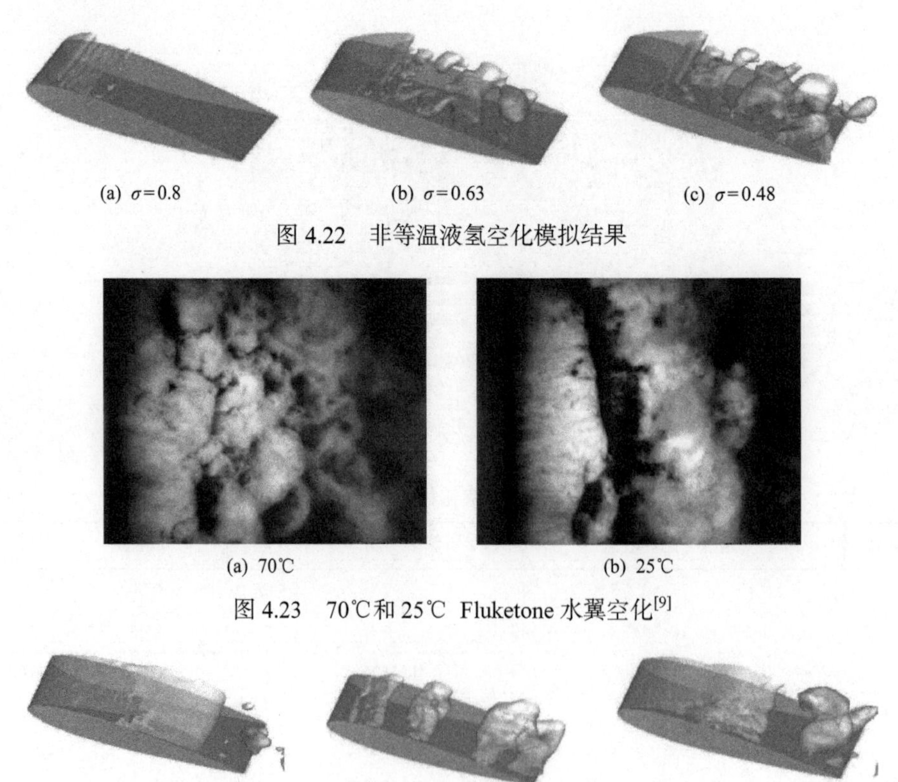

(a) $\sigma=0.8$　　(b) $\sigma=0.63$　　(c) $\sigma=0.48$

图 4.22　非等温液氢空化模拟结果

(a) 70℃　　(b) 25℃

图 4.23　70℃和 25℃ Fluketone 水翼空化[9]

图 4.24　工况 7 等温液氢空化模拟结果的三个瞬间

4.2.3　压力频谱分析

监测水翼上表面中部的压力波动，并进行 FFT 分析，不同工况下的频率分布如图 4.25 所示，频谱图中存在很明显的波峰，对应频率即为空化区的周期性变化频率，用于 St 计算。

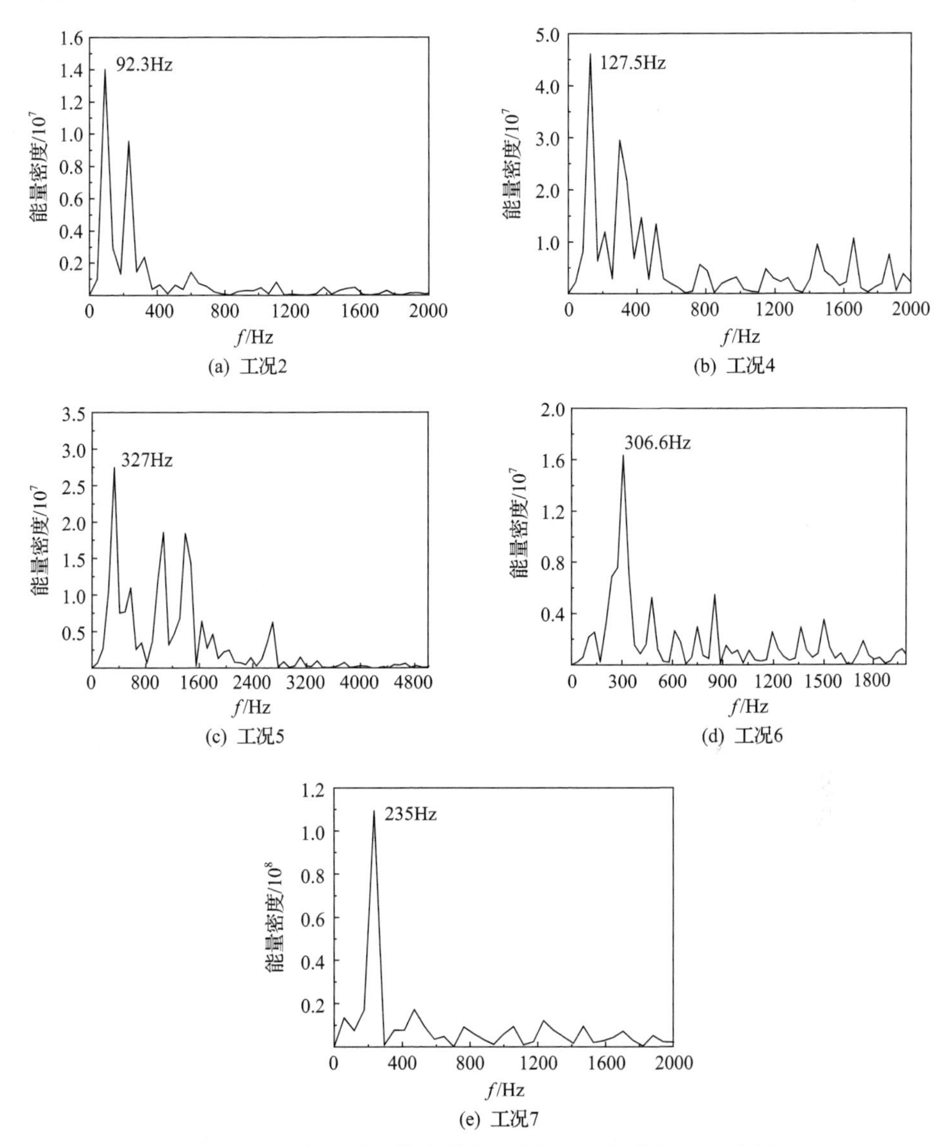

图 4.25　液氢空化流体水翼表面中部压力变化的 FFT 分析

对频率分析发现，当 $\sigma/2\alpha$ = 3.01 和 2.29 时(工况 2 和工况 4)，相应的 St 为 0.1 和 0.12，明显小于工况 7 等温空化中的 0.265。对于常温水空化，Arndt 等[10]通过 NACA0015 水翼实验发现：当 $\sigma/2\alpha$ 大于 4 时，空化区的脱离由回射流主导；当 $\sigma/2\alpha$ 小于 4 时，由压力波主导。在 $\sigma/2\alpha$ 为 4 附近，St 存在明显的跳跃，如图 4.26

中的实验数据点所示。使用 Arndt 等的数据做参考，将液氢非等温空化的 *St* 补充至图 4.26（灰色圆形数据点），可以得到如下有趣现象。

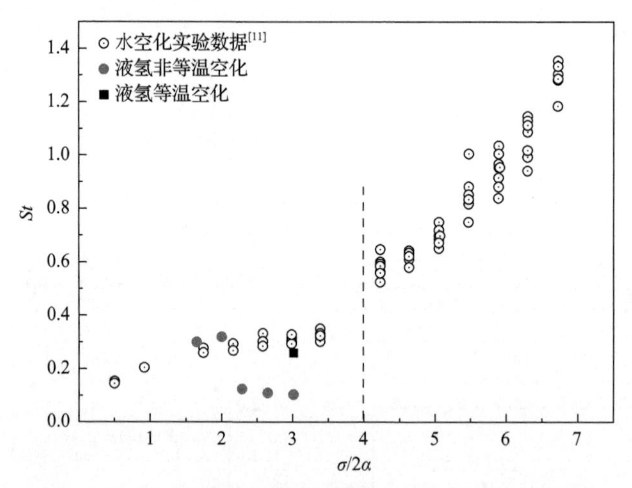

图 4.26　水、液氢非等温及等温空化 *St* 和 $\sigma/2\alpha$ 的关系

当 $\sigma/2\alpha$ 从工况 2 的 3.01 降低到工况 4 的 2.29 时，*St* 缓慢变大并处于 0.1 和 0.12 之间，远小于该工况下常温水空化的 0.26～0.33。然而，一旦工况 2 中的热效应被关闭同时保持其他边界条件不变，即工况 7，*St* 立刻跳跃至 0.265，和常温水空化一致。考虑热效应时，当 $\sigma/2\alpha$ 进一步从 2.29 降低到 2.0 左右时，*St* 迅速跳跃至 0.2 以上并和水空化数据处于同一范围，之后随 $\sigma/2\alpha$ 降低 *St* 逐渐减小，趋势和水空化数据一致。

由于液氢空化的 *St* 分布和水空化存在以上不同，将 $2.29 \leqslant \sigma/2\alpha \leqslant 3.01$ 命名为区域Ⅰ，将 $1.68 \leqslant \sigma/2\alpha \leqslant 2.0$ 命名为区域Ⅱ。后续分析将围绕以下两个问题展开：①在区域Ⅰ中，为什么液氢空化的 *St* 远小于水空化？②在区域Ⅱ中，为什么液氢空化 *St* 会跳跃至水空化的 *St* 范围？

4.2.4　空化非稳定性分析（区域Ⅰ）

1. 无热效应时的液氢空化

首先考虑无热效应时的情况。图 4.27 表示了工况 7 中忽略热效应影响后的一个完整空化周期，即等温空化。如图 4.27(a) 所示，前一周期的空化区脱落后，新的空化区首先附着在水翼表面不断向后缘发展并覆盖大部分水翼表面，一旦前一周期中的空化云团在尾流中溃灭，一个高压区就在下游产生并不断向四周扩散，如图 4.28(a) 所示。在下游液体区监测压力变化，如图 4.29(b) 所示，空化溃灭导致的压力波动幅值可达 400kPa。压力波向上游传播时有两种途径，第一种经过液体传播至入口处；第二种是在空化区内传播。由于两相流中的声速明显小于液体声速[11]，压力波在到达空化区尾部后在气液界面液体侧传播更快，引起气液界面的波动，如图 4.27(b)所示。随后压力波在空化区向前缘传播，导致空化区局部压力升高(图 4.28(b))。尾部的气体由于压力升高而被加速冷凝，根据 4.3 节的涡量传输公式(式(4.1))及分析可知，传质速率变大引起涡量扩张项的增大，从而使当地涡量增加，涡旋强度增强，促使后缘的空化区形成了一个空化云团，并逐渐和主空化区分离，如图 4.27(b)和(c)所示。压力波继续向前缘传播，如图 4.28 中虚线所示，其后的空化区在加强的涡量作用下形成一个个空化云团(图 4.27(d)和(e))，直到整个空化区脱离水翼表面(图 4.27(f))。随后，空化云团陆续向下游运动，新的附着空化区从前缘开始发展并重新覆盖水翼表面(图 4.27(g)～(i))，一个新的周期开始。压力波在空化区传播过程中也引起水翼表面较大的压力波动，如图 4.29(b)所示。

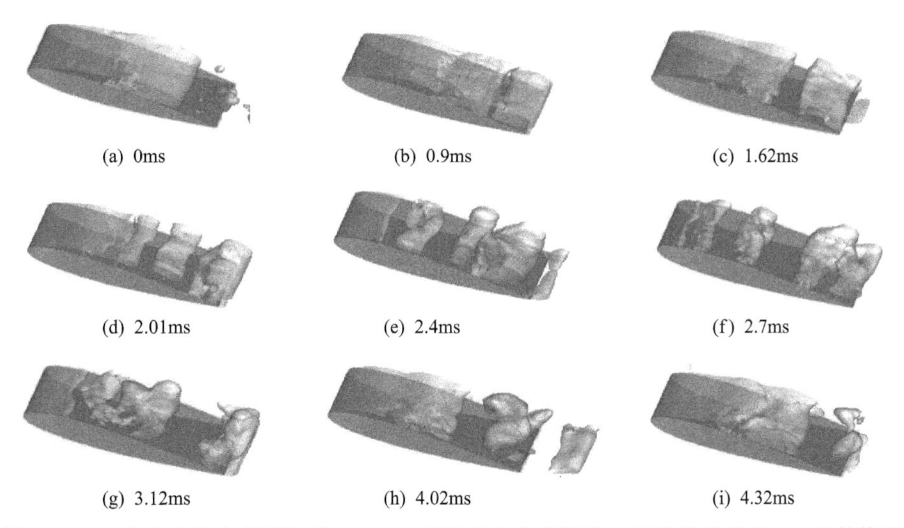

(a) 0ms　(b) 0.9ms　(c) 1.62ms

(d) 2.01ms　(e) 2.4ms　(f) 2.7ms

(g) 3.12ms　(h) 4.02ms　(i) 4.32ms

图 4.27　未考虑热效应(等温)及 $\sigma=0.63$ 时液氢空化模拟的气相体积分数为 0.1 的等值面

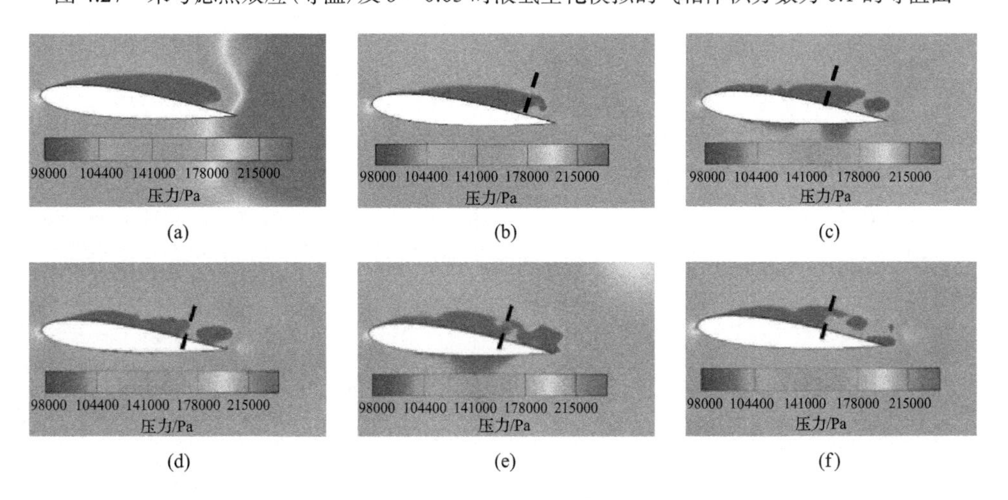

(a)　(b)　(c)

(d)　(e)　(f)

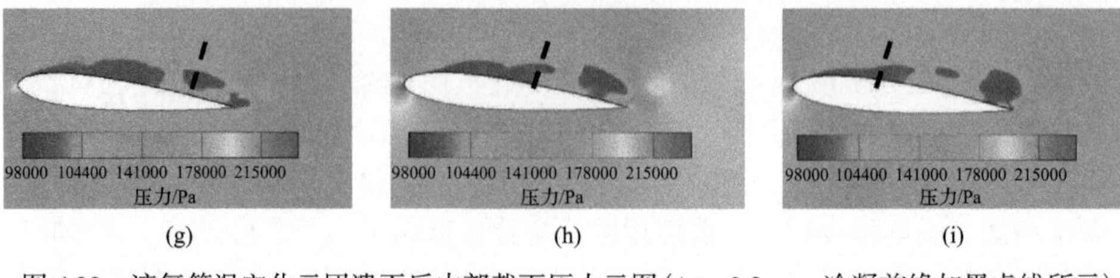

图 4.28 液氢等温空化云团溃灭后中部截面压力云图($\Delta t = 0.2$ms，冷凝前缘如黑虚线所示)

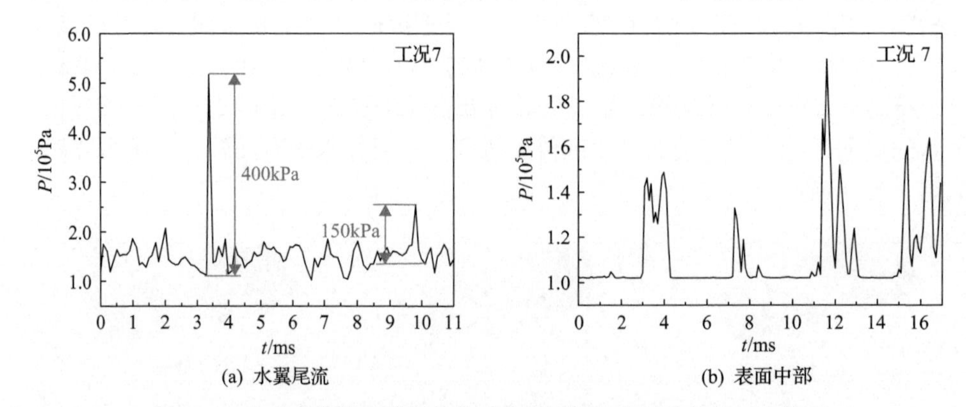

图 4.29 未考虑热效应液氢空化时水翼尾流和表面中部的压力演变

据以上分析可知，无热效应存在时，液氢空化区的周期性脱落过程由尾流云团溃灭所产生的压力波主导，此时 $\sigma/2\alpha$ 小于 4，和 Arndt 等[10]的水空化结论吻合。另外，相应的 St 为 0.265，和水空化一致。

2. 热效应影响下的液氢空化

在和工况 7 相同的边界条件下，考虑热效应(即工况 2)，液氢空化转变为图 4.30。在某个周期的起始时刻，水翼前缘的空化区附着在壁面上向下游发展(图 4.30(a))；但它并没有超过弦长的 50%，而是马上在尾部形成小空化云团脱落，如图 4.30(b)和(c)所示，整个空化区此时即分为两部分：附着空化区和空化云团区。空化云团区不断在附着空化区尾部产生并依次向下游移动，同时覆盖了整个水翼表面(图 4.30(d)～(f))，与此同时，由于空化云团区带走了大量的蒸气，附着空化区逐渐缩小。当小云团离开水翼并在尾流处溃灭时，产生了一个局部高压区并向周围扩散，如图 4.31 所示。受下游压力波的影响，附着空化区进一步收缩至水翼前缘(图 4.30(g)和(h))，但并没有消失，同时小空化云团的产生被抑制。直到所有空化云团消失后，附着空化区才开始重新成长(图 4.30(i))，新的周期开始。

和未考虑热效应时图 4.27 的等温空化结果相比，热效应影响下的空化云团尺寸明显减小，结合 4.1 节的机理分析，进一步给出以下原因。

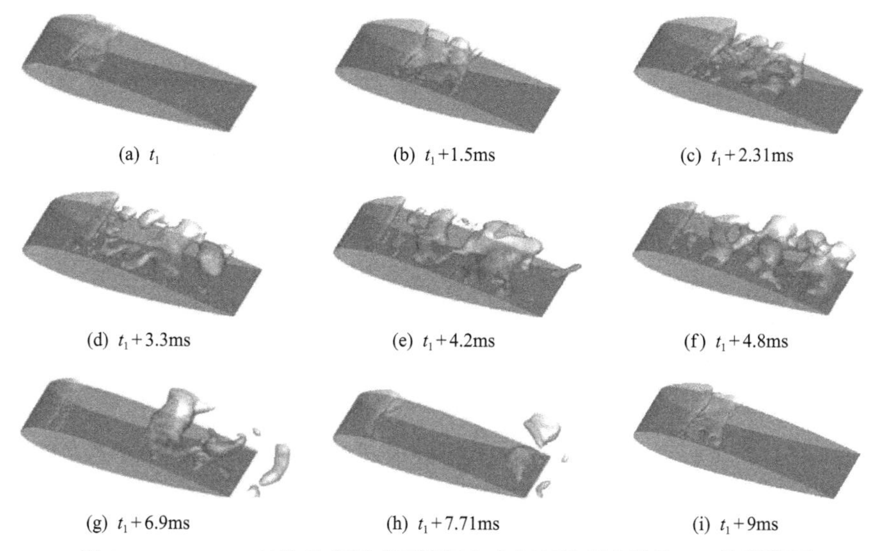

(a) t_1　(b) t_1+1.5ms　(c) t_1+2.31ms

(d) t_1+3.3ms　(e) t_1+4.2ms　(f) t_1+4.8ms

(g) t_1+6.9ms　(h) t_1+7.71ms　(i) t_1+9ms

图 4.30　$\sigma = 0.63$ 时热效应影响下液氢空化气相体积分数为 0.1 的等值面

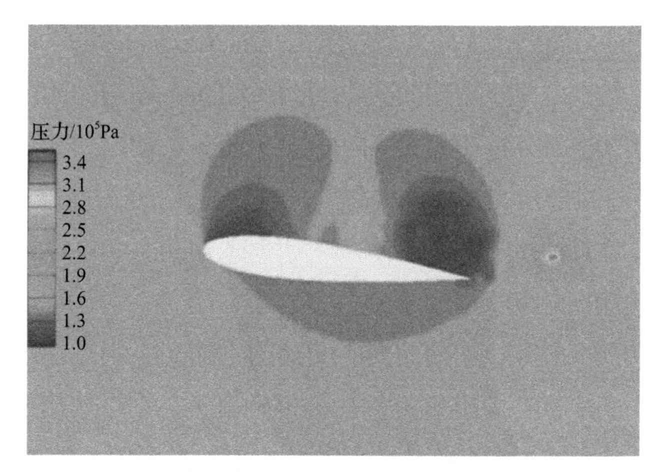

图 4.31　考虑热效应时液氢空化中部截面压力云图(工况 2)

首先，在空化区尾部由于逆压梯度部分流体回流，但由于热效应的作用，来流直接流入空化区，在空化区后缘和回流直接发生碰撞，阻碍其进一步向上游发展，从而形成了涡旋，如图 4.32(a)流线所示。涡旋带走部分气体形成空化云团，并逐渐脱离壁面向下游运动，如图 4.32(b)和(c)所示。

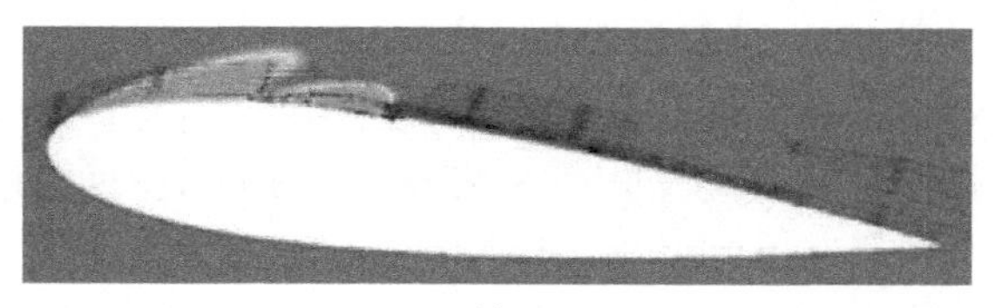

(a)

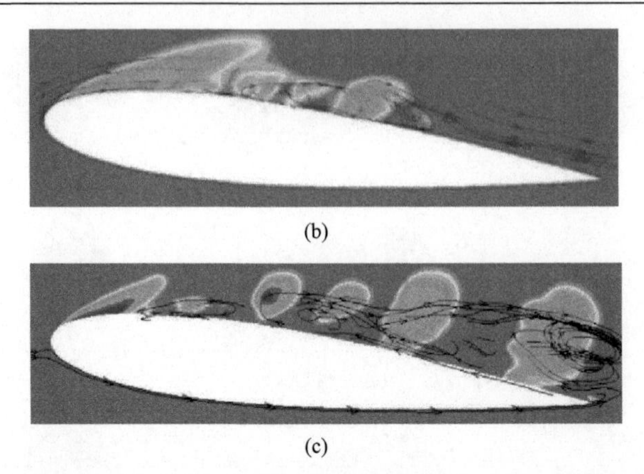

(b)

(c)

图 4.32　反映回射流的液氢空化周期内的三个瞬间(工况 2)

其次，分析一个简单的空化涡旋：假设产生直径为 d_v 的圆柱形涡旋空化区需要直径为 d_l 的圆柱形液体区域蒸发，根据质量守恒可知两者的比例为 $d_v / d_l = \sqrt{\rho_l / \rho_v}$ 。将密度值代入后，该比例在不同流体下的范围如图 4.33(a)所示，由图可知在相同的无量纲温度 $T_{non} = (T - T_T)/(T_C - T_T)$ (T_T 和 T_C 分别为流体三相点温度和转变点温度)下，该比例在液氢和液氧等低温液体中的值普遍小于水。这意味着，相同体积的液体气化，产生的低温流体空化区气相体积更小，即气相涡旋体积更小。另外，气化将引起温降并进一步降低当地饱和蒸气压，从而抑制了蒸气的产生。根据 B 因子理论，相应的温降可估算为[12] $\Delta T = \dfrac{\alpha_v}{1-\alpha_v}\dfrac{\rho_v h_{fg}}{\rho_l c_{pl}}$ ，将其和克劳修斯-克拉珀龙方程联立，可得相应的饱和压降为

$$\Delta P_v = \left(\frac{\alpha_v}{1-\alpha_v}\right) \cdot \frac{\rho_v^2 h_{fg}^2}{c_{pl} T \left(\rho_l - \rho_v\right)} \tag{4.2}$$

因此若蒸气含量 α_v 固定，ΔP_v 和 $\Delta P_v^* = \rho_v^2 h_{fg}^2 / \left[c_{pl} T \left(\rho_l - \rho_v\right)\right]$ 成正比。图 4.33(b)中展示了不同液体中的无量纲压降 $\Delta P^* / P_{sat}$ ，其中 P_{sat} 为入口温度对应的饱和蒸气压。由图 4.33 可知，在液氢和液氧的一般工况下($T_{non} = 0.2$～0.6)，无量纲压降远大于水。这说明，即使对于相同气相体积分数的涡旋，水空化涡旋中饱和蒸气压几乎不变，但低温涡旋中的饱和蒸气压降很大，导致涡旋尺寸难以进一步增长。

因此，以上原因导致了液氢中的低温涡旋(考虑热效应)尺寸比常温水或者不考虑热效应时的液氢涡旋尺寸小。

在考虑热效应的液氢空化中，由于空化云团尺寸较小，同时内部含气量少(饱和压降抑制空化)，当其在尾流中溃灭时，产生的压力幅值较小。如图 4.34 所示，工况 2 中云团溃灭导致的压力波幅值仅为 13～50kPa，而等温空化下，该值可达

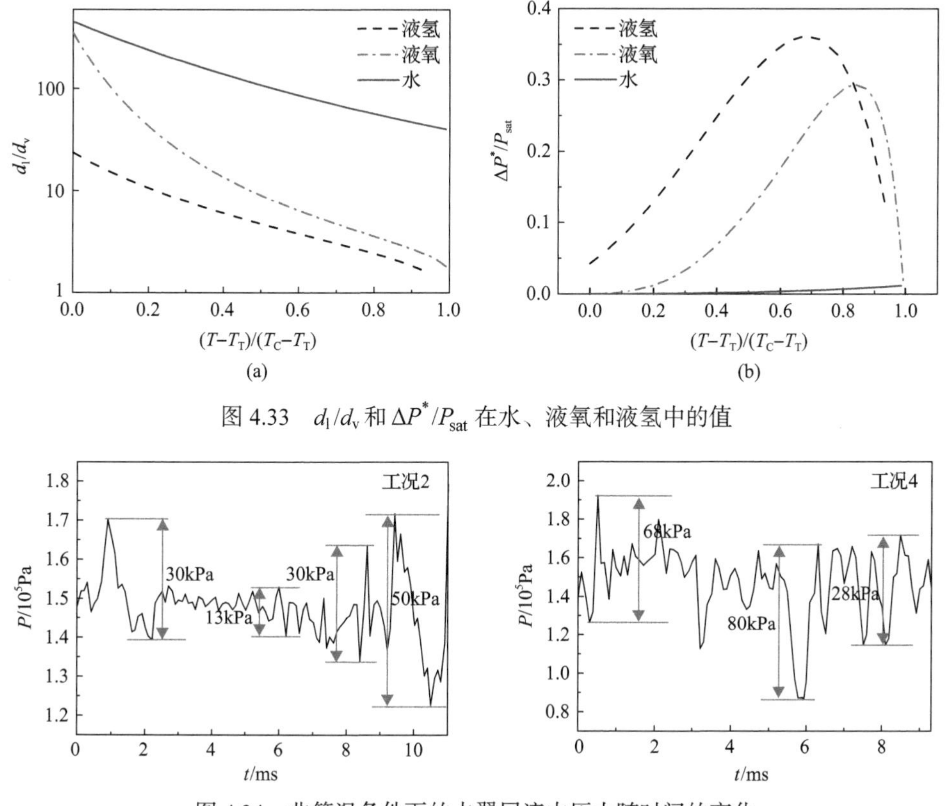

图 4.33　d_l/d_v 和 $\Delta P^*/P_{sat}$ 在水、液氧和液氢中的值

图 4.34　非等温条件下的水翼尾流中压力随时间的变化

400kPa(图 4.29(a))，后者是前者的 8 倍以上。第 2 章对气泡溃灭压力幅值的分析计算也从单气泡角度指出热效应对气泡溃灭压力幅值具有衰减作用(图 2.2)。因此，非等温空化中，由于压力波强度较弱，其并不能像等温空化中那样加速空化区的脱落，而只能抑制附着空化区的成长，反而使新的空化周期延后发生。

由以上分析可知，在 $2.29 \leqslant \sigma/2\alpha \leqslant 3.01$ 时，在热效应的作用下，空化云团尺寸较小，发展速度慢，同时由于溃灭压力波较弱不能加速附着空化区的脱落，因此，其对应的 St 相对于压力波和大云团主导的等温空化更小。

4.2.5　空化非稳定性分析(区域Ⅱ)

当 $\sigma/2\alpha$ 进一步降低到 2.0 及以下时(本节中 $1.65 \leqslant \sigma/2\alpha \leqslant 2$)，水翼附近低压区域扩大，液体气化区域及强度变大，附着空化区和脱离的空化云团变得比区域Ⅰ中更大，如图 4.35(a)所示。根据图 4.35，整个空化周期被分为两个阶段。

第一个阶段中，当前一周期的大空化云团在尾流中溃灭时，由图 4.35 可知，云团溃灭的压力波幅值明显大于图 4.30 所示的区域Ⅰ中的压力波，随后产生的压力波向上游传播，如图 4.36 所示。压力波增强了空化区的传质速率，从而使涡旋

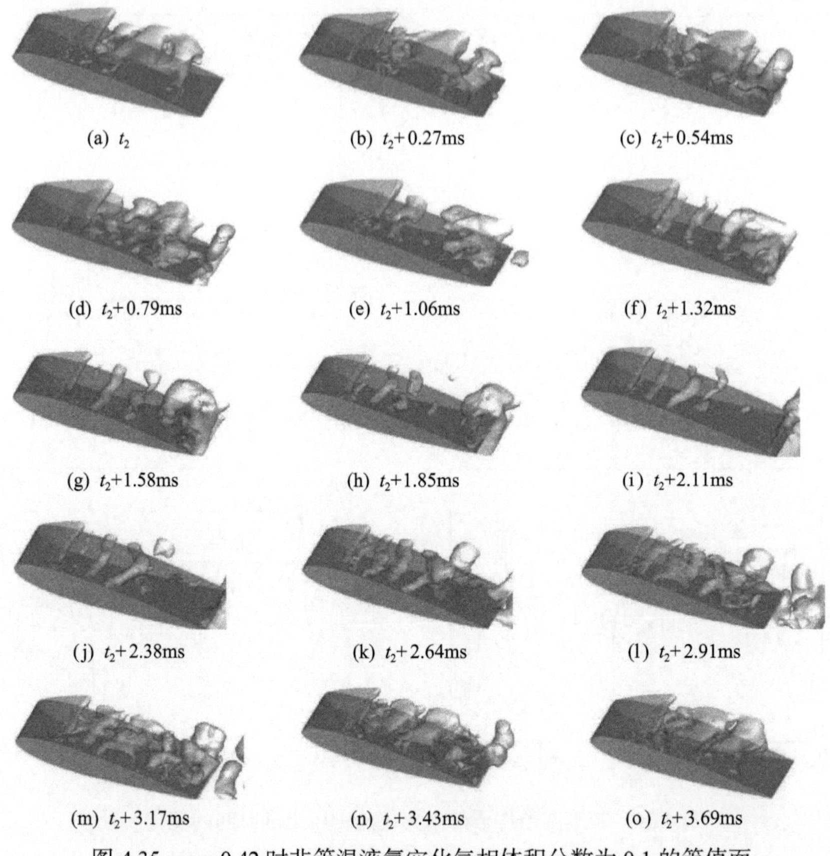

(a) t_2　(b) t_2+0.27ms　(c) t_2+0.54ms

(d) t_2+0.79ms　(e) t_2+1.06ms　(f) t_2+1.32ms

(g) t_2+1.58ms　(h) t_2+1.85ms　(i) t_2+2.11ms

(j) t_2+2.38ms　(k) t_2+2.64ms　(l) t_2+2.91ms

(m) t_2+3.17ms　(n) t_2+3.43ms　(o) t_2+3.69ms

图 4.35　$\sigma = 0.42$ 时非等温液氢空化气相体积分数为 0.1 的等值面

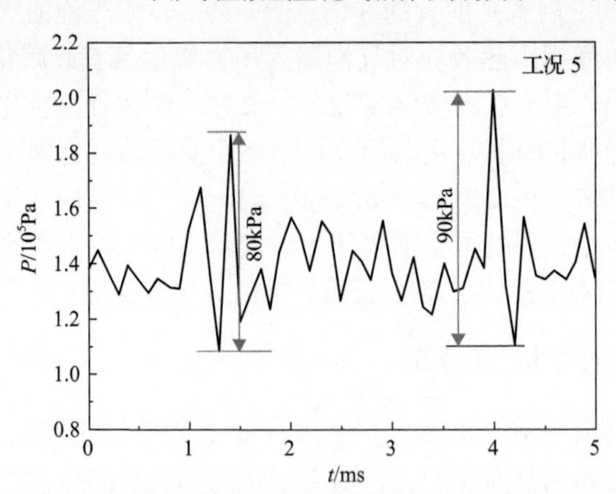

图 4.36　非等温空化条件下水翼尾流中压力随时间变化

强度增加，进一步促进了大空化云团的形成和脱落，如图 4.35(a)所示。随后，大空化云团沿着水翼表面向下游运动。由于压力波影响，近水翼前缘的附着空化区开始缩小，如图 4.35(g)～(j)所示。在第二个阶段，虽然压力波比区域Ⅰ中的压力波强，但依旧达不到等温空化中的强度，因此不能完全将附着空化区变为空化云团脱离壁面。接下来，附着空化区和空化云团开始在水翼表面重新发展(图 4.35(k)～(n))直到第一阶段中脱离的大空化云团在尾流中溃灭开启新的一个周期(图 4.35(o))。

在第二个阶段，空化区总气相体积从最低值到最高值的时间只有 1.25ms，明显小于区域Ⅰ的 6.6ms，如图 4.37 所示。这表明区域Ⅱ中的更小的 $\sigma/2\alpha$ 使空化区成长时液体蒸发速率($-\dot{S}$)更大；再一次根据 $\nabla\cdot\vec{v}=(1/\rho_v-1/\rho_l)\,\dot{S}$ ，速度梯度($\nabla\cdot\vec{v}$)的值增大，涡量扩张项 $\vec{\omega}(\nabla\cdot\vec{V})$ 的值变大，局部涡量增加；因此，$\sigma/2\alpha$ 降低到区域Ⅱ时，涡旋强度增强，并促进大空化云团的形成。另外，在区域Ⅰ的分析中，热效应将抑制涡旋强度，阻碍大空化云团的形成；但是当 $\sigma/2\alpha$ 从区域Ⅰ降低到区域Ⅱ时，空化区的温降始终在 0.6～0.7K，这意味着由于云团的不断脱落热效应并没有随着 $\sigma/2\alpha$ 的进一步降低而显著增强。也就是说，随着 $\sigma/2\alpha$ 降低到一临

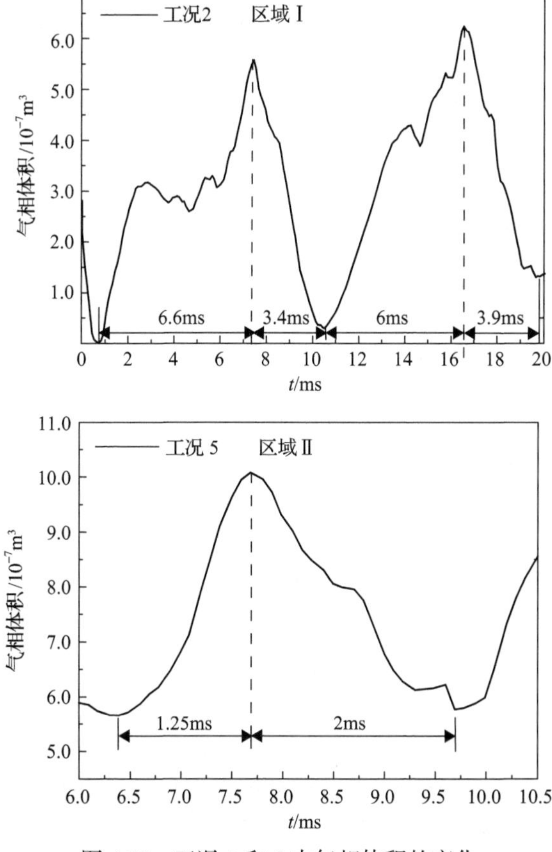

图 4.37　工况 2 和 5 中气相体积的变化

界值(本章中为 2.0)，热效应对涡旋强度的相对抑制作用没有区域Ⅰ那么明显。因此，区域Ⅱ的云团脱落以大涡旋云团为主，并形成更大的溃灭压力波影响空化，如图 4.38 所示，这和热效应可忽略的水空化相似。因此，区域Ⅱ的液氢空化 *St* 将恢复到和水空化一致的范围。

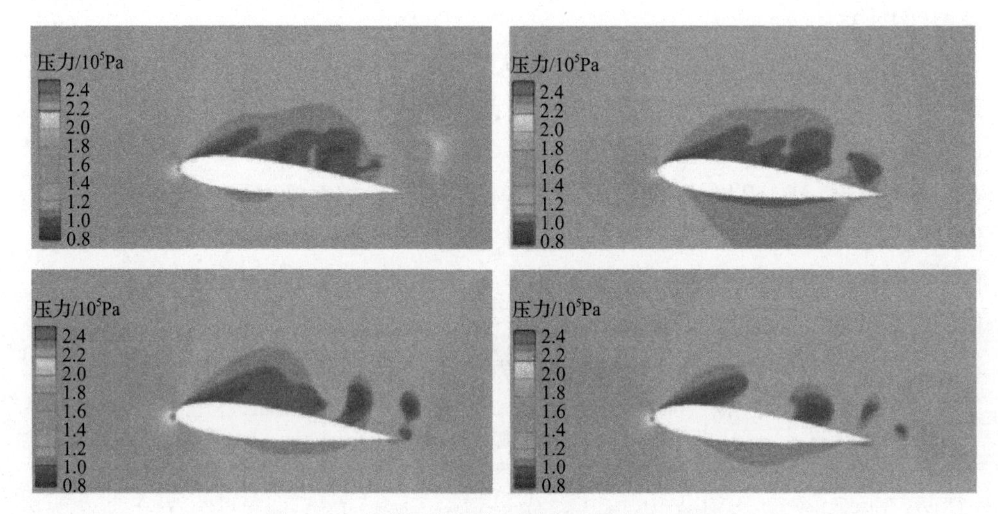

图 4.38　工况 5 中间截面压力云图($\Delta t = 0.4$ms)

4.3　三维扭曲水翼液氮空化

本节以三维扭曲翼型(Twist-11N)为研究对象，基于 LES 开展了三维液氮空化的数值模拟，得到了液氮气泡产生、脱落、溃灭的周期性过程，通过分析压力波动、气相云图、涡旋发展和流场等，进一步从涡旋角度分析了气泡脱落与流场的关系，再次验证空化的发生首先导致了流场的不稳定和涡旋的产生，而涡旋的发展造成了流场边界层分离和气泡的脱落。

Twist-11N 三维扭曲水翼，剖面为 NACA0009 翼型。弦长 $C = 0.15$m，展长 $S = 0.3$m[13]。NACA0009 翼型界面及展向方向的变化规律如图 3.18 和图 3.19 所示，CFD 计算域及三维模型见图 3.20 和图 3.21。实际计算时为了减小计算量，将水翼对称面设置为对称边界条件计算一半区域。计算域边界条件如下：入口速度为 23.5m/s，入口压力为 260186Pa，出口压力为 259441Pa。液氮密度为常数 805.38kg/m^3，蒸气密度由气体公式计算。在翼型表面布置了相应的压力监测点，以分析流场的非稳态性和周期性，监测点分布如图 4.39 和表 4.2 所示。网格划分采用 H 形网格分布，在翼型表面进行局部加密，网格总数是 1125720，壁面 y^+值小于 1，网格示意图请参考文献[14]。

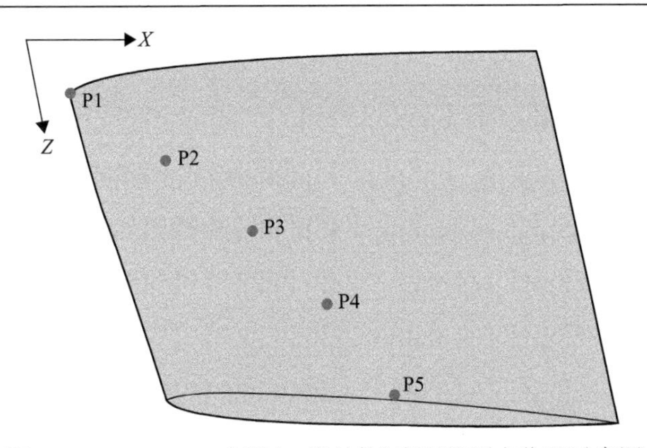

图 4.39　Twist-11N 水翼(一半结构)表面监测点位置示意图

表 4.2　Twist-11N 水翼表面监测点位置

监测点	X	Z
P1	0	0
P2	0.125C	0.125S
P3	0.25C	0.25S
P4	0.375C	0.375S
P5	0.5C	0.5S

4.3.1　流场的周期性

图 4.40 给出了不同监测点的压力变化波形图，可以观察到压力波动具有明显的周期性，其中监测点 P3 的平均压力最高，监测点 P1、P2、P4 压力在波动过程中常低于饱和蒸气压，即处于气化区。压力在 Z 方向上分布得不均匀也印证了侧

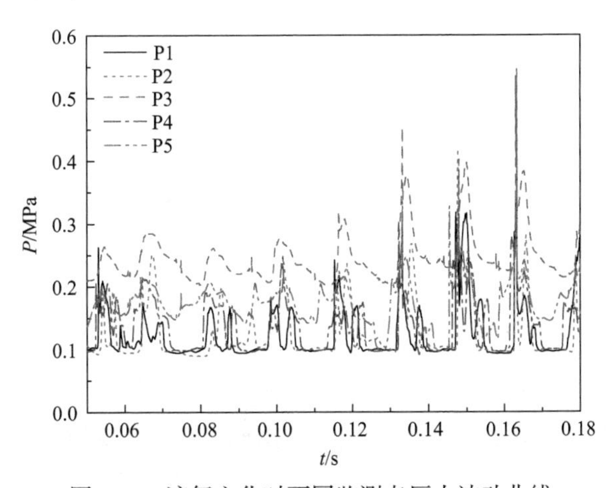

图 4.40　液氮空化时不同监测点压力波动曲线

面射流的存在。值得一提的是，在监测点压力攀升的过程中，观察到了一个瞬时的压力骤升骤降的具有周期性的现象。有可能是小气泡瞬间产生或者溃灭导致的。图 4.41 给出了不同位置压力波动的频谱分析，不同位置的波动主频是一致的，为 59.97Hz，相同几何结构条件下的水空化数值模拟得到的主频是 31.76Hz[3]，可见低温流体空化的气泡产生和脱落频率相比常温流体要高出将近一倍。

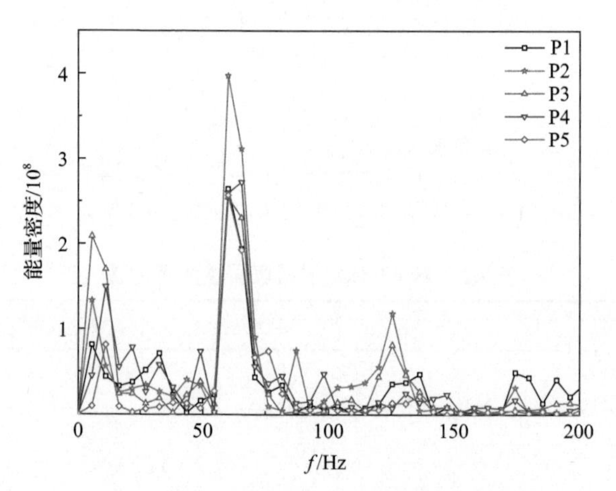

图 4.41　液氮空化时压力波动频谱分析曲线

4.3.2　空化区动态发展特性

图 4.42(a) 描述了一个周期内翼型表面液氮气泡脱落过程(以气相体积分数 0.1 作为边界)，图 4.42(b) 为文献报道的相同几何一个周期内水空化动态过程[3]。其中图 4.42(b) 的时间间隔是等分的，而图 4.42(a) 中具体每个时间点的时间都有标出。

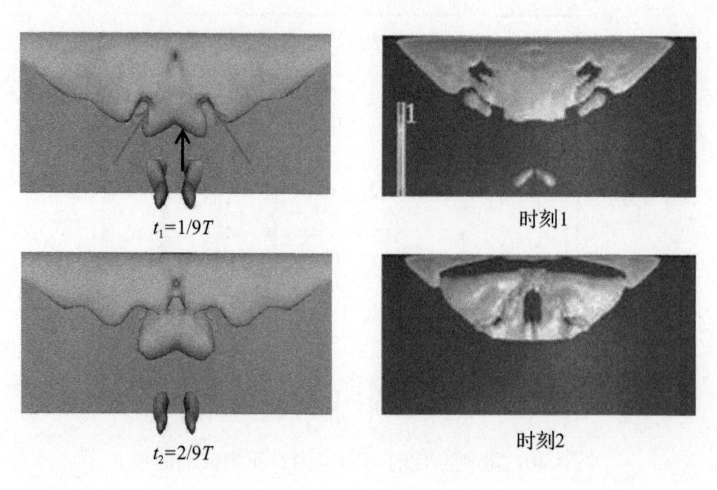

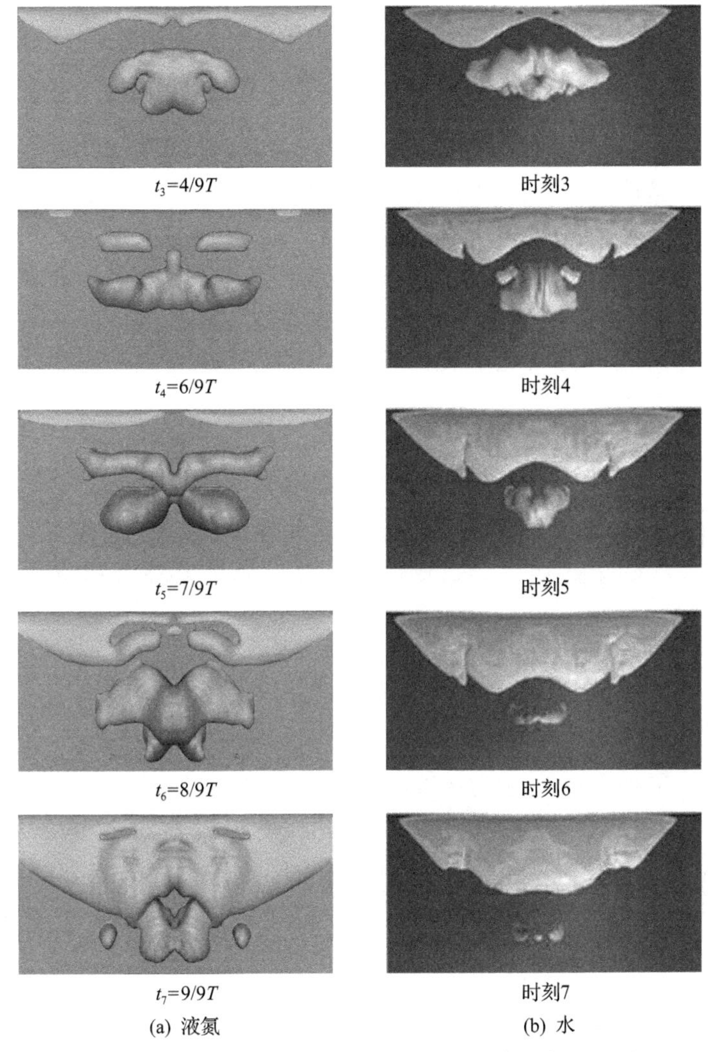

图 4.42　Twist-11N 水翼表面液氮和水空化周期内气泡发展过程

T 为时间周期

图 4.42(a)中 t_1 时刻为一个周期的开始，水翼前缘表面空化区达到了最大长度，尾部由于表面结构凸起，气液表面开始出现起伏。气液界面的巨大压力梯度使液相形成了一股中间回射流和两股侧面射流(如图中箭头所示)，进入空化区。此时上个周期残留的云状气泡仍未完全消失，存在于水翼尾部。t_2 时刻，上一个周期的云状气泡已接近溃灭，同时回射流继续向水翼前缘前进，前缘部位的片状气泡从中间部位开始脱落。t_3 时刻，片状空化达到了稳定极限，开始大面积脱落形成新的云状空化，此时前缘部分残留的气泡体积达到最小。从 t_4 时刻到 t_7 时刻，t_3 时刻产生的气泡云团随着液体往下流动，压力逐渐升高，从而慢慢萎缩到最后

溃灭。可以看到气泡云团在末期分裂为二，同时前缘的片状气泡体积不断增大，逐渐发展成下一个脱落周期的空化区。

由液氮空化(图 4.42(a))和水空化(图 4.42(b))发现：①低温流体空化的云状脱落更彻底，对比 t_3 时刻，低温下气泡脱落后前缘剩余的气泡体积更小，甚至可能完全脱落；②低温流体空化的云状气泡可以顺着流体一直运动到水翼尾部(如 t_1、t_5、t_6)，而常温下气泡还未到达水翼尾部便坍缩甚至溃灭；③低温流体空化的脱落过程更复杂，可以发现，在 t_6 时刻，脱落的气泡云团还未溃灭，前缘片状气泡的尾部已经开始凸起，部分小气泡迅速脱落与下游的大气泡融合，在动态图中这一过程更加明显。而在常温空化模拟结果中并未观察到这一现象。

4.3.3　涡旋强度对气泡脱落的影响

由于涡量(vorticity)与涡旋(vortex)并不等同，通过涡量的模 $|\omega|$ 来识别涡旋比较困难，它不能区分纯剪切流动引起的涡量和涡旋运动引起的涡量，因此引入 Q 准则的概念来表征涡旋强度。Q 准则最早由 Hunt 等于 1988 年提出[15]，计算公式如下：

$$Q=-\frac{1}{2}\left(S_{ij}S_{ij}-\Omega_{ij}\Omega_{ij}\right) \tag{4.3}$$

式中，S_{ij} 为应变率张量；Ω_{ij} 为涡张量，它们的表达式如下：

$$S_{ij}=\frac{1}{2}\left(\frac{\partial u_i}{\partial x_j}+\frac{\partial u_j}{\partial x_j}\right),\quad \Omega_{ij}=\frac{1}{2}\left(\frac{\partial u_i}{\partial x_j}-\frac{\partial u_j}{\partial x_j}\right) \tag{4.4}$$

当 Q 值大于 0 时，涡张量大于应变率张量起显著效应，此时表面是有涡旋存在的。涡核的涡量通常是增大的，同时涡核的 Q 值维持在正值，因此 Q 准则可以较好地预测湍流流场结构[16]。

图 4.43 分别给出了一个周期内气相体积分数($\alpha_{\mathrm{v}}=0.1$)、Q 值(Q=$7.5\times10^5 s^{-2}$)、涡量的模($|\omega|$=$5500\mathrm{s}^{-1}$)的等值面图，可以发现涡量的大小并不能很好地反映空化的发展过程。相反，Q 值的等值面图所展现的涡旋结构相当复杂，但是能发现和气相体积分数图存在一定的联系。

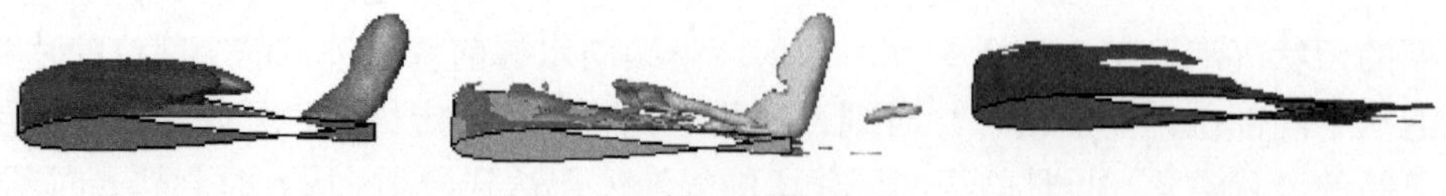

(a)　t_1=1/9T

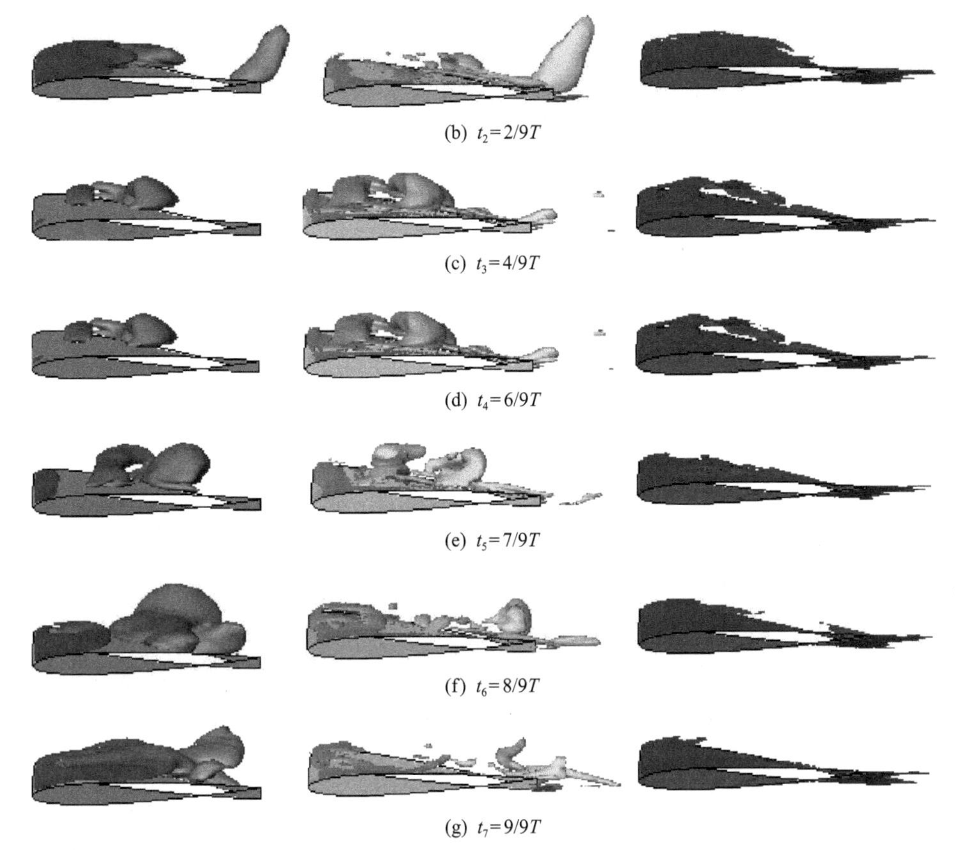

(b) $t_2=2/9T$

(c) $t_3=4/9T$

(d) $t_4=6/9T$

(e) $t_5=7/9T$

(f) $t_6=8/9T$

(g) $t_7=9/9T$

图 4.43　Twist-11N 液氮空化一个周期内气相体积分数、Q 值、涡量的模等值面图

为了更好地研究涡旋发展，图 4.44 给出了 t_1、t_3、t_4、t_7 时刻翼型对称面截面的流线图。如图 4.44(a)所示，此时流场存在一个强度较大的涡旋(A_1)，涡旋中心处于气泡内部，可以观察到翼型表面有一股回射流(如箭头所示)，从水翼尾部经表面流入前缘气泡内，水翼尾部存在一个较小的涡旋(A_0)，认为是上一个气泡脱落周期残留的。到了图 4.44(b)所示的时刻，在涡旋运动的作用下，气泡云团脱离了翼型表面，形成云状气泡漂浮于翼型上部，整个水翼上表面边界层明显分离，前缘部位开始形成一个新的涡旋(A_2)，同时上一个周期残留的涡旋消失。图 4.44(c)

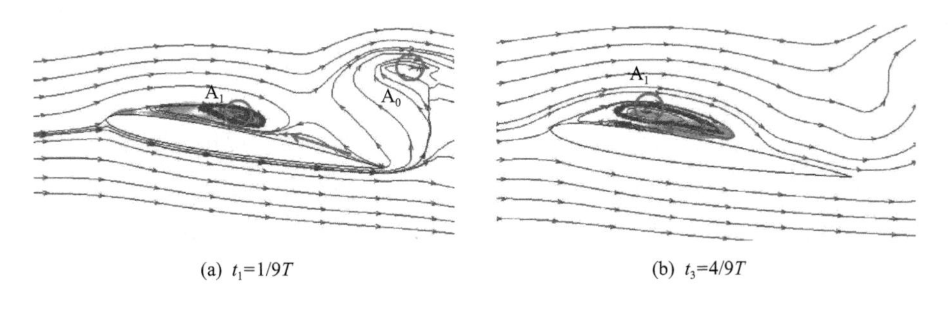

(a) $t_1=1/9T$　　(b) $t_3=4/9T$

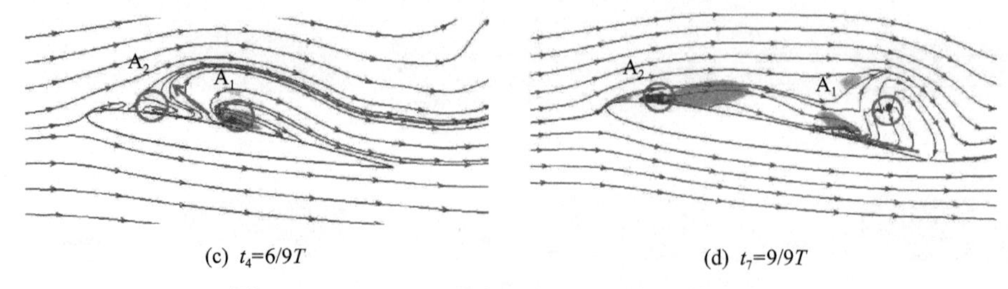

(c) t_4=6/9T　　(d) t_7=9/9T

图 4.44　Twist-11N 液氮空化不同时刻流场流线图

中，气泡云团随着涡旋向下流动，具有一定的滞后性，涡旋中心(A_1)不再处于气泡内部，而是位于气液界面处。如图 4.44(d)所示，脱落的气泡几乎消失，水翼前缘形成了新的气泡，一个周期即将结束，此时流场中有多个涡旋存在，流态十分复杂。

4.4 本章小结

本章基于第 3 章建立的数值框架，以及可压缩数学框架和 LES 湍流模型，对钝头体、攻角为 6°的平展 NACA0015 三维水翼液氢空化流以及 Twist-11N 三维扭曲水翼液氮空化流进行了数值研究，得出的结论如下。

4.4.1 钝头体液氢空化

数值模拟发现并分析了特殊的低温流体空化脱落现象，由部分脱落模式和完全脱落模式共同组成。热效应、涡量以及空化三者的相互作用改变了涡量的传输方式从而改变了空化区的脱落模式。

在部分脱落模式中，热效应导致了液体不完全蒸发，使其能流进入空化区并与回射流相互作用形成涡旋空化云团，但热效应抑制其继续变大，因此小云团主要在壁面处产生并以 2500Hz 的频率脱离主空化区，涡量传输主要发生在近固体壁面处。但若相同工况下不考虑热效应即等温空化，空化脱落以空化区整体脱落为主，并且涡量的产生和传输主要发生在气液界面上，特别是在空化区的尾部。

在完全脱落模式下，整个空化区尺寸比部分脱落模式中小，但其在前缘附近周期性地整体脱落，形成比部分脱落模式中更大的涡旋空化云团，但又比等温空化下的空化云团小得多。在该模式中，空化云团内部存在比部分脱落模式中更大的涡量，这表明涡旋-空化相互作用更强。

从部分脱落模式到完全脱落模式的过渡机制主要归因于涡旋动力学。在主空化区，涡旋小空化云团的离开会带走大量的蒸气，而空化区的液体气化来不及补偿。因此，主空化区尺寸逐渐缩小，直到它缩小到与近壁面涡旋结构相当的尺寸，被涡旋带走，形成空化云团脱落，从而进入完全脱落模式。

4.4.2 三维平展水翼液氢空化

(1) 在 $\sigma/2\alpha$ 大于 2.0 时，液氢空化的 St 比相同 $\sigma/2\alpha$ 值时无热效应的水小得多，而当 $\sigma/2\alpha$ 降低至约 2.0 时，其回到与水相同的水平。

(2) 当大空化云团在水翼尾流中溃灭时会产生较大的压力振幅并且增强空化区的涡旋强度，在 $\sigma/2\alpha$ 大于 2.0 时，液氢空化中的热效应对大空化云团的形成具有较强的抑制作用，导致了小空化云团的产生，空化云团的脱落机制主要是受涡旋和热效应的共同作用。

(3) 当 $\sigma/2\alpha$ 降低至约 2.0 时，由于涡旋强度增加，热效应对涡旋的相对抑制作用降低，流动非稳定性更接近于传统流体的大涡旋空化形态。

4.4.3 Twist-11N 三维扭曲水翼液氮空化

(1) 与水空化的数值结果对比，发现低温流体空化的频率更高、气泡脱落更彻底、溃灭过程更迅速、脱落过程更复杂。

(2) 从涡旋角度分析了气泡脱落与流场的关系，认为空化的发生首先导致了流场的不稳定和涡旋的产生，而涡旋的发展造成了流场边界层分离和气泡的脱落。

参 考 文 献

[1] Hord J. Cavitation in liquid cryogens. 3: Ogives[R]. Washington, D.C.: NASA, 1973.

[2] Ji B, Luo X, Arndt R E A, et al. Numerical simulation of three dimensional cavitation shedding dynamics with special emphasis on cavitation-vortex interaction[J]. Ocean Engineering, 2014, 87: 64-77.

[3] Ji B, Luo X W, Arndt R E A, et al. Large eddy simulation and theoretical investigations of the transient cavitating vortical flow structure around a NACA66 hydrofoil[J]. International Journal of Multiphase Flow, 2015, 68: 121-134.

[4] Petkovšek M, Dular M. IR measurements of the thermodynamic effects in cavitating flow[J]. International Journal of Heat and Fluid Flow, 2013, 44: 756-763.

[5] Hord J. Cavitation in liquid cryogens. 2: Hydrofoil[R]. Washington, D.C.: NASA, 1973.

[6] Ganesh H, Mäkiharju S A, Ceccio S L. Bubbly shock propagation as a mechanism for sheet-to-cloud transition of partial cavities[J]. Journal of Fluid Mechanics, 2016, 802: 37-78.

[7] Gustavsson J P R, Denning K C, Segal C. Hydrofoil cavitation under strong thermodynamic effect[J]. Journal of Fluids Engineering, 2008, 130(9): 091303.

[8] Kelly S, Segal C, Peugeot J. Simulation of cryogenics cavitation[J]. AIAA Journal, 2011, 49(11): 2502-2510.

[9] Kelly S, Segal C. Experiments in thermosensitive cavitation of a cryogenic rocket propellant surrogate[C]. 50th AIAA Aerospace Sciences Meeting including the New Horizons Forum and Aerospace Exposition, Nashville, 2012: 1283.

[10] Arndt R E A, Song C C S, Kjeldsen M, et al. Instability of partial cavitation: a numerical/experimental approach[C]. Proceedings of the Twenty-Third Symposium on Naval Hydrodynamics, Val de Reuil, 2000.

[11] Wallis G B. One-dimensional Two-phase Flow[M]. New York: McGraw-Hill, 1967.

[12] de Giorgi M G, Ficarella A, Tarantino M. Evaluating cavitation regimes in an internal orifice at different temperatures using frequency analysis and visualization[J]. International Journal of Heat and Fluid Flow, 2013, 39:

160-172.

[13] Foeth E. The structure of three-dimensional sheet cavitation[D]. Delft: Delft University of Technology, 2008.

[14] Wang S, Zhu J, Xie H, et al. Studies on thermal effects of cavitation in LN_2 flow over a twisted hydrofoil based on large eddy simulation[J]. Cryogenics, 2019, 97: 40-49.

[15] Fu W, Lai Y, Li C. Estimation of turbulent natural convection in horizontal parallel plates by the Q criterion[J]. International Communications in Heat and Mass Transfer, 2013, 45: 41-46.

[16] 吕婷. 基于CFD的超声空化对抛光介质运动影响的研究[D]. 苏州: 苏州大学, 2015.

第 5 章　低温流体空化可视化实验研究

本章详细介绍了四套可视化液氮空化实验系统及结果，分别是水平文氏管实验方案、垂直文氏管实验方案、三维水翼实验方案以及渐缩渐扩通道实验方案。前三套系统通过高速摄像机对液氮空化的脱落过程进行可视化研究，同时基于液氮传感器获得流场内流量、压力及温度分布；最后一套基于激光多普勒测速仪(LDV)首次获得了液氮空化区的速度。基于实验结果，推导得到了考虑过冷度的无量纲压比，并以此为参数结合无量纲热效应强度参数研究空化区长度、脱落频率等特性，使用声速公式解释了压力波主导的低温流体空化非稳定性机理。

5.1　水平文氏管液氮空化实验研究

液氮流经文氏管喉部，流道变窄，根据连续性方程，速度增加，同时由伯努利方程，局部静压降低，当低于当地饱和蒸气压时，液体发生空化。文氏管结构简单，经常作为理想的空化研究部件，也是燃料进入火箭燃烧室前控制推进剂流量稳定的关键部件，因此对文氏管低温流体空化非稳定性机理开展研究具有实际意义。

本内容如下：①基于实验数据，分析了空化流动过程中的两种流态，介绍了两种不同流态的流动特性，给出了两种流态转换的临界压比，分析了间歇流状态下周期性脱落的特性，发现低温流体整体空化脱落周期远小于水，指出了低温流体与水空化的不同之处；②分析了声速在两种流态下的流动特性和流态转换中的作用，分析了空化区的波动特性，发现空化区的压力波动能够传递到文氏管出口，在一定范围内，空化的脱落频率、空化区长度以及压力振幅随着压比的增大而增大，但是并非线性变化；③解释了空化的热效应，分析了温降数据，指出压比越大，温降越明显，空化热效应越剧烈，指出了热效应对低温流体空化的抑制作用；④分析了空化初生特性，发现了空化发生的临界压比。

5.1.1　实验台及测量系统

5.1.1.1　装置结构

文氏管空化实验以常温流体为介质被广泛开展，然而液氮可视化实验较少，其中一个原因正如 Hord[1]指出的，透明文氏管在低温下极其容易碎裂从而导致实验失败。2013 年至今，本书作者提出了自密封技术[2,3]，基本解决了金属和有机玻璃之间活动连接在低温下的密封问题，在此过程中陆续搭建了两套实验装置。装置 1 为水平文氏管实验方案，如图 5.1 所示，实物照片见图 5.2。液氮从供应杜瓦罐中被高压氮气压出，流经透明有机玻璃文氏管时，液氮发生气化，形成空化区。随后，在文氏管渐扩段，压力升高，气泡溃灭。整个过程被高速摄像机采集及存储。文氏管前后的流体静压由低温压力传感器 P1 和 P3（Kulite CT-190（M），美国）直接测量，流量由安装在下游的涡轮流量计（Hoffer）测量，流量由涡轮流量计下游的低温电磁阀控制。为使文氏管入口处液氮满液，阀门前的管道都使用真空绝热，经分析在真空度为 10^{-3}Pa 时总漏热仅为 22.8W，因此系统漏热可忽略。文氏管前直段长度大于 1m 以保证流动充分发展，同时在透明文氏管上安装有 5 个铜-康铜热电偶用于测量入口及空化区温度分布，并安装一个低温压力传感器测量喉部压力波动，其位置及相关尺寸如图 5.3 上图所示，下图为实物图。

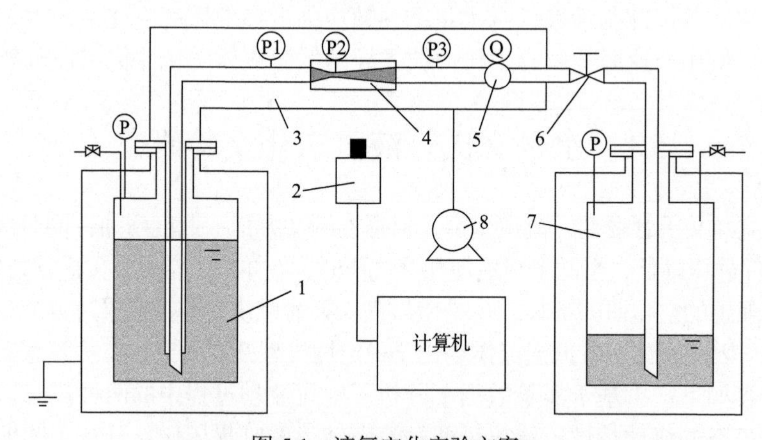

图 5.1　液氮空化实验方案

1.供应杜瓦罐；2.高速摄像机；3.真空腔；4.测试段；5.涡轮流量计；
6.低温电磁阀；7.接收杜瓦罐（带真空夹层）；8.真空泵

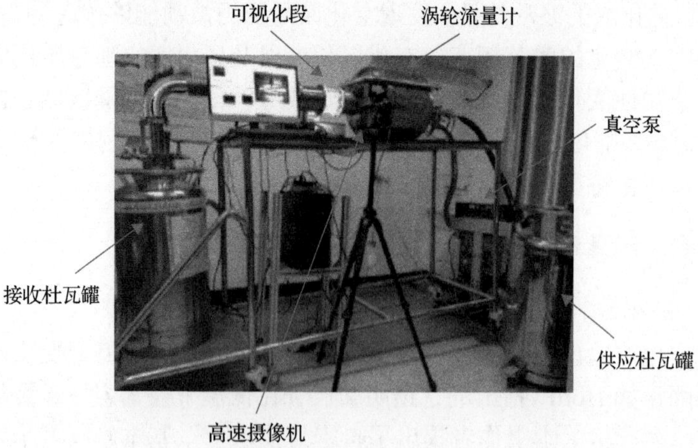

可视化段　涡轮流量计

真空泵

接收杜瓦罐

供应杜瓦罐

高速摄像机

图 5.2　水平文氏管液氮空化可视化实验装置

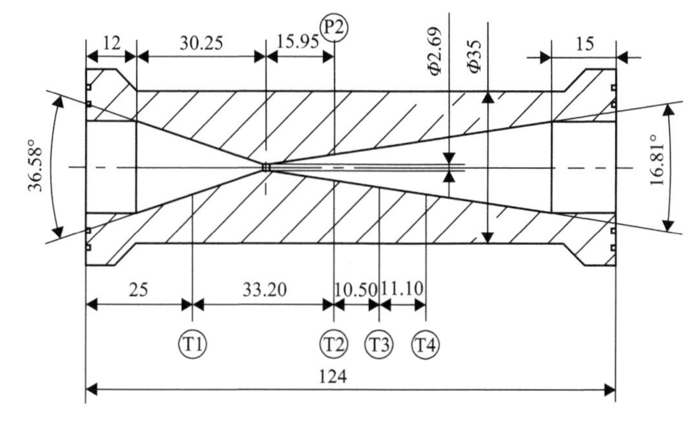

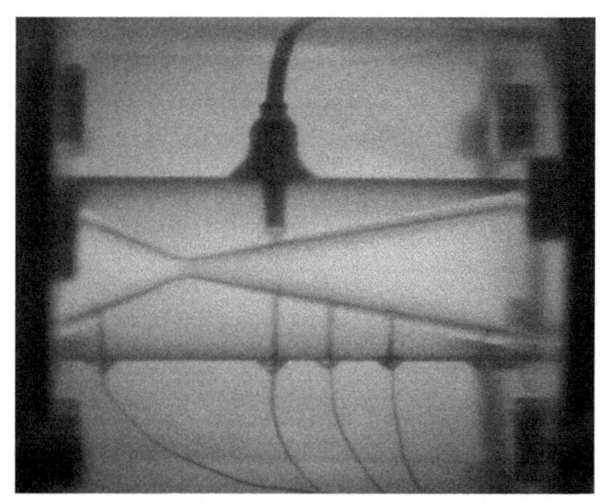

图 5.3　安装有传感器的文氏管示意图和实物图(单位：mm)

Ⓣ1～Ⓣ4为轴号

5.1.1.2　文氏管低温连接的密封方法

实验装置搭建过程中遇到的最大的技术问题是有机玻璃文氏管两端与 304 不锈钢部件的低温下高真空密封，且要求文氏管可拆卸更换。本实验自主设计了低温自密封结构[2]，其基本结构如图 5.4 所示，基本原理是利用低温下有机材料收缩率高于金属的特性。室温时，将一段不锈钢直管经液氮浸泡后分别插进金属法兰和有机玻璃法兰内孔，形成一段套管结构，同时在法兰孔内壁涂一层低温密封硅脂，以达到密封效果。在文氏管端，因为低温下有机玻璃收缩率是不锈钢的数倍，两者形成紧密配合密封。这种低温自密封结构简单，经过本书作者多次实验验证，通液氮后能够达到 10^{-3}Pa 真空度。但需要注意的是，密封结构对密封面的光洁度有一定要求。

5.1.1.3　文氏管上传感器的密封方法

该实验的另一个技术难题是有机玻璃文氏管上温度传感器和压力传感器的密

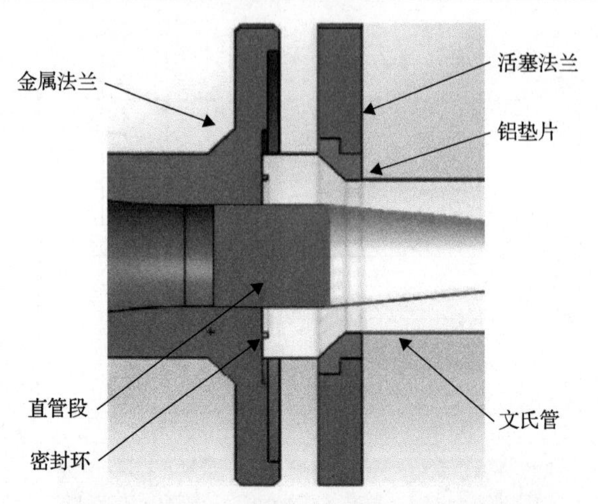

图 5.4　文氏管和金属的自密封结构剖面图

封安装。为测量空化区温度和压力，在文氏管上打微孔布置温度传感器和压力传感器(图 5.3)，文氏管外是真空，内是高压液氮，因此小孔的密封难度很大，更造成有机玻璃低温强度减小从而容易破裂的问题。温度传感器开孔直径为 1mm，孔深随文氏管厚度的不同而不同，一般为 10～25mm。将热电偶插入孔内，使测温端头目视刚好与文氏管内壁面齐平，定位完毕之后用环氧树脂密封胶封住，该胶水为环氧树脂胶水 A 胶、环氧树脂胶水 B 胶两种配比使用。经过实验验证，对于 1mm 孔内灌注的胶水，环氧树脂低温下性能良好，在一定时间内不存在渗漏现象。值得注意的是，热电偶线外面的绝缘层非常光滑，与胶水不黏接，需小心将绝缘层剥掉，但同时应保证不能让两根导线互相触碰。

压力传感器自带螺纹，因此需要在文氏管上加工出螺纹孔，为了密封圈能发挥作用，在文氏管外表面螺纹孔处磨平以加工出一个小平台，加工完毕需要进一步手工处理，以减小由于应力集中而发生破裂的可能。在拧入螺纹孔之前，需要在螺纹上涂上少量密封脂。密封脂在低温下为固态，将有助于密封。

5.1.1.4　温度传感器标定方法

实验台中的铜-康铜热电偶测温导线尺寸比铂电阻小，灵敏度高，适合于低温流体空化区的高频温度测量。使用前需要标定，一般基于 100℃沸水、0℃冰水以及 77.4K 液氮沸点三点温度及标准铂电阻温度计进行标定。但由于标定温度跨度较大，和液氮空化实验过程一般为 75～85K 相比，温降一般小于 3K，测量精度不能满足实际要求。因此本书作者发明了一种液氮-液氧温区的热电偶标定方法[4]。标定装置如图 5.5 所示，使用铂电阻作为标准温度计(精度为±0.1K，中国科学院理化技术研究所低温工程与系统应用研究中心标定)测量低温液体温度，同时使用冰水混合物作为热端参考点，铜-康铜热电偶测温点置于低温液体中，参考端置于冰水混合物并通过铜导线引出。数据采集使用 Keithley 2700 数据采集仪和 Module 7708 板卡进行四线制铂电阻阻值读取及电势差采集，采用通用接口总线/通用串行总线（GPIB/USB）数据线连接计算机进行数据显示和储存；采用 LabVIEW 编程，对 Keithley 2700 的采集过程进行控制。在液氮和液氧混合物中，泡点温度随着液氮摩尔分数的变化如图 5.5(b)所示，因此我们将氧气通入液氮(LN_2)中并强烈搅拌，获得液氧/液氮不同比例混合的混合物及其稳定的温度。

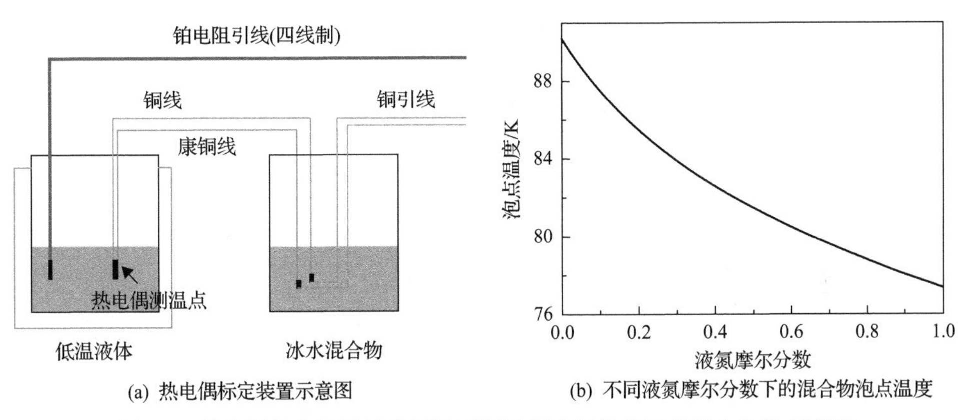

(a) 热电偶标定装置示意图　(b) 不同液氮摩尔分数下的混合物泡点温度

图 5.5　热电偶标定装置示意图及不同液氮摩尔分数下的混合物泡点温度

如图 5.6 所示，4 张图分别展示了纯液氮、纯液氧温度以及两种液氮液氧混合

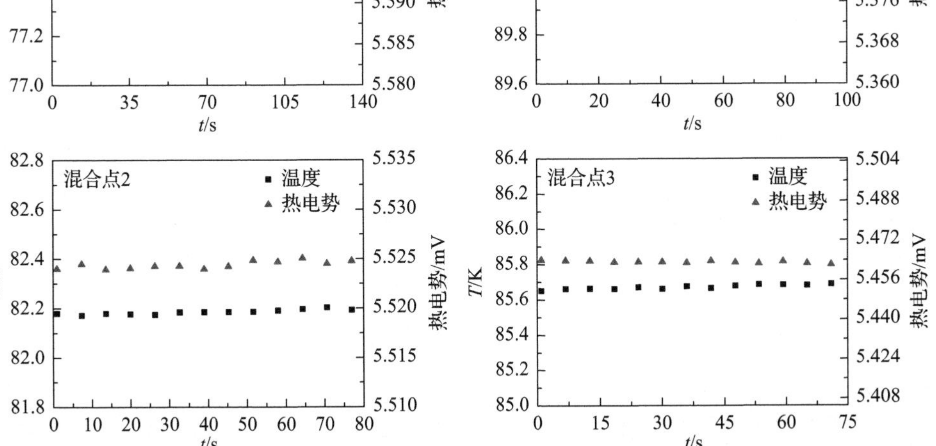

图 5.6　液氮液氧混合所得溶液温度和热电势

物(混合点 2 和混合点 3)温度(标准铂电阻,精度 0.1K)和相应热电偶的电势(参考点为冰点),可见两者稳定时间都长达 1min 以上,每组数据的 3 倍样本标准差均小于 0.1K,可见液氮液氧不同比例混合下的混合液温度稳定性满足了标定要求。

表 5.1 给出了得到的 5 组算数平均温度和热电势值。利用最小二乘法进行拟合得到自变量为电势(e)的二阶多项式,从而得到该热电偶在 77.49～89.98K 温度区间内的温度-电势差关系式:

$$T = -26.2787 \cdot e^2 + 230.0730 \cdot e - 383.8921 \tag{5.1}$$

表 5.1 液氧液氮混合物中得到的 5 组算数平均温度和热电势值

温度/K	77.49	79.46	82.18	85.67	89.98
热电势/mV	5.5989	5.5675	5.5244	5.4631	5.3859

该标定方法详细误差分析见文献[5]。经分析并考虑随机误差和 Keithley 2700 的量程误差的总误差为±0.24K,可满足液氮空化实验温度要求。

5.1.1.5 实验测量设备及误差分析

液氮文氏管可视化空化实验相关测量仪表、设备参数、测量范围和误差汇总于表 5.2。本实验测试系统的误差由标定误差和仪表误差合成[6]。

表 5.2 液氮文氏管可视化空化实验台测量设备及参数

设备名称	型号	重要参数
低温涡轮流量计	Hoffer	精度±0.25%FS[a],量程 0.047～0.47L/s
低温压力传感器	Kulite CT-190(M)	精度±0.1%FS,量程 0～1.7MPa
常温压力传感器	UNIK5000	精度±0.25%FS,量程 0～1.5MPa
热电偶	Omega T 型铜-康铜	77～92K 综合误差±0.24K
铂电阻	ABB,Pt100	精度±0.1K,量程 77～300K
电动低温调节阀	蒙德克 DN50	行程:25mm,流量:11L/s
高速摄像机	Phantom Miro3	满幅 1200fps,分幅 11111fps,连续可调;曝光时间:2μs
数据采集卡	NI 公司 PCI-6220 采集板卡,Keithley 2700 数据采集仪	精度:6 位半
氙灯冷光源	XD-300-250W	色温:6000K;照度:58×10^{5}lx

a. %FS 表示传感器的满量程误差的百分数。

注:fps 表示帧频率。

1. 温度测量

实验使用 ABB 的 Pt100 铂电阻温度计测量液氮供液罐内的温度,温度计由中国科学院理化技术研究所标定，通过四线制测量铂电阻阻值以消除引线接入电阻影响，标定误差为 $\varepsilon_{T,1}=0.1\text{K}$。电阻测量的仪表误差为[7]

$$\varepsilon_R = X \cdot \text{Rd} + Y \cdot \text{FS} \tag{5.2}$$

式中，Rd 为读数；FS 为量程；X 为读数误差系数；Y 为量程误差系数。Keithley 2700 0～100Ω 量程挡对应的 X 和 Y 分别为 100×10^{-6} 和 20×10^{-6}[7]，相应的温度测量仪表误差为 $\varepsilon_{T,2}=\varepsilon_R\dfrac{\Delta T}{\Delta R}$。其中 $\dfrac{\Delta T}{\Delta R}$ 通过温度计标定表确定。因此，铂电阻温度测量系统的误差为

$$\varepsilon_T = \varepsilon_{T,1} + \varepsilon_{T,2} \tag{5.3}$$

由于液氮空化实验的温度在 70～90K，根据式(5.3)计算得到的该温度范围内的仪表误差分布如图 5.7 所示。由图可知，该温区内温度测量最高仪表误差仅为 0.01K。因此该铂电阻温度测量系统的误差为 0.11K。

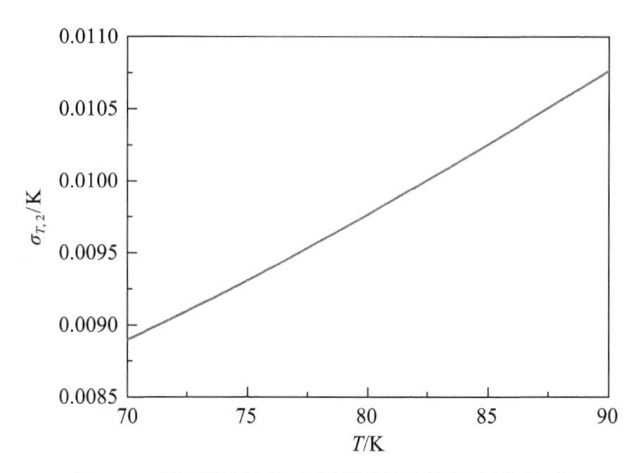

图 5.7　温度测量仪表误差随温度的变化关系

2. 压力测量

实验中压力传感器输出的标准电压信号(0～5V)由 NI 的数据采集卡 PCI-6220 记录。低温压力传感器为美国科莱特(Kulite)公司的 CT-190(M)，精度为±0.1%FS，量程为 0～1.7MPa(绝对压力)；常温压力传感器为 GE 公司的 UNIK5000，精度为±0.25%FS，量程为 0～1.5MPa(绝对压力)。因此对于低温压力传感器，$\varepsilon_{P,1}=1700\text{Pa}$；对于常温压力传感器，$\varepsilon_{P,1}=3750\text{Pa}$。

PCI-6220 板卡在量程为 5V 时电压测量误差为 1.62mV，量程为 1V 时其电压测量误差为 0.36mV。电压测量误差对应的压力测量误差为

$$\varepsilon_{P,2} = \varepsilon_U \times \frac{\Delta P}{\Delta U} \tag{5.4}$$

式中，ε_U 为电压测量误差；ΔP 为压力量程；ΔU 为电压量程。

由压力传感器误差和电压信号误差合成的测试系统的误差为

$$\varepsilon_P = \varepsilon_{P,1} + \varepsilon_{P,2} \tag{5.5}$$

计算可得，对于低温压力传感器，ε_P = 5100Pa；对于常温压力传感器，ε_P = 3979Pa。

3. 流量测量

空化实验中流量采用 Hoffer 的低温涡轮流量计测量得到。如表 5.2 所示，其精度为±0.25%FS，量程为 0.047～0.47L/s，标定误差为 0.001L/s。

Keithley 2700 数字万用表采用 20mA 量程挡，其测量误差为[7]

$$\varepsilon_I = 0.05\%\mathrm{Rd} + 0.008\%\mathrm{FS} \tag{5.6}$$

式中，ε_I 为数字万用表测量误差；Rd 为相对标准偏差。

且

$$\varepsilon_{V,2} = \varepsilon_I \times \frac{\Delta \dot{V}}{\Delta I} \tag{5.7}$$

式中，$\Delta \dot{V}$ 为流量量程；ΔI 为电流量程。

流量系统的系统误差为 $\varepsilon_{V,1}$ 和 $\varepsilon_{V,2}$ 之和，即

$$\varepsilon_V = \varepsilon_{V,1} + \varepsilon_{V,2} \tag{5.8}$$

式中，$\varepsilon_{V,1}$ 为电压测量误差。

因此，计算得到的流量系统最大测量误差为 0.0013L/s。

5.1.2　实验结果及分析

5.1.2.1　空化现象及特性

图 5.8 给出了典型的文氏管中液氮云状空化图像。可以看出，空化区呈现出明显的云雾状，空化区边界模糊，并不存在明显的气液界面，这与日本宇宙航空研究开发机构(Japan Aerospace Exploration Agency, JAXA)报道的低温流体空化实验现象一致[8]。由第 4 章的机理分析可知，这是因为热效应使来流部分液氮能够进入空化区内部，导致存在气液共存的两相区，蒸气主要由内部液体蒸发产生。相比之下，常温流体空化区是个蒸气区，气相体积分数接近 100%，来流不能进入空化区，空化区压力的维持来自气液界面的蒸发。

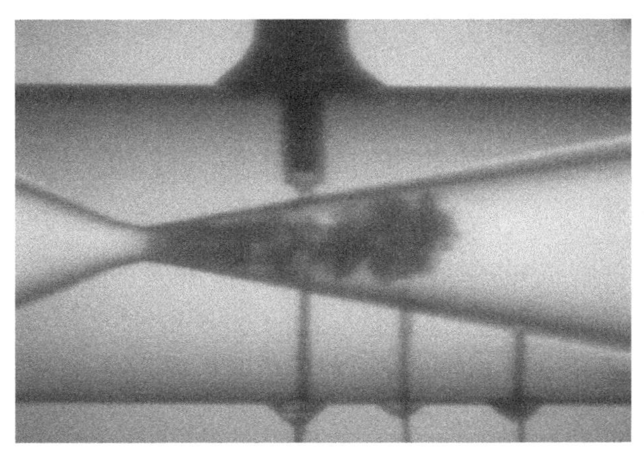

图 5.8　文氏管中液氮云状空化图像

文氏管喉部是空化发生的分界点。定义空化区长度为从空化发生位置到可见范围内空化云团能够到达的最远处的长度。实验中发现充分发展的液氮空化流动存在两种典型的流态。一种流态是空化区长度不发生明显变化，但空化区尾部一直不停地产生和脱落小空化云团，将此种流态定义为连续模式，如图 5.9(a)所示。另一种流态是空化区长度发生明显的周期性变化，大空化云团周期性产生和脱落，空化长度存在明显的“耸动”现象，把这种流态定义为“间歇模式”，如图 5.9(b)所示。图中阴影表示产生的空化区，颜色越深，表示气相体积分数越大。对间歇模式，大空化区的脱落从喉部就开始，一直到空化区尾部，这中间任何一个位置都有可能发生气相区断裂，就像被刀一段一段“切开”一样。一个有意思的现象是，脱落的大空化云团存在时间很短，几乎在脱落的位置附近瞬间完成液化。

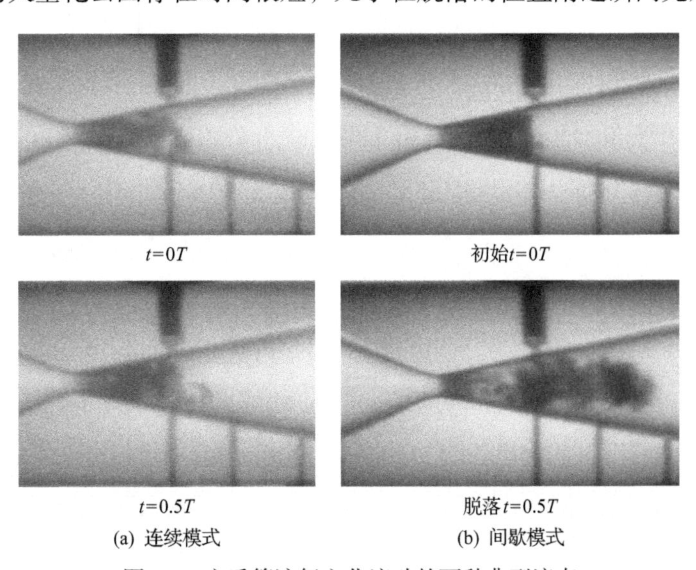

图 5.9　文氏管液氮空化流动的两种典型流态

这里定义压比 $P_{rat} = P_{in}/P_{out}$（P_{in} 为进口压力，P_{out} 为出口压力）。进一步实验发现，当压比 P_{rat} = 1.69 时，两种模式交替出现，任何一种流态都不会一直持续，因此两种模式转换的临界压比约为 1.69。实验还发现，当 $1.09 < P_{rat} < 1.19$ 时，空化非常弱，仅附着在喉部上壁面附近。当 $1.19 \leqslant P_{rat} < 1.69$ 时，空化区逐渐沿喉部径向由上壁面扩展到下壁面，同时空化区逐渐变长，但空化区长度的绝对值仍然小于间歇模式。出现这种现象，考虑可能是由于加工原因，喉部上壁面更粗糙。空化实验研究表明[9]，粗糙表面存在气化核心，因此有利于促进空化发生。

5.1.2.2 压力波动频谱分析

利用 FFT 方法分析空化区压力波动数据，测量了空化区长度变化，如图 5.10 所示。图 5.10(a)、(c)、(e) 为空化区长度周期性变化图，图 5.10(b)、(d)、(f) 为空化云团的脱落频率图。对应的空化图像分别为图 5.10(a′)、(b′)、(c′)。三种工况压比分别为 1.73、2.32 和 2.60。可知，在一个周期内空化区长度呈现线性增长。随着入口压力增大，喉部流速增大，空化云团脱落频率增大，空化区长度逐渐增加，这说明空化剧烈程度增加。这与水在文氏管空化区长度的变化规律有些不同[10]，如图 5.11 所示，水的空化区长度更像正弦曲线变化。以上对比表明，低温流体空化非稳态性更高，频率远大于水。

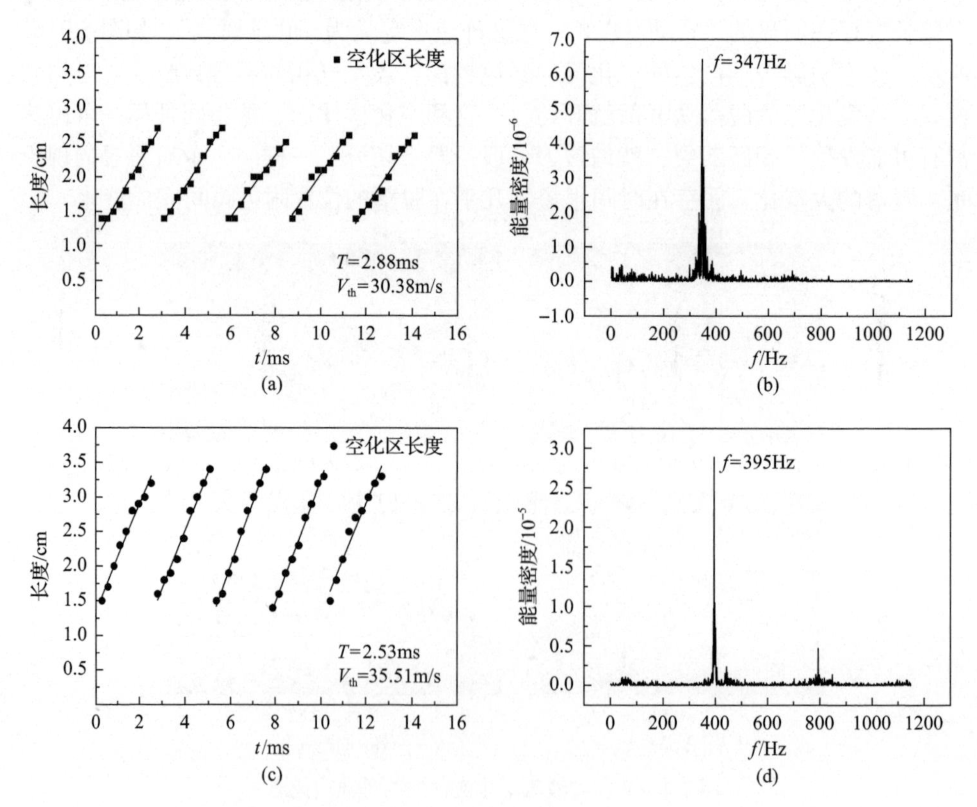

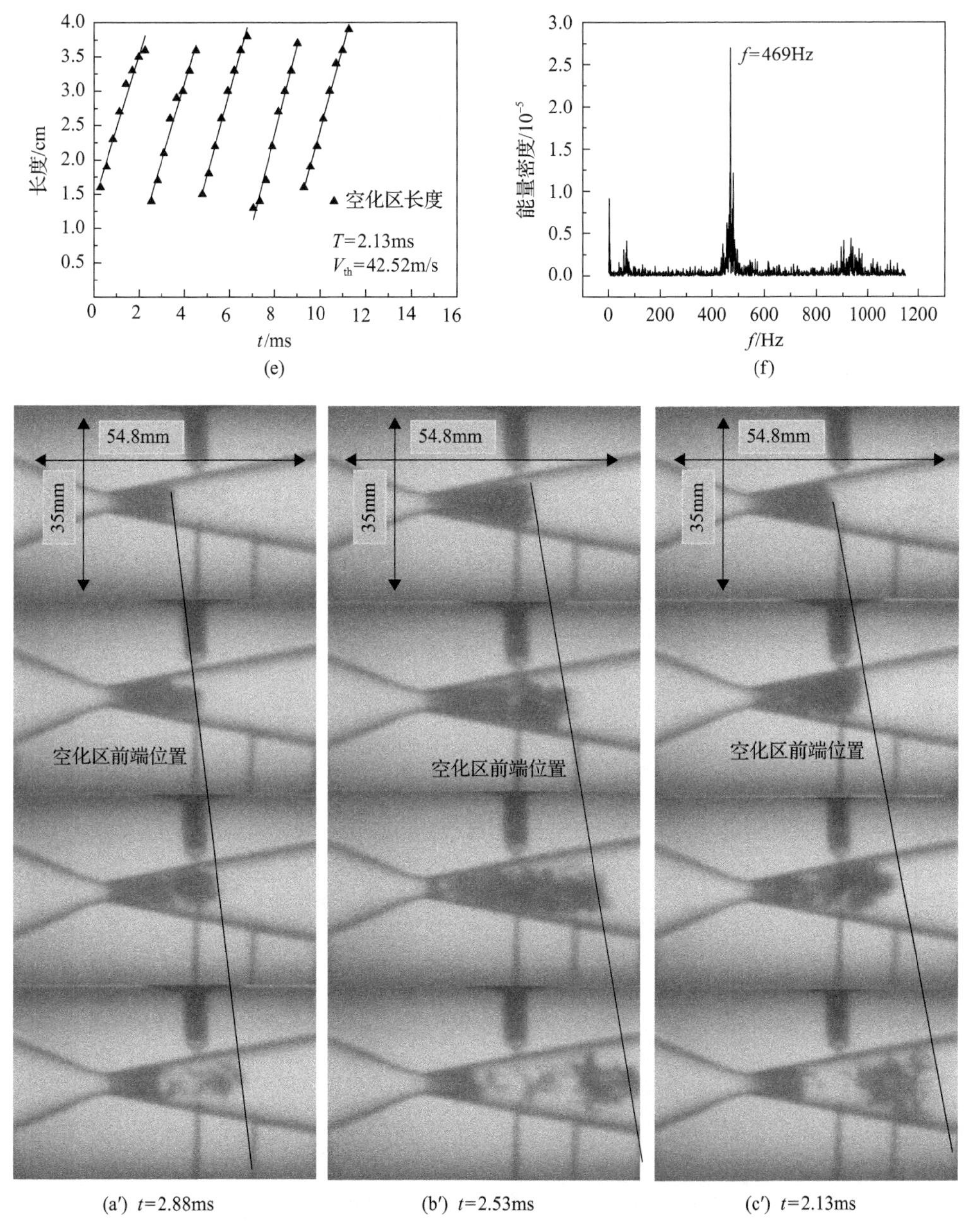

(a′) t=2.88ms　(b′) t=2.53ms　(c′) t=2.13ms

图 5.10　空化区长度周期性变化图

T 为周期，V_{th} 为喉部流速

5.1.2.3　空化云团脱落机理

很多数值研究及实验已经证实，云状空化脱离壁面是由尾部射流引起的[11]，即空化区尾部存在逆向压力梯度，沿着壁面存在从下游到上游的二次射流，如图 5.12

所示，该二次射流像一把“铲子”，插入空化区与壁面之间，甚至可以一直到文氏管喉部，导致整个空化区脱离壁面，形成间歇模式。值得注意的是，二次射流并非对称发展，上壁面二次射流强度大时，增大了上壁面附近的压力，迫使空化云团靠近下壁面，如图 5.12(a)所示，下壁面二次射流强度大时，增大了下壁面附近的压力，迫使空化云团靠近上壁面，如图 5.12(b)所示，上下壁面二次射流此消彼长，导致空化云团存在上下飘动的现象。

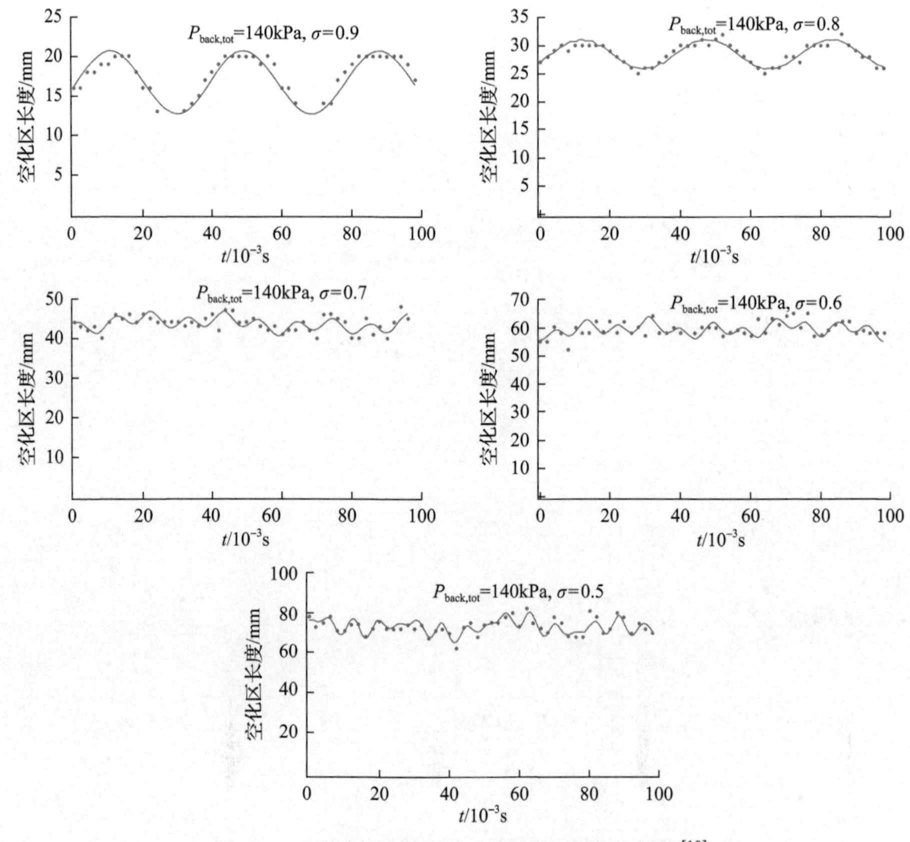

图 5.11　不同空化数下水空化区长度变化规律[10]

$P_{back,tot}$表示出口总压，σ为空化数；点为测量值，线为近似拟合曲线

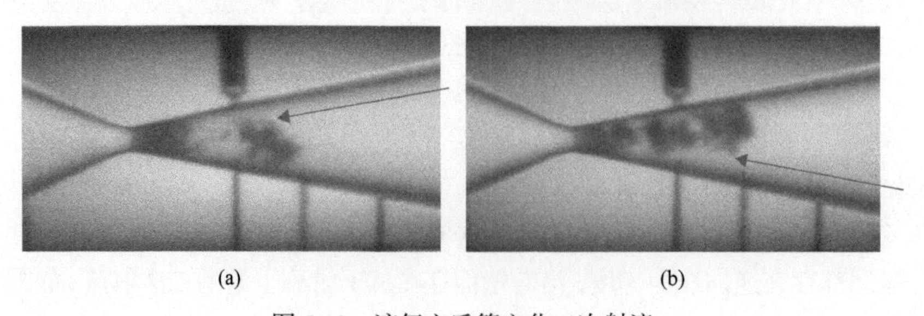

(a)　(b)

图 5.12　液氮文氏管空化二次射流

空化云团的周期性脱落导致压力的周期性变化，压力的周期性变化导致气相体积分数的周期性排列，压力高的地区气相体积分数小，颜色浅，压力低的地区气相体积分数大，颜色深，如图 5.13 所示。

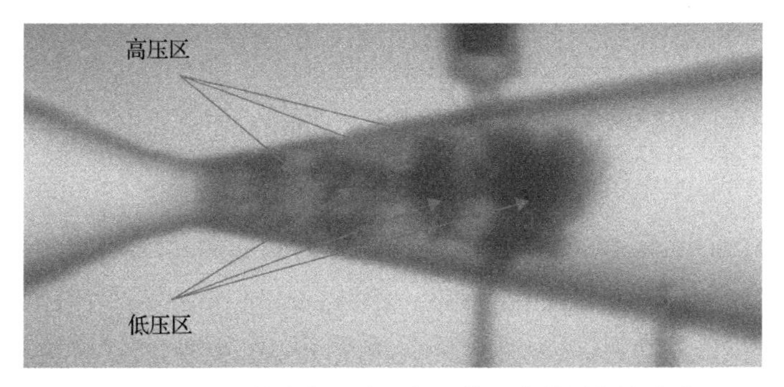

图 5.13　文氏管液氮空化区气相体积分数周期性波动

5.1.2.4　声速对空化流态的影响

空化流态的改变是因为空化发生时，流体由液相转为气液两相时声速的突然降低，即便是气相体积分数很小，也会导致两相区声速急剧降低，如图 5.14 所示。当 P_{rat}>1.69 时，在两相区，液体流速远大于声速(小于 10m/s)。空化发生时声速降低，两相区可压缩性大大增强，这实质上会阻碍流体的流动，导致流速降低，流速的降低导致静压的升高，静压升高时空化的剧烈程度会减弱，空化减弱后含气率减小、声速增加，声速对流动的阻碍作用减小，进而速度增大静压降低，空化又重新变得剧烈，如此往复循环，导致空化剧烈程度周期性变化。值得注意的是，这种循环通常都是在极短的时间内连续发生，宏观上就表现在空化区在喉部前后发生“耸动”的特殊现象。

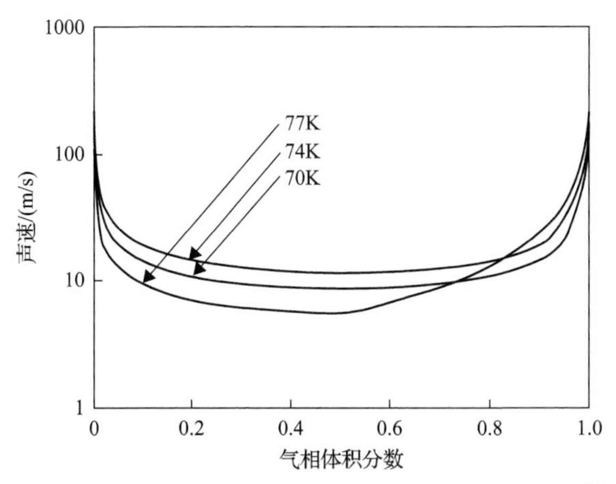

图 5.14　液氮/气液两相流声速和气相体积分数的关系[12]

当压比 P_{rat}<1.69 时，含气率非常小，空化云团并未完全充满整个喉部，此时喉部还存在纯的液相区，声速的减小对流动的阻碍作用非常弱，因此声速不会发生交替改变，表现在实验现象上就是空化连续模式的出现。

空化区压力周期性波动的原因是气泡的周期性产生和消亡，而气泡的周期性产生与消亡是由于声速的交替性变化导致的空化剧烈程度的周期性变化。实验测量发现，在间歇模式下，空化云团脱落频率非常高，通常在几百赫兹，而常温水空化的脱落频率只有几十赫兹到 100Hz。

实验发现喉部压力波动剧烈，在一组实验中，入口压力为 0.355MPa，喉部流速为 32.84m/s，经 FFT 分析得到喉部压力波动频率为 380Hz，出口压力波动频率为 380Hz，二者完全一致。在多组实验中都发现了这一现象，如图 5.15 所示。压力波动在流体中的传播速度为声速，在气液两相区声速远小于气相或者液相的声速，由图 5.14 可知，在气相体积分数仅为 0.2 时，77K 时声速小于 6m/s，实验中喉部速度远大于当地声速。因此，空化区压力波动将无法穿过喉部向上游入口传

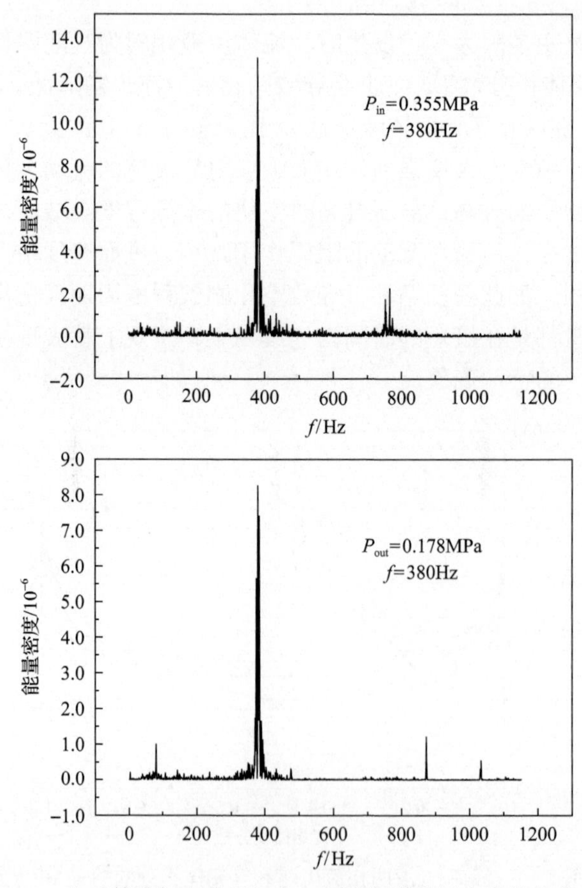

图 5.15　文氏管液氮空化区和出口压力频谱分析中的能量密度图

递，前面压力频率的分析也证实了这一点。

当出口压力与进口压力之比小于临界值时，文氏管呈现出口压力在一定范围内变化，流体流量小幅振动的特点，如图 5.16 所示，因而被用于精确控制液氢/液氧作为推进剂的液体火箭发动机的燃料流量[13]。上述工况下，流量随压力变化发生周期性微小波动。观察流量波动幅值发现，其范围在 0.0028L/s 以内，相对于总流量波动为 1.8%，这跟我们以前计算液氧文氏管空化的流量波动处于同一量级[14]，考虑到传感器流量测量误差，此流量波动相对于总流量很小。

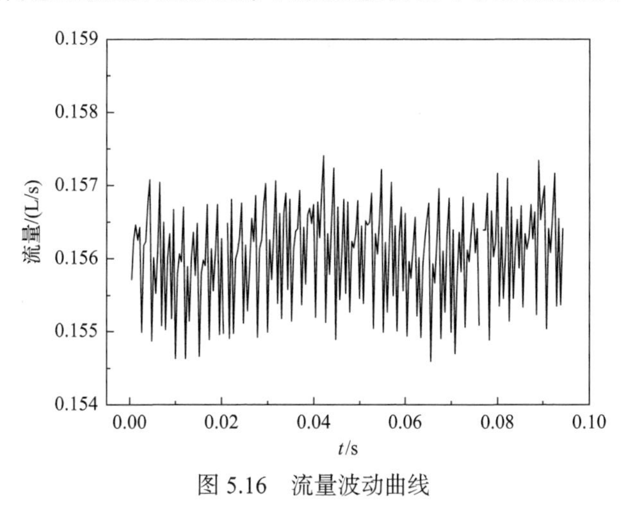

图 5.16　流量波动曲线

5.1.2.5　空化溃灭时的压力振荡

研究表明，水气泡溃灭时气泡内的压力瞬间可达成千上万个大气压，如此大的压强造成的破坏力是惊人的。图 5.17 给出了液氮入口压力基本维持在 0.639MPa，

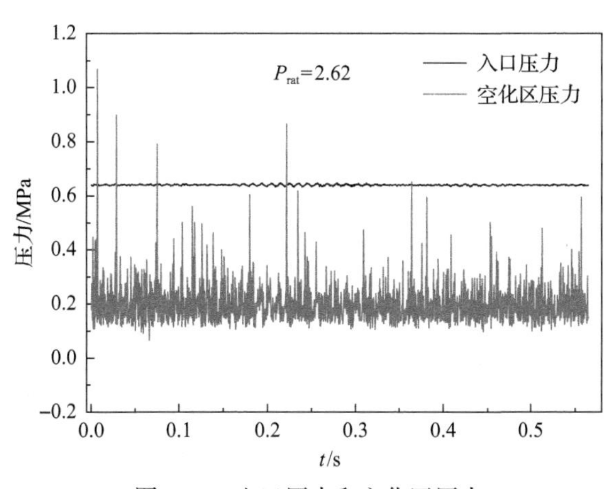

图 5.17　入口压力和空化区压力

文氏管喉部压力高频振荡地变化，其中最大压力甚至达到了 1.061MPa，超过了入口压力，由于压力传感器并不能直接监测到空化区内溃灭压力，传感器直接接触部分为流道壁面附近液体，可以推测，气泡内溃灭压力将更高，空化区最低压力为 0.06MPa，波动最大幅值超过了 1MPa。由此也不难理解空化发生时带来的强烈振动和噪声。

随着压比的增加，空化区压力振荡更加强烈。实验工况见表 5.3。由图 5.18 可知，随着压比的增加，湍流强度将更大，空化情况更加剧烈，空化区内部环境更加混乱和复杂，在空化区甚至出现了相对负压的情况。图 5.19 表明了在一定范围内，随着压比的增加，压力方差和振幅逐渐增加，并且在压比大于 2.3 时开始

表 5.3 实验工况

压比	方差/MPa^2	最大振幅/MPa	频率/Hz	空化区长度/mm
1.73	9.92×10^{-5}	0.05517	347	27
2.318	2.95×10^{-4}	0.10832	395	35
2.51	6.00×10^{-4}	0.1792	443	36
2.799	1.84×10^{-3}	0.45928	517	38

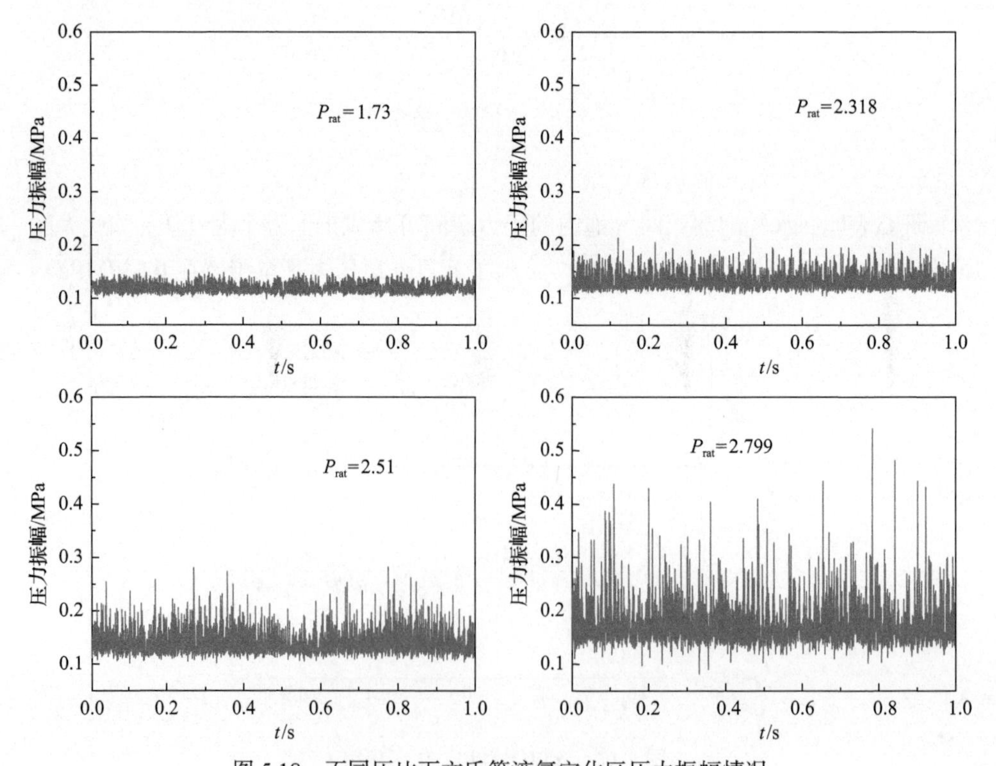

图 5.18 不同压比下文氏管液氮空化区压力振幅情况

急剧增加，接近指数增长态势。而空化区频率和空化区长度(空化区长度为人眼观察，有一定误差)随压比的增加而变大，但是整体趋势接近线性甚至更弱，如图 5.20 所示。

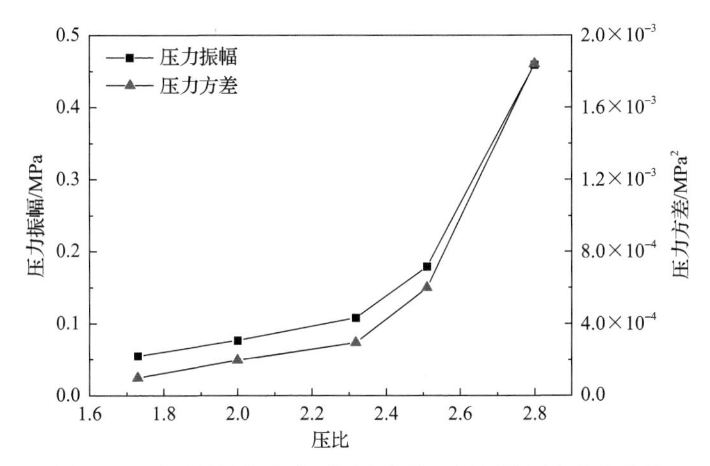

图 5.19　文氏管液氮空化区压力方差、振幅随压比变化曲线

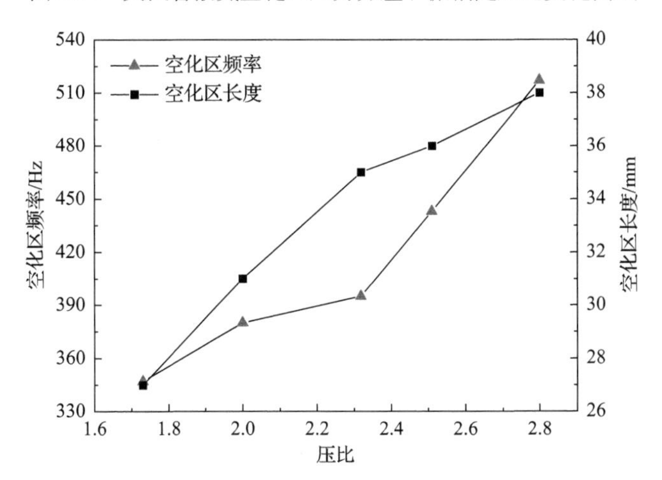

图 5.20　文氏管液氮空化区频率和空化区长度随压比变化关系

进一步的研究表明，空化区长度和脱落频率随着压比的增大并非线性增大，而是在上下波动的情况下逐步增大，这是由于声速的影响，前面已经分析，两相区声速大小的交替转变导致了空化区长度和频率不可能无限变大，图 5.21 证明了空化这一特性。

St 表征了卡门涡街脱落频率和流速的关系，在水翼空化中表示空化区尾部涡旋的脱落频率和来流速度的关系，水翼中 *St* 介于 0.2～0.3。在文氏管空化中，本实验得出 *St* 在 0.7～0.9 之间变化，且压比越大，*St* 变化越小，如图 5.22 所示。可

以推测，若实验数据足够多，*St* 将维持在某个小区间以内。

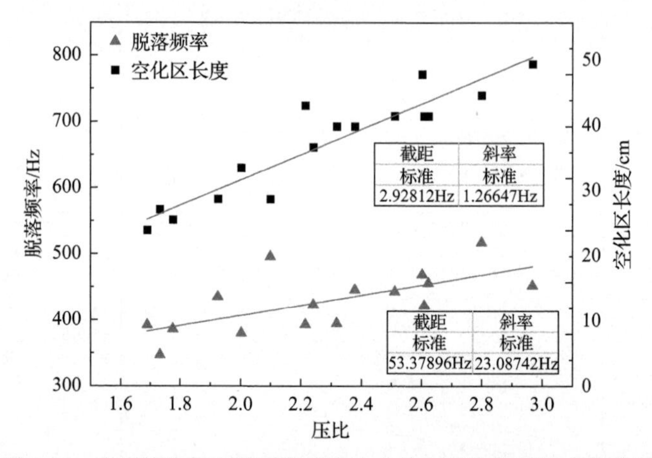

图 5.21　文氏管液氮空化脱落频率和空化区长度随压比变化曲线

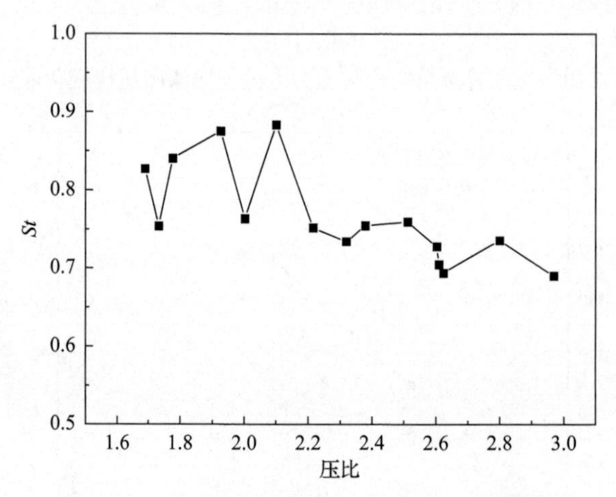

图 5.22　文氏管液氮空化时 *St* 随压比变化曲线

5.1.2.6　空化的热效应

第 1 章中已经分析，由于低温流体物性特殊，液体/蒸气密度小于水，温度对饱和蒸气压更敏感，导热系数小、潜热小等因素，空化区气化吸热效应明显，空化区以及空化区周围是一个相对低温区，因此不能再认为空化区温度是常数。

图 5.23 显示了因空化发生，传感器测点监测到的时均温降数据，假设来流温度和出口以及下游温度均与第一个温度传感器相同。由图可知，温度最低点发生在第三个温度传感器位置，分析空化动态图像可知，该区域为空化云团中下游位置，证明此处温降最明显，实际上相变最剧烈的地方发生在空化核心区，也就是第二个传感器位置，但是由于高速流动以及液氮导热系数小等因素，来不及传热，因此第三个传感器测到的温度最低。空化区尾部云团溃灭以后，温

度逐渐升高，但是从图中发现一个有意思的现象——出口温度(第五个传感器)甚至高于入口处温度，去除误差因素，分析得到可能的原因是空化区尾部压力升高导致蒸气泡瞬间溃灭，快速放出的潜热来不及耗散，使局部液体温度瞬间高于整体温度。

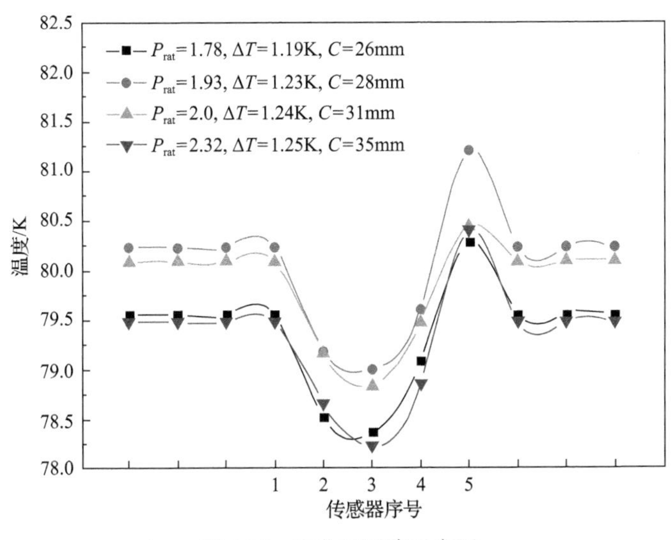

图 5.23　空化区温降示意图

ΔT 为时均温度极差

分析温降数据发现，在空化区有 1K 左右的温降，远大于水空化温降(约为0.01K)这跟模拟得出的结果[14]为同一数量级。空化伴随的温降将导致饱和蒸气压降低，饱和蒸气压降低将遏制空化的发生，因此热效应实际上遏制了空化的发展。因此可以断言，低温流体空化强度低于常温流体空化强度，但是非稳态特性要强于常温流体。前面已经分析过，压比的增加将导致空化区长度的增加，图 5.20 中，随着压比的增加，空化区长度逐渐变长，在一定的范围内空化区长度的变化代表着空化剧烈程度的变化，从图中可以看出，压比越大，空化区越长，温降越明显，空化越剧烈。

5.1.2.7　初生空化特征

空化的剧烈程度可以由进出口的压比来反映，压比越大，空化越强烈，实验记录了文氏管从无空化到有空化各点压比的变化，如图 5.24 所示。

空化发生之前，流动为全液体状态。逐渐增大流速，出口压力和空化区压力逐渐降低，图中左边竖线表示空化开始发生时刻，$P_{rat} = 1.09$ 是空化发生临界压比，当压比逐渐增大时，空化越来越剧烈，当 $P_{rat} = 2.05$ 时，空化完全发展，当 $1.09 < P_{rat} < 2.05$ 时，空化区不稳定，空化现象逐渐变得剧烈。值得注意的是，虽然初生

空化区长度很短，空化区很小，但仍然存在周期性脱落现象，如图 5.25 所示。

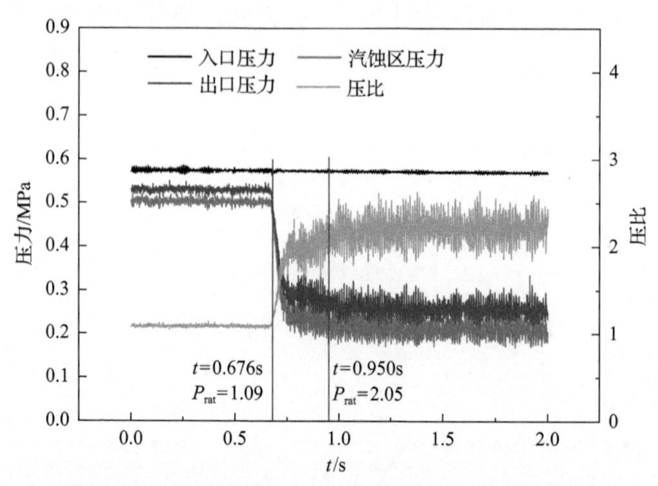

图 5.24　文氏管液氮空化从无到有过程各点参数变化

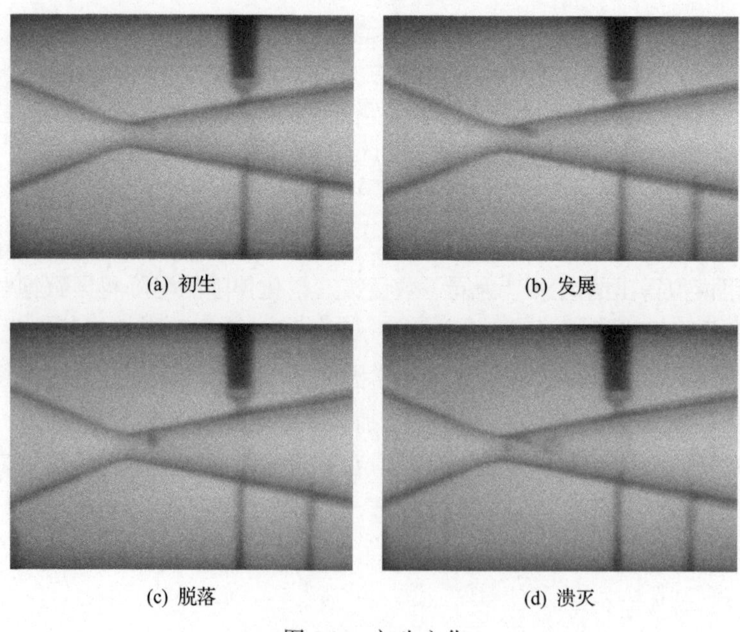

(a) 初生　(b) 发展

(c) 脱落　(d) 溃灭

图 5.25　初生空化

5.2　垂直文氏管液氮空化实验研究

本节通过图像分析重新定义了压比计算式，发现空化区长度和新压比的关系，发现新压比主导了空化区长度的变化。按照非稳态空化形态，将空化主要分为片状空化和云状空化两类。实验发现前者的施特鲁哈尔数(St_c)处于 0.04～0.08，而后者处于 0.3～0.4。分析发现，在云状空化区域，压比对脱落非稳定性(以 St_d 为表征)具有主导作用，压比越高非稳定性越强；而热效应对片状空化和云状空化的转变压比具有主导作用，热效应越强，转变压比越小。同时，对比发现，第 3 章建立的非稳态数值模型对云状空化的脱落频率预测精度在 8%以内，进一步证明第 4 章模拟结果的正确性。

在云状空化区域，通过空化区压力、温度及可视化图像分析可知，空化云团在尾流中溃灭产生了能量很强的压力波，引起并主导了上游空化区的脱落。随着压比的降低，空化云团增大，溃灭引起的压力幅值指数增加。基于压力波引起的空化区冷凝前缘的传播速度提出了新的施特鲁哈尔数 St_{shock}，Wallis 声速方程对该冷凝前缘运动速度具有良好的预测，使用该方程可计算得到空化区的脱落频率，理论分析发现，对于同一种流体，随着温度升高，空化区脱落变快，低温液体由于声速更大，其云状空化脱落频率将更大。

5.2.1　实验系统及分析方法

5.2.1.1　实验台结构

图 5.26 给出了垂直文氏管液氮空化可视化实验装置照片和示意图。液氮在供应杜瓦罐内由高压氮气压出后垂直上流，先流经低温涡轮流量计(Hoffer)，在透明文氏管形成空化区并经高速摄像机采集。下游低温控制阀用于控制流道内液氮流量和压力，进而调节空化区长度。为防止外界漏热导致液体沸腾，阀前的文氏管、流量计及连接管道均真空绝热，经计算真空度为 10^{-3}Pa 时总漏热仅为 19W，

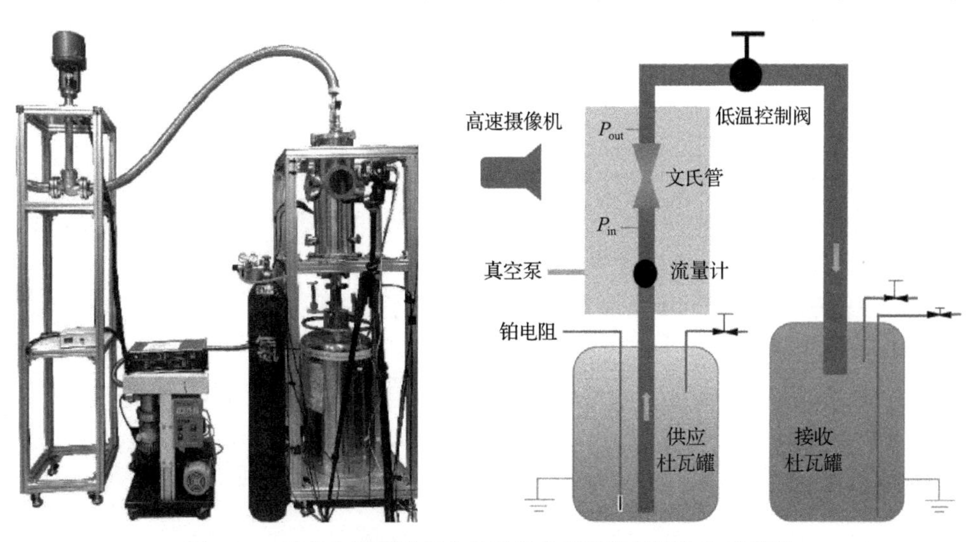

图 5.26　垂直文氏管液氮空化可视化实验装置照片和示意图

可忽略，从而保证了文氏管入口液氮为100%液相。文氏管前后压力经毛细管引出至常温环境中并由 UNIK5000 压力传感器(0～1.5MPa，0.2%FS)测得，由于毛细管的阻尼作用，所测压力为时均压力，供应杜瓦罐内液氮温度由铂电阻温度传感器(70～300K，0.1K)测得。测试的垂直文氏管尺寸如图 5.27 所示。

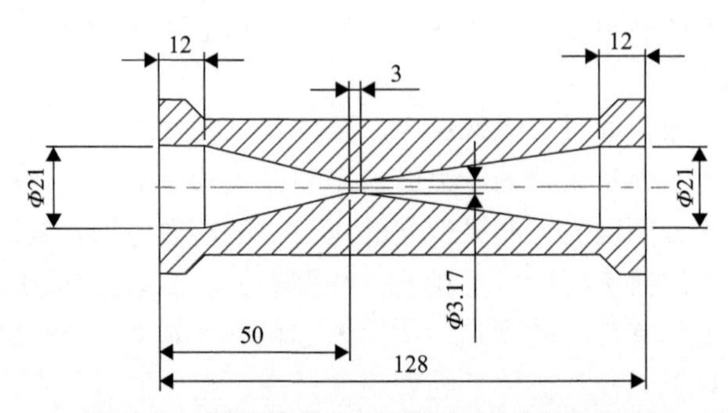

图 5.27　测试的垂直文氏管尺寸(单位：mm)

需要说明的是，水平和垂直文氏管两个实验台在现象上的区别不是很大，文氏管垂直放置提高了前后压差调节的灵敏度，且可显著减少预冷液氮，增加相同供液储罐容量下的有效实验时间，同时更容易保证进入测试文氏管前的液氮 100%为液体。因此，为避免重复解释现象和结果，水平文氏管实验台针对压力波主导的空化区脱落机理的分析，垂直文氏管实验台的实验结果侧重空化区长度、频率以及热效应强度的分析。

5.2.1.2　压比和空化数的关系

在空化实验中，空化数 σ 和压比 P_r' 常被用于描述空化强度：

$$\sigma = \frac{P_{out} - P_v(T_{in})}{0.5\rho_l u_{th}^2}, \quad P_r' = \frac{P_{out}}{P_{in}} \tag{5.9}$$

式中，ρ_l 为液体密度；P_{out} 为出口压力；$P_v(T_{in})$ 为入口温度对应的饱和蒸气压。与式(1.12)定义的空化数稍不同，这里分母用喉部速度 u_{th} 替代原来的文氏管入口速度 u_∞。然而相对于空化数的计算，显然测量及计算压比更为简单。在常温水空化实验中，文献[15]证明了压比和空化数之间的线性比例关系，从而使用压比代替空化数来描述空化强度。将本章中的液氮文氏管空化实验数据，按照式(5.9)计算 σ 和 P_r'，结果如图 5.28 所示，两者并没有明确的线性关系。因此，常温水中的压比定义式(5.9)并不适用于低温流体文氏管空化的描述。以下将分析其原因。

忽略黏性力和体积力，一维稳态动量方程可简化为伯努利方程：

$$P_{in} + 0.5\rho_l u_{in}^2 = P_v(T_{th}) + 0.5\rho_l u_{th}^2 \tag{5.10}$$

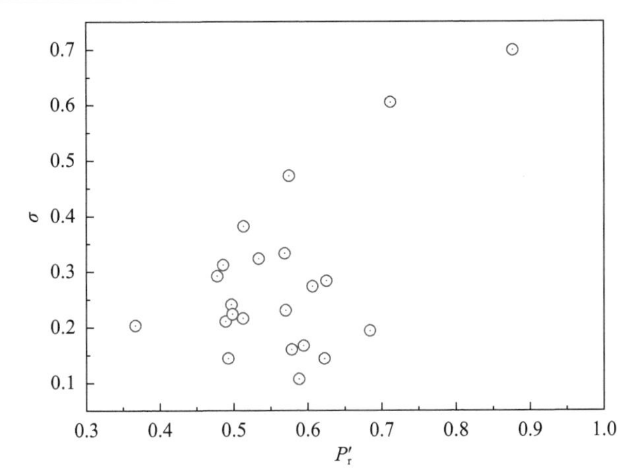

图 5.28　液氮文氏管空化中空化数 σ 与压比 P_r' 的关系

对于本部分所涉及的工况，入口液体动压 $0.5\rho_l u_{in}^2$ 小于 500Pa，相对于入口压力可忽略，所以式(5.10)可进一步简化为

$$P_{in}-P_v(T_{th})=0.5\rho_l u_{th}^2 \tag{5.11}$$

在液氮空化中，空化区最大温降为 1～3K，所以喉部局部饱和蒸气压 $P_v(T_{th})$ 和 $P_v(T_{in})$ 的差值可达 50000Pa，压差的量级不可忽略。考虑到喉部空化区实际温降值及饱和蒸气压难以测量。在这里，引入修正系数 η，将式(5.11)进一步转变为

$$\eta\left[P_{in}-P_v(T_{in})\right]=0.5\rho_l u_{th}^2 \tag{5.12}$$

式(5.12)中，$P_v(T_{th})$ 被 $P_v(T_{in})$ 替换，从而避免 T_{th} 的测量，温降导致的压降影响包含在修正系数 η 中。喉部速度 u_{th} 由实测文氏管入口流量 Q_L 换算得到。

联立式(5.9)和式(5.12)，得

$$\sigma=\eta^{-1}P_r,\quad P_r=\frac{P_{out}-P_v(T_{in})}{P_{in}-P_v(T_{in})} \tag{5.13}$$

式中，P_r 为本部分所定义的无量纲参数压比。

从式(5.13)可知，空化数 σ 与压比 P_r 呈线性关系，斜率为 η^{-1}，其中修正系数 η 由式(5.12)通过 P_{in}、T_{in} 和 u_{th} 计算得到。再根据液氮文氏管空化实验数据，按照式(5.13)计算 σ 和 P_r，结果如图 5.29 所示，两者的线性关系得到实验验证。

进一步分析可知，在常温(约 20℃)水空化中，饱和蒸气压量级为 3000Pa 左右，相对于进出口压力可忽略，因此式(5.13)中的压比可简化为 P_{out}/P_{in}，而对于液氮空化，P_v 在 10^5Pa 量级，若忽略将破坏 σ 与 P_r 的线性关系。

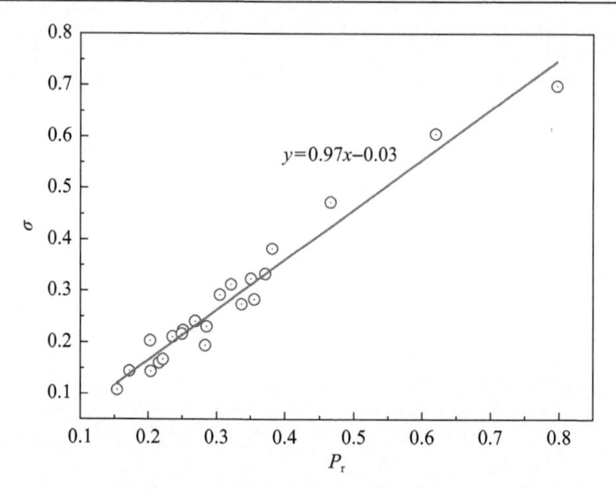

图 5.29 液氮文氏管空化中空化数 σ 与压比 P_r 的关系

由以上分析，使用 $P_r=\dfrac{P_{out}-P_v(T_{in})}{P_{in}-P_v(T_{in})}$ 来代替空化数描述液氮文氏管工况更科学。

5.2.1.3 图像处理技术

在该装置中，文氏管上并没有安装压力传感器测量喉部压力波动，原因是安装传感器后有机玻璃文氏管容易破裂，一般经过 2～3 次实验(温度和压力循环)后可能出现裂纹。同时前后的压力通过毛细管引到室温端测量，压力波动被阻尼，空化区的波动频率并不能通过压力值 FFT 分析得到；另外，水平文氏管实验中通过肉眼辨别波动的空化区尾部并测量其长度，存在随机性的误差。因此，本实验尝试使用图像后处理技术获得空化区的长度和周期性脱落频率。

文氏管内的液氮空化过程通过高速摄像机拍摄并以一系列黑白图像展现(典型图片如图 5.8 所示)，将图像看成二维矩阵，矩阵元素是相应位置的像素灰度值。空化图像随后被读入 MATLAB®中进行处理。图中每个像素灰度值范围为 0～255，0 为最暗，255 为最亮，在文氏管流道边界内，灰度越小代表透光性越好，液体含量越大。在非稳态空化区，空化区的前缘较为明显，但空化区的尾部波动较大。本部分采用标准差(standard deviation，Sd)法定位尾部位置。空化区长度和脱落频率计算原理及过程描述如下。

(1)基于 MATLAB®对高速摄像机采集到的特定工况下的 n 张图片根据公式 $\mathrm{Sd}=\sqrt{\dfrac{1}{n}\sum_{j=1}^{n}\left[I_{i,j}-\left(\sum_{j=1}^{n}I_{i,j}\right)\Big/n\right]^2}$ 计算每个像素位置处(i)的灰度标准差(本部分 n 为 1000 以保证结果收敛，式中 $I_{i,j}$ 表示第 i 个像素处第 j 张图片对应的灰度数值)，最后将各个位置的标准差合成一张 Sd 图，见图 5.30(a)。

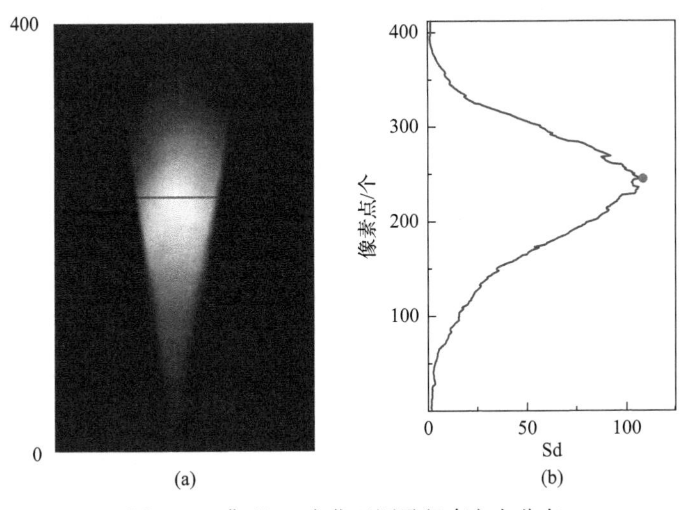

图 5.30　典型 Sd 变化云图及竖直方向分布

(2) 在文氏管流道边界内，计算垂直于来流方向不同截面上的平均标准差，如图 5.30(b)所示。平均标准差最大的截面即为空化区尾部，文氏管喉部空化前缘至尾部长度即为本节中的空化区长度。该长度为空化区全部脱落前的最大长度。

(3) 通过平均标准差分布，识别空化发生的区域，将非空化区像素归 0。

(4) 通过监测空化区对应灰度值总和的变化(图 5.31(a))，并对其进行 FFT 分析即可得空化区的脱落频率(图 5.31(b))。

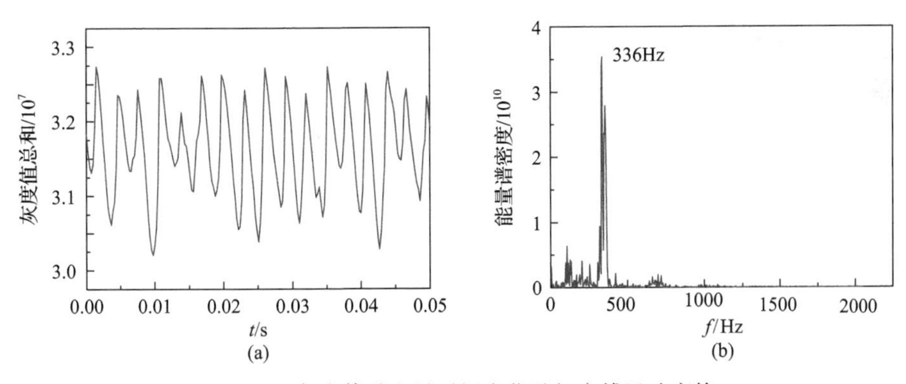

图 5.31　灰度值总和随时间变化及相应傅里叶变换

$P_{in} = 406221Pa, P_{out} = 198694Pa, P_r = 0.236, T_{in} = 79.9K, u_{in} = 0.63m/s$

以上方法中对空化区长度的计算已经在文献[15]～[17]中被验证。为进一步验证本节脱落频率预测方法的正确性，首先将该方法应用于水平文氏管的实验图像处理并将所得频率和实测压力 FFT 分析所得频率进行对比，结果如图 5.32 所示，两者在主频和次频上的误差均在 1.5%以内，因此，可以认为该方法可代替压力传感器获得空化区的脱落频率。

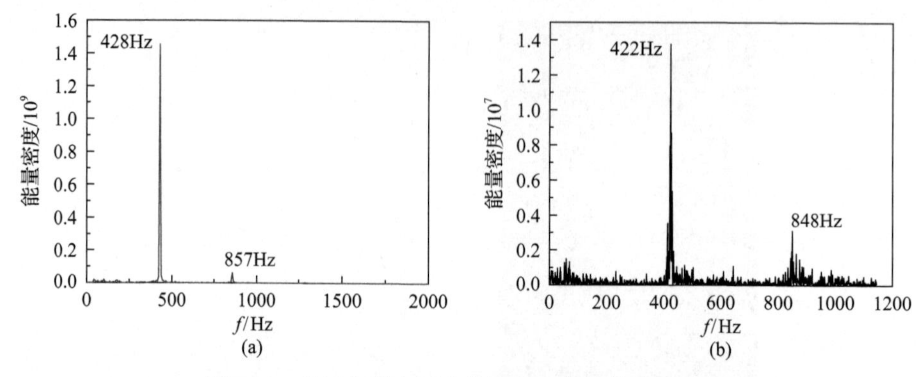

图 5.32 基于灰度和压力信号 FFT 得到的频率对比

5.2.2 实验结果及分析

5.2.1.2 小节得到的压比虽然能描述远场的流动工况，但空化区的热效应强度需要由另外的无量纲数来反映。本节使用无量纲化的 Rayleigh-Plesset 方程[18]：

$$\overline{R}\ddot{\overline{R}} + \frac{3}{2}\dot{\overline{R}}^2 + \Sigma\sqrt{\frac{D}{U_\infty^3}}\dot{\overline{R}}\sqrt{\overline{t}} = -\frac{C_\mathrm{p} + \sigma}{2} \tag{5.14}$$

式中，$\overline{R}$ 为无量纲气泡半径。

这里特征长度 D 取空化区长度 C，速度 U_∞ 取喉部速度 u_th，因此，得到热效应无量纲参数 $\Sigma\cdot\sqrt{C/u_\mathrm{th}^3}$。

5.2.2.1 空化区长度

按照图像处理方法得到的空化区长度如图 5.33 所示，总体而言，P_r 值降低，C 变长；在更小的 P_r 值处，C 变长的速度变快。在相同 P_r 下，C 的值在不同的实验中略有不同，其主要原因是不同进口压力液氮的热效应影响。为定量研究热效应影响机理，几组具有不同热效应强度值的典型工况被绘制于图 5.34 中(图中数据点旁的数值即为相应 $\Sigma\cdot\sqrt{C/u_\mathrm{th}^3}$ 值)。由图 5.34 可知，在相同的压比下，较大热效应将导致更短的空化区长度。同时，当 $\Sigma\cdot\sqrt{C/u_\mathrm{th}^3}$ 相似时(a 点为 68.08，b 点为 68.20)，随着 P_r 从 b 降到 a，空化区长度迅速从 23.5mm 增加到 29.6mm。以上分析说明，空化区长度虽然受热效应强度抑制，但对压比的变化更为敏感。

为了进一步探讨温度对空化长度 C 和 P_r 相互关系的影响，基于均匀混合物模型并考虑热效应，利用计算流体动力学工具对文氏管中的低温流体空化进行建模，相关模型已在第 3 章中描述，控制方程组包括非稳态雷诺平均纳维-斯托克斯质量守恒方程和动量守恒方程(式(3.1)、式(3.2))、能量守恒方程(式(3.3))、蒸气体

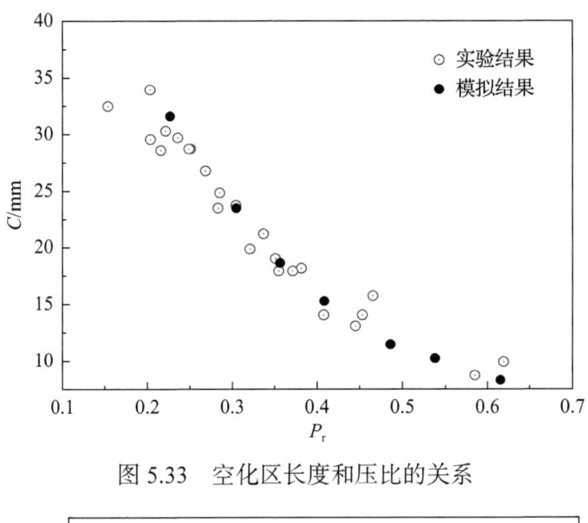

图 5.33　空化区长度和压比的关系

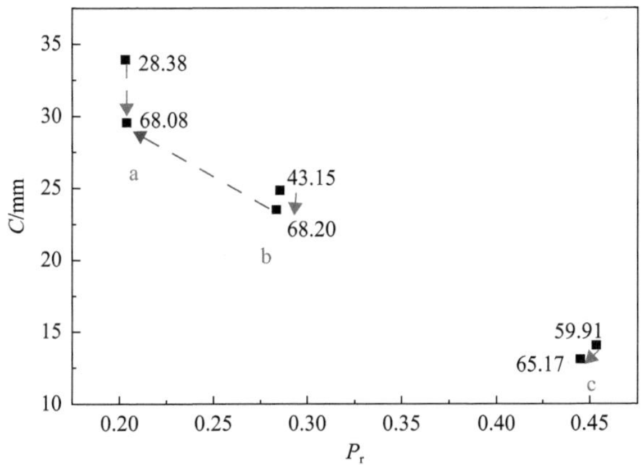

图 5.34　热效应对空化区长度和压比关系的影响

积分数的输送方程(式(3.4))以及湍流模型(式(3.64)、式(3.65))。模拟中，入口速度被固定为 0.74m/s，入口温度分别为 74K、78K 和 82K，通过改变出口压力获得不同的压比值。

由模拟结果发现,78K 入口温度下 C 的计算值和实验结果吻合良好,如图 5.33 所示。同时，虽然入口温度从 74K 升至 82K，但相同压比下，空化区长度变化很小，如图 5.35(a)所示。另外，由于各工况速度相同，因此相同压比下，热效应强度参数 $\Sigma\cdot\sqrt{C/u_{\mathrm{th}}^3}$ 值的变化主要取决于 Σ (单位：$\mathrm{m/s^{3/2}}$)。从 74K 到 82K，相应的 Σ 值依次为 $13360\mathrm{m/s^{3/2}}$、$31519\mathrm{m/s^{3/2}}$ 和 $71315\mathrm{m/s^{3/2}}$，热效应强度显著增大。这从数值计算角度表明热效应强度对空化区长度的影响较小,和实验中的结论相同。

另外，若将各入口温度对应的 C-P_r 曲线分开作图，如图 5.35(b)～(d)所示，发现存在一个临界压比值 P_{rc}(图中两拟合直线交叉处的压比)，在 P_{rc} 以上或以下，

空化区长度随 P_r 的减小都呈线性增长，但当压比低于 P_{rc} 时，空化区长度的增长率明显高于 $P_r > P_{rc}$ 时的增长率。同时，当热效应强度 Σ 从 74K 的 13360m/s$^{3/2}$ 增加到 78K 的 31519m/s$^{3/2}$ 时，P_{rc} 值从 0.34 提高至 0.41。为解释其背后的机理，以 78K 的气相体积分数云图为例(图 5.36)，当 $P_r > P_{rc}$ 时，文氏管上下壁面处的空化区并没有交汇(图 5.36(a))。但当 $P_r = P_{rc}$ 时，空化区开始在中心交汇并堵塞整个流道，从而改变空化区发展(图 5.36(b))。据 5.1 节可知，热效应的增强使空化区在垂直于来流方向易于扩张，因此更容易堵塞流道，导致更大的 P_{rc}。

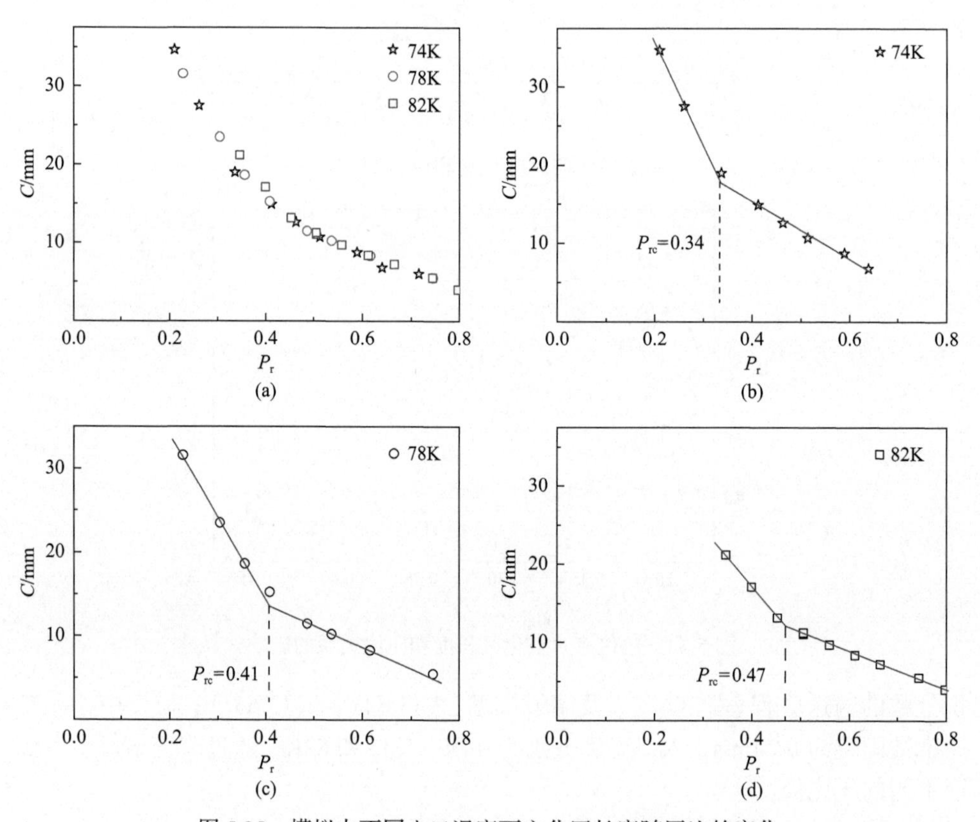

图 5.35　模拟中不同入口温度下空化区长度随压比的变化

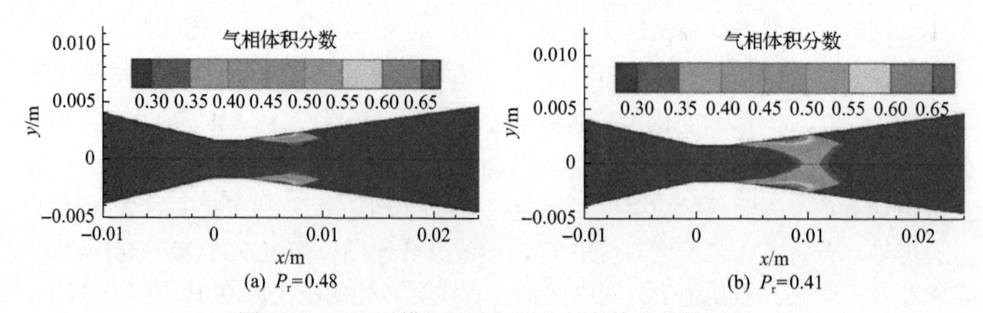

图 5.36　78K 时模拟的液氮空化气相体积分数云图

基于以上数值模拟结果得出的结论，我们进一步对实验数据进行分析，如图 5.37 所示，根据热效应强度范围，选择了两组数据 A 和 B 进行对比。在 A 组中，$56.82<\Sigma\cdot\sqrt{C/u_{\mathrm{th}}^{3}}<68.2$；在 B 组中，$17.6<\Sigma\cdot\sqrt{C/u_{\mathrm{th}}^{3}}<28.4$，即保证相同压比下 A 组的热效应强于 B 组。显然，A 组的 P_{rc} 大于 B 组。

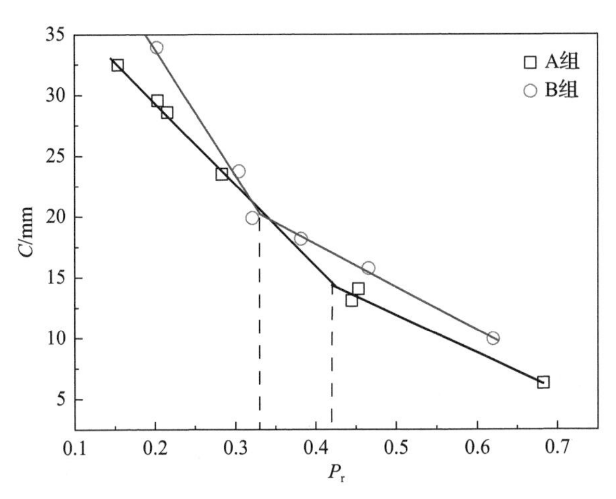

图 5.37　两组空化区长度和压比的关系数据

综合以上实验及数值分析，我们可以得出结论：压比主导了空化区长度的变化，热效应主导空化区长度变化曲线的拐点。

5.2.2.2　非稳态特性

基于空化区长度 C 定义施特鲁哈尔数 $St_{\mathrm{c}}=\dfrac{fC}{u_{\mathrm{th}}}$，用于表征空化的波动特性。其中，$f$ 为图像处理得到的空化区脱落或者波动主频率。

如图 5.38 所示，实验数据计算得到的 St_{c} 主要分布在两个区域。第一个区域为片状空化，St_{c} 为 0.04～0.08，第二个区域为云状空化，St_{c} 为 0.30～0.40。一个有趣的现象是，即使在相同的压比范围，出现的空化类型既可能是片状空化，也可以出现云状空化，这主要归因于热效应的影响，下面将进一步解释原因。

首先对片状空化进行分析。如图 5.39 所示，片状空化典型的特征是没有大空化云团的脱落。从图 5.39(a)～(c)可得，附着空化区开始沿着壁面成长，同时伴随尾部小空化云团的形成和脱落。这些小空化云团一个接一个在离尾部不远处溃灭。随后附着空化区缩小至初始长度(图 5.39(d)和(e))。相应的空化区波动频率较小，即 St_{c} 较小。该现象类似于水平文氏管观察到的部分脱落模式，但由于涡旋并没有发展至和空化区相近尺寸，因此没有发生空化区整体脱落即全脱落模式。

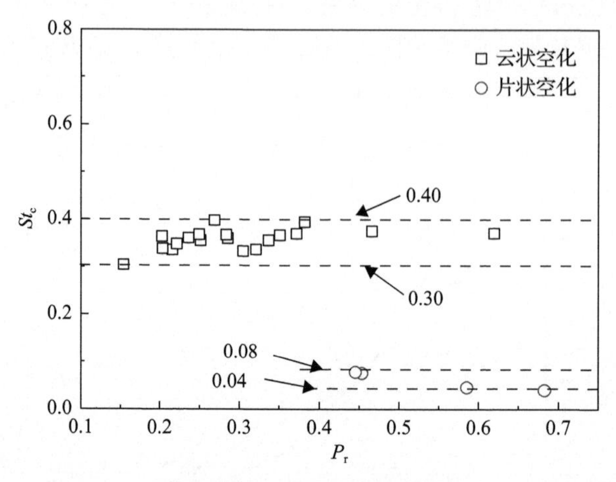

图 5.38　St_c 随压比的分布

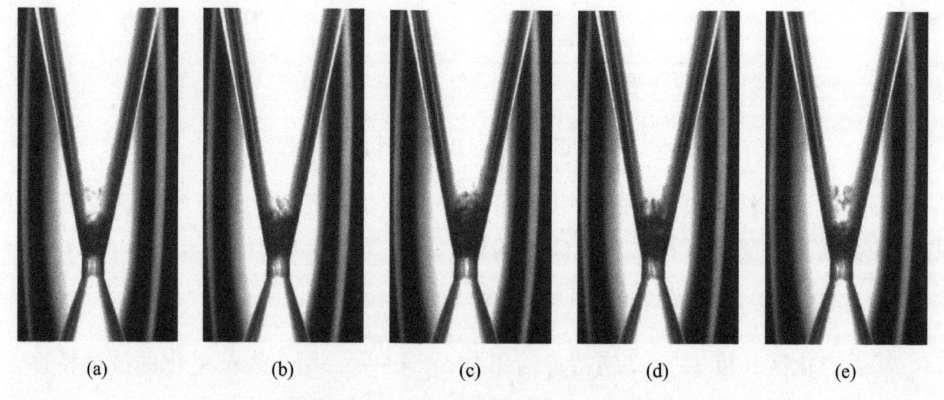

图 5.39　片状空化演变($\Delta t = 1.22$ms)

$P_{in} = 203340$Pa，$u_{in} = 0.3904$m/s，$T = 79.9$K，$P_r = 0.445$

在云状空化模式，大空化云团在尾流处周期性地脱落和溃灭，类似于水平文氏管观察到的全脱落模式。图 5.40 列出了 $P_r = 0.466, 0.382, 0.203$ 三个压比下的空化周期图片，相应边界条件见表 5.4。据观察，在周期初期一段时间内，文氏管扩展段的附着空化区逐渐沿着管壁发展。涡旋空化云在空化区尾部形成，当脱落时，附着空化区即被分成两部分。在气泡尾流，空化云团冷凝并最终溃灭，这将产生幅度较大的压力振荡，甚至向上游传播至附着空化区，这将在接下来测得的压力数据中证实。该区域对于系统稳定性更危险。

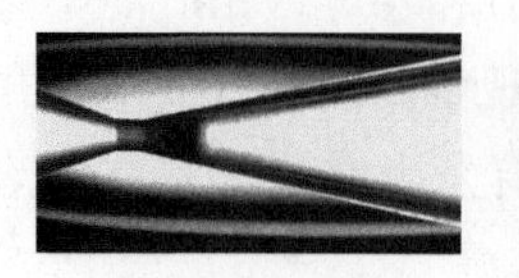
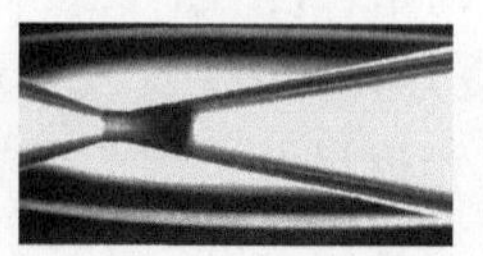
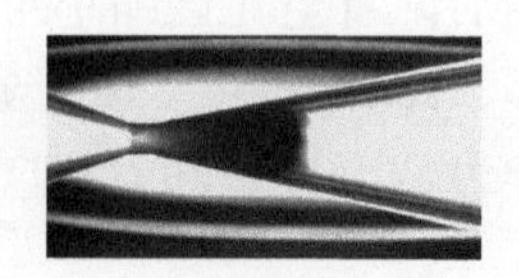

①

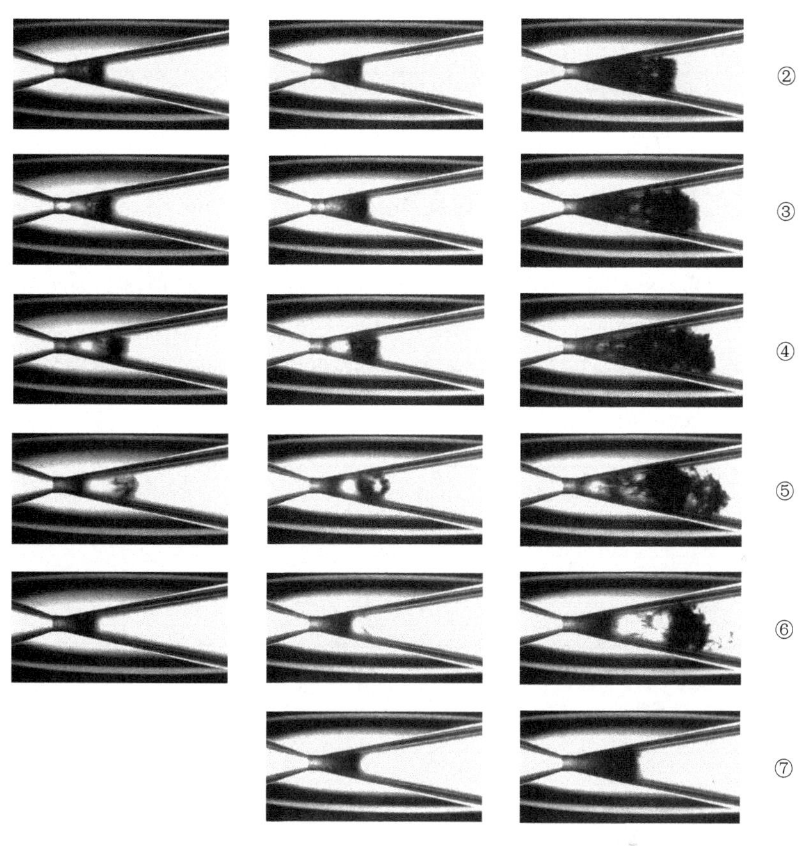

(a) P_r=0.466 图像拍摄时间间隔: 0.244ms　(b) P_r=0.382 图像拍摄时间间隔: 0.244ms　(c) P_r=0.203 图像拍摄时间间隔: 0.488ms

图 5.40　液氮云空化脱落的图像序列

表 5.4　三组云状空化工况的边界条件

工况	T/K	u_{th}/(m/s)	P_{out}/Pa	P_r	C/mm	$\Sigma\cdot\sqrt{C/u_{th}^3}$	f/Hz
1	78.1	30.1	312113	0.466	15.76	19.08	776
2	78.4	30.0	277098	0.382	18.18	21.91	706
3	78.2	30.4	200825	0.203	33.94	28.38	353

当 P_r 从 0.466 降低到 0.382 时，空化区长度显然变长并且空化云团变大。由于三个工况中喉部速度和来流液氮温度几乎一样，无量纲热效应参数 $\Sigma\cdot\sqrt{C/u_{th}^3}$ 仅仅是空化区长度的函数。如表 5.4 所示，更大的空化区长度对应更大的 $\Sigma\cdot\sqrt{C/u_{th}^3}$ 值，即热效应更强。同时，从图 5.40 可以看出，更大空化区在壁面上发展时间也更长，同时形成的空化云团在尾流中生存的时间也更长。因此，当压比从 0.466 降低到 0.203 时，空化区变长，脱落频率相应变小。对于更大的压比值(图 5.40(a))，空

化区更对称。当压比减小时，发夹涡(hairpin vortex)空化云团开始在尾流中形成(图 5.40(b)-⑤)。压比更小，则空化云团形状更加不规则。

第 3 章建立了非稳态空化数值模型，但由于之前缺少频率实验数据，只和 Hord 得到的类稳态压力和温度分布数据进行了对比验证。这里，将该模型用于文氏管内液氮非稳态空化数值计算，入口速度和温度分别为表 5.4 中三个工况的平均值 30.2m/s 和 78.2K，模拟中通过调节背压来改变压比。通过喉部压力变化的 FFT 分析得到空化区的脱落主频。如图 5.41 中的频率分布所示，模拟结果和实验结果趋势相同，均随压比的减小而减小，模拟结果小于实验结果，但误差在–8%左右(图中虚线为实验结果的–8%误差线)，这进一步证明建立的非稳态数值模型对非稳态低温流体空化建模的准确性。

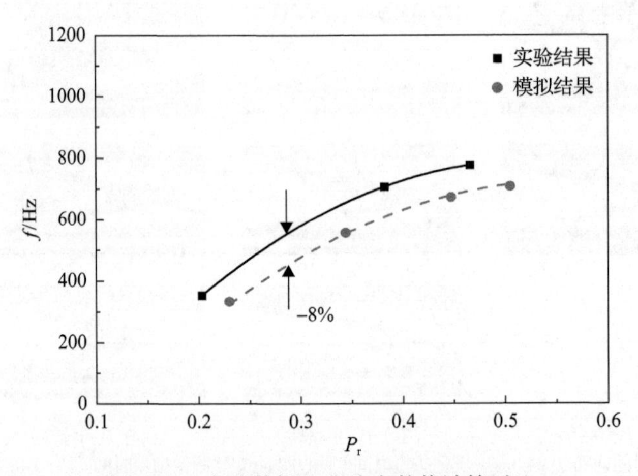

图 5.41　实验数据和非稳态数值计算对比

图 5.42 反映了压比对空化不稳定性的影响。这里特别指出，为了独立研究空化脱落频率对空化不稳定性的影响，施特鲁哈尔数定义中空化区长度被文氏管喉部直径替代($d = 3.17$mm)。为区别于 St_c，该施特鲁哈尔数表示为 St_d。在图中，按照热效应强度，数据被分为 4 个部分：(a) $17.58 \leqslant \Sigma \cdot \sqrt{C / u_{th}^3} \leqslant 19.08$，(b) $25.73 \leqslant \Sigma \cdot \sqrt{C / u_{th}^3} \leqslant 28.76$，(c) $39.80 \leqslant \Sigma \cdot \sqrt{C / u_{th}^3} \leqslant 44.24$，(d) $65.17 < \Sigma \cdot \sqrt{C / u_{th}^3} < 68.20$。在相同圆圈内，热效应强度相同或者相近，从而可以研究 St_d 和 P_r 的关系。图中，相应的压比值在数据点旁边列出。通过每个数据点相应的可视化图像及 St_c 值可以鉴别空化区的形态(片状空化或云状空化)。在图 5.42(a)和(b)中，所有数据点处于云状空化区。在图 5.42(a)中，当压比从 0.620 减小到 0.466 时，相应的 St_d 从 4.79 降为 3.08。类似地，在图 5.42(b)中，当压比从 0.351 降为 0.203 时，相应的 St_d 从 2.67 减小为 1.38。因此可以得出结论：对于云状空化，当热效应强度相同时，St_d 和 P_r 正相关。

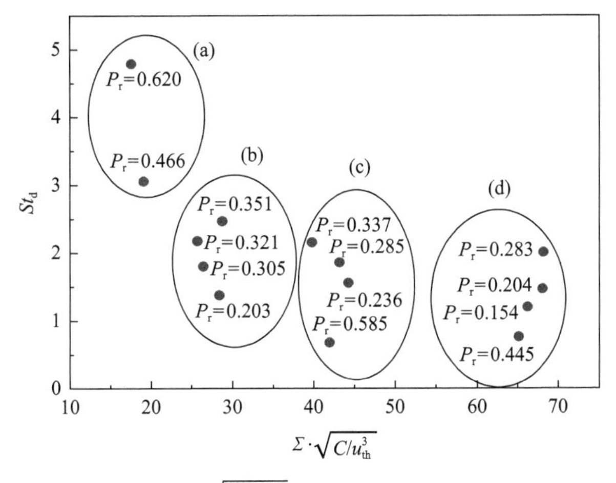

图 5.42　以 $\Sigma\cdot\sqrt{C/u_{th}^3}$ 划分的四个区间的 St_d 分布

图 5.43 研究了热效应强度对空化不稳定性的影响。当 P_r 相近或者相同时，St_d 随 $\Sigma\cdot\sqrt{C/u_{th}^3}$ 增大而变大，但是增大的幅度和图 5.43(b)中压比带来的 St_d 变化幅度相比更小。因此，在云状空化区，空化非稳定强度由压比主导。

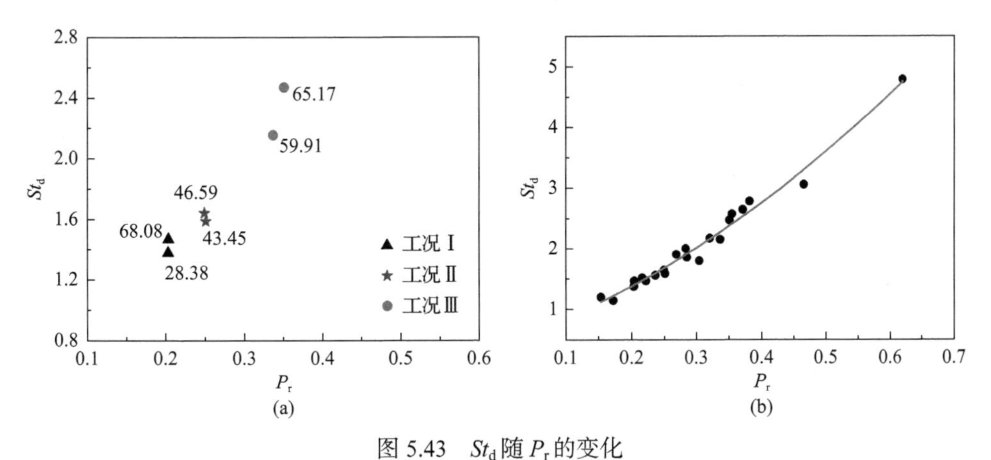

图 5.43　St_d 随 P_r 的变化

(a)对于三组特定工况，数据点旁的数值即为 $\Sigma\cdot\sqrt{C/u_{th}^3}$，(b)对于所有云状空化工况

5.2.2.3　片状空化与云状空化间的转变

如图 5.43 所示，即使在相同的压比下，云状空化和片状空化也都有可能出现。在图 5.42 中的数据组合(c)中，对于相同的热效应强度，当压比从 0.585 降为 0.337 时，相应的 St_d 反而从 0.68 升为 2.15，这和图 5.43 St_d 随压比 P_r 变化关系相反。从空化形态上分析，当 P_r = 0.585 时，相应的 St_c 在 0.04～0.08，为片状空化；当 P_r 降低为 0.337 时，空化形态转变为云状空化，同时 St_d 迅速变大。相似的现象发生

在图 5.42 (d) 中。因此，在热效应强度相同时，压比由高降低到一定值后，空化形态将从片状空化转变为云状空化。

但是，在 $\Sigma\cdot\sqrt{C/u_{\mathrm{th}}^{3}}$ 值较大的区域(热效应更强)，如压比从图 5.42 (c) 中的 0.585 减少到(d) 中 0.445，两者均还处于片状空化区，相应的 St_{d} 在 0.68～0.76；但当 $\Sigma\cdot\sqrt{C/u_{\mathrm{th}}^{3}}$ 减小后，在图 5.42 (a) 中，当 P_{r} 为 0.620 时就已经发生了云状空化，即热效应越强，片状空化向云状空化的转变越迟，相应的转变点压比越小。可见，云状空化和片状空化之间的转变点对热效应强度参数 $\Sigma\cdot\sqrt{C/u_{\mathrm{th}}^{3}}$ 更加敏感。

1. 压力波主导的云状空化机理研究

由于云状空化伴随着更大的不稳定性，具有更大的破坏力，我们进一步分析上述水平文氏管实验中的温度分布和压力振动幅度等参数，以更深入了解其背后的物理机理。

图 5.44 展示了文氏管入口压力传感器(P1) 和喉部压力传感器(P2) 所采集到的数据，可见文氏管入口压力比较稳定，但是喉部压力波动很大。空化云团在尾流中溃灭后，在喉部引起了大于 0.5MPa 的压力波峰，这甚至接近 0.733MPa 的文氏管入口压力，表征着空化带来的破坏力。另外，由于喉部气液两相流声速比液体声速小得多，尾部溃灭压力波大部分在空化区中被阻尼掉，文氏管入口压力并没有出现波动。空化溃灭后，压力波也向下游传播，图 5.45 展示了文氏管出口压力传感器(P3) 探测到的压力幅值和压比的关系，显然，随着压比减小，压力幅值呈指数增长，暗示更大的破坏力。注意图 5.45 中的压比 P_{r} 与图 5.18 中的压比定义不同。

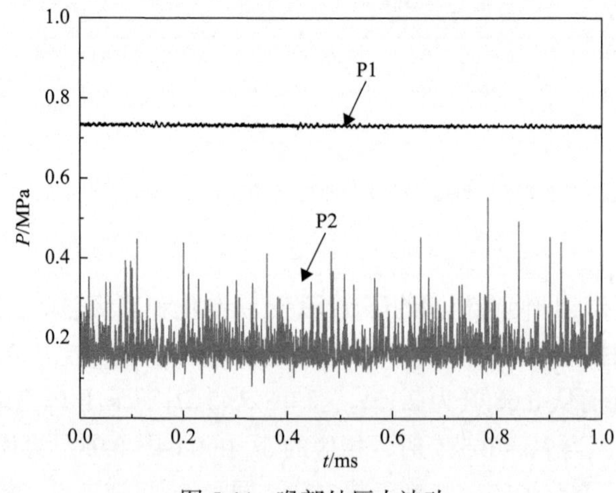

图 5.44 喉部处压力波动

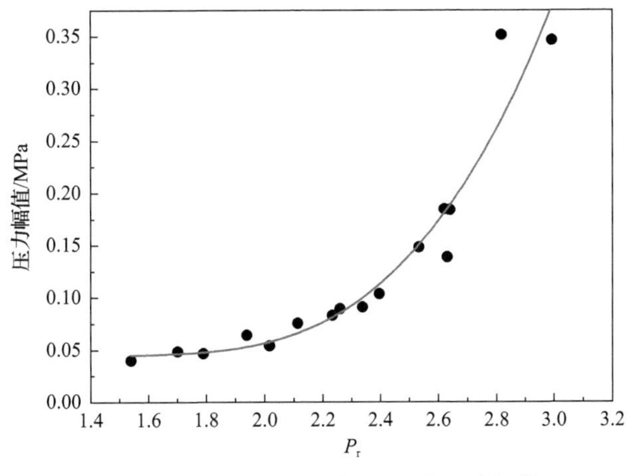

图 5.45　P3 测得的不同压比下的压力幅值

2. 热效应和压力波

区别于常温水空化，低温流体空化最典型的特征是空化区存在温降。图 5.46 展示了热电偶在文氏管表面探测到的温度分布。3 号温度计所探测到的温降最大，因此空化区最大温降 $\Delta T = T_1 - T_3$。根据第 1 章的 B 因子理论可推得最大温降和气相体积分数的关系式如下[19]：

$$\Delta T = \frac{\alpha_v}{1-\alpha_v}\frac{\rho_v h_{fg}}{\rho_l c_{pl}} \tag{5.15}$$

将实测最大温降 ΔT 代入式(5.15)，可得相应的气相体积分数，如图 5.47 所示，α_v 随着温降的增大近乎呈线性增加。

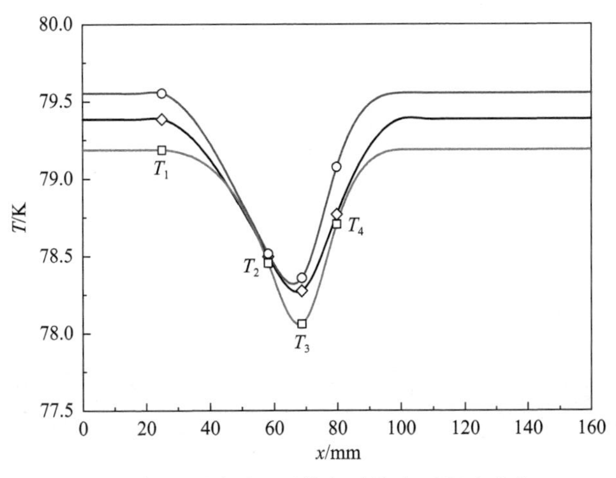

图 5.46　不同压比下的文氏管表面温度分布

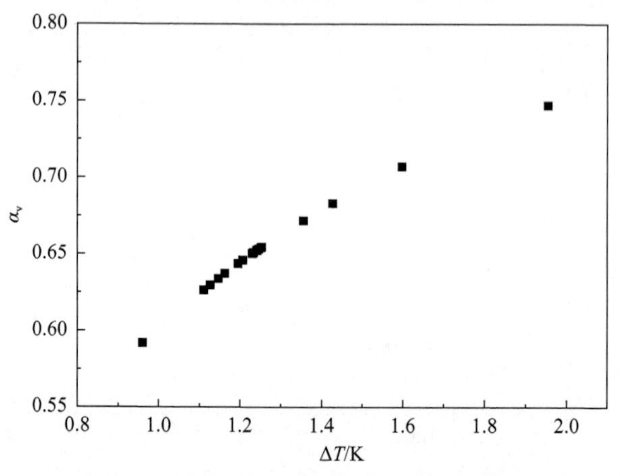

图 5.47　液氮空化气相体积分数和温降关系

在水空化研究领域，Ganesh 等[20,21]通过 X 射线实验观察到了压力波在空化区的传播，证明空化溃灭引起的压力波可以主导空化区的脱落过程。对于液氮空化，压力波对空化区的影响特性及机理还未有研究报道。在本节实验中，图 5.44 中的压力波峰暗示着液氮云状空化中存在瞬间高压场。进一步对各时刻云状空化图片分析发现，每次空化云团溃灭后(图 5.48(b)和(c))，尾部空化区开始被部分液化

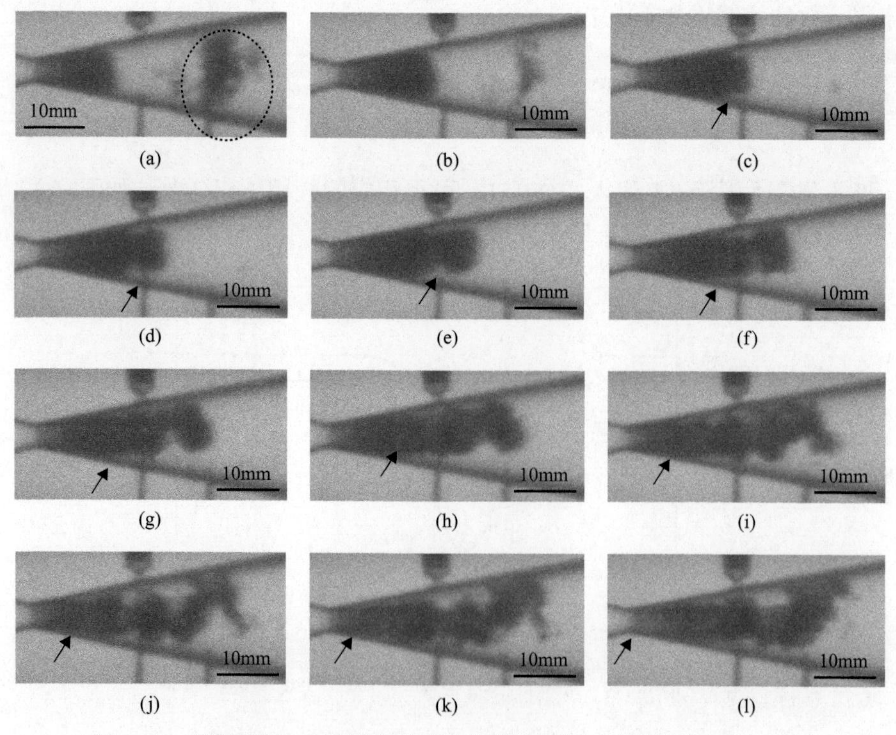

图 5.48　观察到的空化云团溃灭后的冷凝过程(两个瞬间间隔 0.141ms)

并形成一个液化前缘(图 5.48(c)黑色箭头所示，被液化区相应的图像灰度变大，暗示气体含量减小)。然后，液化前缘逐渐向上传播至空化区前缘(图 5.48(c)～(l)黑色箭头)，附着空化区变得不稳定从而开始脱落。

为进一步证明该液化前缘是否由压力波强化引起，引入两相流声速计算公式。暂不考虑气液之间的相变传质，两相流声速计算公式，即 Wallis 公式[22]为

$$\frac{1}{c_{\mathrm{w}}^2}=\rho_{\mathrm{m}}\left(\frac{\alpha_{\mathrm{v}}}{\rho_{\mathrm{v}}c_{\mathrm{v}}^2}+\frac{\alpha_{\mathrm{l}}}{\rho_{\mathrm{l}}c_{\mathrm{l}}^2}\right) \tag{5.16}$$

式中，α_{l} 为液相体积分数；两相混合物密度 $\rho_{\mathrm{m}}=\alpha_{\mathrm{v}}\rho_{\mathrm{v}}+\alpha_{\mathrm{l}}\rho_{\mathrm{l}}$；$c_{\mathrm{l}}$ 为液体声速；c_{v} 为气体声速；c_{w} 为 Wallis 声速。为证明该公式用于空化区压力波传播速度计算的有效性，先将其用于 Ganesh 等的水空化实验数据并和实测空化区压力波前缘速度进行对比，结果如图 5.49 所示，两者吻合较好。

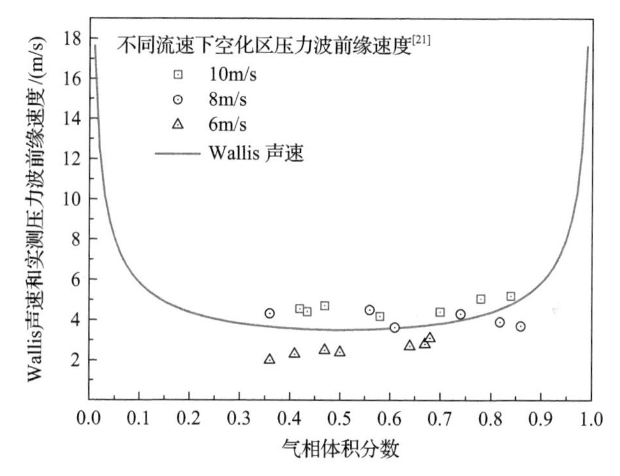

图 5.49　水空化中 Wallis 声速和实测压力波前缘速度对比

随后，将式(5.16)用于液氮空化，但由于空化区气相体积分数在本实验中无法直接测得，联立式(5.15)和式(5.16)，从而推导得到如下理论声速公式：

$$\frac{1}{c_{\mathrm{w}}^2}=\rho_{\mathrm{m}}\left[\frac{\rho_{\mathrm{l}}c_{\mathrm{pl}}\Delta T}{\rho_{\mathrm{v}}h_{\mathrm{fg}}+\Delta T\rho_{\mathrm{l}}c_{\mathrm{pl}}}\left(\frac{1}{\rho_{\mathrm{v}}c_{\mathrm{v}}^2}-\frac{1}{\rho_{\mathrm{l}}c_{\mathrm{l}}^2}\right)+\frac{1}{\rho_{\mathrm{l}}c_{\mathrm{l}}^2}\right] \tag{5.17}$$

实测最大温降代入式(5.17)即可求得 Wallis 声速，计算结果如图 5.50 所示。实线为式(5.17)计算结果，数据点为实验图像后处理得到的冷凝前缘速度，我们发现式(5.17)的预测误差在 10%以内，和实验数据吻合较好，因此可以认为图 5.48 中的液化前缘即为空化区的压力波前缘。

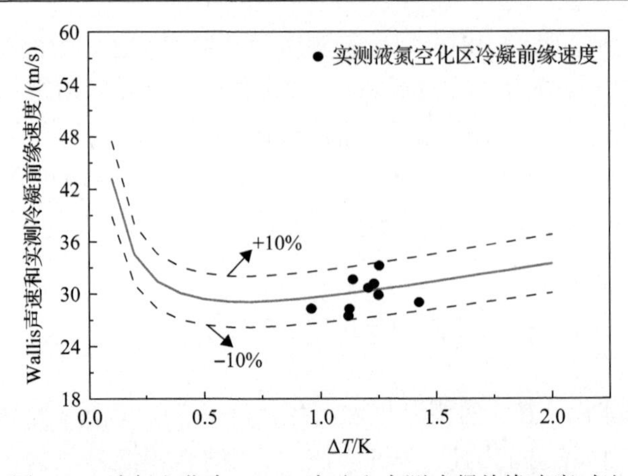

图 5.50　液氮空化中 Wallis 声速和实测冷凝前缘速度对比

压力波在空化区的传播时间约为 L/U_{shock}，L 为空化区脱落前的最大长度，U_{shock} 为空化区压力波传播速度。使用 L/U_{shock} 和 $1/f$ 的比值定义一个新的施特鲁哈尔数：$St_{shock}=fL/U_{shock}$，将液氮空化实验数据和 Ganesh 等的水空化实验数据分别代入，计算得到的 St_{shock} 分布如图 5.51 所示，我们发现对于液氮空化，St_{shock} 在 0.45 和 0.57 之间，均值为 0.51；对于水空化，St_{shock} 在 0.46 和 0.64 之间，均值为 0.53，与前者近乎相等。这意味着，压力波在空化区传播的时间约占整个空化周期的 50%。因此，对于压力波主导的空化区脱落，空化区脱落频率可表示为 $f=U_{shock}/2L$。注意到图 5.49 和图 5.50 已经证明 Wallis 声速预测压力波速度 U_{shock} 的正确性，可以认为

$$f=\frac{c_{\mathrm{w}}}{2L} \tag{5.18}$$

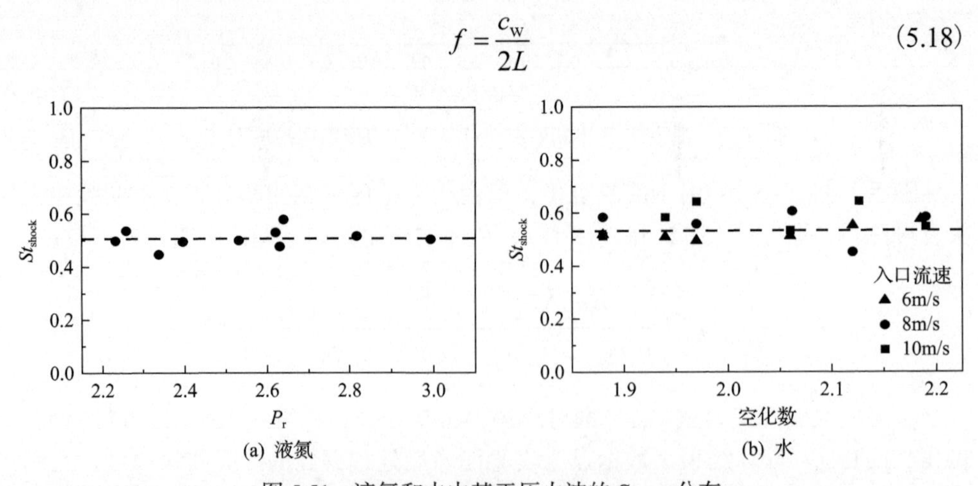

(a) 液氮　　(b) 水

图 5.51　液氮和水中基于压力波的 St_{shock} 分布

根据式(5.18)，可以得到以下几个结论。

(1) 如图 5.52 所示，对于同一种流体，当气相体积分数相同时，随温度升高，c_w 值变大，根据式(5.18)，若 L 相同，f 值将变更大。这或许可以解释部分研究者的结果，如 Kelly 和 Segal[23]对不同温度氟化酮(fluoroketone)(该液体在 70℃时具有和液氢相似的热效应强度)的空化实验发现，当温度升高时，空化区脱落频率相应变大。

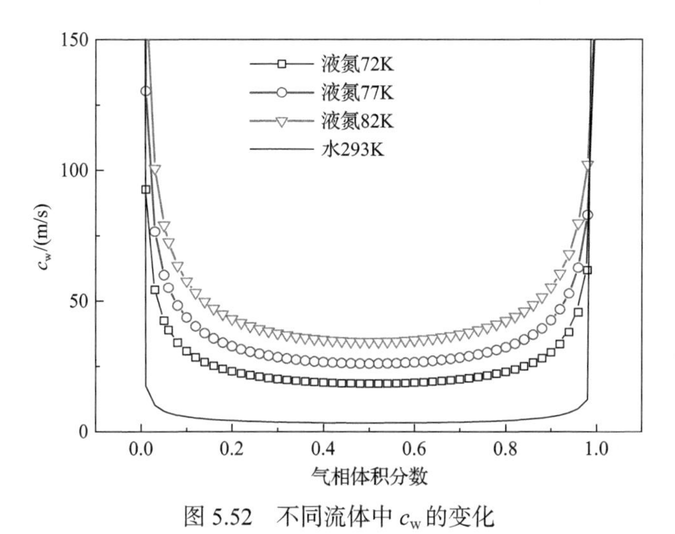

图 5.52　不同流体中 c_w 的变化

(2) 对于压力波主导的云状空化过程，不同流体的空化脱落频率将有所差别。如图 5.52 所示，相同气相体积分数下，液氮两相流的声速明显大于水，由式(5.18)可知，相同空化区长度下相应的脱落频率变大。

5.3　水翼表面低温流体空化可视化实验研究

在水空化研究领域，水翼作为泵以及螺旋桨等的关键部件，对其表面出现的空化特性研究已经较深入。但是，由于低温流体空化实验系统的复杂性，关于水翼表面低温流体空化形态的实验数据很少，尤其是非稳态空化过程，对水翼空化的稳态、非稳态机理还有待研究。

本节介绍了作者搭建的一套三维可视化水翼液氮空化实验台，通过高速摄像仪对水翼液氮空化的脱落过程进行可视化实验研究，同时获得流场内流量、压力及温度分布；着重研究了水翼低温流体空化形态，获得了该方面稀缺的实验数据。

5.3.1　实验装置介绍

整个实验装置如图 5.53 所示，该实验系统主要由压力控制系统、实验测量段、液氮管路、真空系统和测量系统组成。压力控制系统包括电动调节阀 5 和液氮供液罐 1 的自增压系统，也可通过外部高压氮气增压。液氮从液氮供液罐内被压出后进入可视化实验段 2，其内放置有空化部件水翼，本节中为 NACA66 水翼；为观察其内发生的空化现象，可视化实验段侧面为可视化视窗，通过高速摄像仪观察空化过程。可视化实验段前后安装有低温压力传感器(Kulite CT-190(M))用于测试空化前后流场压力，在可视化实验段下游的水平液氮管路上安装有低温涡轮流量计(Hoffer)测量液氮体积流量，其后的电动调节阀 5 用于调节空化背压，也控制整个系统液氮流量，从而调节可视化实验段空化强度。最后液氮流入液氮回收罐 6，实现液氮回收。

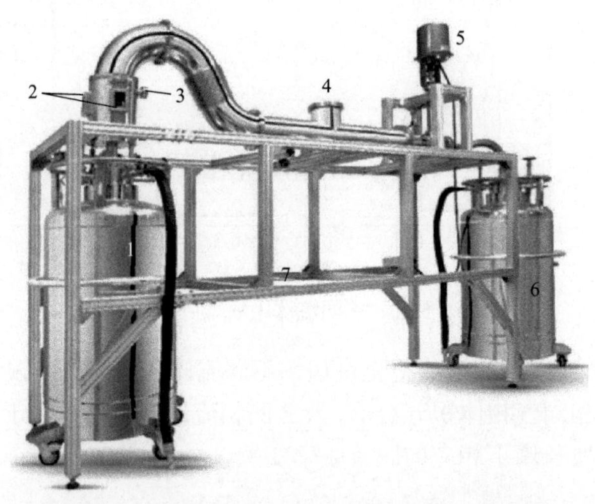

图 5.53　液氮非稳态水翼空化的可视化实验装置

1.液氮供液罐；2.可视化实验段；3.真空引线接头；4.流量计；5.电动调节阀；6.液氮回收罐；7.承重支架

和文氏管实验台一样，为了最大限度降低外部漏热对空化的影响，将阀门前的管道置于真空，搭建的真空系统包括真空夹层、真空复合泵，正常工作时真空夹层内真空度可以达到 10^{-3}Pa，使总漏热量小于 40W，由于实验时液氮流量在 6L/s 左右，温度升高 0.1K，需要热量 1027W，所以漏热可忽略不计。

可视化实验段流道为方形槽道，横截面尺寸为 30mm×30mm，如图 5.54 所示，前后两个侧面上安装石英玻璃用于可视化观察。管道内放置 NACA66 水翼，该翼型在水力机械中被广泛应用，其俯视图和主视图如图 5.54 所示。水翼弦长 L_{ch} = 50mm，展向宽 30mm；最大厚度为 $0.12L_{ch}$，距离翼型前缘 $0.45L_{ch}$；最大弯度为 2%，距离翼型前缘 $0.5L_{ch}$。表面分别布置 5 个等间隔的压力传感器和 5 个热电偶温度传感器。

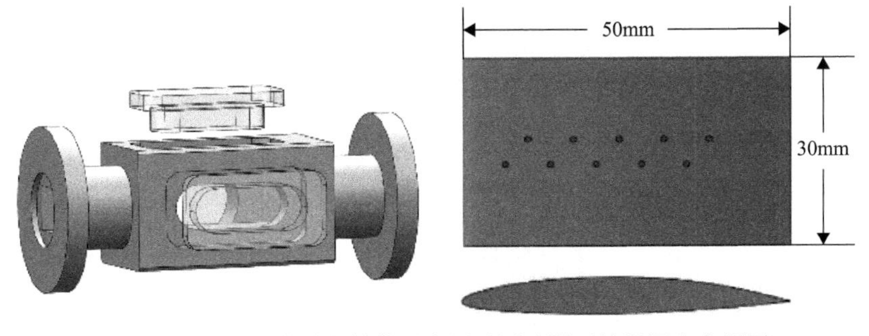

图 5.54　可视化实验段结构示意图及测试翼型俯视图和主视图

水翼实验台共使用 7 个低温压力传感器(Kulite，测进出口及水翼表面压力分布)、5 个铜-康铜热电偶(Omega，测水翼表面温度分布)、2 个铂电阻(ABB，测罐内温度)，各传感器相关参数及误差分析已经在表 5.2 中阐述。低温流量计选用 Hoffer 涡轮流量计，量程为 0.95～14.2L/s，输出电流为 4～20mA，由流量误差分析过程可得，水翼流量测试系统误差为 0.045L/s。

测试的 NACA66 水翼倾角为 10°，典型实验测试的流量、进出口压力和温度数据如表 5.5 所示。本节的空化数计算公式为 $\sigma=\left(P_{\text{in}}-P_{\text{v}}\left(T_{\text{in}}\right)\right)/0.5\rho_{\text{l}}u_{\text{in}}^2$，$P_{\text{in}}$ 为入口压力，u_{in} 为入口流速，T_{in} 为入口液体温度。

表 5.5　水翼空化边界条件

工况	入口压力/Pa	出口压力/Pa	入口流速/(m/s)	入口液体温度/K	空化数
1	146224	128682	5.2	77.7	3.79
2	161396	139696	6.5	77.8	3.18
3	132929	119436	4.1	78.7	2.11
4	179912	153980	6.5	81.6	1.02

5.3.2　实验结果分析

实际的水翼表面的空化照片如图 5.55 所示。实际水翼上存在多种空化形态，在水翼前缘产生主空化区，高于水翼表面的热电偶头部发生尖端空化，水翼右侧面与槽道壁面之间存在间隙从而产生间隙涡空化，槽道内流体流动时静压降低使左侧传感器引线空腔内残余气体流入槽道产生鼓气现象，但量较小。热电偶头部空化由于区域小对主空化区影响较小可忽略，鼓气区在空化区后缘且近壁面因此影响也可忽略。本节着重研究主空化区以及间隙涡空化，并将从空化区形态、长度等角度对实验结果进行分析，以更深入地了解低温流体空化的特性。采用 5.2.1.3 节的标准差法确定空化区长度，样本为 1000 张图片，结果如图 5.56 所示，最大值处即为空化区尾部边缘。将分析结果和实验图像多次对比后，发现其他形态对该方法确定的主空化区长度的影响可以忽略。

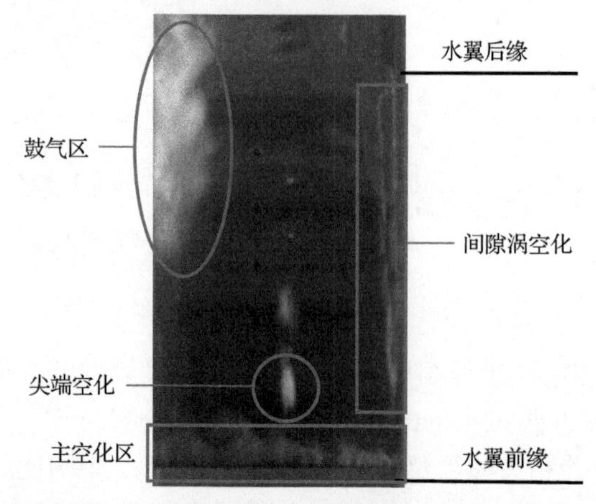

图 5.55　实际水翼表面空化图片

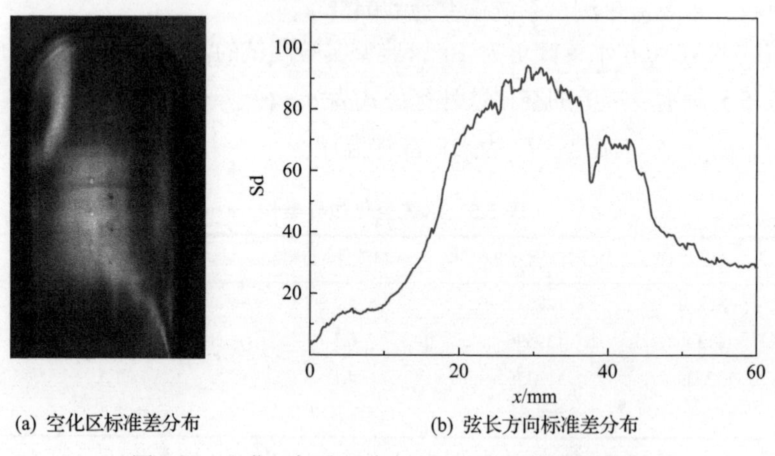

(a) 空化区标准差分布　　(b) 弦长方向标准差分布

图 5.56　空化区标准差分布和弦长方向标准差分布

5.3.2.1　主空化区特性

在工况 1 中，空化数为 3.79，主空化区刚开始生长且长度较小，如图 5.57(a)所示，小空化云团无序脱落导致空化区后缘波动，但整个空化区并没有整体性脱落而是附着在水翼表面；随着空化数降为工况 2 的 3.18(图 5.57(b))，附着空化区逐渐变长，同时后部的空化云团比工况 1 中的大，并且空化云团主要在左侧壁面附近产生；进一步将空化数降为工况 3 的 2.11(图 5.57(c))，尾部空化云团变多，形成云团的位置逐渐往展向中间移动，同时小云团形成空化云团群；当空化数降至图 5.57(d)中的 1.02 时，空化强度明显增强，同时对比小云团群，工况 4 中的云团数量减少但云团更大，以大云团形式在空化区中后部脱落为主。

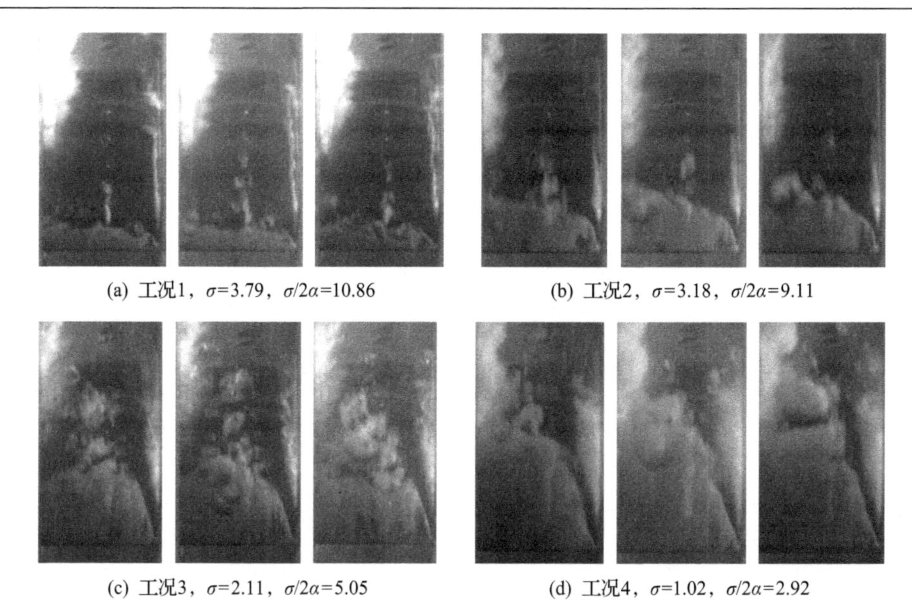

(a) 工况1，$\sigma=3.79$，$\sigma/2\alpha=10.86$　(b) 工况2，$\sigma=3.18$，$\sigma/2\alpha=9.11$

(c) 工况3，$\sigma=2.11$，$\sigma/2\alpha=5.05$　(d) 工况4，$\sigma=1.02$，$\sigma/2\alpha=2.92$

图 5.57　NACA66 水翼表面液氮空化区脱落过程

一个有意思的现象是，随着空化数从 3.79 降至 1.02，即使空化区长度已经超出弦长的 75%，附着空化也并没有周期性地整体脱落，而在文献[24]报道的水空化中，同样是在 NACA66 水翼上，当空化区长度超出 50%的弦长时，空化区就周期性地从水翼表面前缘脱落形成一个大空化云团，如图 5.58 所示。

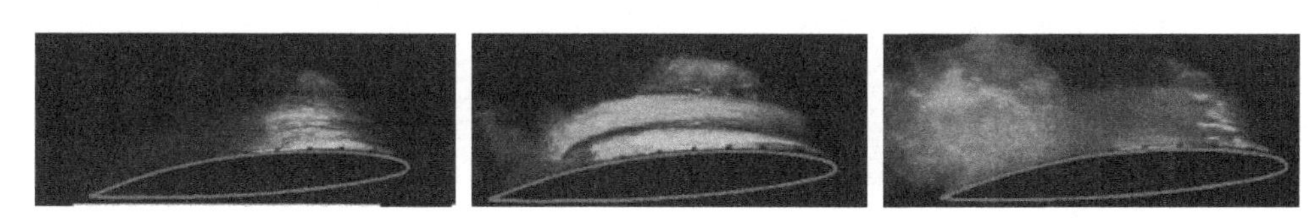

图 5.58　NACA66 水翼表面水空化区脱落过程[24]

为解释以上特殊现象，结合第 3、4 章的数值模拟结果对本节的 NACA66 水翼空化进行分析，可知低温流体空化中涡量传输主要发生在近水翼表面，即涡旋的产生主要靠近水翼表面，同时由于热效应的影响，涡旋的大小受到抑制，强度较小，不能带走大片附着空化区；另外，由于低温液体能直接进入空化区并和空化区尾部回射流发生碰撞，回射流动能被抑制从而不能进一步向空化区前缘发展，而是在尾部即形成涡旋脱离，因此，本次实验中 NACA66 水翼空化区的云团主要在空化区后缘产生，而近前缘的空化区并没有周期性脱落，如图 5.57 所示。而文献[24]中的水空化中，涡量传输主要发生在气液交界面，液体不能穿入空化区而是绕着空化区至尾部，形成强大的回流沿空化区底部向空化区前缘发展直到切断空化区前缘导致空化区整体脱落，另外水空化中由于热效应可以忽略，涡旋在空化传质的促进下得以充分发展，形成了大空化云团，促使图 5.58 所示的空化区整体脱落。图 5.57 和图 5.58 的对比结果也从实验上进一步定性验证了第 3、4 章数值模拟结果的正确性。

空化区长度和空化数的关系如图 5.59 所示。随着空化数从 3.79 降至 1.02，空化强度变大，空化区长度不断变长。同时可以发现，和文氏管空化区长度变化趋势相比，本节空化区长度随着空化数变小并没有加速变长，其增长率反而变得更慢。首先，水翼空化并不像文氏管环向空化厚度增加直至中心，堵塞整个流道；其次，水翼空化云团在空化区尾部不断脱落，随着空化数降低，带走的空化云团变大，导致空化区增长变慢；最后，空化数越小热效应越强，抑制空化区的发展。

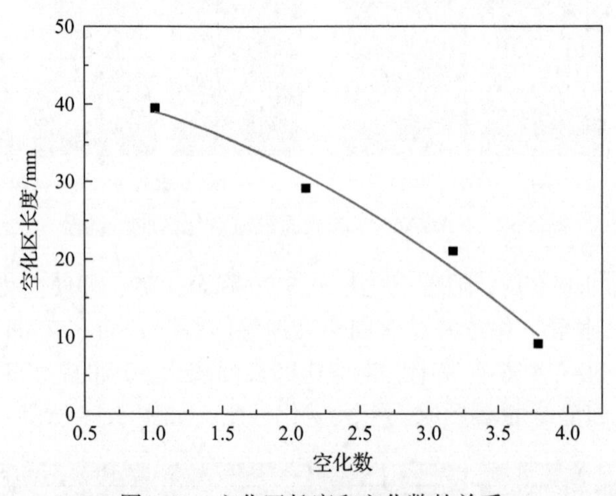

图 5.59　空化区长度和空化数的关系

图 5.60 对比了液氮水翼空化长度和前人的水空化实验数据的对比[25]。在相同

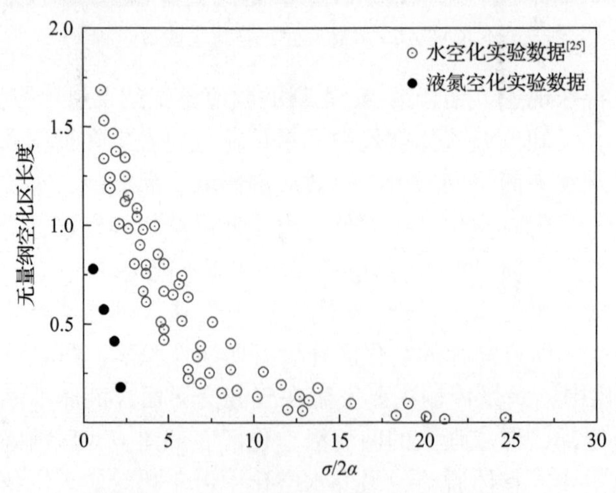

图 5.60　无量纲空化区长度和 $\sigma/2\alpha$ 的关系

的 $\sigma/2\alpha$ 下，液氮的无量纲空化长度(空化区长度/水翼弦长)明显小于水空化的数值；同时按照液氮数据点趋势，当 $\sigma/2\alpha$ 大于 5 后，空化区长度接近于 0 即无空化发生，而在水空化中即使 $\sigma/2\alpha$ 大于 10 依旧有空化发生，这说明液氮初生空化发生在更小的 $\sigma/2\alpha$ 条件下。

图 5.61 表示水翼表面的无量纲压力系数分布($C_p=(P-P_v)/0.5\rho u_{in}^2$)，在工况 4 中(空化区长度为 39mm)，空化区内压力呈逐渐上升，而在 NACA66 水翼的水空化区[25]，压力接近常数。该现象也在 Hord 的实验中被发现，主要是由于空化区存在温度梯度，对应的饱和蒸气压对温度变化较为敏感。

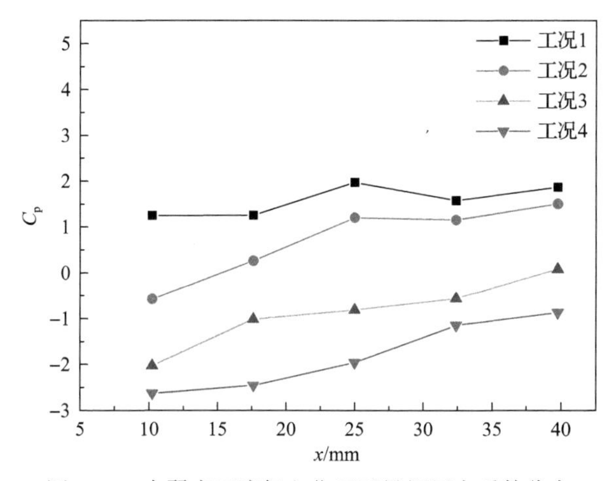

图 5.61　水翼表面液氮空化区无量纲压力系数分布

遗憾的是，我们的水翼实验过程中热电偶没有测到有效数据，但可以通过压力数据分析得到温度值。在 Hord[26]水翼空化中已经证明热力学不平衡状态只存在于空化区中后部，如图 5.57 所示，工况 2～4 中，水翼前缘的第一个测压孔始终被空化区完全覆盖，因此可以认为第一个压力对应的饱和温度接近相应位置空化区温度，据此可间接推得不同空化数时的同一位置的温降。如图 5.62 所示，当空化数从 3.18 降为 2.11 时，温降仅从 0.8K 增加到 1.0K，但空化数降至 1.02 时，温降迅速升为 2.9K；分析可知，在高空化数下，由于空化区薄，其内部气体与外界液体的换热也更为充分，但在低空化数状态下，其空化区变厚，其内气体尤其是近水翼表面的气体与外界流体的热量传递更加困难，因此温降更大。同时，我们也意识到第 3 章中曾阐述：NACA0015 水翼随着空化数的不断降低，其空化区前缘的温降并没有明显增加，这是因为 NACA0015 水翼空化随空化数降低，来流和回射流的碰撞点向水翼前缘发展，形成的涡旋空化云团不断变大，近前缘涡旋的不断脱落强化了气液间的传热。而本节的 NACA66 水翼表面相对 NACA0015 更为平缓，尾部压力梯度相对较小，导致回射流动能相对于来流更弱，即使空化数不断降低，回射流也并没能向前缘发展，因此形成的涡旋始终集中在空化区后缘，所以前缘的附着空化区比 NACA0015 更稳定，对传热的抑制更强，温降更大；另外，更大的温降引起了当地饱和蒸气压下降进一步抑制涡旋发展，因此 NACA66 水翼低温流体空化流动相对于 NACA0015 的空化过程更为稳定，类似于后者空化的模式Ⅰ。而对于热效应可忽略的水空化，据文献报道[24,27]，对于两种水翼，当空化区长度超过弦长的 50%后，就发生强烈的空化区周期性脱落现象。

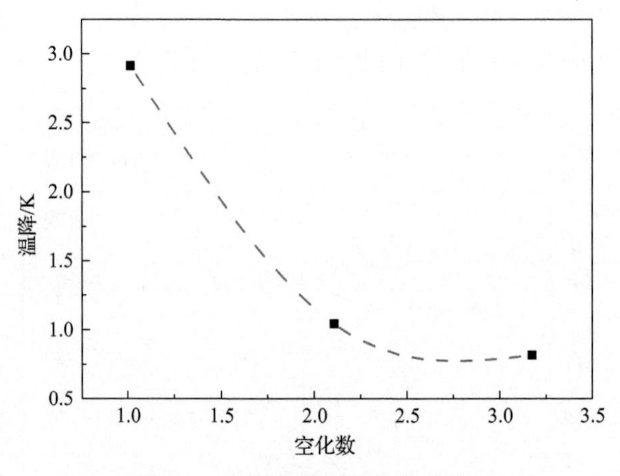

图 5.62　液氮温降和空化数的关系

因此，根据以上特点，对于低温流体空化，通过水翼形状的优化可以控制涡旋的产生位置从而抑制空化区的非稳定性，这对涡轮泵叶片的优化具有重要意义。

同理，工况 3 中的前三个测压孔被空化区覆盖，因此可得相应空化区内的温度分布，如图 5.63 所示，可见空化区最大温降主要发生在近前缘，且随后缓慢减小，最大温降在 2～3K，这也和第 4 章中模拟得到的温度分布规律相同。

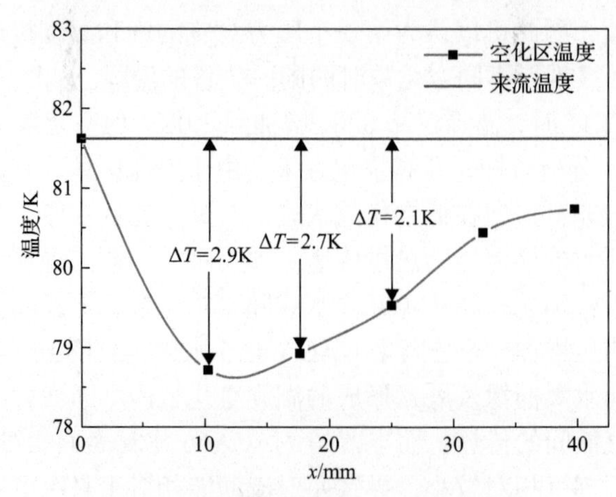

图 5.63　水翼表面液氮空化区温度分布

5.3.2.2　间隙涡空化特性

水翼右侧面与槽道壁面存在一间隙(间隙宽度为 1～1.5mm)，由于水翼倾斜安装，在攻角为 10°时，水翼下方液体静压大于上方，因此液体沿间隙从下往上流，在水翼右侧面发生空化，如图 5.64 所示。而该类间隙也实际存在于涡轮泵诱导轮和壁面之间，对空化不稳定性具有较大的影响，该现象在低温下的特性还鲜有报道，以下对该现象进行初步分析。

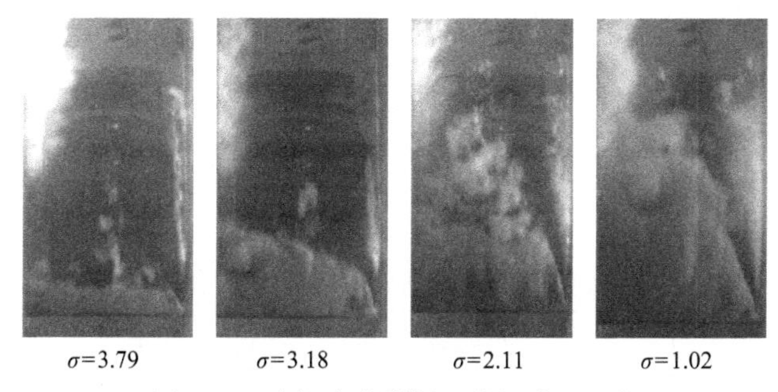

σ=3.79　σ=3.18　σ=2.11　σ=1.02

图 5.64　液氮在水翼侧面的间隙涡空化

当液体由于压差在间隙内流动时，造成大的压降且在出口形成涡旋，压降以及涡旋内的低压促使空化产生。如图 5.64 所示，当 σ = 3.79 时，空化在右侧壁面前缘产生，随着涡旋的发展，在水翼表面上方形成一个细长形涡旋空化带，且存在一定的波动；当 σ 降至 3.18 时，间隙空化带宽度变大，但是长度减小。随着空化数降低至 2.11 和 1.02，间隙涡空化区宽度和长度都变大，逐渐形成锥形，后部宽度比前缘大。当 σ =1.02 时，相比前三者间隙涡空化形态更加雾状，气泡更加分散。同时由于间隙的存在，流体从水翼下方不断流入水翼上方，使主空化区近水翼间隙处的压力相对更高，抑制了空化的发生，因此，如图 5.64 所示，主空化区在水翼展向并没有均匀发展，在近水翼间隙侧呈倾斜分布。

5.4　渐缩渐扩通道的液氮空化实验研究

本节通过改进 5.2 节中垂直文氏管液氮空化实验装置，将圆柱形文氏管改为长方体的渐缩渐扩通道，除了利用高速摄像仪拍摄液氮空化的周期性脱落现象，同时引入激光多普勒测速仪(LDV)，测量低温流体空化区稀缺的速度数据，实现了液氮空化动态演化与空化区定点速度的同步测量。

另外，结合实验和 CFD 模拟数据对渐缩渐扩管的液氮空化非定常脱落特性进行进一步探讨，分析了回射流和压力波对气泡形态特征和周期性演化的影响规律，深入揭示了不同空化数下液氮云状空化区的脱落机制。

5.4.1 实验台及测量系统

5.4.1.1 装置结构

图 5.65 给出了渐缩渐扩通道液氮空化可视化实验装置示意图和实物照片，该装置在垂直文氏管液氮空化可视化实验装置(图 5.26)的基础上引入 LDV 测速系统。圆柱形文氏管为曲面结构，当激光打入流场区域时，由于折射无法聚焦到特定位置，因此测量得到的有效粒子数较少，结果不够准确。为了保证定位的精度和测量结果的准确，将测试段两侧设计为带有透明平板玻璃的渐缩渐扩结构。

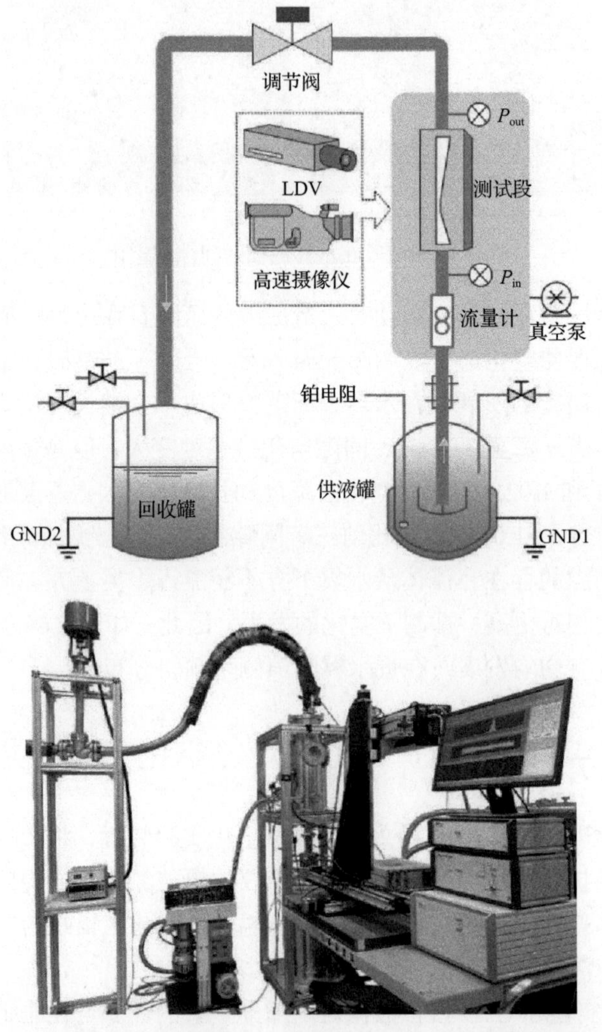

图 5.65 渐缩渐扩通道液氮空化可视化实验装置示意图和实物照片

渐缩渐扩通道由不锈钢主体和透明石英玻璃(侧面)组成，其结构示意图与主体尺寸如图 5.66 所示。不锈钢主体用于连接实验装置的法兰，流道内部为一个渐缩渐扩的凸台，中间有一段平台，液氮自下而上流经平台后，在渐扩段发生空化。主体两侧面分别留有一个凹槽，在其上安装凸台石英玻璃，用于可视化观察和 LDV 透光。不锈钢压板和石英玻璃之间通过垫片接触。压板和主体上打有螺丝孔，通过螺丝将各个部分压紧，达到密封的目的。不锈钢主体流道中心截面的尺寸如图 5.66 所示。

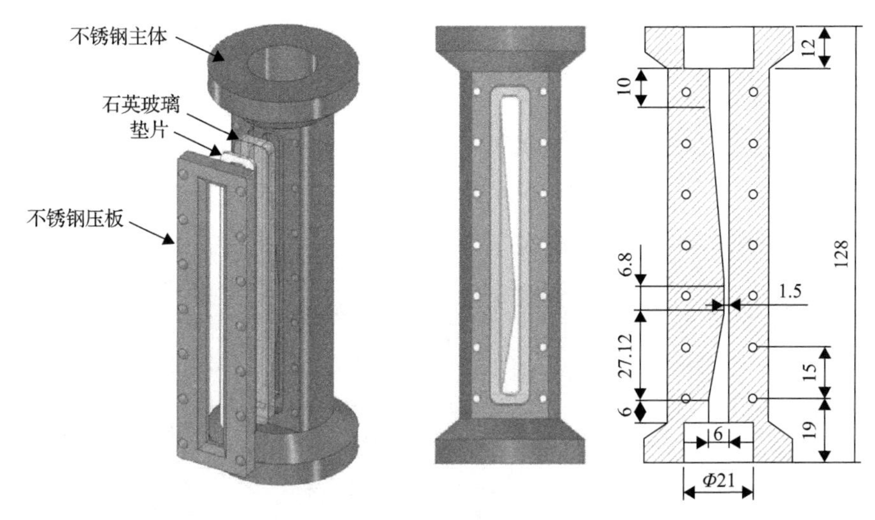

图 5.66　渐缩渐扩通道结构示意图和主体尺寸(单位：mm)

5.4.1.2　LDV 测速系统

本节实验在实验段使用 LDV 测量流场空化区中特定点的速度，速度测量与流场可视化实验系统布置方案如图 5.67 所示。LDV 测速是一种基于激光的非接

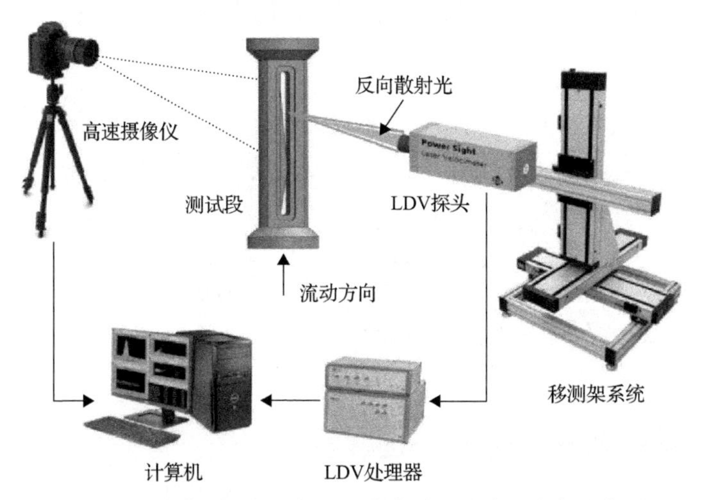

图 5.67　速度测量与流场可视化实验系统布置方案示意图

触式测量技术，流场中没有物理探头，具有分辨率高、采样频率高的特点。采用的 LDV 系统为 TSI 公司的 PowerSight 系统，测速模块为 1 维速度测量，激光器为二极管泵浦固态激光器，激光波长为 532nm，测量速度范围为–313～1600m/s，精度＜0.2%。示踪粒子采用直径 5μm 的空心玻璃微珠，密度与液氮接近，具有较好的液体跟随性。LDV 定位采用三维坐标架，通过软件进行控制，定位精度为 0.1mm。

5.4.2 实验结果及分析

5.4.2.1 空化区脱落非稳态特性

图 5.68 给出了空化数分别为 0.576、0.497 和 0.386 的三种工况下云状空化区

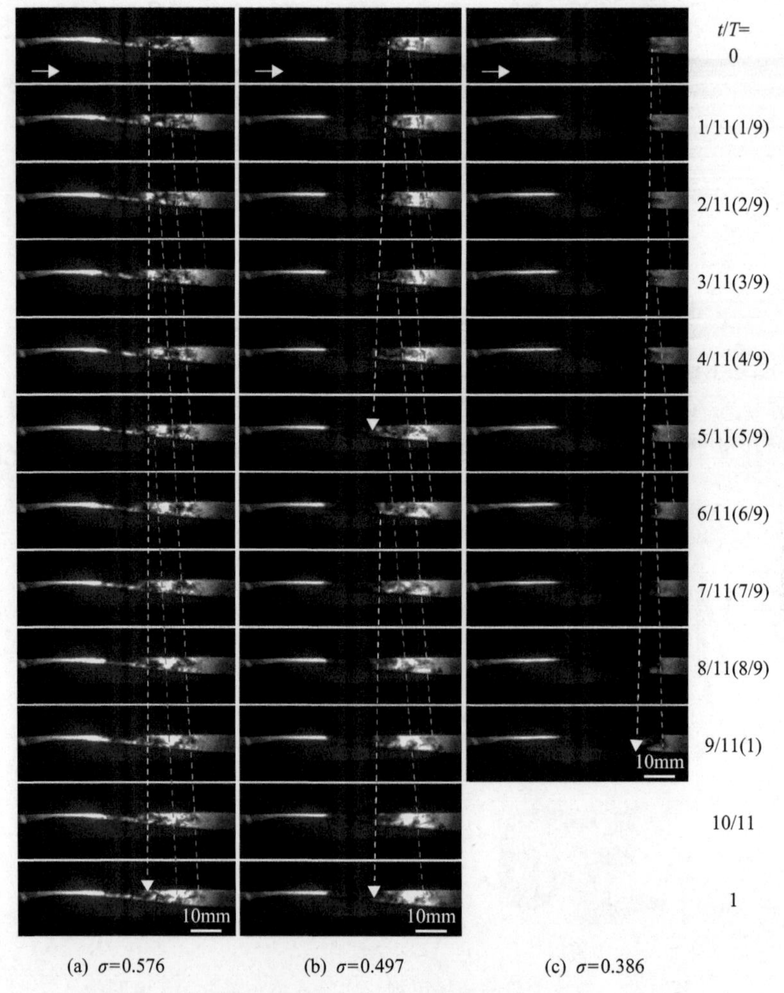

图 5.68 液氮云状空化脱落的图像序列(时间间隔为 0.244ms，流向为从左至右)

典型脱落周期内空化区的动态脱落过程，每张图片时间间隔为 0.244ms，白色实线箭头标明了液氮的流动方向。从高速图像中可看出，随着空化数减小，空化强度变大，空化区长度逐渐增加。气泡首先都附着在渐扩段壁面处，并且在附着空化区尾部小尺度脱落，呈现典型的云状空化特征。在 $\sigma = 0.576$ 实验工况下，从图中可以看出液氮空化形成的空化区与主流之间的界面模糊，呈现泡雾状，有许多细小的空化泡周期性地脱落，并在尾流中坍塌破灭。图 5.68 实验图片中不带箭头的虚线表示观察到的脱落云状气泡团的动态过程，在一个周期内($T \approx 3$ms)一共观察到 4 个类似的云状气泡团。由于空化区压力低于主流场压力，因此，在空化区尾缘近壁处，气泡与主流场接触的地方存在逆压梯度并引起回射流，在回射流的作用下气泡以涡团形式发生脱落，图中带箭头的白色虚线表示在附着空化区后端部观测到的回射流动态过程。通过喉部压力变化的 FFT 分析得到空化区的脱落主频为 630Hz。

在 $\sigma = 0.497$ 工况下，附着空化区进一步增大，并且对喉口流动造成了一定程度的阻塞。在空化区尾部由于逆压梯度产生的涡旋也逐渐生长扩大，形成的涡旋逐渐向空化区移动，促使一部分气泡从空化区脱落。脱落的气泡随着主流逐渐向下游流动，由于空化区下游压力较高，脱落的气泡最终溃灭。云状气泡团在附着空化区尾部的脉动脱落现象导致流场处于不稳定的状态，致使渐扩段流场中出现了比较明显的涡团结构。在 2.9ms 内一共观察到 4 个较完整的脱落云状气泡团。与 $\sigma = 0.576$ 的工况相比，带箭头的白色虚线斜率更大，这表明回射流强度增大，并于空化区尾部沿着壁面向上游进一步推动。

在 $\sigma = 0.386$ 工况下，空化非常剧烈，片状空化区域占据了渐扩部分的 2/3 以上，空化前缘可以阻塞流道。在 2.4ms 内一共观察到 3 个较完整的细小脱落云状气泡团，相较于前两种工况，脱落云团的规模有较大程度的缩小，相应地，附着空化区的长度变化也很小；另外，每个云团脱落过程时间间隔较长，约为 0.61ms，通过 FFT 分析得到空化区的脱落主频为 390Hz。由于空化区下游压力进一步升高，脱落的云团迅速消失。

5.4.2.2　数值模型验证

第 3 章构建了基于大涡模拟(LES)湍流模型、Sauer-Schnerr 空化模型并考虑热效应的低温流体空化数值模拟。本节通过对比相同工况下的液氮空化实验与模拟结果，验证模型准确性，两者对比情况如表 5.6 所示。从相图分布来看，对于 $\sigma =$ 0.497 和 $\sigma = 0.386$ 两种工况，流道内空化区长度和分布与实验获得的空化图像吻合良好。另外，两种工况下模拟和实验中的喉部速度同样吻合较好。

表 5.6 数值模拟与实验结果对比

空化图像与液相云图对比	喉部速度/(m/s)	
	计算值	实验值
工况 1：$\sigma = 0.497, Re = 9.38\times10^4$	12.01	12.15
工况 2：$\sigma = 0.386, Re = 1.1\times10^5$	14.26	14.41

5.4.2.3 云状空化脱落机理研究

在 LDV 测速中，选取流场中靠近壁面不同位置点测量速度变化。P1 和 P2 位于渐扩区域的前缘位置，P3 和 P4 位于渐扩区域的中部位置，测点的具体位置在图 5.69 以十字圆圈标识。通过实验测量，获得不同工况下空化发生时回射流的速度和动态特性，同时结合 CFD 模拟方法研究回射流和压力波对气泡形态特征和周期性演化规律的影响，并分析不同工况下回射流和压力波主导的液氮云状空化脱落的作用机制。

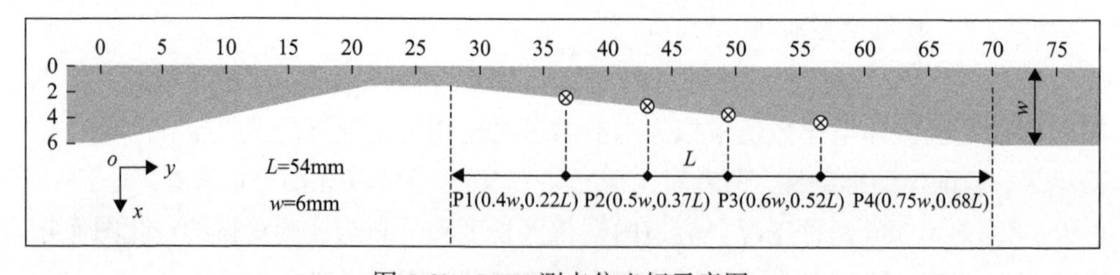

图 5.69 LDV 测点位坐标示意图

1．回射流主导的脱落机制($\sigma = 0.497$)

图 5.70 给出了 CFD 模拟的 $\sigma = 0.497$ 时典型脱落周期的动态过程，时间间隔为 5ms。在此工况下，一个典型的脱落周期包含两个阶段，回射流在第一阶段初始时刻产生后继续发展，并引起小规模的气泡团脱落；在第二阶段，回射流和压力波共同作用，导致了空化区主体的脱落和坍缩。图 5.70(a) 中的黑色向上箭头表示向上游移动的压力波前缘，图 5.70(b) 中的白色等值线表示 $\alpha_v = 0.1$。

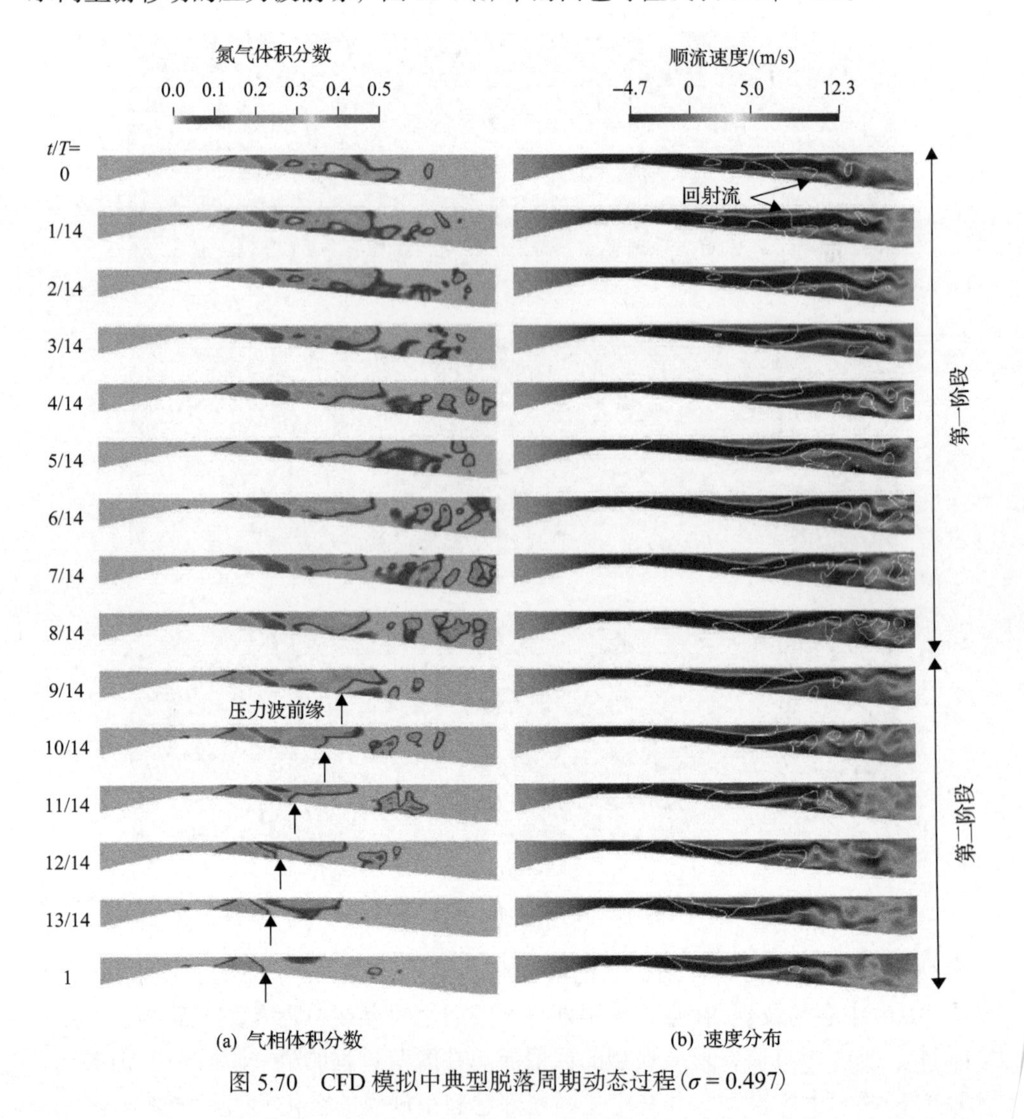

图 5.70　CFD 模拟中典型脱落周期动态过程($\sigma = 0.497$)

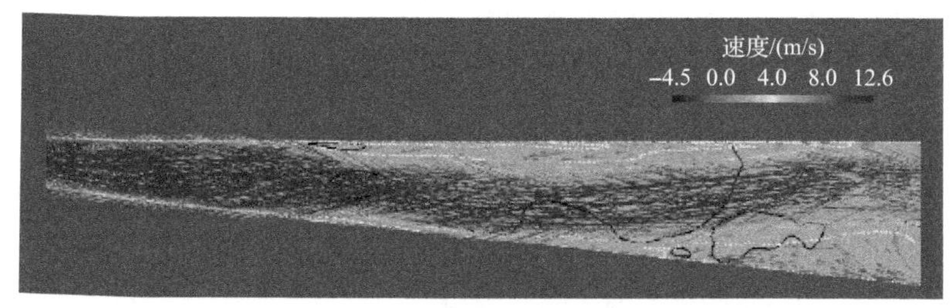

(a) t/T=2/14

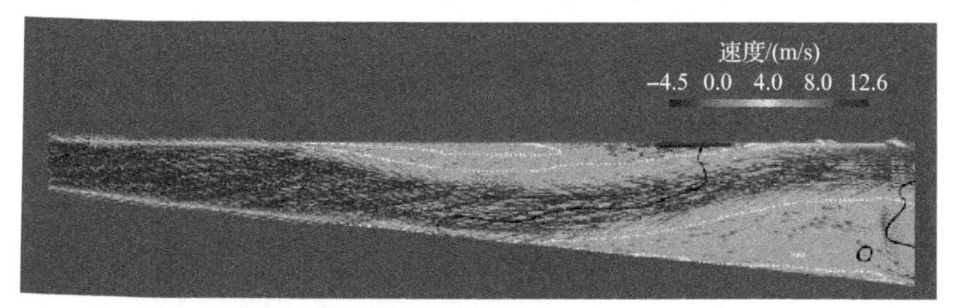

(b) t/T=6/14

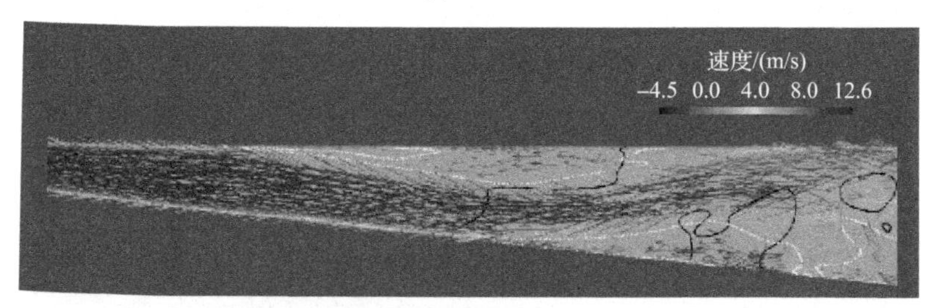

(c) t/T=10/14

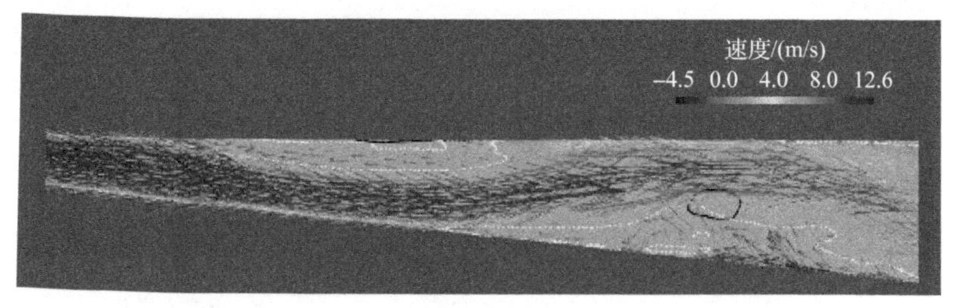

(d) t/T=1

图 5.71　不同时刻中间截面的速度矢量图($\sigma = 0.497$)

在脱落周期的初始时刻，空化区从喉部延伸至约 2/3 渐扩段长度位置。从图 5.70(b)中容易发现，在空化区尾部与下壁面之间存在一股沿着壁面向上游推移的流体，速度为负值，形成典型的回射流。在脱落过程的第一阶段(0～8/14T)，回射流持续向上游推动，并在空化区尾部卷起小规模的空化云团，这部分小规模的脱落空化云团被主流向下游输运，并逐渐溃灭。与此同时，空化云团在下游高

压区破裂时产生压力波，压力波诱导回射流进一步促使其向上游推动[28]。在此阶段，附着在壁面上的空腔长度几乎不发生变化。

图 5.71 给出了模拟的不同时刻中间截面的速度矢量图，更直观地表现了回射流的动态演变过程及其与气泡区的相互作用。由图 5.71(b)可观察到，在 6/14T 时刻，靠近上壁面的空化区尾部形成了一股强劲的回射流，速度大小为 4～5m/s，为主流的 30%～40%，这与 Stanley 等[29]在水的空化实验研究中得到的结果比较接近。靠近上壁面一侧的回射流沿着壁面向上游传播并进入空腔内部，在此过程中速度逐步减小；与此同时，靠近下壁面一侧的回射流速度向上游传播，强度相对较小，速度约为−1m/s，引起空化区尾部小规模气泡的脱落。

图 5.72 给出了一个时间段内(6/14T～8/14T)两个特定位置 P2 和 P3(P2 和 P3 分别位于空化区内部和外部)的流速变化及其与相应位置的 LDV 测量结果的比较情况。LDV 测量经过某个特定点位的大量粒子的速度，再做统计平均。而流场中

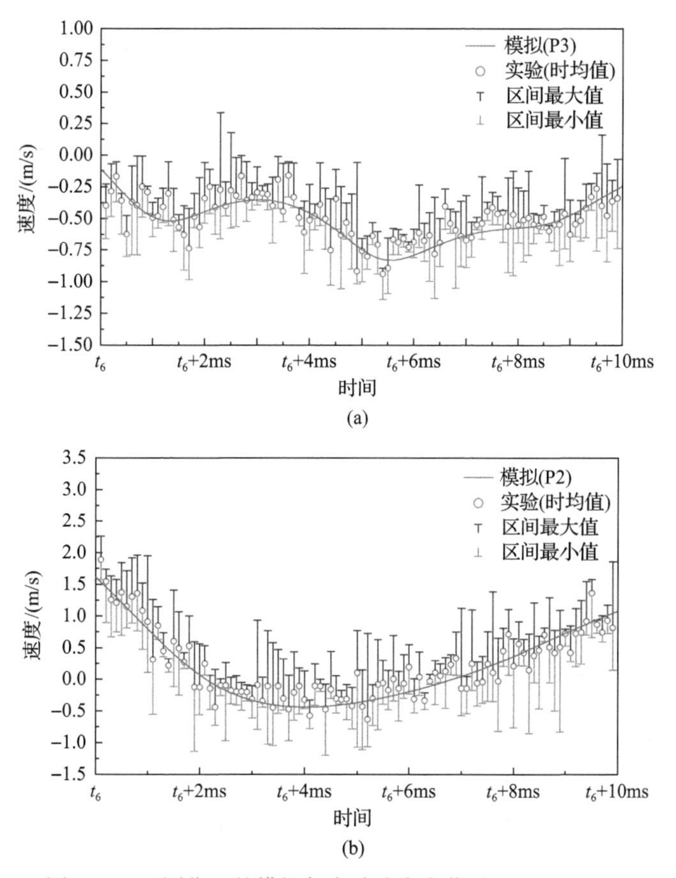

图 5.72　不同位置的模拟与实验速度变化对比($\sigma = 0.497$)

的流动复杂，每一个时刻流场都在变化，由于涡的产生和发展，流场某个位置可能存在波动较大的速度粒子。因此，将测得的数据按照 0.1ms 的时间间隔分段，每段速度数据做平均处理，并将各段的最大值和最小值标注。从 t_6 时刻开始，两个监测位置的流速分别从–0.1m/s 和 1.6m/s 开始减小。P3 点位置的速度在经历短期的轻微增大后迅速减小至最大的负向速度，约 0.8m/s。接着，该点速度持续增大，并在 t_6+10ms 时刻(第一阶段结束)回弹至 0。而回射流在约 t_6+2ms 的时刻向上游移动到 P2 的位置，一直保持到 t_6+7ms(持续时间为 1/14T)。在整个过程中，与 P3 位置相比，最大的负向速度减小，约为 0.4m/s。

接下来在第二阶段(9/14T～T)，空化区的脱落转而由压力波主导。图 5.73 给出了不同位置的压力随时间变化情况。在 12/14T 时刻前后，从 P4 点到 P1 点的压力峰值依次出现，表明了压力波向上游传播，最大压力在短时间内增加了 4kPa。向上游传播的压力冲击波诱发了空化前部的凝结，并引起一些大规模气泡团的脱落，空腔主体的长度也随之变短，直至冷凝锋面传递至空化区前部并导致剩余大部分空腔分离和涡旋脱落，脱落的空化云团被主流向下游输运，并迅速溃灭。

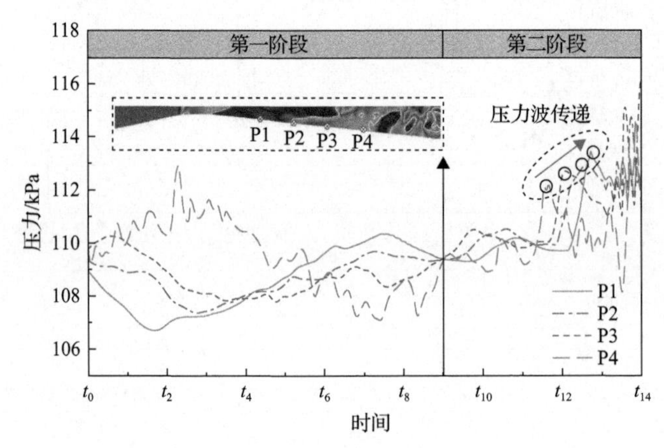

图 5.73 不同位置压力随时间的演化($\sigma = 0.497$)

2. 压力波主导的脱落机制($\sigma = 0.386$)

图 5.74 给出了 CFD 模拟中 σ=0.386 时典型脱落周期的气相体积分数和速度的动态演变过程，图 5.75 则给出了压力的动态演变过程及局部放大视图，时间间隔均为 2ms，图 5.74(a) 中的带箭头虚线表示向上游移动的压力波前缘，图 5.74(b) 中的白色等值线表示 $\alpha_v = 0.1$。与 $\sigma = 0.497$ 工况相比，空化区进一步延伸至几乎涵盖整个渐扩段，并同样在空化区尾部与上下壁面之间观察到回射流，回射流向

上游推动进入空化区，并与空腔相互作用，引起大尺度气泡的涡旋脱落，气泡团的脱落与溃灭过程释放了高能量的压力冲击波。

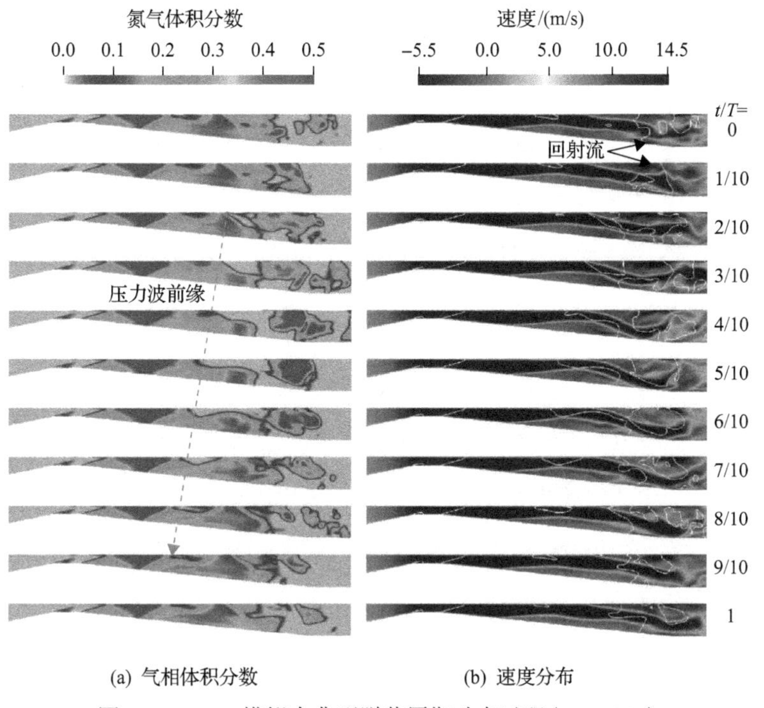

(a) 气相体积分数　　(b) 速度分布

图 5.74　CFD 模拟中典型脱落周期动态过程($\sigma = 0.386$)

图 5.76 给出了模拟的不同位置压力随时间的变化。由图可知，在 y/L 为 0.75、0.65 和 0.55 处的压力分别在 t 为 0、2/10T 和 5/10T 时刻前后突增，这代表了冲击波的传播；并且由于大尺度气泡团的集中坍缩，一个超过 116kPa 的高压出现。与此同时，上壁面的回射流到达空化中部附近与主流相遇且相互作用，随即切断了附着空化区，并诱发更大的云层脱离，附着空化区长度随后明显降低到最小。

图 5.77 给出了一个时间段内(对应 0～T)模拟的两个特定位置 P3 和 P4 的流速变化及 LDV 测量结果的对比。对于 P4，从 $t = 0$ 到 $t = 0 + 9\text{ms}$(持续约 1/2T)观察到负向速度，速度相对稳定，在 $t = 0 + 5\text{ms}$ 和 $t = 0 + 8\text{ms}$ 之间(1/4T～4/10T)保持最大负向速度，约–1.8m/s，这导致了大尺度气泡的迅速脱落以及压力冲击波的形成。回射流由 P4 处继续向上游传播，在大约 $t = 0 + 10\text{ms}$(5/10T)时到达 P3，此时回射流强度明显减弱，速度大幅减小，最大负向速度约为–0.2m/s。在此之后，P4 和 P3 位置的速度都重新回到了正值。

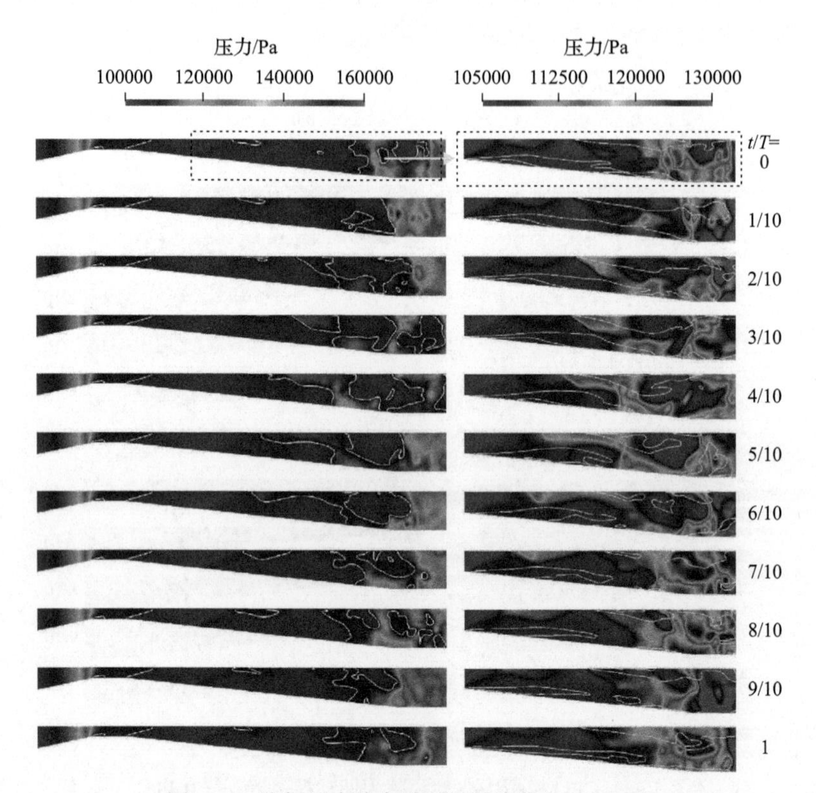

图 5.75　流场压力分布随时间的演化($\sigma = 0.386$)

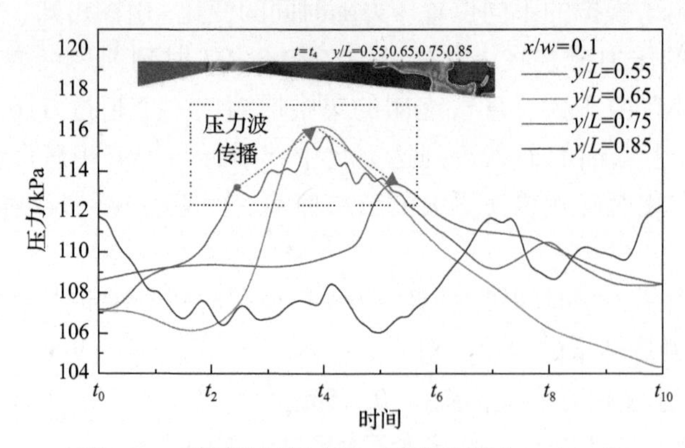

图 5.76　不同位置压力随时间的变化($\sigma = 0.386$)

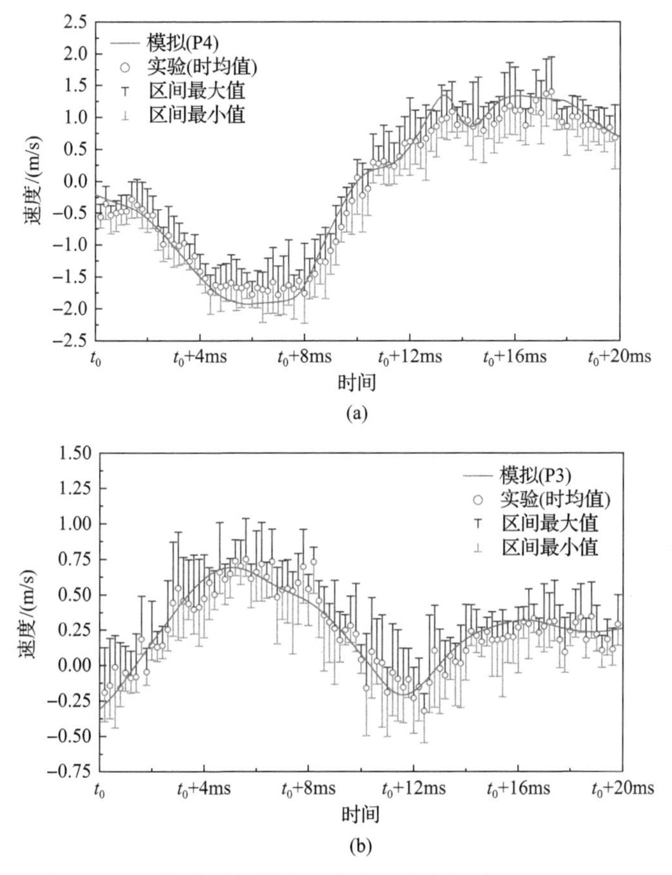

图 5.77　不同位置的模拟与实验速度变化对比($\sigma = 0.386$)

5.5　本 章 小 结

本章基于可视化观察及温度、压力、流量以及 LDV 速度测量的实验分析，阐明了文氏管、水翼以及渐缩渐扩管内液氮空化流特性及机理，得出如下结论。

5.5.1　文氏管空化

(1) 在空化区长度上，提出了考虑进出口过冷度的新压比表达式，相比传统研究使用的进出口压比，新压比更适合描述低温流体空化工况。通过图像分析得到空化区长度和压比(新压比)的相互关系，发现压比主导了空化区长度变化，空化区长度随压比降低而线性增加，但存在一转折点，当新压比低于临界压比时，斜率绝对值更大。数值计算发现，随着压比降低，文氏管整个喉部发生空化从而堵塞流道，这种现象是临界压比出现的主要原因。并且，实验和数值模拟皆表明临界压比对热效应强度更敏感，热效应越强临界压比越大。

(2) 在空化现象上，发现液氮文氏管空化主要分为片状空化和云状空化两类。前者对应的施特鲁哈尔数(St_c)处于 0.04～0.08，而后者处于 0.3～0.4。在云状空化区域，压比对脱落非稳定性具有主导作用，而热效应对片状空化和云状空化的转变压比具有主导作用。

(3) 在空化脱落机理上，发现空化云团在尾流中溃灭产生了能量很强的压力波，引起并主导了上游空化区的脱落。基于压力波引起的空化区冷凝前缘的传播速度，提出了新的施特鲁哈尔数 St_{shock}，对比液氮数据及文献报道的水空化数据，发现该值约为 0.5。另外，Wallis 声速方程能很好地预测冷凝前缘运动速度，从而得到空化区的脱落频率。理论分析发现，对于同一种流体，随着来流液体温度升高，空化区脱落变快，低温液体由于两相声速更大，其云状空化脱落频率将更大。

5.5.2　空化水翼

本章实验研究了液氮在攻角为 10°的 NACA66 水翼的空化特性。

(1) 涡量传输更靠近水翼表面，涡旋主要在水翼中后部产生。虽然随着空化数的降低，空化区逐渐向下游发展，但是整个空化区并没有出现周期性的整体脱落现象，不同于水空化在空化区长度超过 50%时就发生周期性的整体脱落现象。同时，由于附着空化区没有脱落，随着空化数的降低，空化区的温度不断降低。

(2) 初步分析了间隙涡空化发展形态，随着空化数的降低，空化区在弦长方向先变短后变长，而空化区在水翼展向不断变大，同时相同空化数下，间隙涡空化的长度明显大于水翼主空化区的长度。由于间隙涡空化的存在，主空化区在展向并没有均匀发展，空化区右侧边缘呈倾斜分布。

5.5.3　空化渐缩渐扩管

本章基于 LDV 测量了液氮在渐缩渐扩管内的空化流速度，结合 LES 数值分析以及图像处理方法，阐明了空化脱落机理。

(1) 空化数从 0.576 降至 0.386 时，空化长度随着空化数的减小而增加，而脱落频率从 630Hz 降至 390Hz，单个脱落过程的平均持续时间从 1.6ms 降至 1.06ms。

(2) 模拟的空化结构发生和发展与实验结果非常吻合。证实存在两种空化脱落机制，即回射流和压力波冲击，主导了 LN_2 空化云团脱落。当 $\sigma = 0.497$ 时，回射流是主要的云状空化区脱落机制。当 $\sigma = 0.386$，云状空化区脱落过程由压力波主导。

(3) 在两个不同空化数时，云状空化区脱落循环开始时都存在回射流。LDV 测量和数值模拟均表明，空腔末端的回射流速度大小为 4～5m/s，为喉部速度的 30%～40%，且回射流的大小沿上游方向逐渐减小。另外，在压力波主导的云状空化脱落期间，由于压力波冷凝锋面向上游的传播，流场中高达 4kPa 振幅的压力波在短时间内沿上游方向依次出现。

参 考 文 献

[1] Hord J. Cavitation in liquid cryogens. 1: Venturi[R]. Washington, D.C.: NASA, 1973.

[2] 张小斌, 朱佳凯, 赵东方. 一种自密封低温流体可视化装置: CN201510136432.X[P]. [2017-01-11].

[3] 张小斌, 朱佳凯, 余柳. 可拆卸低温流体可视化视窗、装置和容器: CN201510590914.2[P]. [2018-06-19].

[4] 张小斌, 王彬, 王舜浩. 一种应用于 77～90K 温区范围的热电偶标定装置: CN201811019612.X[P]. [2019-01-18].

[5] 谢黄骏, 朱佳凯, 徐璐, 等. 液氮汽蚀实验中低温热电偶的标定及误差分析[J]. 低温工程, 2016(4): 16-20.

[6] 甘智华, 张小斌, 王博. 制冷与低温测试技术[M]. 杭州: 浙江大学出版社, 2011.

[7] Keithley Instruments, Inc. Model 2700 Multimeter/Switch System User's Manual[Z]. Keithley, 2000.

[8] Yoshida Y, Kikuta K, Niiyama K, et al. Thermodynamic parameter on cavitation in space inducer[C]. Fluids Engineering Division Summer Meeting. American Society of Mechanical Engineers, Rio Grande, 2012: 203-213.

[9] 黄旭, 张敏弟, 付细能. 表面涂层对绕水翼空化流动影响的实验研究[J]. 工程热物理学报, 2015(3): 522-525.

[10] Sayyaadi H. Instability of the cavitating flow in a Venturi reactor[J]. Fluid Dynamics Research, 2010, 42(5): 055503.

[11] 孙得川. 二次射流干扰流场及其控制参数研究[D]. 西安: 西北工业大学, 2000.

[12] Ohira K, Nakayama T, Nagai T. Cavitation flow instability of subcooled liquid nitrogen in converging-diverging nozzles[J]. Cryogenics, 2012, 52(1): 35-44.

[13] Xu C, Heister S D, Field R. Modeling cavitating Venturi flows[J]. Journal of Propulsion and Power, 2002, 18(6): 1227-1234.

[14] 张小斌, 曹潇丽, 邱利民, 等. 液氧文氏管汽蚀特性计算流体力学研究[J]. 化工学报, 2009, 7: 1638-1643.

[15] Long X P, Zhang J Q, Wang J, et al. Experimental investigation of the global cavitation dynamic behavior in a Venturi tube with special emphasis on the cavity length variation[J]. International Journal of Multiphase Flow, 2017, 89: 290-298.

[16] Danlos A, Ravelet F, Delgosha O C, et al. Cavitation regime detection through proper orthogonal decomposition: Dynamics analysis of the sheet cavity on a grooved convergent-divergent nozzle[J]. International Journal of Heat Fluid Flow, 2014, 47(3): 9-20.

[17] Dular M, Bachert B, Stoffel B, et al. Relationship between cavitation structures and cavitation damage[J]. Wear, 2004, 257(11): 1176-1184.

[18] Franc J P, Rebattet C, Coulon A. An experimental investigation of thermal effects in a cavitating inducer[J]. Journal of Fluids Engineering, 2004, 126(5): 716-723.

[19] de Giorgi M G, Ficarella A, Tarantino M. Evaluating cavitation regimes in an internal orifice at different temperatures using frequency analysis and visualization[J]. International Journal of Heat and Fluid Flow, 2013, 39: 160-172.

[20] Ganesh H, Mäkiharju S A, Ceccio S L. Bubbly shock propagation as a mechanism for sheet-to-cloud transition of partial cavities[J]. Journal of Fluid Mechanics, 2016, 802: 37-78.

[21] Ganesh H. Bubbly shock propagation as a cause of sheet to cloud transition of partial cavitation and stationary cavitation bubbles forming on a delta wing vortex[D]. Ann Arbor: University of Michigan, 2015.

[22] Wallis G. One-dimensional Two-phase Flow[M]. New York: McGraw-Hill, 1967.

[23] Kelly S, Segal C. Experiments in thermosensitive cavitation of a cryogenic rocket propellant surrogate[D]. Gainesville: University of Florida, 2012.

[24] Leroux J B, Astolfi J A, Billard J Y. An experimental study of unsteady partial cavitation[J]. Journal of Fluids Engineering, 2004, 126(1): 94-101.

[25] Franc J P, Michel J M. Fundamentals of Cavitation[M]. London: Kliwer Academic Publishers, 2004.

[26] Hord J. Cavitation in liquid cryogens. 2: Hydrofoil[R]. Washington, D.C.: NASA, 1973.

[27] Arndt R E A, Song C C S, Kjeldsen M, et al. Instability of partial cavitation: A numerical/experimental approach[C]. Proceedings of the Twenty-Third Symposium on Naval Hydrodynamics, Val de Reuil, 2000.

[28] Trummler T, Schmidt S J, Adams N A. Investigation of condensation shocks and re-entrant jet dynamics in a cavitating nozzle flow by large-eddy simulation[J]. International Journal of Multiphase Flow, 2020, 125: 103215.

[29] Stanley C, Barber T, Rosengarten G. Re-entrant jet mechanism for periodic cavitation shedding in a cylindrical orifice[J]. International Journal of Heat and Fluid Flow, 2014, 50: 169-176.

第6章 空化诱导的低温阀门流致振动机理

为提高雷诺数，低温风洞以低温氮气为工质，通过喷入大流量液氮来维持风洞内温度和压力，低温阀为管网流量控制和调节的主要设备。提升阀(poppet valve)通过阀芯的相对运动改变阀芯与阀座间的流通面积，从而实现对过流介质流量的调节和控制。在大流量、高压差、小开度等工况下，阀内低温流体与过流部件发生高速相对运动，极易产生不稳定流动、涡流、空化等现象，增加了流场特征的复杂程度[1]。复杂的流场与阀门相互作用，将引起阀芯表面不对称的瞬态压力分布，导致阀芯的被迫横向运动、振动甚至撞击阀座[2,3]，从而损坏密封装置、管路元件[4,5]，严重时甚至造成低温风洞不能正常运行。

近年来，随着计算流体力学技术深入发展，国内外学者针对阀门的流致振动问题进行了广泛的数值模拟研究。Zhang 和 Engeda[6]对文氏管进行二维定常数值模拟，指出阀内不对称流是引起阀芯振动的主要原因。娄燕鹏[7]采用 ANSYS Fluent 对高压降蒸气疏水阀进行了瞬态模拟，将获得的壁面压力脉动作为结构激励输入 LMS Virtual.Lab 软件从而得到其振动响应。Al-Amayreh 等[8]模拟研究了管道内蝶阀附近的流动特性，并通过分析阀门下游压力脉动和涡脱落的频谱预测阀门振动的可能性。以上学者通过数值研究主要分析了阀芯所受的瞬态液动力并据此阐述了阀内流场对阀芯振动的作用机制，同时探讨了阀型对振动、流量、流型等因素的影响。但是阀芯结构的节点位移信息并不反馈给流场，忽略了阀芯振动对阀内流场的影响。然而当阀芯振动幅值较大时，阀芯与阀座相对位置改变必然会对内部流场产生影响[9-11]。为了模拟更接近实际工况的阀门振动问题，需采用考虑流场与阀芯运动相互作用的双向流固耦合数值方法[12]。Domnick 等[13,14]考虑了阀芯振动对流场的动态反馈机制，采用双向流固耦合仿真方法对阀芯的振动进行了研究，发现相较于单向耦合方法，阀芯的振动行为发生了改变，并深入探讨了流量条件、弹簧系统特性和阀门几何形状等多种因素对阀门振动的影响机理。周振锋[15]对电液伺服阀进行了无变形(刚体)双向耦合研究，得到了在流场作用下阀芯和弹簧管的位移量以及阀门的应力状态。郭昌盛[16]基于流固耦合理论，将阀芯暂态运动方程作为流体移动边界，采用 CFX 动网格技术建立调压阀内流体瞬态仿真模型，得到了不同开度下阀芯的位移场和应力场。曾立飞等[17,18]利用 Fluent 中的弹簧光顺模型和用户自定义函数(UDF)对比分析了不同汽轮机调节阀阀碟顶端振幅在振动频率分别为 46.4Hz、92.8Hz、185.6Hz 时阀杆系统振动对阀内流场的影响。Li 等[19]建立了车用动态调节阀振动噪声研究的二维瞬态数值模型，通过对阀内瞬态压力进行频谱分析发现，存在分别来源于机械振动和不稳定流动的约为87Hz的低频峰值和970Hz高频峰值。

与此同时，研究者针对各种阀门普遍出现的空化问题进行了大量实验和数值研究，获得了各类工况下阀内的空化流场特征并分析其对阀门性能的影响[20-22]。Kumagai等[23]和闵为等[24]分别通过可视化的实验研究推断空化是锥阀出现不稳定现象的最可能原因之一，并在各自的研究中都观察到阀芯失稳振荡与阀座撞击的现象。但是到目前为止，关于低温阀门流致振动问题与空化效应的耦合作用机制的研究鲜有文献报道，针对该复杂问题的三维数值模型也尚未被开发。

本章基于CFD方法，利用第3章的低温流体空化数值模型，研究DN100液氮调节阀内空化特性并进行流固双向耦合分析。CFD数值模拟基于两相流Mixture模型和Sauer-Schnerr空化模型，同时考虑液氮空化过程热效应的影响，通过UDF和动态网格方法实现阀芯的流致被迫运动。数值计算获得了阀芯的耦合振动特性以及阀内液氮空化的动态演变规律。通过对不同阀杆刚度下阀芯的振动特性进行数值分析比较，阐明了阀杆刚度对阀芯空化流诱导的流致振动的影响机理，获得了阀杆刚度对阀芯失稳振荡过程中撞击阀座的影响规律。基于阀门流固耦合数值结果揭示了调节阀空化流动及其诱导振动的相互作用机理，为低温阀门的设计及优化提供参考。

6.1　几何和数值模型

6.1.1　几何模型

对DN100直通式调节阀进行几何建模，其结构示意图如图6.1(a)所示。阀体部分长度方向和宽度方向的尺寸分别为300mm和240mm。对阀芯和阀杆等结构的建模进行了一定的简化处理，图6.1(b)为阀杆和阀芯部件的结构示意图和尺

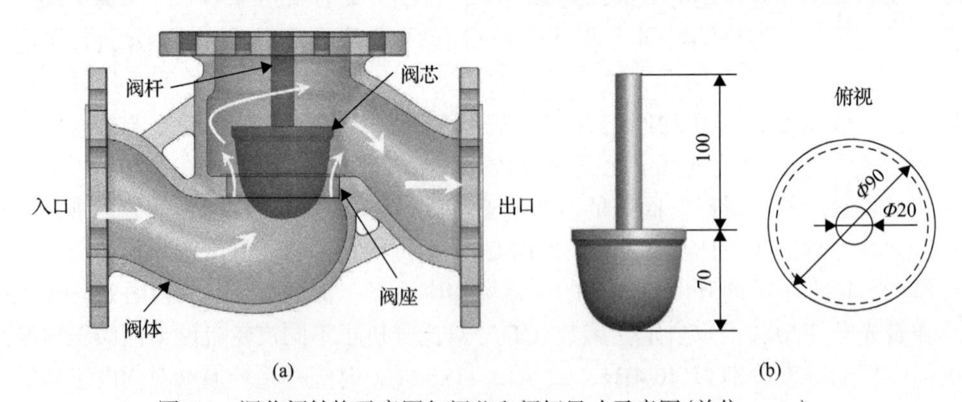

图6.1　调节阀结构示意图与阀芯和阀杆尺寸示意图(单位：mm)

寸，其中阀杆的长度为 100mm。

6.1.2　数值模型

考虑液氮热效应的空化流场的数值模型涉及气液两相流的质量守恒方程(式(3.1))、动量守恒方程(式(3.2))、能量守恒方程(式(3.3))以及两相之间的质量传输方程(式(3.4))。本章基于雷诺时均(RANS)方法，采用 Realizable k-ε 湍流模型(式(3.64)和式(3.65))及多相流 Mixture 模型[25]，由相体积分量加权平均获得混合相物性 $\psi = \alpha_l \psi_l + \alpha_v \psi_v$。空化模型采用修正气泡数密度的 Sauer-Schnerr 空化模型[26,27]，冷凝率和气化率表达式见式(3.42)。

6.2　流固耦合数值计算方法

6.2.1　动网格设置

基于 ICEM CFD 18.1 软件使用非结构三角形网格方法对阀内复杂流体区域进行网格划分，将阀芯视为刚体不考虑其形变，因此不对阀芯内部进行建模和网格划分。图 6.2 为阀内流道三维网格划分示意图。为保证阀门出口为均匀流并避免

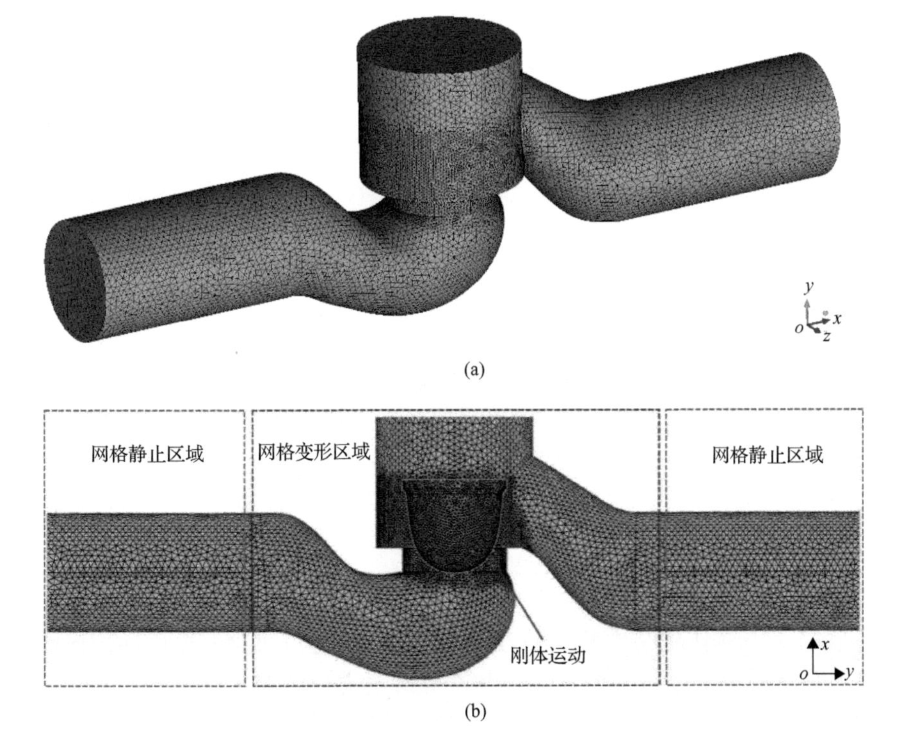

图 6.2　阀内流道三维网格划分示意图

回流的产生，将调节阀的几何形状延展至包括上下游流道的部分，进出口延长部分长度均为 200mm。考虑到阀芯振动会导致附近流场特征的剧烈变化，针对阀芯表面和附近流体区域进行局部网格加密，同时避免了网格畸变过大而使计算发散。在求解前首先进行网格无关性验证，网格数最终确定为 946480。

在使用弹簧光顺网格变形方法的基础上引入局部网格重构，有效地保证了网格质量并实现了用于模拟阀芯表面运动边界任一位移的非结构动网格技术。动网格区域设置中，将阀芯表面设置为刚体（rigid body），即在计算中这部分网格只会移动而不会变形，其运动由 UDF 确定（6.3 节详细介绍）。阀芯附近区域的网格设置为变形区域，两端延长段的网格设置为静止区，网格变形区域和静止区域的划分情况如图 6.2（b）所示。

6.2.2 求解方案

选取实际运行和实验中所监测到阀芯结构振动较大的小开度工况，对开度为 30%的工况进行建模研究。分别对进出口采用压力入口和压力出口边界条件，入口压力和出口压力分别设置为 1000kPa 和 300kPa。根据流体热力学和输运性质数据库（REFPROP）的数据，将液氮和气氮的热物理性质（如饱和蒸气压、密度、比热、导热系数和黏度）指定为关于温度的函数。

时间步长设置为 2×10^{-5}s，时间离散采用一阶隐式格式。压力速度耦合方程采用压力的隐式算子分裂（PISO）算法求解，压力项采用 PRESTO!格式离散，动量的离散采用二阶迎风格式，密度、气相体积分数、能量及湍动能的离散均采用一阶迎风格式。

6.3 阀芯动力学模型

6.3.1 阀芯受力分析

阀芯的变形很小，因此将其简化为刚体。另外，研究[24,28,29]指出阀芯的流激振动主要表现为阀芯的水平运动，因此仅对水平（x）方向上阀芯的受力情况和运动状态进行分析研究。根据牛顿第二定律，得到阀芯的运动方程如下：

$$M\ddot{x}(t) = F_{\mathrm{f}}(t) + F_{\mathrm{s}}(t) \tag{6.1}$$

式中，M 为阀芯质量；$\ddot{x}(t)$ 为阀芯的运动加速度；$F_{\mathrm{s}}(t)$ 为阀芯所受来自阀杆的回弹力；$F_{\mathrm{f}}(t)$ 为流体作用在阀芯上的合力（流体力），通过对阀芯表面面积所受水平方向压力分量积分求得，因此其大小与调节阀两端的压差、阀芯大小和形状及流体物理特性等因素有关。

6.3.2 阀杆有限元分析

首先，通过 ANSYS Workbench 软件平台，基于线性有限元方法对阀杆进行静力学计算，以获得阀杆端部位移和回弹力的关系。阀杆材料为 304 不锈钢，考虑温度的影响，泊松比、刚度、弹性模量等为温度的函数。在阀杆的一端施加固定约束，对另外一端连接的阀芯件施加指定的载荷(*x* 方向)，如图 6.3(a)所示，获得不同直径下阀杆受力与变形的关系曲线，如图 6.3(b)所示。

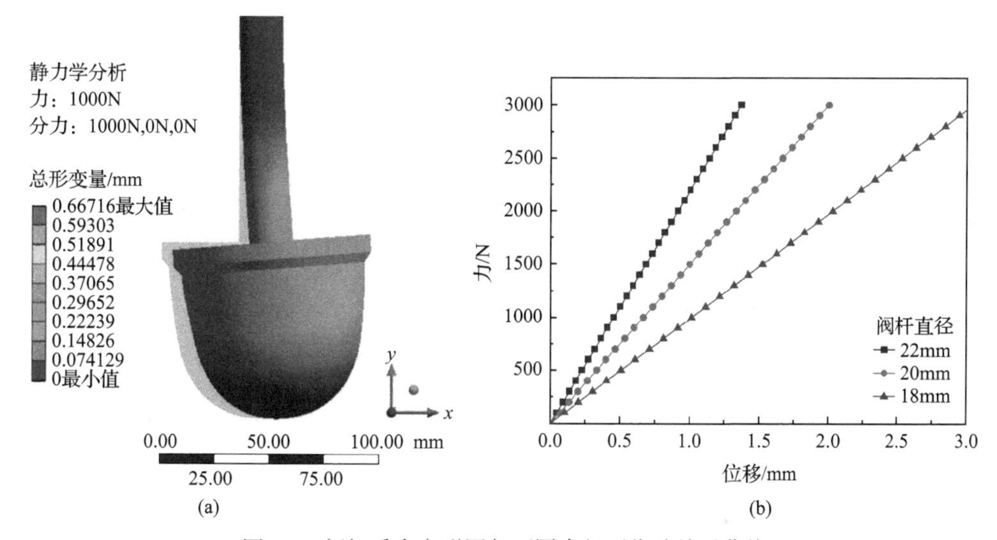

图 6.3　阀杆受力变形图与不同直径下位移关系曲线

总体上，阀杆在 *x* 方向的变形量随着受力的增加而线性增大。阀杆的刚度随着直径的增大显著增大，阀杆直径为 18mm、20mm 和 22mm 时对应的阀杆刚度分别为 985N/m、1499.4N/m 和 2190.7N/mm。由于所研究的阀杆较细，相对于阀芯对流场的影响较小[30]，因此在流场 CFD 计算模型中并没有考虑阀杆。通过上述方法可以确定阀芯任一位移下对应的阀杆回弹力的方向和大小，在接下来的流固耦合计算中，通过比较不同位移下的回弹力和流体力大小来决定阀芯的运动速度大小和方向。

6.3.3 阀芯运动程序设计

仿真开始后，通过计算阀芯所受流体力与弹性力的合力在 *x* 方向上的分量，根据式(6.1)，相应地得到阀芯的速度和加速度，并基于动网格方法在 UDF(程序见附录 2)中确定并实现阀芯的运动。阀芯的位移定义为 $x_i - x_{\text{ref}}$，其中 x_i 为阀芯表面位置坐标，x_{ref} 为初始状态下阀芯表面参考点的位置坐标，设置为 0。在每个计算步结束时，确定阀芯更新后的位置和速度作为下一个计算步的起始状态，并持续更新计算，实现了流场和固体结构之间数据的双向传递。

图 6.4 总结了阀内流固耦合问题计算的流程图。为了考虑前述研究中观察到的阀芯撞击阀座的现象，在每个计算时间步结束时，始终监测阀芯与阀座之间的距离，以评估撞击是否会发生。当阀门开度为 30%时，静止状态下阀芯与阀座之间的初始距离为 $d = 6.8\text{mm}$。由于在 CFD 计算中阀芯与阀座的直接接触将造成网格边界类型出现逻辑错误并导致网格重构失败，因此在模拟工作中当阀芯位移 $|x_i - x_{\text{ref}}| \geqslant 0.95d$ 时即认为撞击发生，阀芯在下一个计算步运动方向将反转。

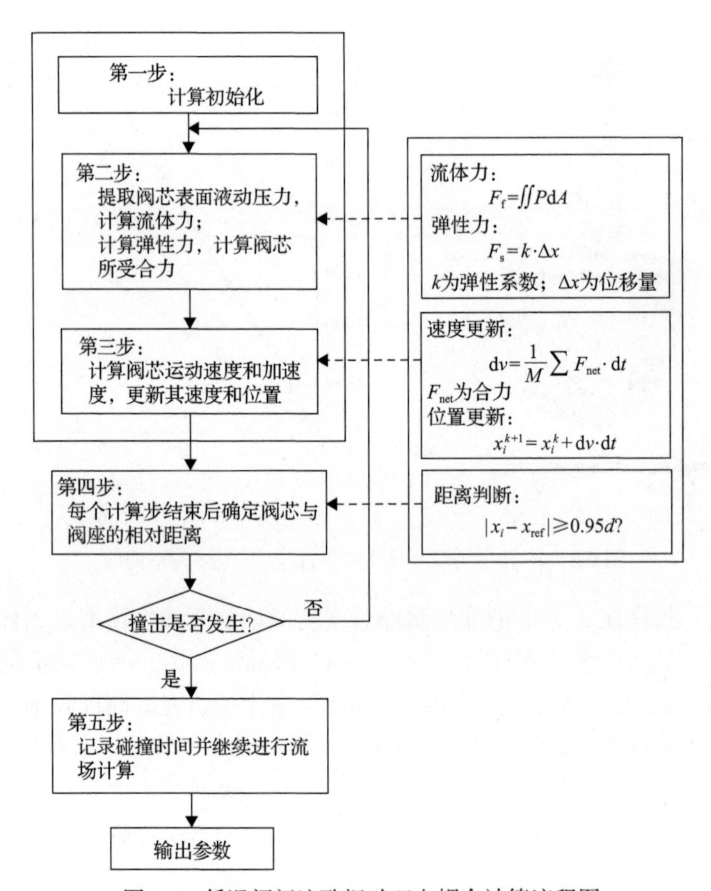

图 6.4　低温阀门流致振动双向耦合计算流程图

6.4　结果与分析

6.4.1　阀芯动态特性分析

图 6.5 所示为阀杆直径等于 20mm 时一个振动周期内阀芯表面压力分布的变

化情况。阀芯零时刻的相对位移为 0，初始速度和加速度也均为 0。从 1/6T(T 为一个周期)时刻到 T 时刻对应的阀芯位移分别为 5.596mm、5.114mm、–0.29mm、–5.235mm、–5.353mm 和 0.333mm。阀芯表面非对称的压力分布产生不平衡流体力(主要表现在 x 方向)，而当来自流场的流体力大于阀杆受力变形对阀芯施加的弹性力时，阀芯从前一刻的位置继续移动。另外，从图中可以看出，阀芯表面压力的幅值与阀芯的相对位置有明显的相关性。当阀芯向一侧移动时，随着阀芯与阀座的接近，流体流经阀芯与阀座之间形成的节流区域时将在靠近阀座的阀芯表面一侧产生更大的总压力。同时，计算发现，气泡破灭传递的压力波是造成阀芯表面该区域压力较大的另一个主要原因，具体分析将在 6.4.2 节进行。

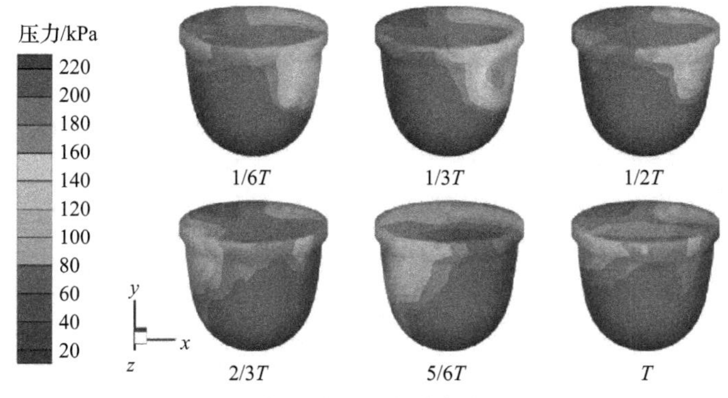

图 6.5　阀芯表面压力分布变化云图

阀芯的不稳定振荡一旦被触发，阀芯的振动将在之后的循环中持续增强，直至达到由进出口压差条件决定的极限振幅[31]。当入口压力为 1000kPa 时，阀芯的极限振幅大于初始状态下阀芯与阀座之间的最大“安全距离”，撞击因此发生。图 6.6 为阀芯所受流体力与阀芯位移随时间的变化情况。从图中可以看出，阀芯所受的流体力和阀芯位移有明显的周期变化，且都呈现出类正弦曲线的变化趋势。

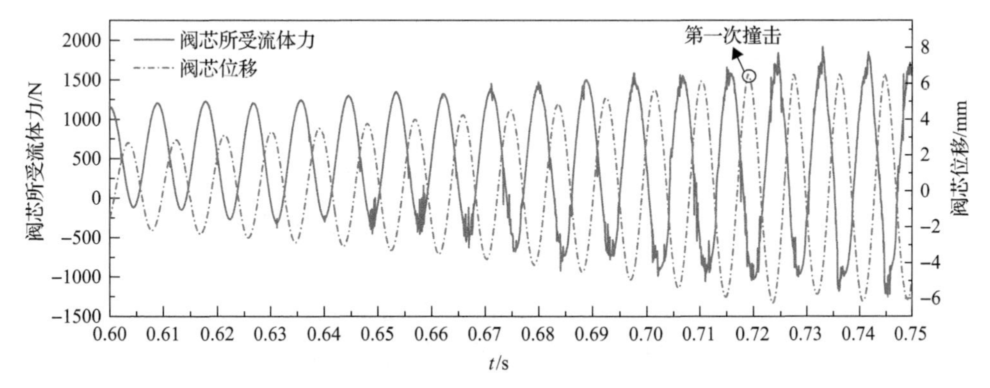

图 6.6　阀芯所受流体力与阀芯位移时域图

作用在阀芯上的流体合力（x 方向分量）随着阀芯振动幅值的增大逐渐增大，最大值和最小值分别约为 1913.5N 和–1248.5N。阀芯在 x 正方向上总是受到更大的流体力，这表现为阀芯最初总是先向右移动，并且最终不会与左侧阀座发生碰撞。

阀芯在 0.71896s 时第一次撞击阀座后继续保持大幅振荡，并不断重复撞击阀座的振荡过程，形成稳定的循环。阀芯撞击阀座的速度和频率变化情况如图 6.7 所示，阀芯与阀座之间的平均撞击频率为 117.8Hz，平均撞击速度为 1.68m/s。模拟分析获得的阀芯运动规律以及撞击现象与文献[24]的实验结果在定性上具有较好的一致性。

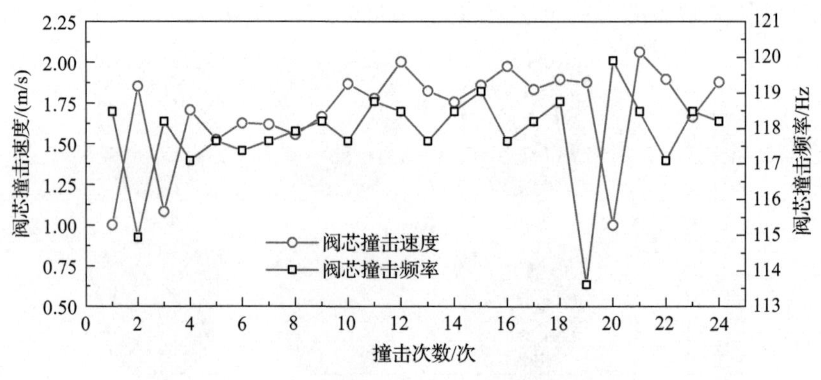

图 6.7 阀芯撞击速度与阀芯撞击频率变化图

6.4.2 空化流场分析

图 6.8 所示为一个典型的阀芯振动周期中阀内气泡的分布与动态演化过程。在不平衡流体力的作用下，阀芯在前 1/6 个周期内从 $x = 0$ 的初始位置移动至 $x =$ 5.596mm 的位置。在节流口处，由于局部速度增加、压力减小，在阀芯右侧的近壁面处出现了较明显的空化区域。在下一个 1/6 周期内，阀芯与阀座产生撞击，阀芯右侧流体区域压力迅速大幅降低，从而导致剧烈的空化现象。此时，阀内气氮总体积显著增加，从约 900mm^3 增加到超过 25000mm^3（图 6.9）。停留在阀芯壁面附近的气泡不断地生长和溃灭，壁面附近的气泡溃灭产生的高速射流和冲击波反复冲击阀芯壁面，从而导致该位置局部压力较大并可能会引起阀芯被空蚀破坏。瞬间断流导致节流口处流体流速骤降，气泡并不能快速流向阀口，而是在阀芯表面附近溃灭，因此在 $1/3T \sim 2/3T$ 时段内气泡逐渐消失，阀内气氮总体积逐渐减小。

$t = 0.7654$s 时，阀芯运动至距离左侧阀座约 1.5mm 位置处，其左侧流场区域有少量气泡产生。$t = 0.7684$s 时阀芯回到初始位置，气泡完全消失，阀芯完成一次振动过程。

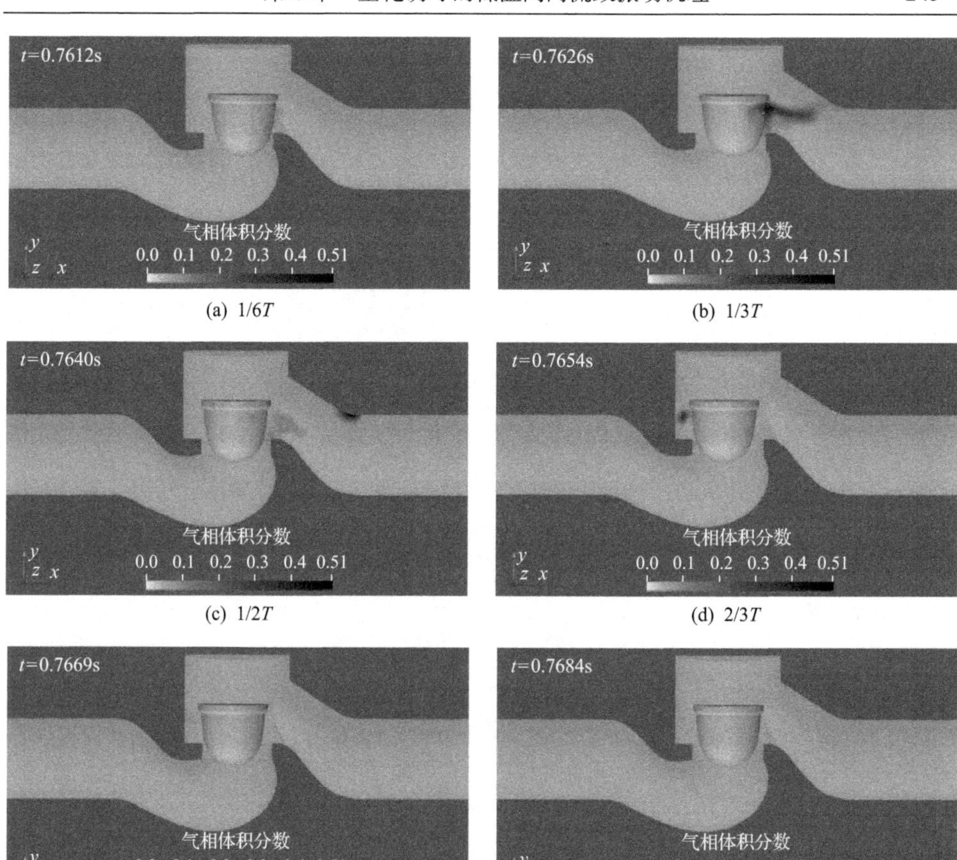

图 6.8　一个振动周期中阀内气泡的分布与动态演化过程

阀芯位置：(a) 5.596mm，(b) 5.114mm，(c) −0.29mm，(d) −5.235mm，(e) −5.353mm，(f) 0.333mm

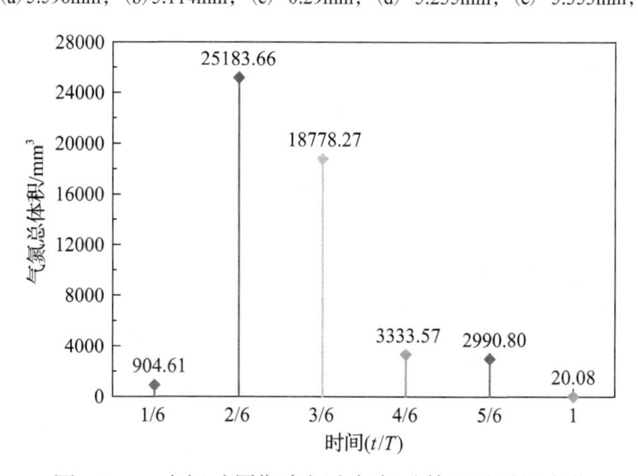

图 6.9　一个振动周期中阀内气氮总体积随时间变化

图 6.10 所示为一个振动周期中阀内压力分布图和流线图，阀芯向右移动时，阀芯右侧区域由于节流作用存在明显的压降，且随着阀芯与阀座间相对距离的减小而增大。从图 6.10(a)右侧流线图可以发现，流体流经节流口流速上升，阀芯处

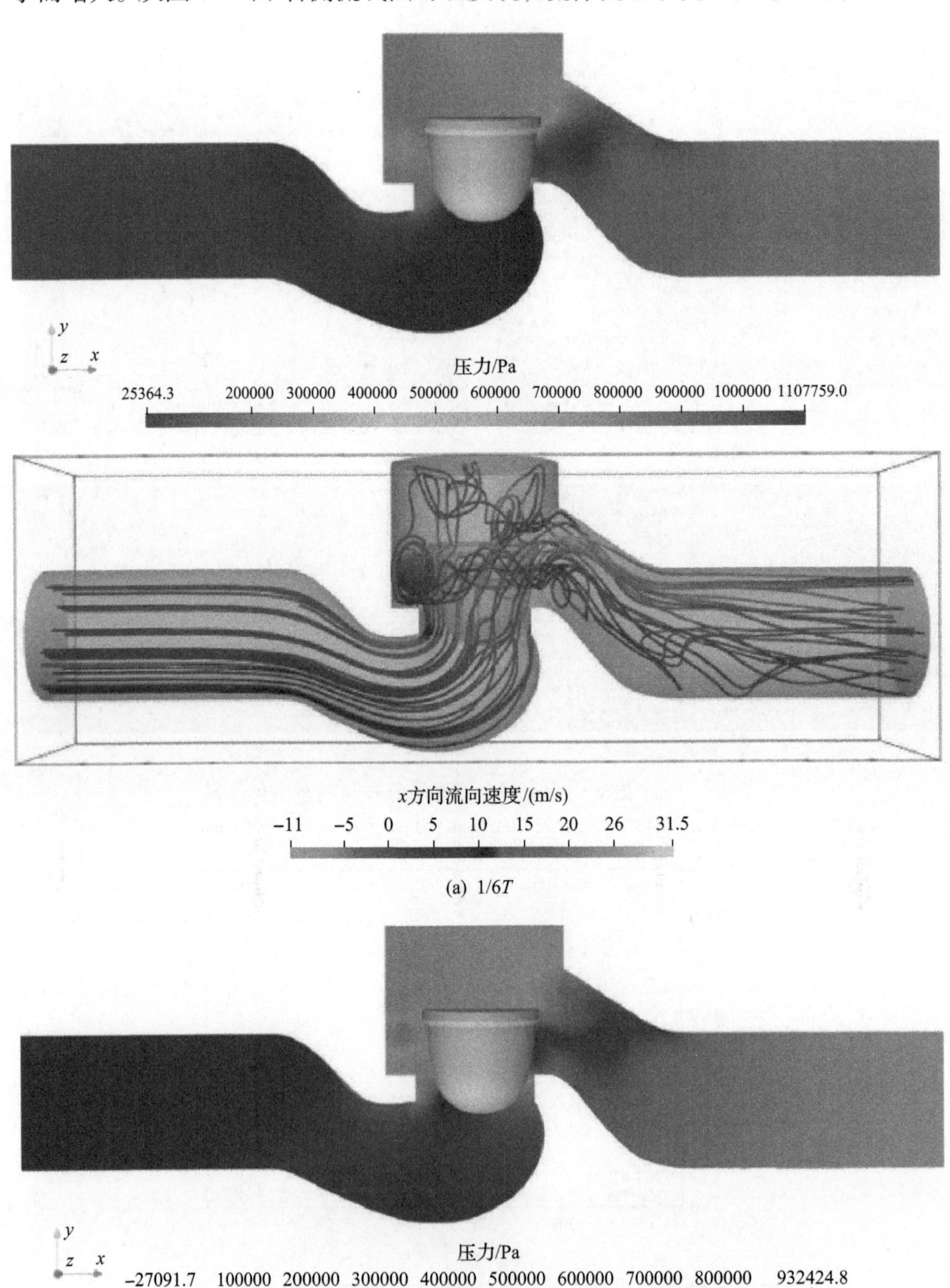

(a) 1/6T

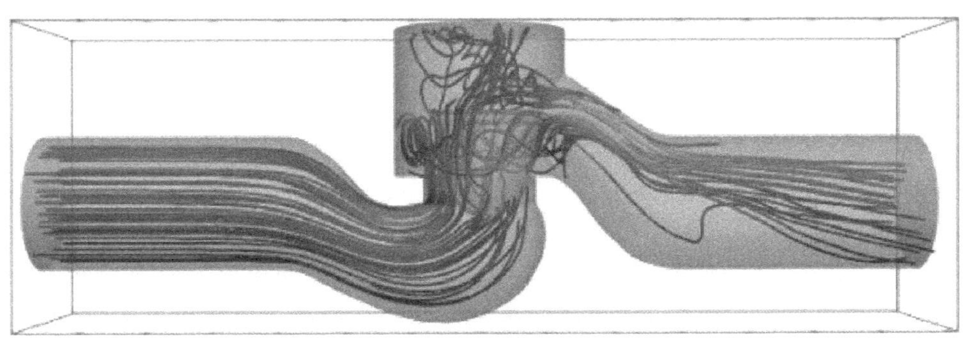

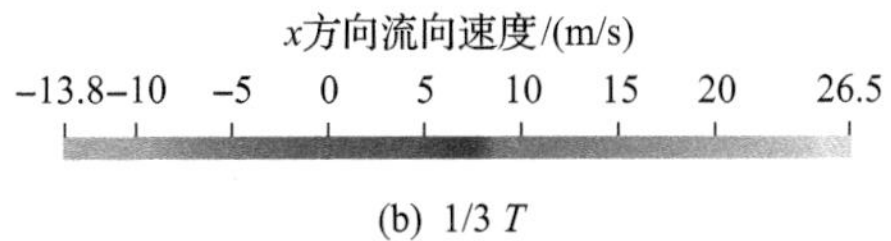

(b) 1/3 T

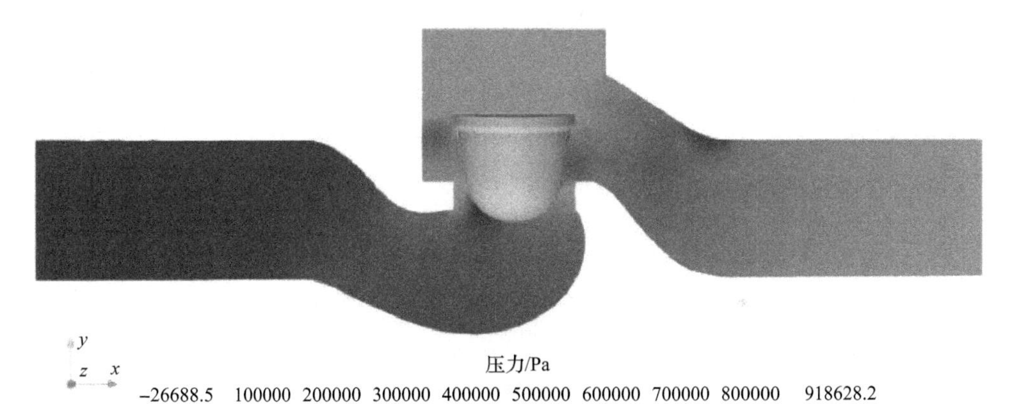

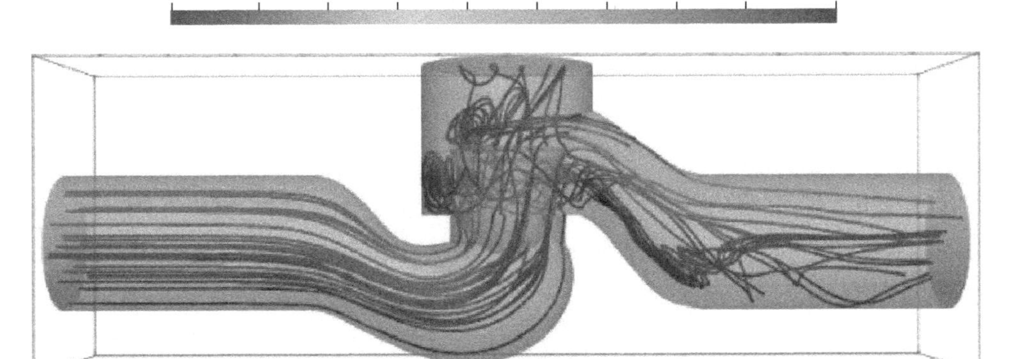

x方向流向速度/(m/s)

−14.1−10　−5　0　5　10　15　20　26.5

(c) 1/2T

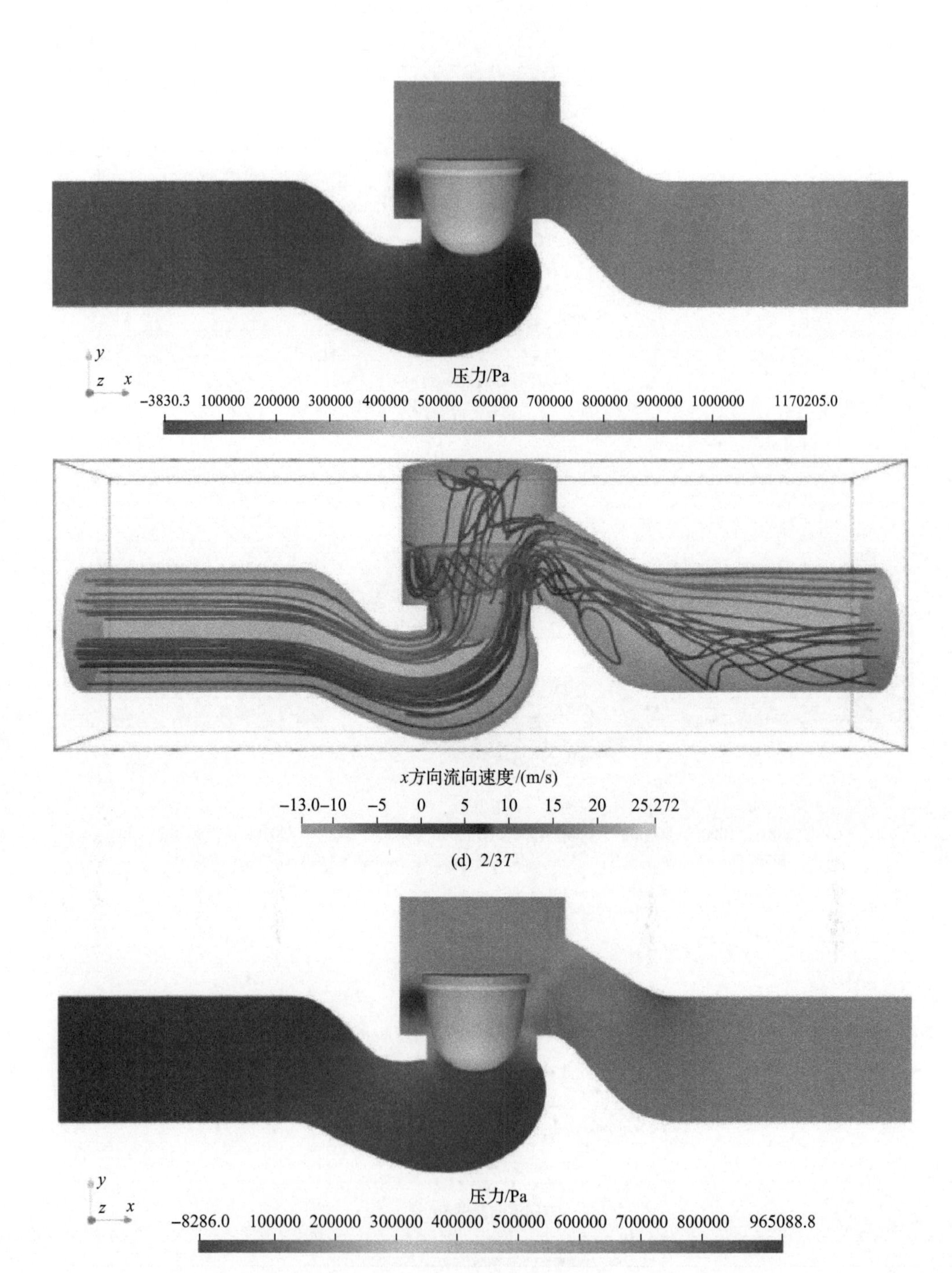

y
z x
压力/Pa
−3830.3 100000 200000 300000 400000 500000 600000 700000 800000 900000 1000000 1170205.0
x方向流向速度/(m/s)
−13.0−10 −5 0 5 10 15 20 25.272
y
z x
压力/Pa
−8286.0 100000 200000 300000 400000 500000 600000 700000 800000 965088.8

(d) 2/3T

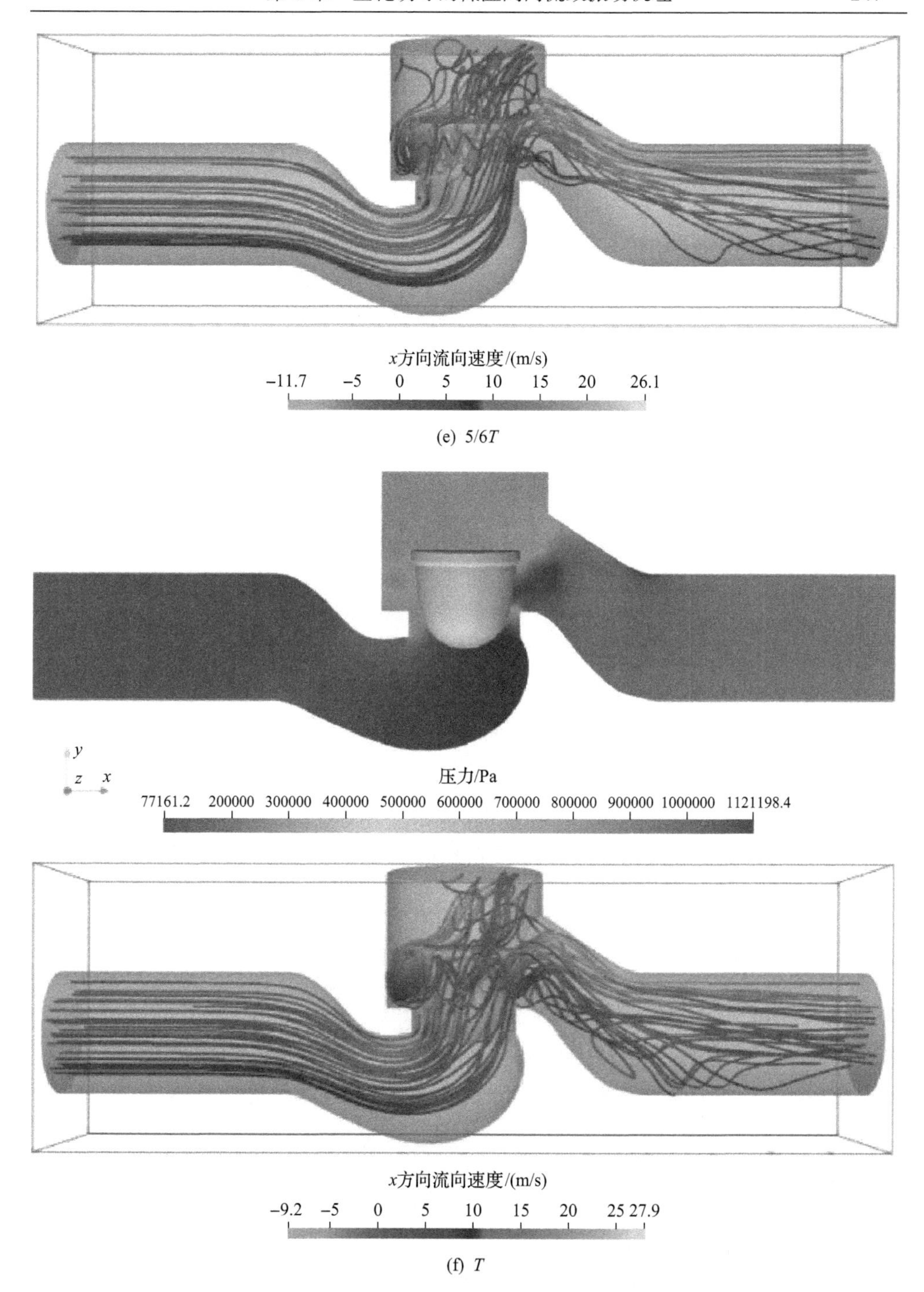

图 6.10　一个振动周期中阀内压力分布图和流线图

于不同位置时流场的最大流速均约为 38m/s，但是当阀芯移至接近右侧阀座时，流体主要从阀芯前后区域流向阀后。另外，由于阀芯右侧位置流道过窄，出现了明显的“断流”现象，阀后流体在惯性作用下继续向出口流动，导致阀口尾部压力进一步降低，从而使空化程度加剧(图 6.8(b))。

6.4.3　阀杆刚度的影响分析

阀门的刚度是影响系统固有频率和流激振动特性的最主要的因素，因此通过改变阀杆的直径探究阀杆刚度对阀芯振动特性的影响。阀杆直径分别为 18mm 和 22mm 时阀芯的位移和速度变化情况如图 6.11 所示。当阀芯运动刚开始时，速度和振幅很小，接着呈现出振幅逐渐增大的周期性振荡，并在与阀座之间的撞击形成后不断重复且维持稳定的循环。阀杆的刚度对阀芯振动特性的影响较为显著，当阀杆较细刚度较小时，相应的阻尼较小，阀芯在每个循环中的振幅和速度的增值迅速增大，阀芯的不稳定振荡增强并很快撞击到阀座。

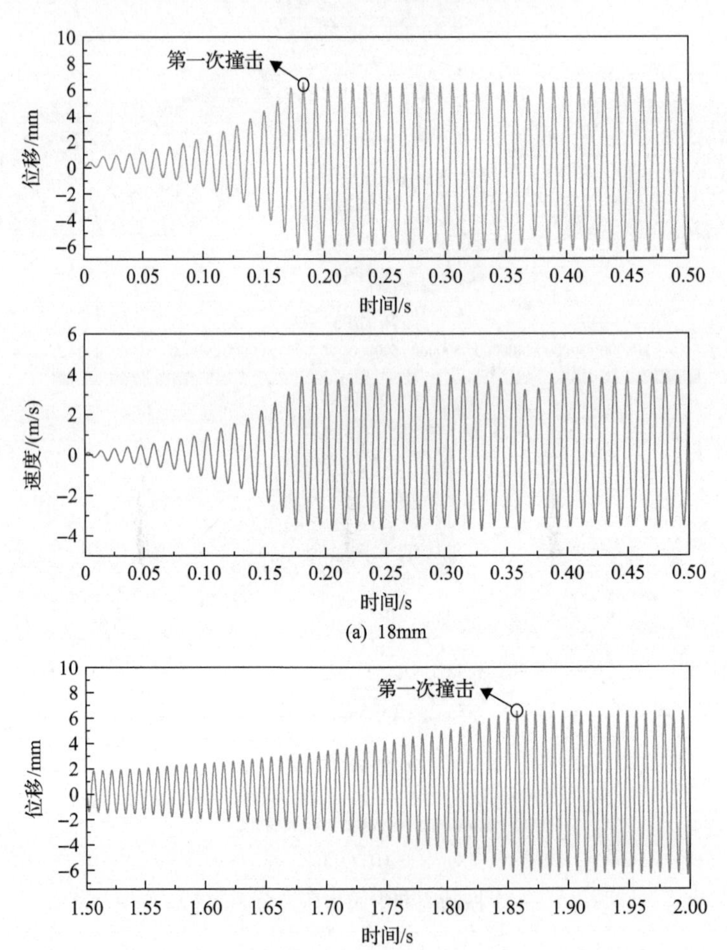

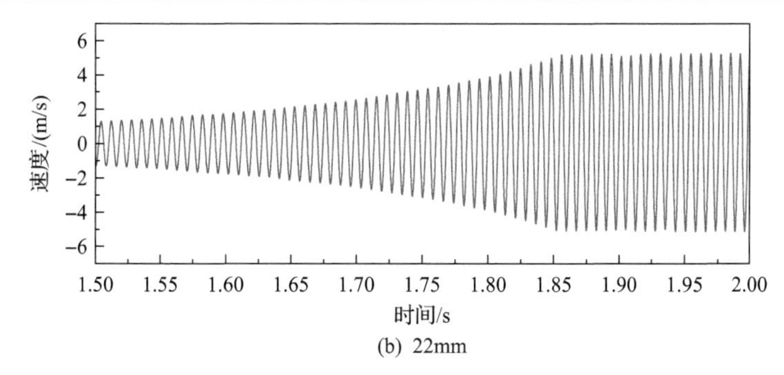

(b) 22mm

图 6.11　不同阀杆直径下阀芯的位移和速度时域图

阀杆的刚度越大阀芯的振幅增值越小，阀芯与阀座的第一次撞击时刻越晚，阀杆直径为 18mm 和 22mm 时阀芯与阀座的第一次撞击分别发生在 0.1826s 和 1.85778s。随着阀杆刚度的增大，阀芯与阀座的平均撞击频率变大、平均撞击速度变小。不同阀杆直径下阀芯与阀座的平均撞击速度与平均撞击频率见表 6.1。

表 6.1　不同阀杆直径下阀芯与阀座的平均撞击速度与平均撞击频率

阀杆直径/mm	第一次撞击时刻/s	平均撞击速度/(m/s)	平均撞击频率/Hz
18	0.1826	2.002	92.776
20	1.21576	1.503	117.376
22	1.85778	1.349	131.913

通过 FFT 分别对不同阀杆刚度下阀芯的时变位移进行频谱分析，对比结果如图 6.12 所示。随着阀杆刚度的增大(直径越大，刚度越大)，阀芯的振动频率增大、对应的位移脉动峰值显著减小。阀杆直径为 18mm 时阀芯振动的主峰频率为 97.35Hz，位移脉动峰值为 3.648mm，对应着阀芯的大幅振荡；而阀杆直径为 22mm 时阀芯振动的主峰频率为 131.74Hz，位移脉动峰值为 1.198mm。

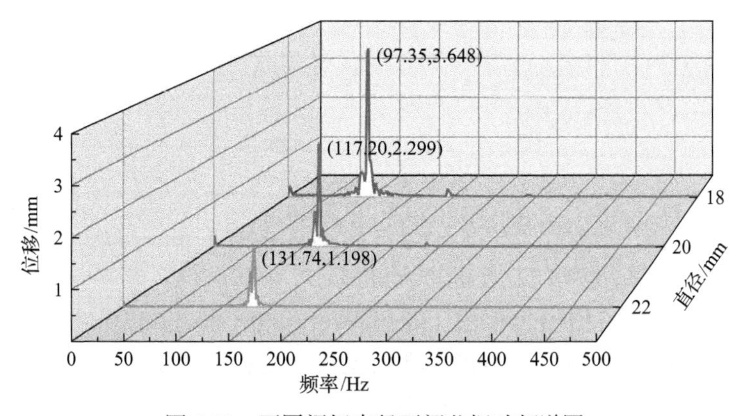

图 6.12　不同阀杆直径下阀芯振动频谱图

6.4.4 阀门开度的影响分析

对阀杆直径为 20mm 时 30%、40%和 50%阀门开度下阀芯振动情况进行比较，以探讨阀门开度对其振动特性的影响。图 6.13 显示了 40%和 50%阀门开度下阀芯的位移和速度随时间的变化情况。与 30%阀门开度相比，当阀门开度为 40%或 50%时阀芯的振动幅值和速度均有减小，阀芯与阀座之间没有发生碰撞。另外，随着阀门开度的增大，最小流道面积增大，节流效果减小，作用在阀瓣 x 方向投影面积上的不平衡流体力减小。因此，阀瓣振动幅值减小。具体结果如表 6.2 所示。

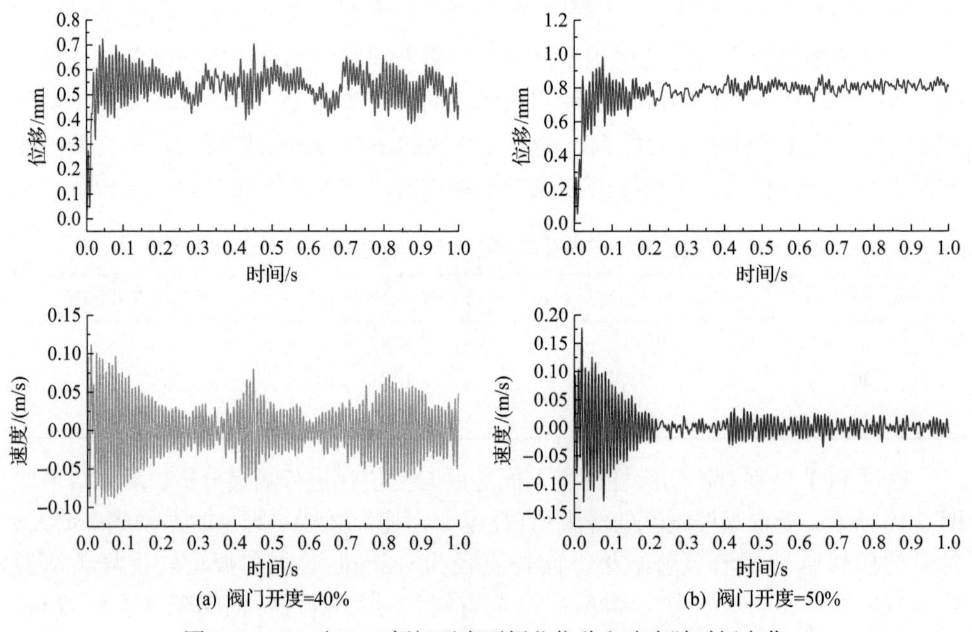

图 6.13 40%和 50%阀门开度下阀芯位移和速度随时间变化

表 6.2 不同阀门开度下阀芯的最大位移、主频和相应的压力脉动幅值

阀门开度/%	主频/Hz	压力脉动幅值/kPa	最大位移/mm
30	114.3	135.44	6.5
40	112	2.593	0.652
50	32	2.094	0.983

40%和 50%阀门开度下阀芯的最大位移分别为 0.652mm 和 0.983mm。压力波动的主频和幅度都随着阀门开度的增大而减小，30%阀门开度下阀芯振动的主频和压力脉动幅值分别为 114.3Hz 和 135.44kPa，而 50%阀门开度下主频和压力脉动幅值分别为 32Hz 和 2.094kPa。40%、50%阀门开度相比 30%阀门开度压力脉动幅值显著减小，是因为在阀芯振动幅值较小的情况下，阀芯与阀座之间的流道并没有明显的空化效应。

6.5 本 章 小 结

本章基于 Fluent 18.1 软件平台，建立液氮空化与阀芯动态特性耦合作用分析的三维数值模型，通过使用 UDF 和动网格方法对阀芯在阀杆弹性力及流体力共同作用下的刚体动态运动进行模拟。分析不同阀杆刚度对阀芯动态运动的影响，并研究液氮空化流动的动态演变规律及其与阀芯振动的相互作用机制。本章建立了低温调节阀空化与阀芯振动特性耦合作用分析的三维数值模型，通过使用 UDF 和动网格方法对阀芯的动态运动过程进行模拟，获得了液氮空化流动的动态演变规律，分析了阀杆刚度对阀芯空化流致振动特性的影响。主要结论如下。

(1) 阀芯的空化流激运动呈现出振幅逐渐增大的周期性振荡规律。阀芯振荡过程中与右侧阀座发生撞击并形成稳定的循环，伴随着大量气泡在阀芯表面附近快速产生和溃灭。

(2) 阀门开度与阀杆的刚度均对阀芯振动特性的影响较大。阀芯的振动频率和振动幅值都随着阀门开度的增大而减小；阀芯的振动频率随着阀杆刚度的增大显著增大，对应的位移脉动峰值显著减小。另外，当阀杆刚度较小时，阀芯撞击阀座更快发生且平均撞击速度更大，阀芯与阀座间的碰撞加剧，导致阀芯的冲蚀和疲劳破坏，严重影响阀门的强度性能与使用寿命。

参 考 文 献

[1] Kumar P, Saini R P. Study of cavitation in hydro turbines-a review[J]. Renewable and Sustainable Energy Reviews, 2010, 14(1): 374-383.

[2] 李海英. 工业汽轮机抽汽调节阀杆振动断裂原因分析及探讨[J]. 石油化工设备技术, 2009, 30(6): 43-46.

[3] Lei L, Hao Y, Zhang H, et al. Numerical simulation and experimental research of the flow force and forced vibration in the nozzle-flapper valve[J]. Mechanical Systems & Signal Processing, 2018, 99: 550-566.

[4] 彭海成, 杨中, 杨建辉, 等. CPR1000 核电机组对空旁路排放系统控制指令振荡及阀门失效分析[J]. 核动力工程, 2016, 37(2): 141-142.

[5] Schroeder, Craig J. Metallurgical failurc analysis of a fractured steam control valve stem[J]. Journal of Failure Analysis & Prevention, 2015, 15(3): 1-9.

[6] Zhang D, Engeda A. Venturi valves for steam turbines and improved design considerations[J]. Proceedings of the Institution of Mechanical Engineers, Part A: Journal of Power and Energy, 2003, 217(2): 219-230.

[7] 娄燕鹏. 高压降多级降压疏水阀及阀控管道振动噪声特性研究[D]. 兰州: 兰州理工大学, 2016.

[8] Al-Amayreh M I, Kilani M I, Al-Salaymeh A S. Numerical study of a butterfly valve for vibration analysis and reduction[J]. International Journal of Mechanical and Mechatronics Engineering, 2014, 8(12): 1970-1974.

[9] Jury F D. Fundamentals of aerodynamic noise in control valves[R]. St Marshalltown: Fisher Controls International Inc Technical Monographs, 1999.

[10] Yonezawa K, Ogi K, Takino T, et al. Experimental and numerical investigation of flow induced vibration of steam control valve[C]. Fluids Engineering Division Summer Meeting, Montreal, 2010: 575-583.

[11] Yonezawa K, Toyohira Y, Nagashima T, et al. An experimental study of unsteady transonic flow in a steam control valve with simple model[J]. Journal of Environment and Engineering, 2010, 5(1): 134-143.

[12] 钱锦远, 杨佳明, 吴嘉懿, 等. 阀门流固耦合的研究进展[J]. 流体机械, 2021, 49(2): 57-65.

[13] Domnick C B, Benra F K, Brillert D, et al. Numerical investigation on the vibration of steam turbine inlet valves and the feedback to the dynamic flow field[C]. ASME Turbo Expo 2015: Turbine Technical Conference and Exposition, 2015: V008T26A004.

[14] Domnick C B, Benra F K, Brillert D, et al. Investigation on flow-induced vibrations of a steam turbine inlet valve considering fluid-structure interaction effects[J]. Journal of Engineering for Gas turbines and Power, 2017, 139(2): 022507.

[15] 周振锋. 基于双向流固耦合仿真分析的喷嘴挡板电液伺服阀弹簧管应力研究[J]. 机床与液压, 2017, 45(11): 161-165.

[16] 郭昌盛. 基于动网格的调压阀流场模拟及阀芯运动分析[D]. 重庆: 重庆大学, 2013.

[17] 曾立飞, 刘观伟, 毛靖儒, 等. 调节阀振动对阀内流场影响的数值模拟[J]. 中国电机工程学报, 2015, 35(8): 1977-1982.

[18] Zeng L F, Liu G W, Mao J R, et al. Flow-induced vibration and noise in control valve[J]. Proceedings of the Institution of Mechanical Engineers, Part C: Journal of Mechanical Engineering Science, 2015, 229(18): 3368-3377.

[19] Li C, Lien F S, Yee E, et al. Multiphase flow simulations of poppet valve noise and vibration[C]. SAE International Conference, Detroit, 2015: 2015-01-0666.

[20] Liu X, He J, Li B, et al. Study on unsteady cavitation flow and pressure pulsation characteristics in the regulating valve[J]. Shock and Vibration, 2021, 2021(3): 1-10.

[21] Jin Z J, Qiu C, Jiang C H, et al. Effect of valve core shapes on cavitation flow through a sleeve regulating valve[J]. Journal of Zhejiang University-SCIENCE A, 2020, 21(1): 1-14.

[22] Qian J Y, Gao Z X, Hou C W, et al. A comprehensive review of cavitation in valves: Mechanical heart valves and control valves[J]. Bio-Design and Manufacturing, 2019, 2(2): 119-136.

[23] Kumagai K, Ryu S, Kazuo M. Renewed study of vibration phenomenon in poppet type valve[C]. 9th International Fluid Power Conference, Aachen, 2014: 80-91.

[24] 闵为, 王东, 郑直, 等. 低压下锥阀振荡空化的可视化试验研究[J]. 机械工程学报, 2018, 54(20): 139-144.

[25] Mikko M, Veikko T, Sirpa K. On the mixture model for multiphase flow[R]. Espoo: VTT Publications, VTT-PUB-288, 1996.

[26] Schnerr G H, Sauer J. Physical and numerical modeling of unsteady cavitation dynamics[C]. Fourth International Conference on Multiphase Flow, New Orleans, 2001.

[27] Zhu J K, Chen Y, Zhao D F, et al. Extension of the Schnerr-Sauer model for cryogenic cavitation[J]. European Journal of Mechanics-B/Fluids, 2015, 52: 1-10.

[28] Yonezawa K, Ogawa R, Ogi K, et al. Flow-induced vibration of a steam control valve[J]. Journal of Fluids and Structures, 2012, 35: 76-88.

[29] Min W, Ji H, Yang L. Axial vibration in a poppet valve based on fluid-structure interaction[J]. Proceedings of the Institution of Mechanical Engineers, Part C: Journal of Mechanical Engineering Science, 2015, 229(17): 3266-3273.

[30] 王雯, 傅卫平, 孔祥剑, 等. 单座式调节阀阀芯-阀杆系统流固耦合振动研究[J]. 农业机械学报, 2014, 45(5): 291-298.

[31] Misra A, Behdinan K, Cleghorn W L. Self-excited vibration of a control valve due to fluid-structure interaction[J]. Journal of Fluids and Structures, 2002, 16(5): 649-665.

第7章　超声诱导的低温主动空化机理

英文“cavitation”中文意思为“汽蚀”，实际上包含两层意思，一为空化，即气相的发生；二为侵蚀，即气泡破灭对壁面的破坏，空化是侵蚀发生的前提，侵蚀是水翼等流体机械长期运行材料失效的根本原因。第2～6章详细阐明了低温流体空化特性及产生机理。但是由于固体表面长期遭受侵蚀后才呈现破坏结果，因此几乎不可能基于实际空化条件进行侵蚀实验研究。一种可行的产生空化气泡的方式是由超声波诱导，利用超声波在流场中产生足够强度的振动压力场，从而引起流场内部气化。本章主要通过理论分析、数值模拟和可视化实验观察方法，研究超声波诱导的液氮气泡动力学行为，为材料的低温汽蚀特性研究打下基础。

7.1　超声诱导的低温流体单气泡动力学分析

第2章分析了单气泡在外部压力突然变大(或变小)然后保持不变时的动力学行为，这近似符合液体流过空化发生体(钝头体、水翼及文氏管等)实际空化发生情况，在相应简化条件下方程体系有理论解。但是当气泡受到超声波的作用时，外界驱动压力可以表述为$P(t)=P_{\mathrm{A}}\sin\omega t$，$P_{\mathrm{A}}$为压力振幅，$\omega$为角频率，描述气泡动力学行为的方程是一个非线性二阶微分方程，一般无法求得解析解，只能通过数值计算，求出描述气泡运动规律的半径-时间曲线，即R-t曲线[1]。

由前所述，相比于室温气泡，低温气泡发生和溃灭过程往往伴随着热效应，也被称为“热延迟”，因此控制方程及求解更加复杂[2]。不同于第2章的Rayleigh-Plesset方程，本节基于考虑热效应的热力H-T(Herring-Trilling)模型[3]，引入热效应参数Σ，建立了外界波动压力驱动下，包含可压缩性和热效应的单个低温气泡动力学模型，并通过和已有的实验数据对比得到验证，着重研究了热效应对气泡成长及溃灭过程的影响。

7.1.1　Tait状态方程

为了考虑流体可压缩性的影响，需要引入热力学状态方程，描述流体密度随压力的变化。其中一个经典方程是泰特(Tait)状态方程：

$$\frac{P+\chi}{P_0+\chi}=\left(\frac{\rho_1}{\rho_{10}}\right)^n \tag{7.1}$$

式中，下标 0 代表参考工况。对于水来说，$\chi = 304.9\text{MPa}$，$n = 7.15$。

根据定义，等熵条件时比焓 $h = \int_{P_0}^{P} \frac{\mathrm{d}P}{\rho_1}$ 及液体声速 $c_1 = \left(\sqrt{\frac{\mathrm{d}P}{\mathrm{d}\rho_1}}\right)_{\mathrm{s}} = \left(\sqrt{\rho_1 \frac{\mathrm{d}h}{\mathrm{d}P}}\right)_{\mathrm{s}}$ 将 Tait 方程（式(7.1)）代入，比焓 h 和声速 c_1 可表示为以下形式：

$$h = \frac{{c_{10}}^2}{n-1}\left[\left(\frac{\rho_1}{\rho_{10}}\right)^{n-1} - 1\right],\quad c_1 = c_{10}\left(\frac{\rho_1}{\rho_{10}}\right)^{\frac{n-1}{2}} \tag{7.2}$$

标况下的声速可表示为

$$c_{10} = \sqrt{\frac{n\left(P_0 + \chi\right)}{\rho_{10}}} \tag{7.3}$$

7.1.2　质量守恒方程

考虑一个在无限大流场中的单一球形气泡，它的质量守恒方程为

$$\frac{\partial \rho_1}{\partial t} + u\frac{\partial \rho_1}{\partial r} = -\rho_1 \frac{1}{r^2}\frac{\partial\left(r^2 u\right)}{\partial r} \tag{7.4}$$

式中，u 为气泡速度；r 为气泡半径。

根据比焓 h 及液体声速 c_1 定义式，质量守恒方程可表示为

$$\frac{\partial h}{\partial t} + u\frac{\partial h}{\partial r} = -{c_1}^2 \frac{1}{r^2}\frac{\partial\left(r^2 u\right)}{\partial r} \tag{7.5}$$

7.1.3　欧拉方程

忽略黏性，气泡的欧拉方程为

$$\frac{\partial u}{\partial t} + u\frac{\partial u}{\partial r} = -\frac{1}{\rho_1}\frac{\partial \rho_1}{\partial r} \tag{7.6}$$

根据比焓 h 定义式，欧拉方程可表示为

$$\frac{\partial u}{\partial t} + u\frac{\partial u}{\partial r} = -\frac{\partial h}{\partial r} \tag{7.7}$$

定义速度势能 $\varphi(r,t)$ 使 $u = \frac{\partial \varphi}{\partial r}$，代入式(7.7)并进行一次积分，则欧拉方程可

被一次积分为以下广义伯努利方程的形式[4]：

$$\frac{\partial \varphi}{\partial t}+\frac{u^2}{2}+h=C(t) \tag{7.8}$$

式中，$C(t)$ 为一个与时间相关的函数。如果气泡破裂时无穷远处的压力恒定为 P_0，则 C 是一个常数；如果合理选择速度势能 $\varphi(r,t)$ 的零点，C 可被化为 0。

联立式(7.5)和式(7.8)，可得关于速度势能的双曲线方程[4]：

$$\left(c_1^2-u^2\right)\frac{\partial^2 \varphi}{\partial r^2}-2u\frac{\partial^2 \varphi}{\partial r \partial t}-\frac{\partial^2 \varphi}{\partial t^2}=-\frac{2c_1^2}{r}\frac{\partial \varphi}{\partial r} \tag{7.9}$$

7.1.4　近声波解

近声波解(the quasi acoustic solution)由 Herring[5]和 Trilling[6]提出(H-T 模型)。在该解法中，声速被认为是常数 c_{10}，并且式(7.9)中的 u^2 和 u 项被忽略。因此，式(7.9)被化简为

$$\frac{\partial^2 \varphi}{\partial t^2}=c_{10}^2\frac{1}{r^2}\frac{\partial}{\partial r}\left(r^2\frac{\partial \varphi}{\partial r}\right) \tag{7.10}$$

式(7.10)的解为一个从气泡壁处向外传播的球形波：

$$\varphi=\frac{1}{r}F\left(t-\frac{r}{c_{10}}\right) \tag{7.11}$$

式中，F 为描述波形的一个未知函数。在近声波解法中，假定密度为常数等于 ρ_{10}，因此，根据比焓 h 定义式，压力与密度之间的关联式被简化为

$$h=\frac{P-P_0}{\rho_{10}} \tag{7.12}$$

在气泡表面，广义伯努利方程(式(7.8))可表示为

$$\frac{1}{R}\dot{F}\left(t-\frac{R(t)}{c_{10}}\right)+\frac{1}{2}\dot{R}^2+\frac{P(t)-P_0}{\rho_{10}}=0 \tag{7.13}$$

式中，$F=F\left(t-\frac{R(t)}{c_{10}}\right)$，$\dot{F}=\dot{F}\left(t-\frac{R(t)}{c_{10}}\right)$。

气泡的表面速度为

$$\dot{R} = -\frac{F}{R^2} - \frac{\dot{F}}{c_{10}R} \tag{7.14}$$

因此可得

$$R\dot{R} = -\frac{F}{R} - \frac{\dot{F}}{c_{10}} \tag{7.15}$$

式(7.15)对 t 进行求导，可得

$$\dot{R}^2 + R\ddot{R} = \frac{\dot{R}F}{R^2} - \left(1 - \frac{\dot{R}}{c_{10}}\right)\left(\frac{\dot{F}}{R} + \frac{\ddot{F}}{c_{10}}\right) \tag{7.16}$$

对式(7.13)进行求导，可得 $\ddot{F}$

$$\frac{\dot{R}\dot{F}}{R^2} + \left(1 - \frac{\dot{R}}{c_{10}}\right)\frac{\ddot{F}}{R} + \dot{R}\ddot{R} + \frac{\dot{P}}{\rho_1} = 0 \tag{7.17}$$

式中，$\dot{P}$ 为气泡表面处流体压力的一阶时间导数。将式(7.17)中得到的 $\ddot{F}$ 代入式(7.16)中，可得

$$\dot{R}^2 + R\ddot{R} = \frac{\dot{R}F}{R^2} - \frac{\dot{F}}{R} + \frac{R\dot{R}\ddot{R}}{c_{10}} + \frac{R\dot{P}}{\rho_1 c_{10}} \tag{7.18}$$

联立式(7.15)，消去 F，最终可得

$$\left(1 + \frac{\dot{R}}{c_{10}}\right)\frac{\dot{F}}{R} = -2\dot{R}^2 - R\ddot{R} + \frac{R\dot{R}\ddot{R}}{c_{10}} + \frac{R\dot{P}}{\rho c_{10}} \tag{7.19}$$

式(7.19)让我们可以计算 $\dot{F}$。若仅保留 $\dfrac{\dot{R}}{c_{10}}$ 的一阶相，可得

$$\frac{\dot{F}}{R} \cong -2\dot{R}^2\left(1 - \frac{\dot{R}}{c_{10}}\right) - R\ddot{R}\left(1 - \frac{2\dot{R}}{c_{10}}\right) + \frac{R\dot{P}}{\rho c_{10}} \tag{7.20}$$

将 $\dot{F}$ 代入式(2.13)中，可得到最终的气泡成长模型(H-T 模型)：

$$R\ddot{R}\left(1 - \frac{2\dot{R}}{c_{10}}\right) + \frac{3\dot{R}^2}{2}\left(1 - \frac{4\dot{R}}{3c_{10}}\right) = \frac{R}{\rho_{10}c_{10}}\frac{\mathrm{d}P}{\mathrm{d}t} + \frac{P - P_0}{\rho_{10}} \tag{7.21}$$

7.1.5　基于热传导的 H-T 模型

在 H-T 模型中，若考虑表面张力与黏性力，气泡壁处压力 P 可表示为

通过逐步递推，便可以求得气泡半径 R 随时间 t 的变化规律。

7.1.6　模型验证及对比

由于低温下气泡成长及溃灭的实验数据稀缺，首先将式(7.24)～式(7.26)在水中进行验证。文献[7]采用脉冲激光照明技术和长距离显微技术对超声单气泡进行拍摄，通过对一系列不同相位的脉动气泡图像进行识别和计算得出气泡半径在外界压力场的作用下随时间变化的曲线。实验条件如下：超声驱动声压幅值为 1.29×10^5Pa，驱动声压频率 f 为 25kHz，环境压力为 101325Pa，即产生的超声压力场为 $P_\infty=101325-1.29\times10^5\sin(2\pi ft)$，单位为 Pa，$t$ 为时间；气泡初始半径为 6.18μm。

分别运用经典的 Rayleigh 方程和本节的 H-T 方程对以上工况中的气泡成长和溃灭过程进行数值计算并和实验结果对比。从图 7.1 可以看出，Rayleigh 方程对于气泡直径的预测存在较大误差，而考虑热效应、表面张力、不凝性气体和可压缩性等效应的 H-T 模型更加接近实验结果，如在气泡成长初始阶段(t<10μs)以及气泡溃灭阶段(t>20μs)计算结果几乎和实验数据重合，在成长和溃灭两阶段的过渡区，虽然计算值偏高，但在实验数据的 15%误差范围内。因此，可以认为 H-T 模型能够较好地预测气泡的动力学特性，接下来将使用该模型对热效应作用下的气泡的动力学进行数值计算。

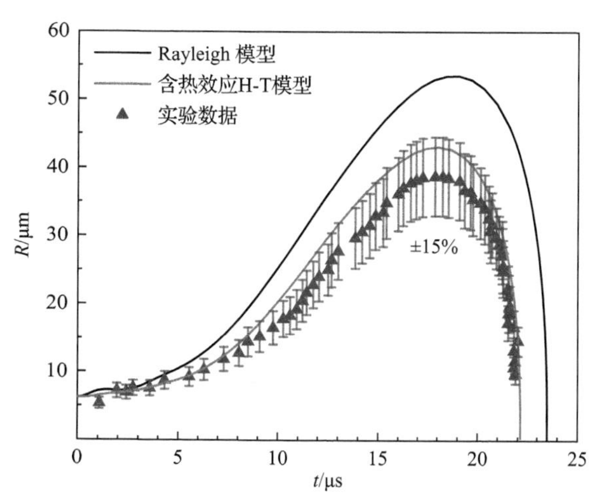

图 7.1　不同模型下气泡成长过程数值计算与实验结果对比

7.1.7　计算结果分析

分别运用不含热效应的 Rayleigh 模型和考虑热效应的热力学 H-T 模型，对水和液氮的气泡成长和溃灭过程进行数值计算，计算条件如下：液氮温度 $T_0=77$K，环境压力为 $P_0=P_\text{v}=101325$Pa；气泡初始半径为 $R_0=6.18$μm；超声频率 $f=$

$$P = P_{\mathrm{i}} - \frac{2\gamma}{R} - 4\mu_1 \frac{\dot{R}}{R}$$

考虑到气泡内部不凝性气体的影响，并且假定气泡内部温度和压力均匀，气泡内部压力 P_{i} 如式(2.9)所示(式中为 P_{v})。再由式(2.42)、式(2.式(2.53)得

$$P_{\mathrm{v}}(T_\infty) - P_{\mathrm{v}}(T_{\mathrm{B}}) = \Sigma \dot{R}\sqrt{t}\rho_1$$

将 $P_{\mathrm{v}}(T_\infty)$ 代入式(7.21)，得到考虑热效应的 H-T 模型：

$$R\ddot{R}\left(1-\frac{2R}{c_0}\right)+\frac{3\dot{R}}{2}\left(1-\frac{4\dot{R}}{3c_0}\right)=\frac{R}{\rho_0 c_0}\frac{\mathrm{d}}{\mathrm{d}t}\left[P_{\mathrm{v}}(T_\infty)-\Sigma\dot{R}\sqrt{t}\rho_1+P_{\mathrm{g0}}\left(\frac{R_0}{R}\right)^{3\gamma}-\frac{2\gamma}{R}-4\mu\right.$$
$$+\frac{1}{\rho_0}\left[P_{\mathrm{v}}(T_\infty)-\Sigma\dot{R}\sqrt{t}\rho_1+P_{\mathrm{g0}}\left(\frac{R_0}{R}\right)^{3\gamma}-\frac{2\gamma}{R}-4\mu\frac{\dot{R}}{R}\right.$$

通过降阶，可将式(7.24)简化为

$$\begin{cases} R(1)=\dfrac{\mathrm{d}R}{\mathrm{d}t} \\ R(2)=\dfrac{\mathrm{d}R(1)}{\mathrm{d}t}=\dfrac{A_1+A_2-A_3}{A_4} \end{cases}$$

式中，各参数分别为

$$A_1=\frac{R}{\rho_0 c_0}\left[-\frac{1}{2\sqrt{t}}\Sigma R(1)\rho_1-3\gamma P_{\mathrm{g0}}R_0{}^{3\gamma}\frac{R(1)}{R^{3\gamma+1}}+2\gamma\frac{R(1)}{R^2}+4\mu\frac{R(1)^2}{R^2}\right]$$

$$A_2=\frac{1}{\rho_0}\left[P_{\mathrm{v}}(T_\infty)-\Sigma R(1)\sqrt{t}\rho_1+P_{\mathrm{g0}}\left(\frac{R_0}{R}\right)^{3\gamma}-\frac{2\gamma}{R}-4\mu\frac{R(1)}{R}\right]$$

$$A_3=\frac{3}{2}\left(1-\frac{4R(1)}{3c_0}\right)$$

$$A_4=R\left(1-\frac{2R}{c_0}\right)+\frac{R}{\rho_0 c_0}\Sigma\sqrt{t}\rho_1+\frac{4\mu}{\rho_0 c_0}$$

然后求该一阶微分方程组的解。采用工程软件 MATLAB，它提供了龙格-库塔格式的常微分方程创建(ODESET)函数，用来求解微分方程，函数 ode45(4/5 阶龙格-库塔方法)，即采用 4 阶与 5 阶计算结果相互验证

20kHz；声压幅值为 $P_A = 1.29 \times 10^5 \text{Pa}$，计算结果分别如图 7.2(a)和(b)所示。考虑热效应后，若不考虑外界压力的变化，气泡并不出现溃灭现象，延长计算时间，气泡半径变化曲线如图 7.2(c)所示，气泡半径会一直在一个稳定值附近振荡变化。

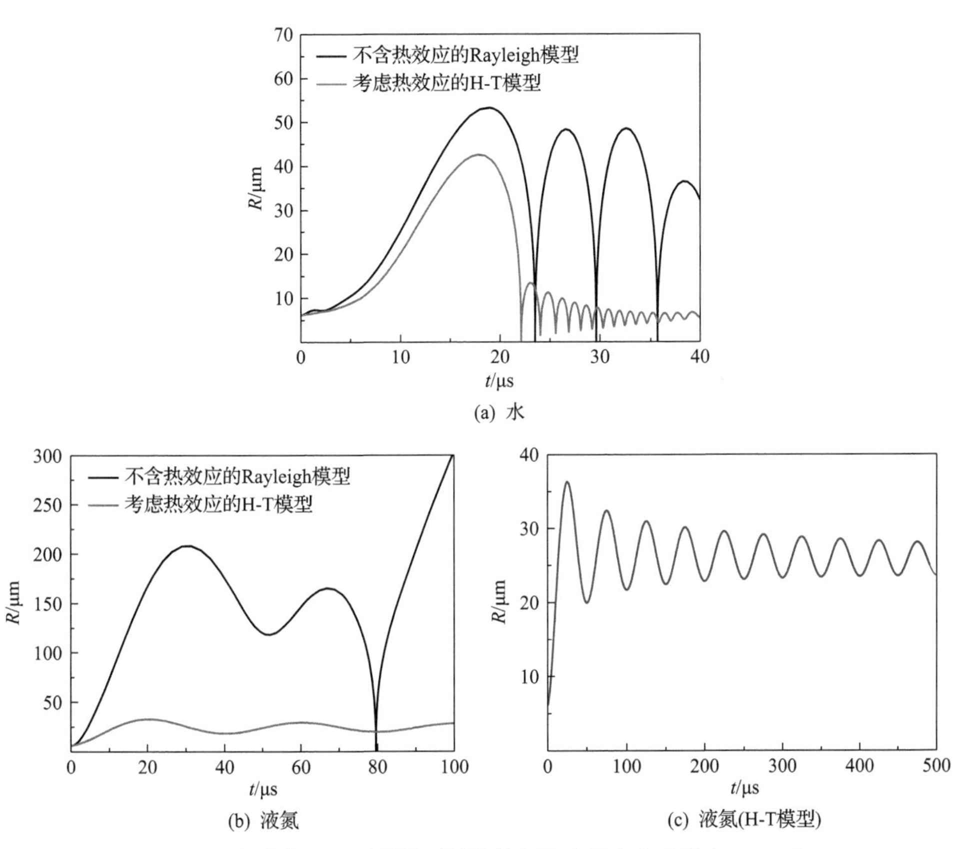

图 7.2　超声作用下不同模型计算的气泡半径变化曲线(f=20kHz)

无论是常温流体还是低温流体，在相同的初始半径及环境条件下，考虑热效应之后，气泡的半径变化规律均有较大的区别。对于常温流体水，考虑热效应后，气泡首次溃灭的时间变短，在后续振荡过程中频率有所增加且气泡半径有所减小；对于低温流体液氮，气泡半径大大减小，且若不考虑外界压力的变化，气泡并不出现溃灭现象。

为更精确地模拟考虑热效应后液氮流场中气泡溃灭过程的半径变化，假定气泡由空化区进入高压区，其远场压力由 P_0 瞬间变为 P_1，其中取 $P_1 = 6 \times P_v$，仍以液氮流场为例，环境条件不变，气泡的初始半径增大为 R_1=1mm，对液氮气泡的溃灭过程进行数值计算，结果如图 7.3 所示。图 7.3(a)和(b)分别为不考虑热效应和考虑热效应时，液氮流场中气泡溃灭时的半径变化曲线。当不考虑热效应时，气泡溃灭较快且会出现振荡过程，与常温流体水的变化过程类似；若考虑热效应的影响，气泡首次溃灭时间大大延长，且不再出现明显的振荡过程而是稳定在一个新的半径值，与常温流体有较大的区别。

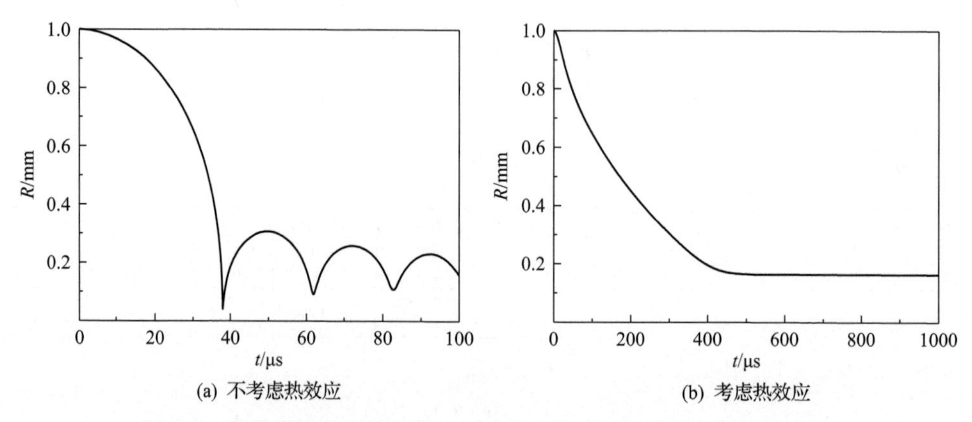

图 7.3　不考虑和考虑热效应时，液氮气泡溃灭过程半径随时间变化

式(7.23)中热效应参数 Σ 主要用于衡量热效应强度，改变其数值即可改变热效应强度，当热效应参数分别为 Σ 为 0%、10%、20%和 30%时，气泡溃灭时的半径变化曲线的计算结果如图 7.4 所示。当热效应强度较小时，气泡半径变化的趋势与不考虑热效应时类似，气泡逐渐溃灭，且会出现振荡过程，然而溃灭速度变慢，后续振荡次数会变少且半径也会变小；随着热效应强度的逐渐增大，气泡溃灭的速度越来越慢，振荡次数越来越少，当热效应强度为 30%时基本可认为已不再出现振荡，气泡半径稳定在一个新数值。可见热效应对低温流体影响明显，对于液氮单气泡成长及溃灭过程、气泡半径变化及溃灭时间等均有较大影响，从而使空化群的形态及分布与常温流体也有较大的区别。

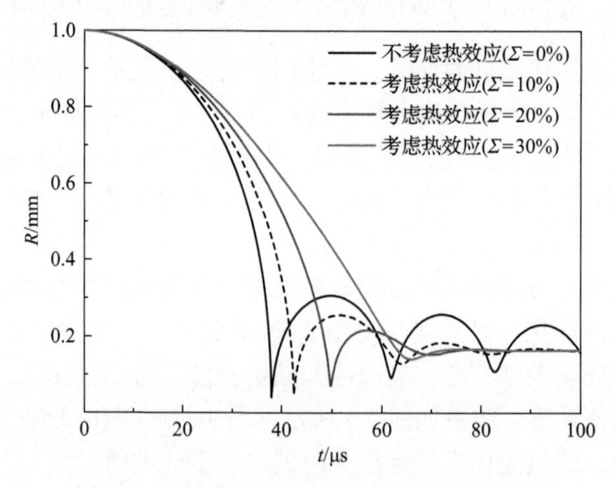

图 7.4　不同热效应强度下气泡半径变化曲线

7.2 数值模拟

7.2.1 多相流模型

根据要研究的液氮超声空化特征，选择的模型为基于无滑移速度的多相流Mixture 模型[8]，该模型求解气液两相混合物的 Navier-Stokes 方程，控制方程见式(3.1)～式(3.3)，湍流模型基于 Realizable k-ε 模型，表达式见式(3.64)和式(3.65)。基于完全空化模型计算超声诱导的空化相变率，表达式见式(3.22)和式(3.23)。利用 Fluent 18.1 求解方程组。

7.2.2 求解方案

7.2.2.1 数值方案

建模的轴对称几何模型如图 7.5 所示，腔体高度为 170mm，宽度为 150mm，所建立的计算域的面积较大，以尽可能地减小边界壁面对空化的影响。模拟的超声波发生器插入实验腔体内部，浸没深度一般要求在 20mm 左右，尽可能地避免自由液面的影响。所有壁面均为无滑移壁面，容器顶端设置为压力出口，其余均为无滑移壁面。超声波发生器底面发生高频振动，基于移动壁面的运动来模拟发生器的高频振动。考虑到空化主要发生在移动壁面周围，该区域为主要检测区域，对网格进行加密，以提高计算准确性。初始化时，计算域内充满低温液氮，并设

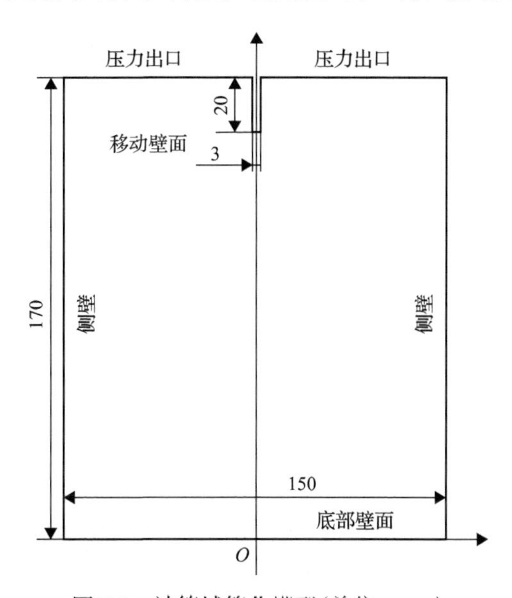

图 7.5　计算域简化模型(单位：mm)

定系统初始温度为 77K，初始压力为 100kPa。根据声波发生器特点，假设发生器是以正弦方式进行振荡的，其中超声频率(即振荡频率)为 f=20kHz，振幅为 A，则试样表面的运动规律为 $y = A\times\sin(2\pi ft)$，通过动网格技术(dynamic mesh)实现。编写相应的 UDF，并通过 Fluent 提供的宏 DEFINE_CG_MOTION，使 Fluent 接收到指定的正弦式运动，具体运动规律如图 7.6 所示。

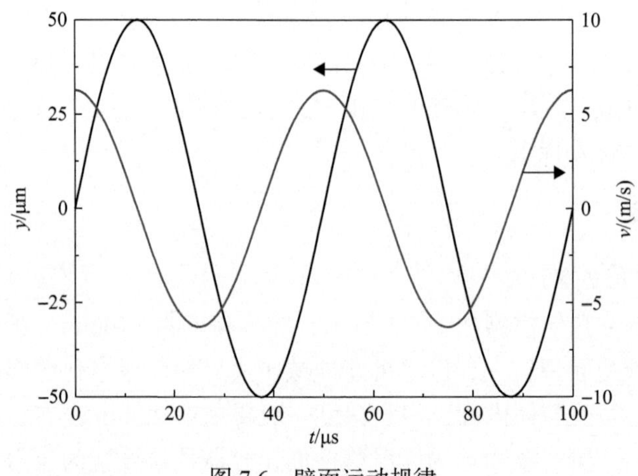

图 7.6　壁面运动规律

网格再生方法选择光顺(smoothing)和局部重构(remeshing)，两种方法结合使用使网格质量尽可能地高，根据实际问题与网格大小选择合适的控制条件及对应参数。网格运动时，保持各边界上的网格节点不变，控制改变计算域的其他网格节点，通过网格变形推动运动壁面的高频运动，从而使计算域的形状不断按要求变化。

7.2.2.2　网格划分

为适应动网格方法，特选择二维的非结构化网格，利用 CFD 计算前处理软件 Gambit 生成网格并对计算域进行网格的划分。为减小由网格带来的计算误差，在求解前需要先进行网格无关性验证，采用网格数为 18888、46124、52076 的三组网格进行验证。

换能器表面的高频运动会引起流场的不稳定，导致压力等物性参数的高频改变。比较不同网格数量下，换能器表面(即图 7.5 所示移动壁面)的平均压力随计算迭代步数的变化曲线，如图 7.7 所示。由图 7.7 可见，在计算前期，三组网格的计算结果存在一定差异，计算达到较长时间后，第二组网格和第三组网格的计算结果几乎一致，考虑到计算资源及时间等因素，最后采用网格数为 46124 的网格，网格的具体划分格式如图 7.8 所示，网格质量高于 0.99。

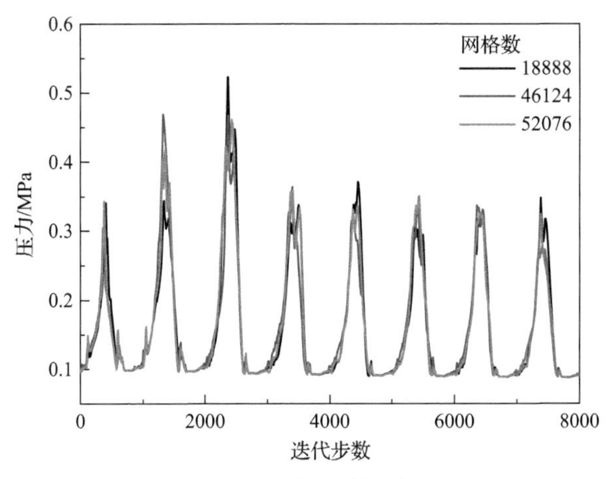

图 7.7　网格无关性验证

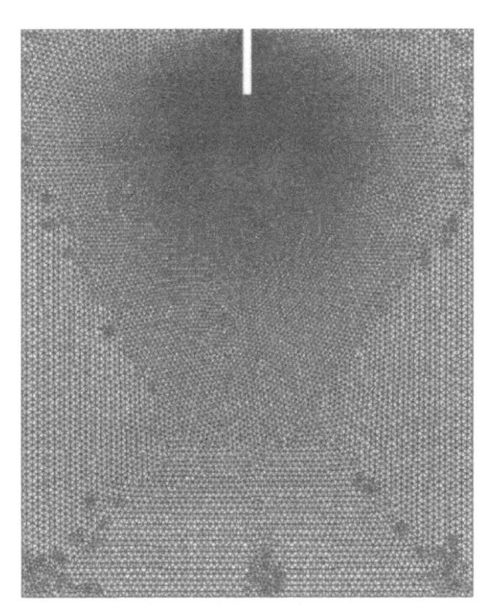

图 7.8　计算域网格分布情况

7.2.2.3　离散方案

液态氮和气态氮的热力学性质，包括饱和蒸气压、密度、比热、导热系数和黏度等，均为温度函数，数据来自 REFPROP v9.0。速度-压力方程求解采用 Couple 方案，其中梯度离散采用基于单元体的最小二乘方法，压力离散采用 PRESTO! 方法，气相体积分数方程的离散采用对流动力学的二次上游插值(QUICK)方法，密度、动量、能量及湍流项离散均采用二阶迎风(second order upwind)方法。收敛准则是气相输送方程、质量守恒方程、动量守恒方程的残差均小于 10^{-3}，能量守恒方程的残差小于 10^{-6}。

7.2.3　液氮超声空化数值结果

7.2.3.1　超声空化现象

1. 流场的变化特性

选用的超声波发生器的振幅为 100μm，工作频率为 20kHz，则试样表面正弦运动周期为 $T = 50\mu s$，模拟计算时的迭代时间步长取周期的 1/100，即 $\Delta t = 5\times 10^{-7}s$。对于振动的试样表面(即图 7.5 中的移动壁面)的物性参数，取面积加权平均值，绘制出平均压力(绝对压力)、平均气相体积分数和平均温度的变化曲线，如图 7.9 和图 7.10 所示。

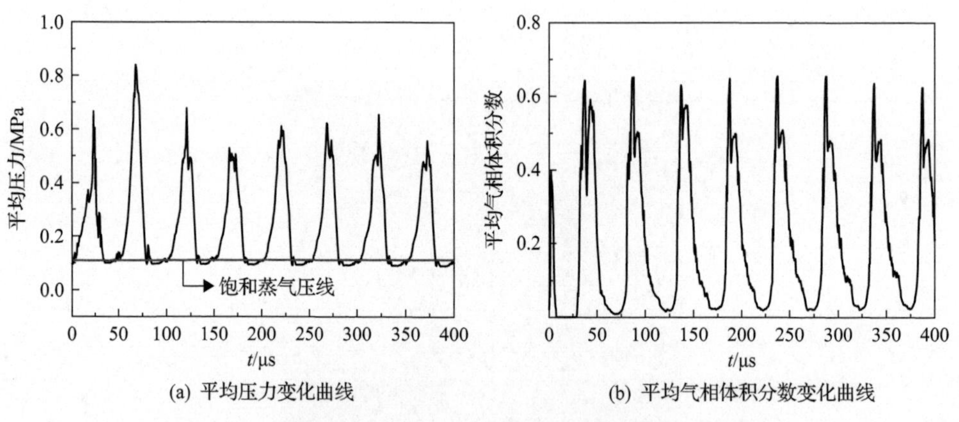

(a) 平均压力变化曲线　　(b) 平均气相体积分数变化曲线

图 7.9　试样表面的平均压力及平均气相体积分数变化曲线

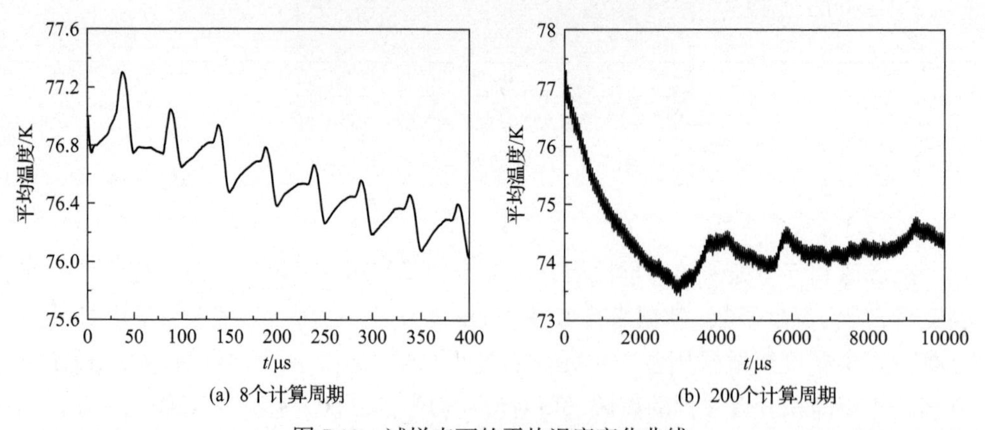

(a) 8个计算周期　　(b) 200个计算周期

图 7.10　试样表面的平均温度变化曲线

从图 7.9 可以看出，试样表面的平均压力和平均气相体积分数均呈周期性变化，变化周期与超声波发生器振动周期相一致。但不同周期的压力变化并不完全一致，表现在压力峰值及变化趋势上，主要原因是压力波在壁面反射，与下一个压力波相互叠加，从而对流场产生影响[9]。平均压力最大值达到了 0.85MPa，最小值则小于液氮 77K 时对应的饱和蒸气压，从而促使了空化发生。对应地，平均气相体积分数也随着平均压力的变化产生了相应的周期性变化，两者相位相差 180°，即平均压力最大时平均气相体积分数最小，但并未降到零；平均压力最小时平均气相体积分数最大，平均气相体积分数的最大值约为 0.65。与平均压力相匹配，不同周期之间的平均气相体积分数变化曲线并不完全一致，但变化趋势较为接近且平均气相体积分数的峰值也相差不大。

在图 7.10(a)所示的计算时间内，试样表面平均温度呈现振荡下降趋势，振幅约为 0.4K。若延长计算时间，如图 7.10(b)所示，平均温度先呈下降趋势，在降到一定值后不再继续下降，而是稍稍有所回升，然后在一个稳定值(约 74K)附近微小波动，整体下降了 3～4K，与液氮流动空化温降可达 2～3K[3]的结果类似。

图 7.11 为超声空化发生时前八个周期内，振子表面气相体积分数(气相体积分数=1–液相体积分数)分布示意图，振子从 t=0 时刻开始振动，到第一个周期结束(即第二个周期开始)的时间为 50μs。结果完整地呈现了空化群在一个周期内经历的生长、断裂、消减等过程。虽然在每一个周期内振子表面的平均压力呈现周期性变化，但振子周围空化群覆盖面积变化则相对较小。例如，在第二个周期内，由图 7.9 可知，约 70μs 时流场中振子表面平均压力处于最高值附近，50μs 和 100μs 时振子表面平均压力最小，但从图 7.11 看，这几个时刻的空化群覆盖面积几乎相等，区别是空化群内的气相体积分数大小，也即空化区的压力变化影响的是空化区的气相体积分数而非空化群的面积范围。

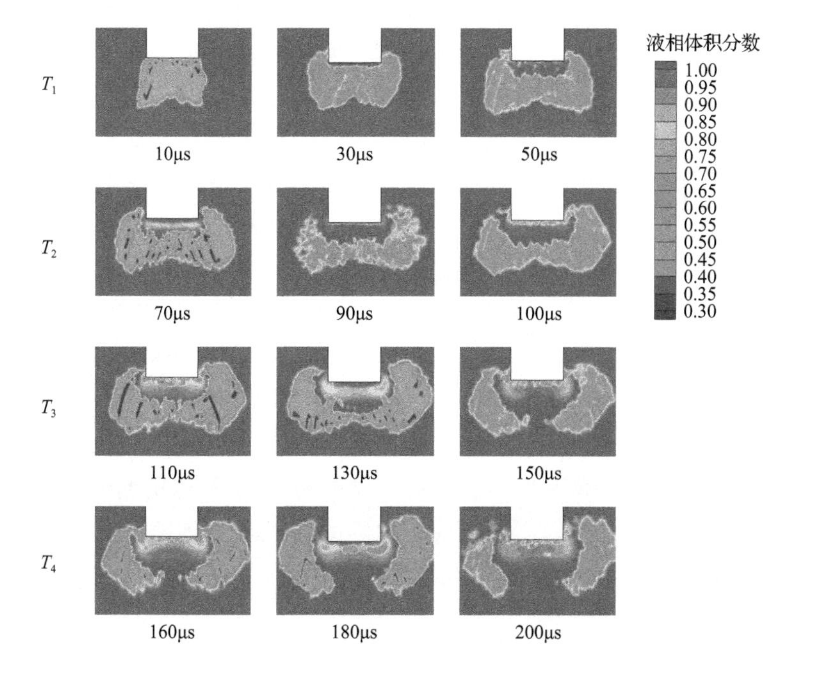

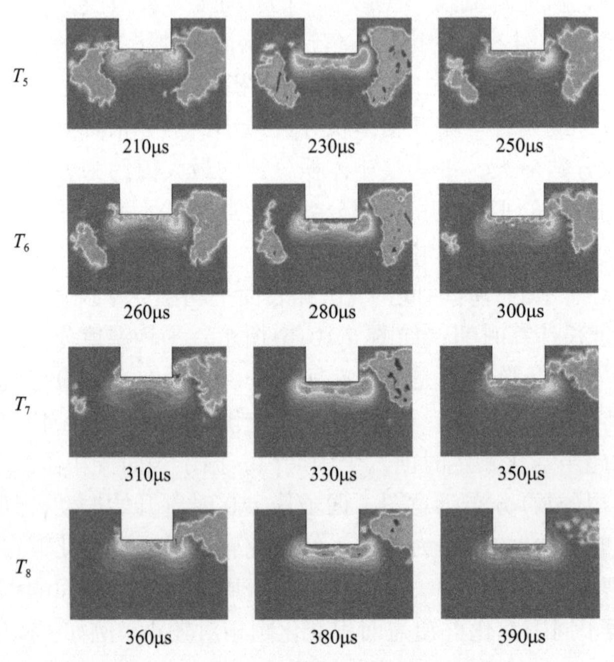

图 7.11　振子表面气相体积分数分布非稳态变化

但受压力波叠加的影响，不同周期内空化群形态存在区别。第一个周期空化群的面积相对较小，形态逐渐发展呈现哑铃形。第二个周期开始，空化群形状大致接近于较为完整的哑铃状，即振子中心下方分布最窄，两侧近似对称且变大，覆盖面超过振子面积；且这段时间内空化群面积最大而变化较小，只是空化群会出现断裂情况，气泡逐渐分布到振子两侧区域。到第七个周期左右，振子下方的空化群的面积变得非常小，此时气泡主要分布在振子两侧的位置，相对远离振子，且两侧的气泡分布并不是十分对称。

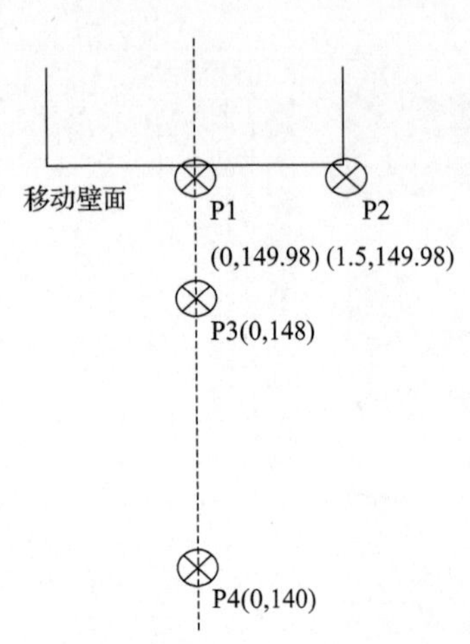

图 7.12　监测点坐标分布(单位:mm)

根据流场内气相体积分数分布情况，在振子下方流场中取出典型监测点 P1～P4，具体坐标如图 7.12 所示，其中 P1 和 P2 位于振子附近，始终被空化群覆盖，P3 稍稍远离振子，部分时间被空化群覆盖，P4 则远离空化群。图 7.13 和图 7.14 分别给出了各监测点的压力和温度随时间变化曲线。

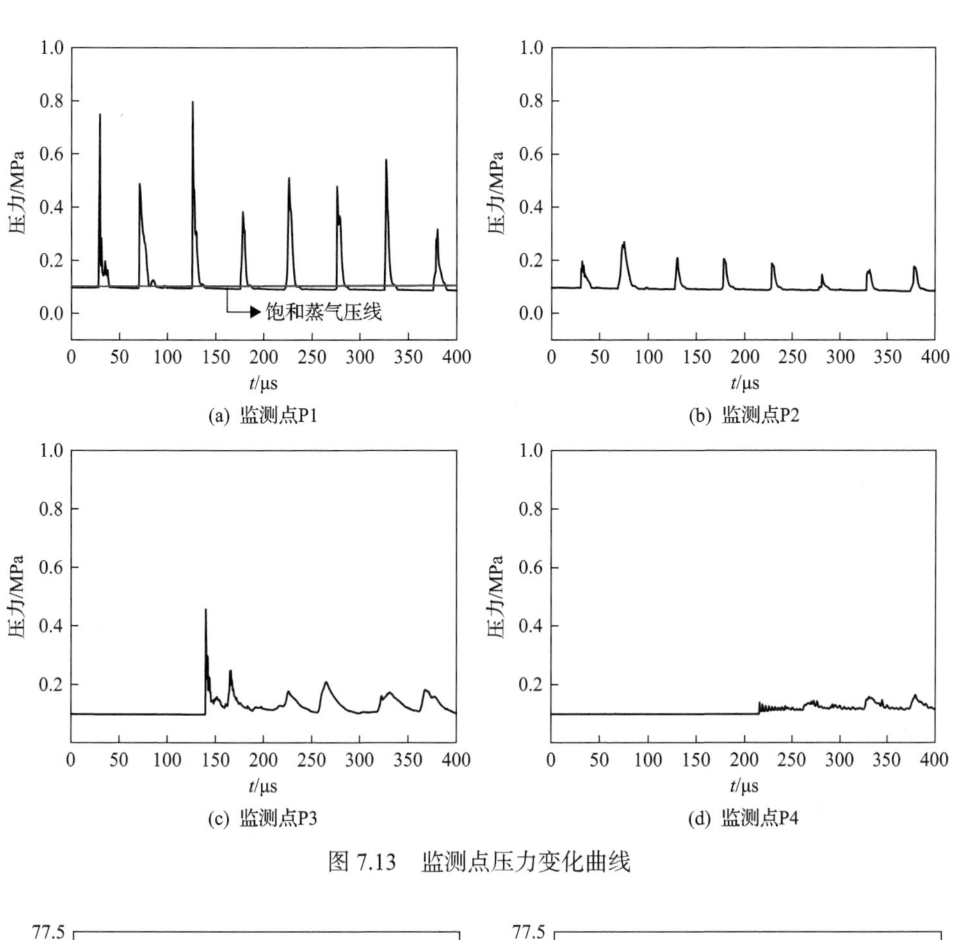

图 7.13　监测点压力变化曲线

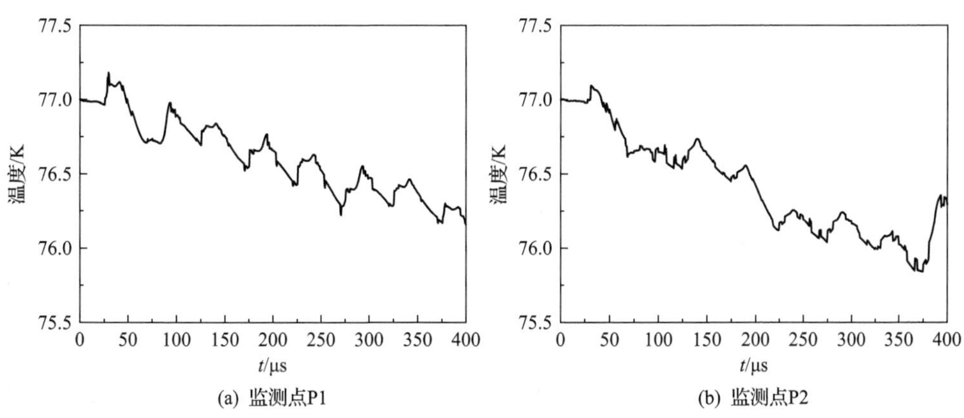

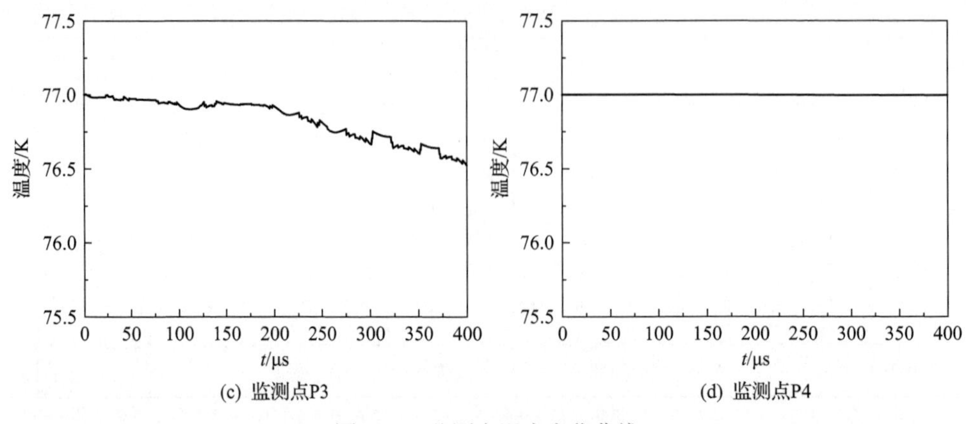

(c) 监测点P3　(d) 监测点P4

图 7.14　监测点温度变化曲线

空化群覆盖区压力呈周期性变化，与振子运动周期一致，距离振子越近则压力振幅越大，相应的温度波动幅度也越大，而在空化群外压力没有呈现周期性，变化幅度也随着与振子之间距离的增加而变小。虽然振子按正弦规律运动，但是振子附近(P1 点)的压力并没有相应地按照正弦形式变化，这是由于某处的压力低于当地温度对应的饱和蒸气压时，诱导了空化的发生，蒸发的气体平衡了外加压力的下降，使当地保持饱和蒸气压。

无论是在空化群内还是空化群外，当地温度都没有呈现出与压力匹配的周期性振荡，而是振荡下降，下降到一定数值后开始波动，可参考图 7.10，但对于参考点的温度下降曲线来说，其并未表现出与试样表面平均温度一致的规律性。相对远离振子的 P4 点，振子的运动对当地的流场已经几乎没有影响。温度变化没有呈现周期性的原因可定性解释为热容的存在会延迟温度变化，且导热速度较慢。

2. 与常温流体的区别

Žnidarčič 等[10]对相同振子直径及相同频率(T = 50μs)的超声波发生器在水中的空化动力学进行了系统实验研究和数值计算，利用改进的建模方法得到的数值计算结果如图 7.15 所示，可以观察到在振子的下方呈现出一个延展的空化群，在空化群下方则还可以观测到离散的气泡。

对比图 7.11 的液氮结果，发现空化均发生在超声振子附近，这很容易理解，因为距离振子越近超声能量越大，而且空化群覆盖面积同样大于振子面积。另外，每个周期之间对应时间的空化群形态都不完全一致，一个周期内空化群不会完全消失。不同的地方是，水空化群呈现中间覆盖面积大、两边面积小的结构，类似于橄榄球，而液氮空化呈现哑铃形状。此外，对于水的空化，附着的大气泡经历了强烈且重复的膨胀、塌陷振荡过程，空化群形状的特征是在膨胀过程中为蘑菇

图 7.15　振子附近空化群分布(工质为水)[10]

形，在塌陷期间气泡残余成丝状，在大约 6 个声学循环[11]后崩溃。相比图 7.11 而言，液氮空化群会经历生长和消减等过程，但空化群一直没有明显的崩溃现象。

7.2.3.2　超声参数的影响

1. 振幅的影响

将振子振幅从 $A = 100\mu m$ 改变到 50μm、75μm 及 150μm，计算得到空化区的气相体积分数分布变化情况如图 7.16 所示，对试样表面的压力及温度等参数取面积加权平均值，绘制出周期性变化曲线，如图 7.17 所示。可以看出，当系统压力、超声频率等条件一定时，振子振幅越大，空化群的面积越大，流场中压力峰值越高，如图 7.17(a)所示。当振幅只有 50μm 时，流场内不再出现较大面积的空化群，只在振子表面和两侧有极少量的气泡。振子的振幅越大，即超声波所提供的能量

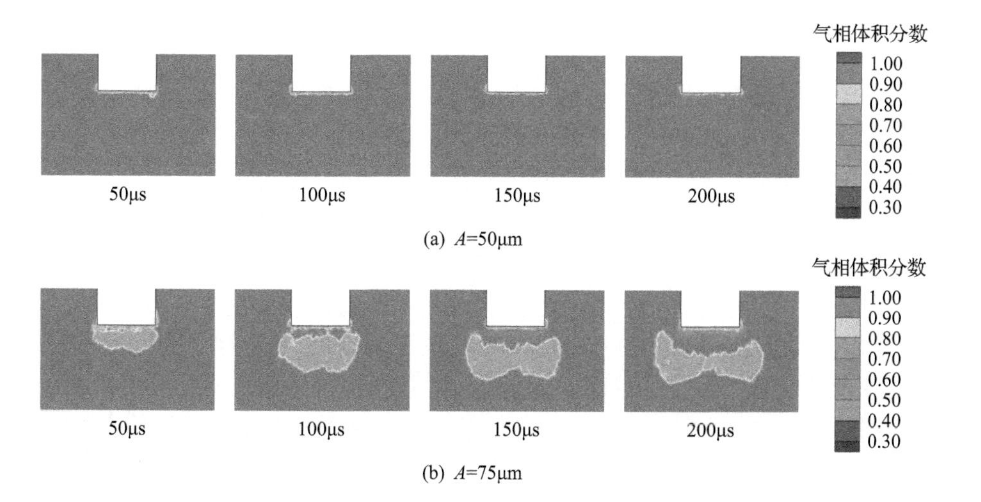

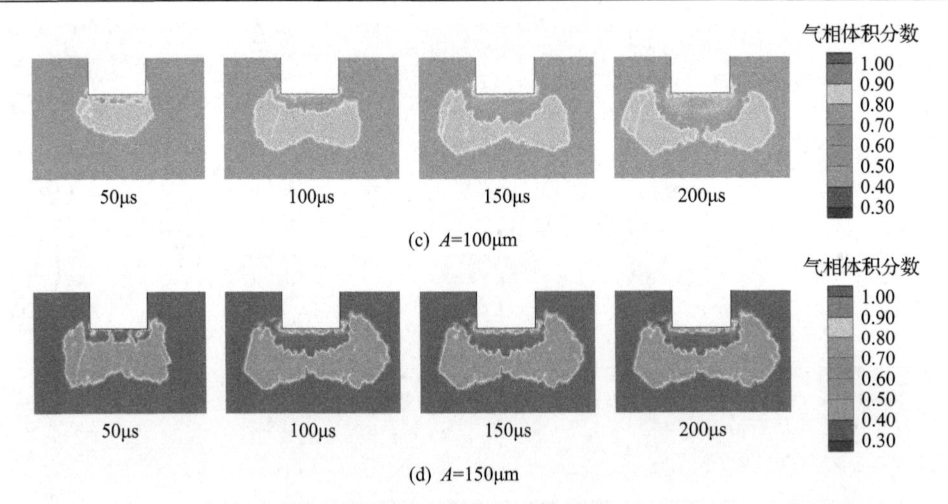

(c) A=100μm

(d) A=150μm

图 7.16 不同振幅流场气相体积分数分布变化情况(P = 100kPa，f = 20kHz)

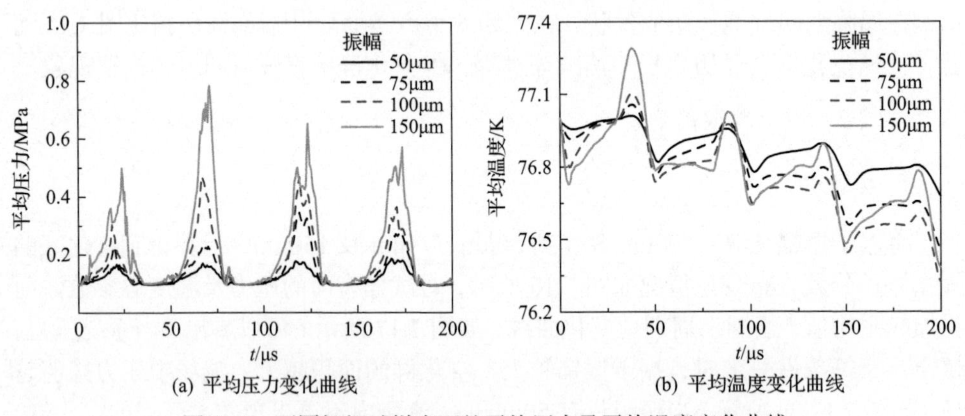

(a) 平均压力变化曲线

(b) 平均温度变化曲线

图 7.17 不同振幅试样表面的平均压力及平均温度变化曲线

越多，对于压力波动起到了直接增强作用，从而会对空化形态及空化区的压力、温度等参数产生显著影响，使空化群的面积增大。

振子振幅变化对温度场的影响似乎比对压力场的影响更复杂，由图 7.17(b)可知，对比 A = 100μm 和 A = 150μm 的平均温度曲线，发现两者温降几乎相等。这是因为液氮空化受热效应约束，抑制了更大的温降，且温降也受到相变换热、液体导热等耦合影响，总体上呈周期性减弱，振幅继续增加对温降影响不明显。

振子的振幅代表超声波所提供的能量，也可以用驱动声压来表示，本节基于 7.1 节的理论模型，计算了不同驱动声压条件下单气泡的成长规律，得到气泡半径及泡壁面速度变化曲线，如图 7.18 所示。驱动声压越大，气泡半径越大，泡壁面速度值越大，但整体相差不明显，变化趋势也较为接近。单气泡的成长规律与空化群形态的变化有较好的一致性，气泡半径较大时，对应的空化群面积也较大。

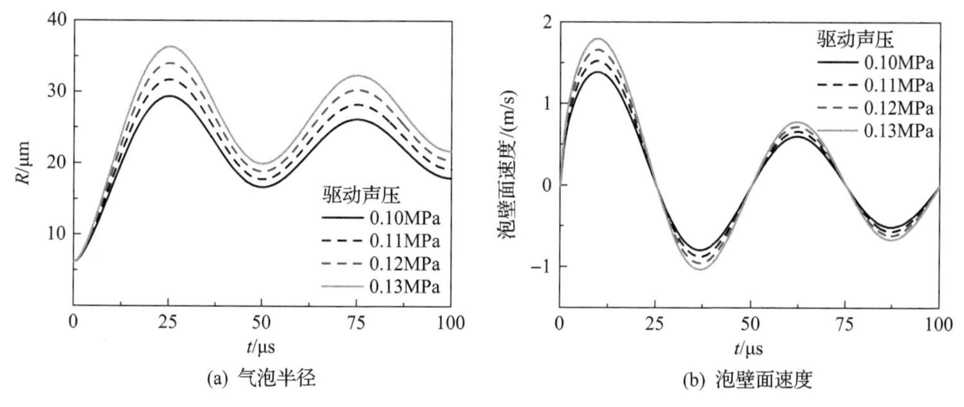

(a) 气泡半径　　(b) 泡壁面速度

图 7.18　不同驱动声压下气泡成长规律

2. 超声频率的影响

增加超声频率，从 f = 20kHz 最大增加到 f = 50kHz，模拟计算得到空化区附近的气相体积分数分布变化，如图 7.19 所示，对试样表面的压力及温度取面积加权平均值，绘制出周期性变化曲线，如图 7.20 所示。发现当系统压力、振幅等条件一定时，超声频率较高时，振子下方空化群覆盖面积和总体分布形状几乎不受频率影响，只是空化群内的气相体积分数不断变大，并且振子表面的压力振幅不断增加，显然高压的增加遏制了空化的发生和发展。

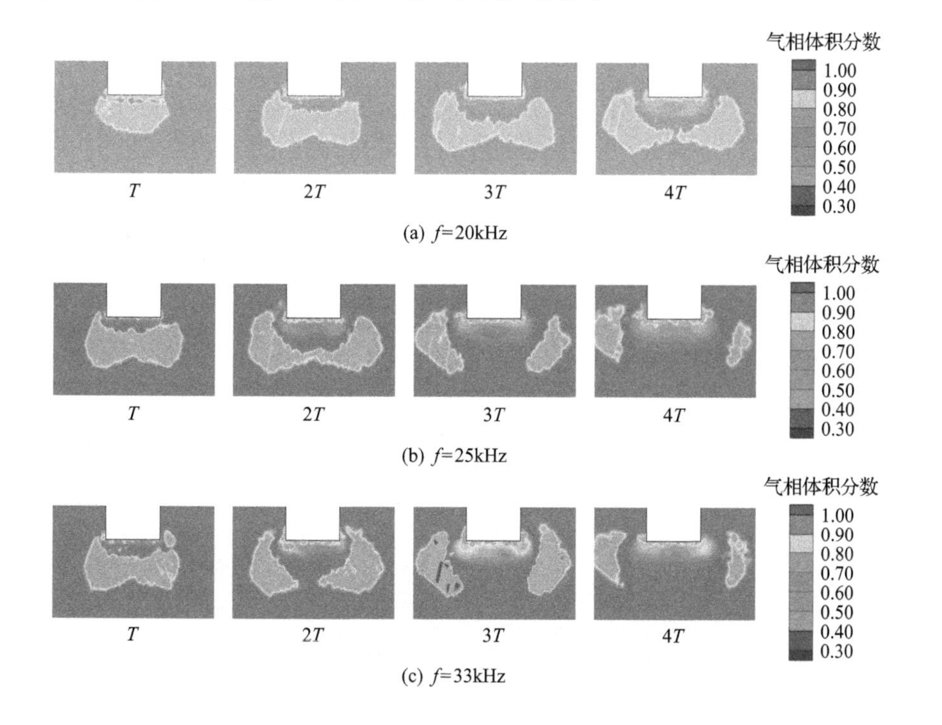

(a) f=20kHz

(b) f=25kHz

(c) f=33kHz

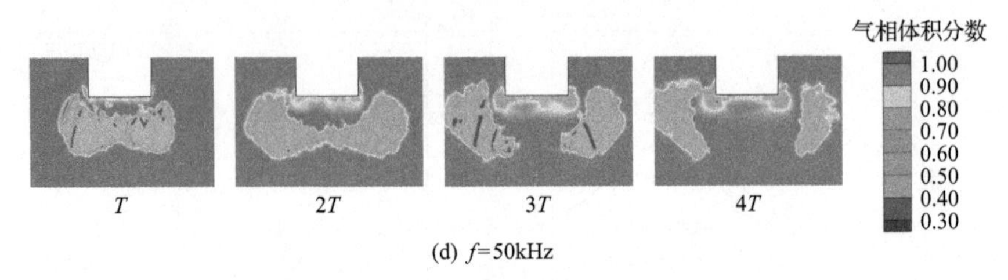

(d) f=50kHz

图 7.19　不同频率流场气相体积分数分布变化情况（P = 100kPa，A = 100μm）

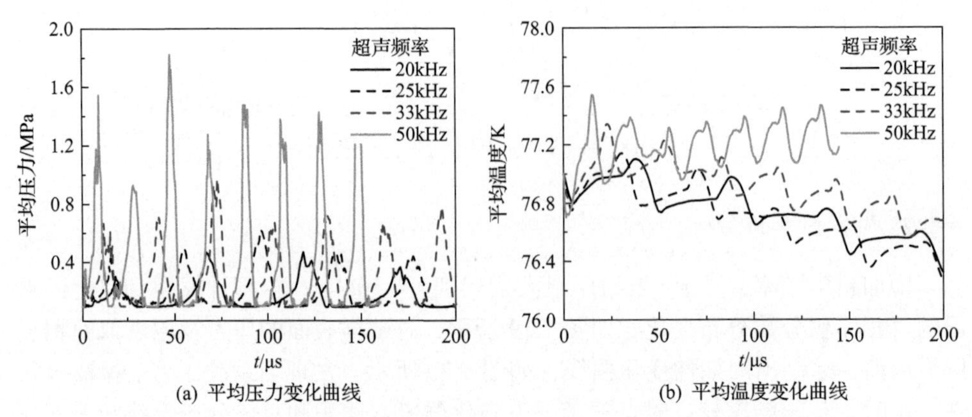

(a) 平均压力变化曲线　　(b) 平均温度变化曲线

图 7.20　不同超声频率试样表面的平均压力及平均温度变化曲线

一个有意思的现象是对温度场的影响，发现随着超声频率的增加，空化区平均温度并未随压力的升高而递减，而是在高频时出现了异常升高的情况，结合单气泡动力学理论计算结果可定性解释其原因。

理论计算的不同超声频率下液氮单气泡直径和泡壁面速度变化曲线如图 7.21 所示。发现超声频率越高，气泡半径越小，而泡壁面速度值越大，单气泡的成长规律与空化群形态的变化并没有很好的对应关系。出现温度反常情况的主要原因

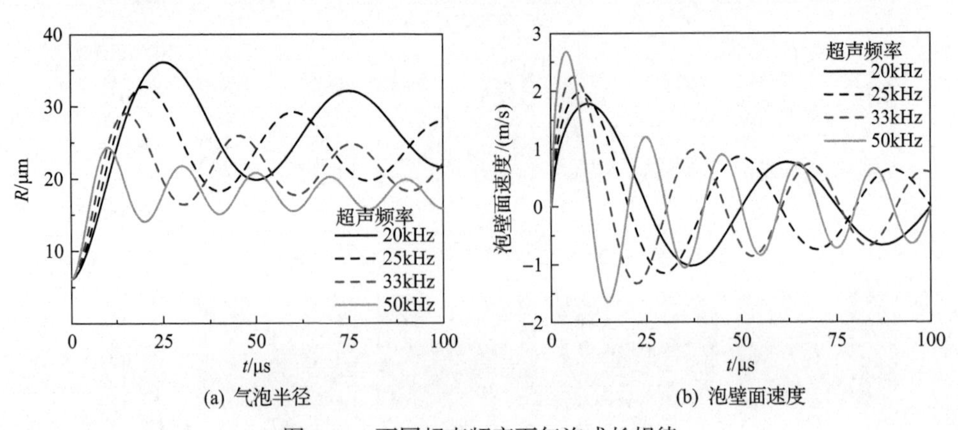

(a) 气泡半径　　(b) 泡壁面速度

图 7.21　不同超声频率下气泡成长规律

在于，超声频率非常高时，新的空化核还没有能够增长到可产生效应的气泡群，即空化吸热被抑制，从而温降也被遏制。另外，已存在的气泡成长时间变短，也来不及溃灭。这从图 7.21 的气泡半径中可以看出，频率越大，气泡半径振幅越小，泡壁面速度越大，即声波对气泡做功密度越大，而受制于气泡内能与周围液体的传热耗散速率基本不变，因此气泡内能将增加。因此当声波对气泡做功大于空化吸热时，温度升高，当两者平衡时，温度稳定。有研究者[12]对水中超声诱导的空化研究后发现，当超声频率增加到一定数值，如超过 40kHz 时，会出现不产生超声空化现象或空化没有被发现的情况，从而使流场内的压力数值较为稳定。

3. 系统压力的影响

改变系统压力，模拟计算得到空化区气相体积分数变化情况，如图 7.22 所示，相应的压力及温度面积加权平均值变化曲线如图 7.23 所示。

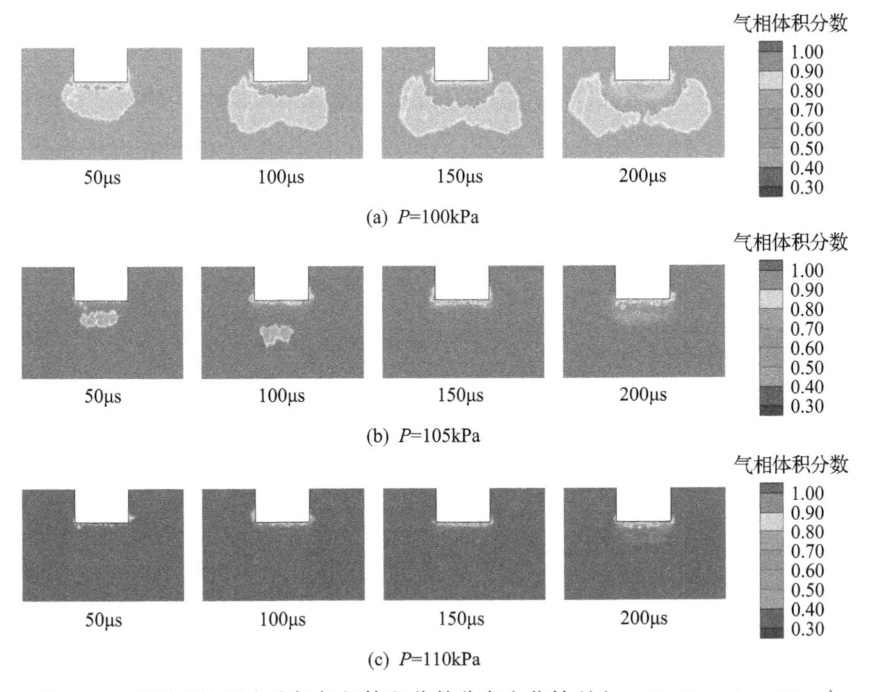

图 7.22　不同系统压力流场气相体积分数分布变化情况（f = 20kHz，A = 100μm）

当超声频率、振幅等条件一定时，随着系统压力提高，空化群覆盖面积减小，压力峰值变大，而对应的最低温度也变大，但变化幅度不大。空化群覆盖面积变化明显，当系统压力为 105kPa 时，振子下方仅出现较小的空化群，当系统压力为 110kPa 时，仅在振子表面有极少量的气泡。显然系统压力的增加，会使空化阈值增大，使空化气泡崩溃程度加剧，空化不易产生。系统压力主要用来表征蒸发（空化）所需的能量潜力，不同系统压力条件下理论计算的液氮气泡成长规律如图 7.24 所示。系统压力越小，气泡半径越大，与空化群形态的变化有较好的一致性。由以上分析，气泡温度似乎与泡壁面速度更紧密相关，由图可见不同系统压力时泡壁面速度几乎一致，所以气泡群温度变化不大。

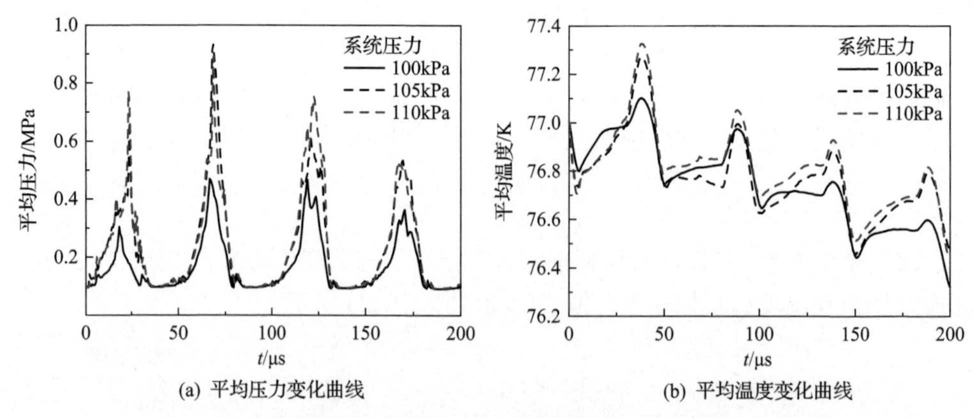

(a) 平均压力变化曲线　　(b) 平均温度变化曲线

图 7.23　不同系统压力试样表面的平均压力及平均温度变化曲线

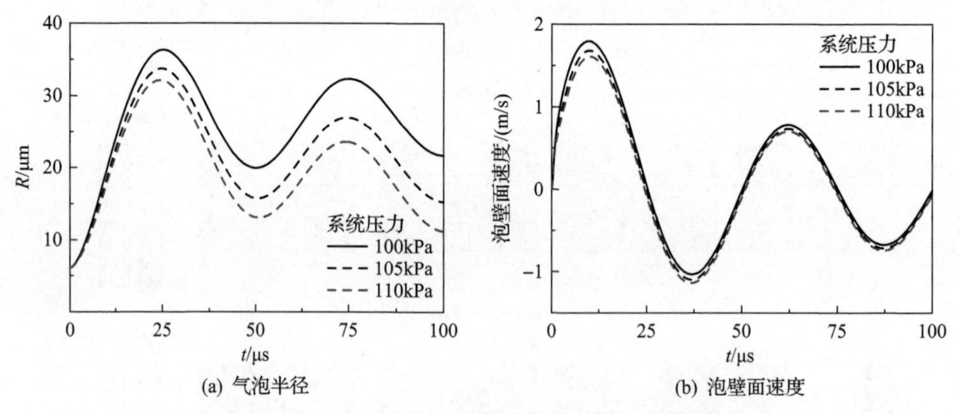

(a) 气泡半径　　(b) 泡壁面速度

图 7.24　不同系统压力下理论计算的液氮气泡成长规律

7.2.3.3　超声空化数

空化数是描述空化初生和空化状态以及衡量空化强度的一个重要参数，可以用于描述不同空化流动现象的动态相似性，描述设备对空化破坏的抵抗性能，水的空化数[2]的表达为$\sigma=\dfrac{P_\infty-P_{\mathrm{v}}(T_\infty)}{0.5\rho u_\infty^2}$（式(1.12)）。对于超声空化，空化数仍需包括实现蒸发所需的能量潜力$(P-P_{\mathrm{v}})$和超声波发生器提供的能量。但是到目前为止，还没有对超声空化中的空化数达成共识，其定义仍需大量的实验支持。基于水的空化数的定义，其中 P、P_{v}、ρ 均容易确定，对于特征速度 u，可以采用超声波发生器的平均速度或最大速度，与工作功率有关，若选用振子的最大速度 $u = 2\pi fA$，其中 f 为超声频率，A 为振子振幅，则式(1.12)变为

$$\sigma = \frac{P - P_{\mathrm{v}}}{\frac{1}{2}\rho(2\pi fA)^2} \tag{7.27}$$

将流场中振子附近的气相体积分数分布随式(7.27)定义的空化数的变化归纳至图 7.25。发现与流动空化趋势一致，超声空化数越小越容易发生空化，且产生的空化群面积越大，反之不易发生空化，空化群面积相对也较小。不同工况空化分布形状相似，但是空化群的气相体积分数值相差较大。但当空化数大于某一个数值时，如按式(7.27)计算约为 0.12，振子下方不再出现大空化群，而是仅在表面出现离散的气泡，直至没有气泡。

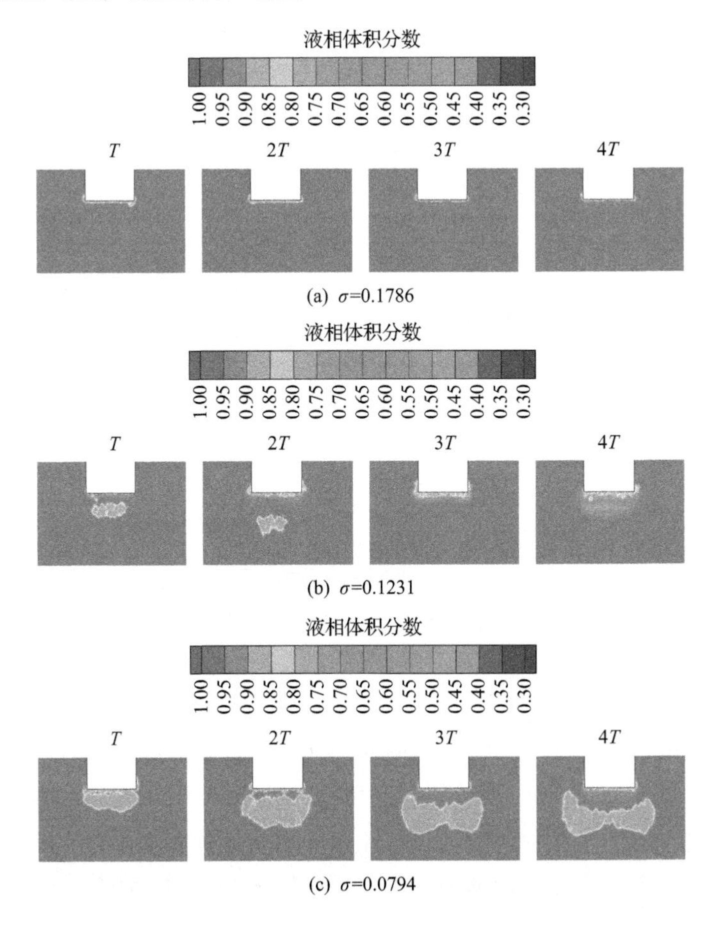

(a) σ=0.1786

(b) σ=0.1231

(c) σ=0.0794

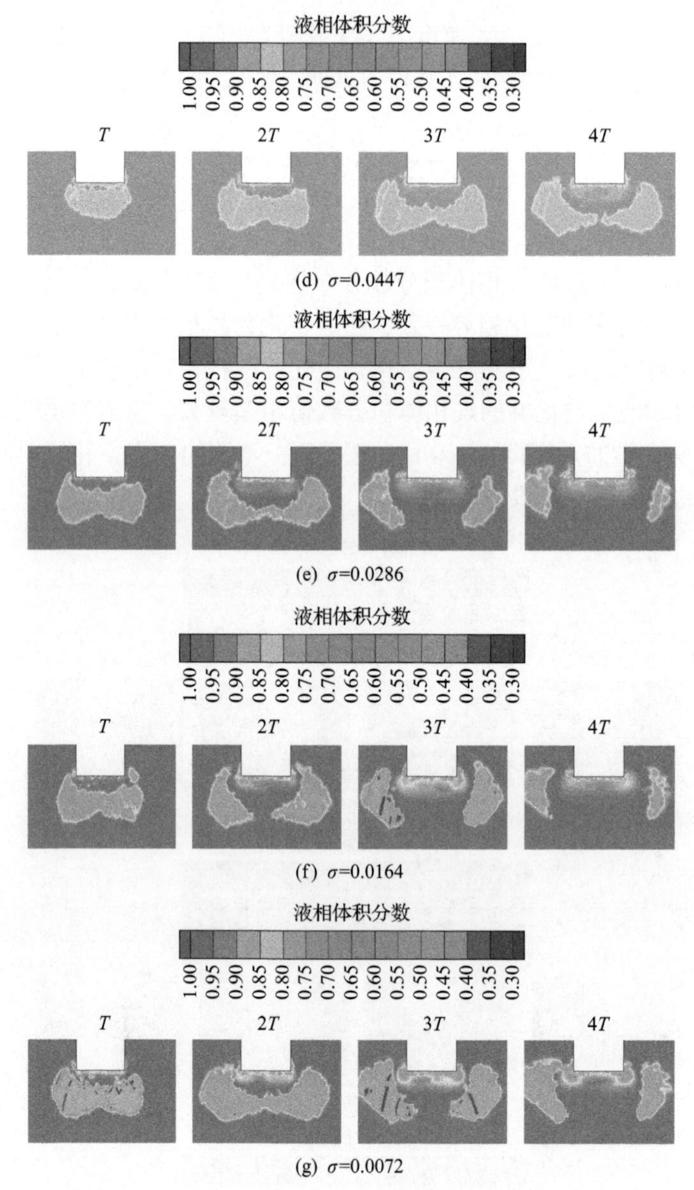

图 7.25　不同空化数下流场气相体积分数分布变化情况

定义空化数(式(1.12))计算式中的特征速度u的另一种方法是计算当地实际流速。由声学的相关知识和定义可知，声阻抗Z是指媒质在波阵面某个面积上的声压与通过这个面积的体积速度的复数比值，但由于体积速度含义不明确，通常使用质点速度；声强I是指声波平均能流密度的大小。由声阻抗和声强的相关定义和换算关系[5]可知

$$Z=\frac{P}{\overline{u}}=\rho c\rightarrow P=\rho c\overline{u}，\ I=\frac{\eta P_0}{S}=\frac{P^2}{\rho c}=\rho c\overline{u}^2，\ \overline{u}=\sqrt{\frac{\eta P_0}{S\rho c}} \tag{7.28}$$

式中，P 为压力；$\overline{u}$ 为超声波发生器的平均速度；ρ 为液体的密度；c 为液体中的声速；η 为超声波发生器的功率系数，一般为 0.5；P_0 为超声波发生器的功率；S 为工作区域面积。据此可得到超声波发生器的平均速度 $\overline{u}$，考虑到超声波发生器做已知频率 f 的正弦运动，也可得到最大速度 $u_{\max}$：

$$u_{\max}=\frac{\overline{u}\omega t_0}{-2\cos\omega t_0}=\frac{\overline{u}\pi}{2} \tag{7.29}$$

式中，$t_0=\frac{1}{2f}$ 为周期的一半时间，即达到最大速度所需时间。最后利用速度 $u_{\max}$ 计算超声空化数，式(1.12)变为

$$\sigma=2\left(P-P_{\mathrm{v}}\right)\frac{4Sc}{P_0\pi^2} \tag{7.30}$$

式(7.30)引入超声波发生器的功率 P_0 与振子的工作区域面积 S，在超声空化领域可以有更为广泛的应用。

7.3　液氮超声空化的可视化实验研究

7.3.1　实验装置

为验证液氮超声空化特性，搭建了液氮超声空化可视化实验台，其实物及示意图如图 7.26 所示，实验台由可视化液氮超声空化装置及超声波发生器两部分组成，包括实验台主体、超声波发生器、液氮供给系统、真空系统和测量系统等。实验台主体由实验腔、预留管道口和多个侧方观察窗和底部观察窗组成。实验腔构成压力容器，为一个圆柱形密封储液器，设计在低温条件下工作，作用是容纳低温流体并将其长时间保存为液体状态。密封箱周围分布着 6 个玻璃观察窗，侧方观察窗高度各不相同，在实验时可根据需要选择，较高的观察窗用来观察液位，较低的观察窗用来观察气泡生成现象。底部有一个观察窗，可用来观察气泡的生成情况。实验台主体上部有多个管道口，最中央孔口用来接超声波发射装置，该装置深入并浸没于流体中，通过高电压驱动声波。中央孔口周围均布六个管道孔口，分别用来充液、排气、接压力传感器、接温度传感器以及作为备用孔口。

超声波发生器为实验台的核心装置，选用频率为 20kHz、功率为 1000W(可调)的超声波发生器(生产厂家：杭州成功超声设备有限公司)，由超声波主机、数控

驱动电源和实验支架组成，具体型号和性能参数见表 7.1。需要注意的是，实验中发现振子产生的 10μm 振幅还不足以产生空化，因此增加变幅杆，将电信号转化为内部介质的机械运动，并将位移和速度放大，使振幅能够在更大范围内变化，超过几十微米甚至可达上百微米。实验前，由自增压低温液氮罐向实验腔充注液氮。为减小漏热引起的气化泡干扰，实验腔为真空绝热，真空度小于 10^{-3}Pa。表 7.2 给出了液氮超声空化实验中用到的测量设备的型号及参数。

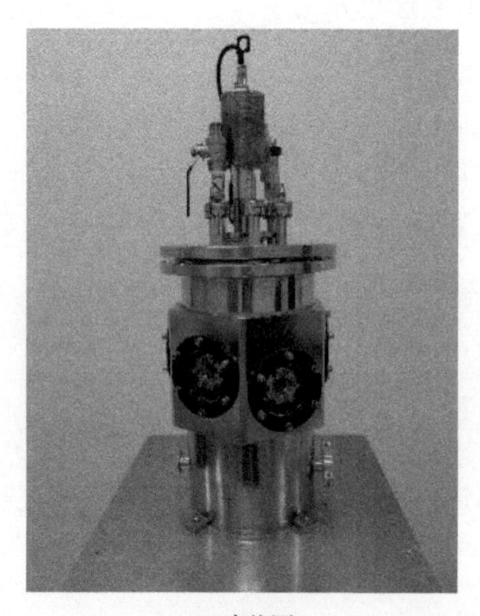

(a) 实物图

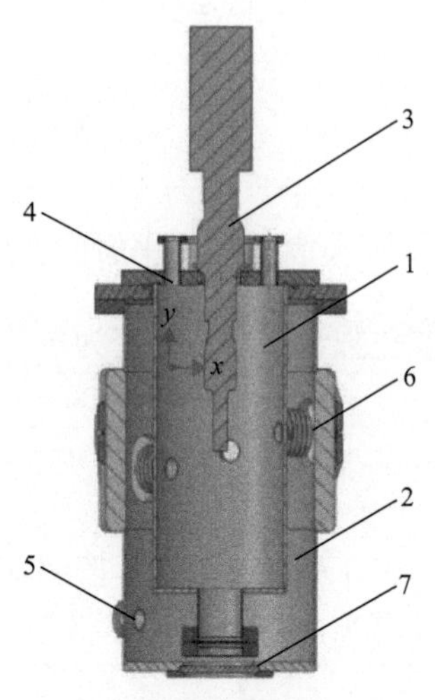

(b) 示意图

图 7.26 可视化液氮超声空化实验装置

1.实验腔；2.真空腔；3.超声波发生器；4.预留管道孔口；5.接真空泵；6.侧方观察窗；7.底部观察窗

表 7.1 20kHz、1000W 超声波发生器参数

设备型号	功率	工作频率	振幅、功率可调范围	处理量	有效发射头浸入深度	标准发射头直径
YPS17B-HB	1000W	20kHz	10μm、50%～100%	0.5～5L	80mm	16mm

表 7.2 液氮超声空化实验测量设备的型号及参数

设备名称	型号	参数
温度传感器	T 型铜-康铜热电偶	测量范围：77～300K；精度：0.5K
压力传感器	Kulite CT-190（M）	测量范围：0～17bar；精度：±0.1%； 膜片固有频率：550kHz
高速摄像仪	Phantom Miro3，Vision Research	满幅 1200fps，分幅 1111fps，连续可调；曝光时间：0.02μs
数据采集卡	NI，PCI-6220	分辨率：6 位半；最快采集频率：250kHz
氙灯冷光源	XD-300-250W	色温：6000K；照度：58×10^5lx

7.3.2　实验结果

图 7.27 给出了超声波发生器功率为 900W、压力为 0.1MPa 时，液氮超声空化发生前后的振子附近流场的非稳态变化图像。由于高速摄像仪受到帧率的限制，实验时选择的采样帧率为 1000fps，即所保存的图像之间的时间间隔为 1ms，采样频率远小于超声波的高频率，这意味着图像不能给出空化群一个周期内的变化过程。

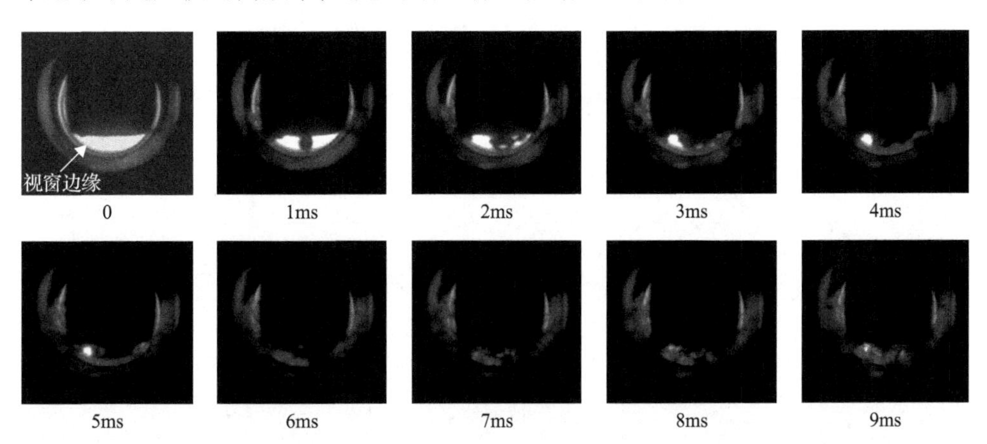

图 7.27　振子附近液氮超声空化的非稳态变化(f = 20kHz，P = 0.1MPa，P_0 = 900W)

未打开超声波发生器时，由于高真空绝热，发现实验腔内没有由于漏热而产生的气泡，流场静止稳定，在图 7.27 中标记为 0 时刻。打开超声波发生器后，振子周围马上产生大量气泡，可见振子附近存在面积较大的空化群，且空化群覆盖了整个振子。关闭超声波发生器后，气泡立刻消失，流场回归稳定。根据声学相关知识和式(7.28)～式(7.30)，并假定超声波发生器的功率系数为 η = 0.5，则工作功率为 900W 时计算所得对应的振子振幅约为 120μm。与 7.2 节的数值计算类似，设定超声频率为 f = 20kHz，P = 101325Pa，更改振子振幅为 A = 120μm，并延长计算时间，获得空化发生后 10ms 时间内振子附近流场的气相体积分数分布非稳态变化过程，如图 7.28 所示。

将实验结果和数值计算结果进行对比分析，其中各个时刻的时间一一对应，两者类似的是，发生空化后振子下方和两侧都立刻产生了大量的气泡，并且振子附近存在面积较大的空化群，且空化群覆盖了整个振子。数值计算获得的空化群的面积由小变大，前 5ms 内面积相对较小，对应的实验图像中尽管观察到的气泡较多，但振子下方和两侧仍存在一定范围的无气泡群区域，且区域位置和数值计算结果较为类似；而大约 6ms 之后空化群面积及范围相对较大，对应所记录的实验图像中，空化群覆盖整个振子。另外由图 7.28 可知，空化群整体大致呈较好的对称性，形状逐渐发展为规律的两叶形，覆盖范围也逐渐从振子附近延伸变大，但相对于实验腔面积仍较小。减小超声波发生器功率为 700W，即可改变振子振幅，从而使空化数相应变大，得到振子周围流场的气泡分布，如图 7.29 所示。从图 7.29 中可以看出，液氮中空化仍旧发生，但空化群分布区域相对较小。整体上实验和数值计算所获得的空化群，其分布范围和发展趋势、气泡的数量变化都有较好的一致性。

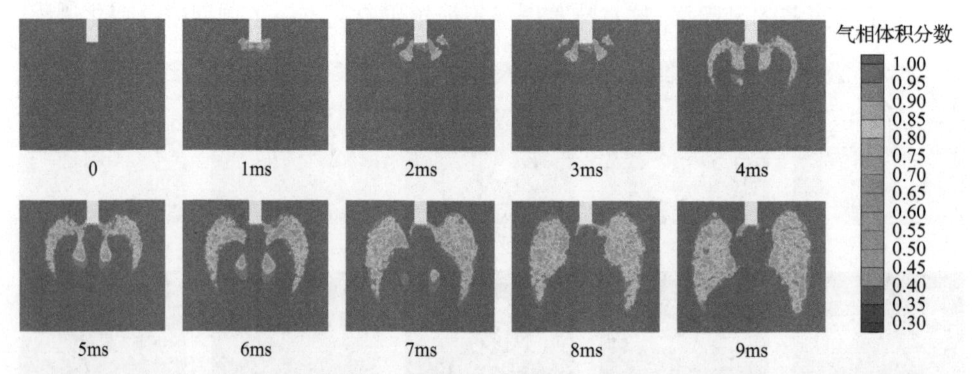

图 7.28　振子附近气相体积分数分布非稳态变化($f = 20$kHz，$P = 0.1$MPa，$A = 120\mu$m)

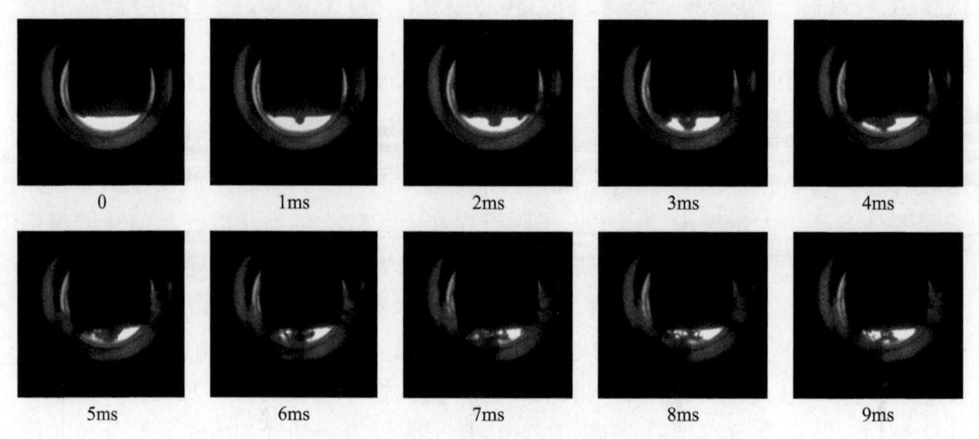

图 7.29　超声波功率减小时振子附近液氮空化的非稳态变化
($f = 20$kHz，$P = 0.1$MPa，$P_0 = 700$W)

7.4　本 章 小 结

本章基于 H-M 模型，数值求解了液氮单气泡在外界超声波作用下的动力学行为；基于已建立的 CFD 数值模型，针对液氮超声空化现象开展了数值模拟；并基于超声空化可视化实验台，从现象上初步验证了数值结果，获得以下结论。

(1)在超声振荡下，相比于不考虑热效应情况，考虑热效应时，气泡振幅更小，稳定时间更短，且气泡不会完全溃灭。

(2)超声空化群出现在振子表面，压力和气相体积分数均呈周期性变化，两者相位相差 180°。但压力由于叠加效应并不完全与超声振子的运动规律一致。压力最大时气相体积分数最小，但不等于零，最大气相体积分数约为 0.65。试样表面的平均温度呈下降趋势，在降到一定值后不再继续下降，整体下降的幅度在 3K 左右。

(3)由于热效应，液氮空化群呈哑铃状分布在超声振子两侧，且长期存在，但水空化群呈现橄榄球形结构，且在大约 6 个声学循环后崩溃。

(4)振幅越大，频率越高，系统压力越低，则所获得的空化群面积越大，压力峰值越高，对应的温度值越低。但超声频率为 50kHz 时，气泡群温度将高于环境温度。单气泡的成长规律与空化群形态的变化有较好的一致性。

(5)引入超声波发生器功率与振子工作区域面积，推导空化数表达式为 $\sigma = 2\left(P - P_{\mathrm{v}}\right)\dfrac{4Sc}{P_0\pi^2}$，更适合定量计算超声诱导的空化强度。

(6)对比可视化观察超声空化图像和数值计算，发现两者定性上存在较好的一致性。

参考文献

[1] 王智彪, 李发琪, 冯若. 治疗超声原理与应用[M]. 南京: 南京大学出版社, 1970.

[2] Brennen C E. Cavitation and Bubble Dynamics[M]. Cambridge: Cambridge University Press, 2014.

[3] 朱佳凯. 低温空化非稳态特性和机理研究[D]. 杭州: 浙江大学, 2018.

[4] Watanabe M, Nagaura L, Hasegawa S, et al. Direct visualization for cavitating inducer in cryogenic flow (the 3rd report: Visual observations of cavitation in liquid nitrogen) [R]. Chofu-city: Japan Aerospace Exploration Agency, 2010.

[5] Herring G. Theory of the pulsations of the gas bubble produced by an underwater explosion[R]. Washington, D.C.: OSRD Rpt.236,1941.

[6] Trilling L. The collapse and rebound of a gas bubble[J]. Journal of Applied Physics, 1952, 23 (1): 14-17.

[7] Ito Y, Nagayama T, Nagasaki T. Cavitation patterns on a plano-convex hydrofoil in a high-speed cryogenic cavitation tunnel[C]. 7th International Symposium on Cavitation, Ann Arbor, 2009.

[8] 韩占忠, 王敬, 兰小平. FLUENT 流体工程仿真计算实例与应用[M]. 北京: 北京理工大学出版社, 2004.

[9] 孙冰. 基于 FLUENT 软件的超声空化数值模拟[D]. 大连: 大连海事大学, 2008.

[10] Žnidarčič A, Mettin R, Cairós C, et al. Attached cavitation at a small diameter ultrasonic horn tip[J]. Physics of Fluids, 2014, 26 (2): 23304.

[11] Žnidarčič A, Mettin R, Dular M. Modeling cavitation in a rapidly changing pressure field-application to a small ultrasonic horn[J]. Ultrasonics Sonochemistry, 2015, 22: 482-492.

[12] 吕婷. 基于 CFD 的超声空化对抛光介质运动影响的研究[D]. 苏州: 苏州大学, 2015.

附录1　基于动态空化模型的自定义函数

```
#include <math.h>
#include "udf.h"
#include "sg_mphase.h" /*包括体积分数宏 C_VOF(C,T)*/

#define Mn 28    /* molecular weight of nitrogen gas */
#define m_non 1e-10
#define C_e 0.02  /*蒸发系数*/
#define C_c 0.01  /*液化系数*/
/*****************************************************************
******************/
/* Calculate the mass transfer rate because of cavitation*/
/*****************************************************************
******************/
DEFINE_CAVITATION_RATE(my_cav_rate,c,t,p,rhoV,rhoL,mafV,p_v,ci
gma,f_gas,m_dot)
 {
  real P_vap=*p_v;
  real S_ten=*cigma;
  real dp,Ra, Rb1,Rb2,P_abs, c1,c2;
 /* P_vap += MIN(0.195*C_R(c,t)*C_K(c,t), 10.0*P_vap);*/
  P_vap=P_vap+0.195*C_R(c,t)*C_K(c,t);
  P_abs=ABS_P(p[c], op_pres);
  dp=P_vap-P_abs;
  Ra=sqrt(2/3*fabs(dp)/rhoL[c]); /*Calculate sqrt(2*!P-Psat!/(3*rl))/
S_ten*/
  if(P_vap>P_abs) /*如果混合区的单元压力小于蒸发压力，蒸发过程*/
  {
   c1=exp((P_abs-P_vap)/rhoL[c]/C_T(c,t)/(UNIVERSAL_GAS_CONSTAN
T/Mn));
   Rb1=fabs((P_vap*c1-P_abs))/S_ten;
```

```
    *m_dot=C_e*Ra*Rb1*rhoV[c];
    }
   else
   { /*相反，液化过程*/
    c2=rhoL[c]*C_T(c,t)*(UNIVERSAL_GAS_CONSTANT/Mn)*log(P_abs/P_
vap);
    Rb2=fabs((c2+P_vap-P_abs))/S_ten;
    *m_dot=-C_c*Ra*Rb2*rhoL[c];
   }
  }
  /* Calculate the energy source because of mass transfer rate */
  /*************************************************************
*********************/
  DEFINE_SOURCE(enrg_src, cell, mix_th, dS, eqn) /*混合模型能量源项
UDF*/
  {
   Thread *pri_th, *sec_th;
   real m_c,Ra,Rb1,Rb2,m_vof,P_vap,Tm,L_HT,S_ten,c1,c2;
  /*m_vof是气相体积分数，P_vap是蒸发压力，L_HT是气化潜热*/
  pri_th = THREAD_SUB_THREAD(mix_th,0); /*指向混合区的液相的指针*/
  sec_th = THREAD_SUB_THREAD(mix_th,1); /*指向混合区的气相的指针*/
  Tm=C_T(cell,mix_th);
  /*计算饱和蒸气压和温度的函数关系，P_vap=P_vap+0.195*den*K*/
  P_vap=(-3014.87+138.2873*Tm-2.16741*Tm*Tm+0.01164*Tm*Tm*Tm)*10
00+
  0.195*C_R(cell,mix_th)*C_K(cell,mix_th);
  /*计算气化潜热*/
  L_HT=(223.41565+0.73007*Tm-0.01323*Tm*Tm)*1000;
  /*计算表面张力*/
  S_ten=0.02606-0.000221906*Tm;
  /* volume fraction of vapor changes to mass fraction*/
  m_vof=C_VOF(cell,sec_th)*C_R(cell, sec_th)/C_R(cell, mix_th);
  /*设置常数 Ra*Rb=sqrt(k)*rl*sqrt(2*!P-Psat!/(3*rl))/S_ten*/
  Ra=sqrt(2*fabs(C_P(cell,mix_th)-P_vap)/(3*C_R(cell,pri_th)));
```

```
  if(P_vap>=C_P(cell, mix_th))
  /*如果混合区的单元压力低于蒸发压力，由液相向气相转移吸热*/
  {
  c1=exp((C_P(cell,mix_th)-P_vap)/C_R(cell,pri_th)/Tm/(UNIVERSAL
_GAS_CONSTANT/ Mn));
  Rb1=fabs(P_vap*c1-C_P(cell,mix_th))/S_ten;
  m_c=-C_e*Ra*Rb1*C_R(cell, sec_th)*(1-m_vof-m_non);
  dS[eqn]=0;
  }
  /*相反，气相向液相转移则放热*/
  else
  {
  c2=C_R(cell,pri_th)*Tm*(UNIVERSAL_GAS_CONSTANT/Mn)*log(C_P(cel
l, mix_th)/P_vap);
  Rb2=fabs(c2+P_vap-C_P(cell, mix_th))/S_ten;
  m_c=C_c*Ra*Rb2*C_R(cell, pri_th)*m_vof;
  dS[eqn]=0;
   }
  return L_HT*m_c; /*气化潜热*质量转移率/气相密度得能量源项 W/m3*/
  }
```

附录 2　阀门流致振动双向耦合 CFD 分析 UDF

```
# include "udf.h"
# include "dynamesh_tools.h"
# include "mem.h"
# include "metric.h"
# include "unsteady.h"

# define gap_max 0.0065
# define mass 2.75
# define stiffness 1550000
# define rest_conts 0.01

static real current_vel_mag[ND_ND]={0};
static real cg_vel_saved[ND_ND];
static real axis[ND_ND]={1,0,0};
static real refpoint_original[ND_ND]={0,0,0};
static real refpoint_current[ND_ND]={0,0,0};
static real previous_time={0};

DEFINE_CG_MOTION(valve, dt, cg_vel, cg_omega, time, dtime)
{
 #if !RP_HOST
 real distance[ND_ND], CG[ND_ND], force[ND_ND], moment[ND_ND], dv,
stretch;
 real refpoint_new[ND_ND], spring_force, net_force, aero_force_x;
 real NV_VEC(A);

 Thread * t;
 face_t f;

 if(fabs(previous_time-time)>EPSILON) /* >Epsilon*/
```

```
{
/* Check to see if there is data */
if (!Data_Valid_P ())
{
Message0("\n\nNo data->No mesh motion!!!\n\n");
return;
}
/* get the thread pointer for which this motion is defined */
t = DT_THREAD(dt);
/* compute pressure force on body by looping through all faces
*/
aero_force_x = 0.0;
begin_f_loop(f,t)
if PRINCIPAL_FACE_P(f,t)
{
F_AREA(A,f,t);
aero_force_x += F_P(f,t) * A[0];
}
end_f_loop(f,t)

# if RP_NODE /* Perform node synchronized actions here Does nothing
in Serial */
aero_force_x = PRF_GRSUM1(aero_force_x);
# endif /* RP_NODE */
/* compute the change in velocity, dv = F*dt/mass */
NV_VV(distance,=,refpoint_current,-,refpoint_original);
stretch = NV_DOT(distance,axis);
spring_force = -stiffness*stretch;
net_force = aero_force_x + spring_force;
dv=net_force/mass*dtime;

/* Update velocity */
current_vel_mag[0] += dv;

/* Calculate the C.G location and velocity if it does not hit the
```

```
boundary */
   NV_VS(distance,=,current_vel_mag,*,dtime);
   NV_VV(refpoint_new,=,refpoint_current,+,distance);
   NV_VV(distance,=,refpoint_new,-,refpoint_original);

   /* Valve hits the right boundary(positive x-axis) */
   if(NV_DOT(distance,axis)>gap_max)
   {

NV_VS_VS(refpoint_new,=,axis,*,gap_max,+,refpoint_original,*,-1)
;
   current_vel_mag[0] = -rest_conts*current_vel_mag[0];
   NV_V(cg_vel,=,current_vel_mag);
   }

   /* Valve hits the left boundary(negative x-axis) */
   else if(NV_DOT(distance,axis)<-gap_max)
   {

NV_VS_VS(refpoint_new,=,axis,*,-gap_max,+,refpoint_original,*,-1
);
   current_vel_mag[0] = -rest_conts*current_vel_mag[0];
   NV_V(cg_vel,=,current_vel_mag);
   }
   else
   {
   NV_VV(distance,=,refpoint_new,-,refpoint_current);
   NV_VS(cg_vel,=,distance,/,dtime);
   NV_V(refpoint_current,=,refpoint_new);
   NV_V(cg_vel_saved,=,cg_vel);
   }
   previous_time = time;
   }
   else
   {
```

```
NV_V(cg_vel,=,cg_vel_saved);
}
#endif
node_to_host_real(current_vel_mag, ND_ND);
node_to_host_real(refpoint_current, ND_ND);
node_to_host_real(cg_vel, ND_ND);
}
DEFINE_EXECUTE_AT_END(output_results)
{
#if !RP_HOST
FILE *fp_results;

#if PARALLEL
if(I_AM_NODE_ZERO_P)
#endif
{
if(!(fp_results=fopen("results.txt","a")))
{
Message0("\nCan not open file-aborting!!");
exit(0);
}
}
#if PARALLEL
if(I_AM_NODE_ZERO_P)
#endif
{
fprintf(fp_results, "%e ", previous_time);
fprintf(fp_results, "%e ", current_vel_mag[0]);
fprintf(fp_results, "%e ", refpoint_current[0]);
fprintf(fp_results, "\n");
fclose(fp_results);
}
#endif
}
```